北京市施工图审查协会工程设计技术质量丛书

建筑工程施工图设计文件技术审查常见问题解析
——建筑专业防火部分

北京市施工图审查协会 编著

中国建筑工业出版社

图书在版编目（CIP）数据

建筑工程施工图设计文件技术审查常见问题解析．建筑专业防火部分 / 北京市施工图审查协会编著．—北京：中国建筑工业出版社，2022.11（2023.4重印）
（北京市施工图审查协会工程设计技术质量丛书）
ISBN 978-7-112-27669-1

Ⅰ．①建… Ⅱ．①北… Ⅲ．①建筑物—防火系统—建筑制图—设计审评—北京—问题解答 Ⅳ．①TU204-44 ②TU892-44

中国版本图书馆 CIP 数据核字（2022）第 132146 号

本书主要讲述了在建筑工程施工图设计文件技术审查中，建筑专业防火部分常见的问题，以及这些问题的解决办法。

本书是由北京市施工图审查协会编著，作者具有深厚的专业理论，扎实的施工图设计文件审查功底，丰富的审查经验。因此，本书具有较强的权威性、可靠的技术性。

全书共有八章，分别是：第一章　编制说明；第二章　总则和基本规定；第三章　总平面图；第四章　厂房、仓库、车库；第五章　民用建筑；第六章　建筑构造防火；第七章　内外装修防火；第八章　建筑防排烟。图书内容形式简洁、可读性强，适合广大建筑专业的设计人员、审图人员阅读。

责任编辑：张伯熙
责任校对：赵　菲

北京市施工图审查协会工程设计技术质量丛书
建筑工程施工图设计文件技术审查常见问题解析
——建筑专业防火部分
北京市施工图审查协会　编著
*
中国建筑工业出版社出版、发行（北京海淀三里河路 9 号）
各地新华书店、建筑书店经销
北京建筑工业印刷厂制版
北京建筑工业印刷厂印刷
*
开本：880 毫米×1230 毫米　1/16　印张：15¾　字数：491 千字
2023 年 1 月第一版　2023 年 4 月第二次印刷
定价：**50.00** 元
ISBN 978-7-112-27669-1
（39163）

丛书编委会

本书编审委员会

编 制 人： 蒋　媛　白　芳　洪汉宁　张晓冬
张　文　周静怡　南　芳　李盈瑞
关乃群　王　曼

审 查 人： 侯春源　李　磊　郑红梅　单立欣
毕晓红　张时幸　杜燕红　代晓文
黄　献

丛书前言

《北京市施工图审查协会工程设计技术质量丛书》终于和广大读者见面了，真诚希望它能够给您带来一些帮助。如果您从事设计工作，希望能够为您增添更强的质量安全意识、更强的防范化解风险意识，为您的设计成果在质量安全保障方面提供一些参考，从而更好地规避执业风险；如果您从事审图工作，希望能够为您增加更强的责任感、更强的使命感，为您在审图工作中更好地掌握尺度和标准方面提供一些参考，从而更好地把控质量安全底线。

经过广泛而深入的国际调研、国内调研及试点，我国于2000年开始实施了施工图审查制度，20年的实践表明，通过施工图审查实现了保障公众安全、维护公共利益的初衷，杜绝了因勘察设计原因而引起的工程安全事故，推动了建设事业的健康可持续发展。另外，通过施工图审查政府主管部门实现了对勘察设计企业及其从业人员有效监管与正确引导；为工程建设项目施工监管、验收以及建档、存档提供了依据；为政府决策提供了大量的、可靠的数据与信息支撑；为政府部门上下游审批环节的无缝衔接搭建了平台。

施工图技术性审查是依据国家和地方工程建设标准，对工程施工图设计文件涉及的地基基础和主体结构、消防、人防防护、生态环境、使用等安全内容以及公共利益内容进行审查。多年来，施工图审查技术人员在工作实践中发现了大量存在于施工图设计文件中的各类问题，这些问题有普遍性的、也有个别存在的，有无意识违反的、也有受某些驱使不得不违反的，有不知情违反的、也有对标准理解不到位违反的。问题产生有设计周期紧的原因，也有个人、团队、管理以及大环境影响的原因。其中一些严重的问题如果未加控制，由其引发的工程质量安全事故可能在建设时发生、也可能在使用时发生、还可能一直隐藏着一遇灾害就会发生。我协会的会员单位中设安泰（北京）工程咨询有限公司的审查专家针对以往审查过程中发现的常见问题进行了认真细致地梳理、归类、分析，并吸收了兄弟会员单位的相关建议，编撰完成了本套丛书，丛书初稿经过了有关专家及本协会技术委员会审核。本套丛书参与人员为之付出了巨大辛苦和努力，希望广大读者能够满意并从中受益，同时也期待得到您的反馈。

北京市施工图审查协会一直致力于工程设计整体水平不断提升和审查质量保障不断强化的相关工作，组织编制技术审查要点、开展课题研究、组织或参与各类培训、组织技术专题研讨会、为政府部门和相关行业组织提供技术支持、推动数字化审图及审图优化改革、组织撰写技术书籍和文章等，希望通过我们的不懈努力能够得到您的认可与肯定，同时也真诚期待得到您的帮助与支持。

北京市施工图审查协会会长　刘宗宝

2020年6月

前　言

本书是《北京市施工图审查协会工程设计技术质量丛书》之一，记录了作者在近几年建筑工程施工图文件技术审查工作中发现的常见问题，以及对这些问题产生原因和解决方案的一些分析思考。

2018年北京市规划和自然资源委员会将其作为北京市一级注册建筑师继续教育选修课中的必选课，对注册建筑师和部分设计院设计人员等进行了培训。在北京市的培训课和公益讲座时，未能给学员提供充实的具体案例解析讲义，为了弥补这一遗憾，我们将此前工作做了充实补充，整理成册。希望为设计院设计人员、审核审定人员以及施工图审查人员提供一本有益的参考书。因篇幅有限，本书内容主要包含北京市施工图审查机构遇到的常见建筑防火相关问题，未包含施工图审查应涉及的节能、绿建、环境保护、无障碍、装配式、规划、人防等方面内容，也未包含很多与防火无关的专项规范条文和法规中的技术管理规定。

2018年5月1日，北京市试行“施工图多审合一技术”审查制度改革，将建筑工程建设阶段的消防审查、人防审查等并入施工图审查。北京施工图审查机构研究了原消防部门的消防审查验收经验，参考了公安标准《建设工程消防设计审查规则》GA 1290—2016等规定，学习了北京市规划、消防、验收等相关管理部门多项政策文件，根据“多审合一”相关法规要求调整了审查范围、尺度，总结了多年施工图和消防审查经验，完成本书。

书中主要问题是审查机构中设安泰（北京）工程咨询有限公司建筑专业日常审查工作，及技术咨询研讨总结中发现的常见疑难问题。书中案例大多取自实际工程的施工图设计文件，问题解析多数基于工程建设强制性标准和技术审查要点，但不限于工程建设强制性标准和技术审查要点。我们分析总结设计案例的目的不是挑毛病，是为了共同学习和把握规范标准，我们对设计人员在工程建设中的辛勤劳动付出充满敬意和感激。我们希望通过分析总结能让施工图设计文件的设计施工和审查验收做得更好、更完美。为此除了提出问题，还尽我们所能进行一定的理解分析，提出我们认为合理合规执行规范规定的思路，或解决问题的可行方向，给建筑设计审查验收相关工作者的工作提供参考。同时，由于规范条文的时限性，以及我们自身认知的局限性和专业能力的限制，书中难免出现差错，请读者和行业内专家批评指正。

本书内容与同类书籍不同，不是按系统学科脉络编写，而是着重于问题发生的点，这也是本书编写的特点。本书问题涉及的案例及图片，主要来源于审图工作中的项目施工图设计文件，并对案例截图做了适当的简化和再表达工作。本书编审历时两年，在编写过程中得到很多业内专家和设计人员的支持和帮助，在此表示衷心的感谢。

北京市施工图审查协会技术委员会委员，
中设安泰（北京）工程咨询有限公司副总工程师
蒋媛
2022年9月

目　录

第一章　编制说明

第一节　编制目的

2019 年 4 月 23 日《中华人民共和国建筑法》《中华人民共和国消防法》及相关法规修订稿出台。建筑工程的消防设计审查和施工验收工作职责，被划归到中华人民共和国住房和城乡建设部（以下简称住建部）；中华人民共和国应急管理部（以下简称应急管理部）消防局仍保留对建筑物投入使用前的消防安全检查和火灾发生后的安全事故调查等职责。建筑工程施工图设计文件的质量管控办法和消防设计审查验收具体工作，由各省、市住房和城乡建设主管部门制定和负责（对于北京市，则不同，北京市的施工图设计文件消防设计审查工作的主管部门是北京市规划和自然资源委员会，建筑工程的施工和消防验收工作主管部门是北京市住房和城乡建设委员会）。

房屋建筑工程的消防设计、审查、建造、验收和运营管理职责主体不同，涉及的建设、设计、审查、施工、验收、运维检查、救灾和事故调查等相关消防标准执行和管理人员较多，对规范条文的理解和执行可能会有尺度上的差异。加上近年来消防标准有修编、完善、新增、补充的内容，由于条文的变化导致个人对条文内容的理解有差异，使得目前房屋建筑产品从项目设计到审查验收阶段有较多的疑难争议问题。编者在日常施工图和消防审查咨询工作中，遇到了很多工程设计常见的建筑专业问题和对规范法规的误解，对此，编者进行了一些专业研究和分析工作。

施工图和消防审查工作中发现的常见问题，首先，是设计文件表达深度不够，如对墙体、防火门窗等建筑构件要求不明确，没有明确封堵要求等，容易产生施工隐蔽处的安全隐患。其次，是设计图纸出现低级别的错误或遗漏，如忘记标注或错误标房间的防火门。最后，是建筑或场所定性不明确导致的依据不妥等疑难争议问题，如地下疏散楼梯间未直通室外，或未按规范要求准确执行扩大部分的防火分隔措施等。对建筑专业设计人员，无须将前两类问题拆解分析，因为规范已有清晰明确的规定，审查意见只需明确该问题违反了条文规定，设计人员就能理解，并按规范要求修改。对于第三类问题，虽然在施工图审查过程中出现，但仍有较多设计人对此不理解，所以编者主要收集了这类问题，对这类问题依据相关规范条文和防火设计基本原理进行解释，给出审查工作的理解和判定依据。另有极少量的第四类问题，是由于规范条文不明确或目前仍有争议而产生的，或由于各地有自己的地方管理规定（如，一组剪刀梯的前室门是一个安全出口，还是两个安全出口？可服务 3 户、6 户，还是更多户？），与国家标准、规范要求不同而产生的。这类问题虽然少，但对建设工程从设计周期到施工验收、使用安全都有较大影响，所以，建筑设计相关各方对此较为关注，施工图和消防审查工作也无法避开第四类问题，因此，编者尽量给出自己的分析理解和审查原则，供行业相关人员参考。本书案例问题的解析及处理方式，是针对具体案例本身的实际情况，其他设计项目可否完全参照处理，应视具体项目的实际情况决定。设计和建设单位应以确保项目设计合理和安全使用为出发点，尽可能地准确理解消防设计体系、完善消防设计内容，不应刻意探索规范条文底线、降低建筑工程的消防安全等设计标准。

本书依据建质〔2013〕87 号《建筑工程施工图设计文件技术审查要点》等国家法规标准，及北京市地方政策相关管理文件和技术审查原则，分析北京市施工图和消防审查工作中遇到的常见防火问题。编制目的之一，是提醒建筑工程设计行业相关各方重视法规明确的职责。认真学习理解 2019 年 4 月 23 日修订的《中华人民共和国消防法》、2020 年 4 月 1 日发布的中华人民共和国住房和城乡建设部令第 51 号《建设工程消防设计审查验收管理暂行规定》（以下简称住建部令 51 号文）等重要的现行法规相关内容。了解审查机构是第三方技术服务机构，仅对出具的审查意见内容准确性、符合规定性负责，避免过审、错审和漏审；设计单位设计人是建设项目的设计主体，应认真全面执行工程建设标准和法规的相关规定，并与建设、施工、监理等相关方，对建设工程消防设计、工程质量等相关方面各负其责。

本书编制以案例和问题分析为导向。涉及问题案例以常见建筑设计防火相关内容为主，较少涉及施工图中非消防设计内容。工业建筑的复杂工艺部分，石油化工类项目、机场航站楼等特殊项目，大型体育、观演建筑中的特殊消防设计及论证等内容，本书也较少涉及。本书编制依据主要是相关政策法规和现行国家防火设计标准，如《建筑设计防火规范》GB 50016—2014（2018 年版）（以下简称《建规》）；《建筑防烟排烟系统技术标准》GB 51251—2017（以下简称《防排烟标》）；《汽车库、修车库、停车场设计防火规范》GB 50067—2014（以下简称《汽车防火规》）；《建筑内部装修设计防火规范》GB 50222—2017（以下简称《内装规》）等。为了说明施工图设计文件表达深度的重要性，依据了《建筑工程设计文件编制深度规定》（2016 年版）等相关制图标准。为了表达清楚争议问题的理解和执行尺度差异，参考部分地方政策法规文件，并对部分条文图片进行了引用。主要有：浙江省消防救援总队浙江省住房和城乡建设厅文件：浙消〔2020〕166 号《关于印发〈浙江省消防技术规范难点问题操作技术指南（2020 版）〉的通知》（以下简称浙消〔2020〕166 号文）；穗勘设协字〔2019〕14 号《关于〈广州市建设工程消防设计、审查难点问题解答〉申请备案的函》（以下简称穗勘设协字〔2019〕14 号文）。为减少本书文字量，其他省市政策文件仅在参考文献中提及，不再详细列出参考或引用内容。

由于本书篇幅、版式所限，本书的相关标准、规范只引用了与书中问题解析有关的条文和条文说明、表格、图等内容。若标准、规范中的条文和条文说明、表格、图等内容可全部作为问题解析依据的，则将它们全部引用；若条文和条文说明、表格、图等部分内容可作为问题解析依据的，则将它们部分引用，被引用的内容与所引用的标准、规范的内容完全一致（字、词、标点无修改）。在同一标准、规范引用条文时，将条文按照对问题解析的重要程度大小排序，对问题解析重要程度大的条文排在对问题解析重要程度小的条文之前。

本书部分问题解析及图片，参考引用了《建筑设计防火规范》GB 50016—2014（2018 年版）图示 18J811-1 版（以下简称《〈建规〉图示》），《建筑防烟排烟系统技术标准》GB 51251—2017 图示（以下简称《〈防排烟标〉图示》）等。为了对比说清部分争议条文的执行尺度，本书引用了少量已被废止或已停用的规范和图集的内容，如《高层民用建筑设计防火规范》GB 50045—95 防排烟部分、《工程做法》12BJ1-1 等。本书问题解析部分参考了建筑防火研究类书籍的相关内容，如中国计划出版社出版，倪照鹏等编著的《〈建筑设计防火规范〉GB 50016—2014（2018 年版）实施指南》（以下简称《〈建规〉实施指南》）。本书在编制过程中的参考或引用文献，均在文末列出文件名的文号或书名，提示信息来源，便于读者参考和查证。

第二节　使用说明

本书案例含新建、改建、扩建（含内装修设计）的各种建筑类型。为了便于房屋建筑工程建筑专业相关的消防设计、审图、监理、施工、验收、运营维护、标准管理等技术研究人员工作参考，编者将日常审查中遇到最多的深度不足问题和图纸各处错漏碰缺不一致的情况，在第二章第一节有集中总结表述，施工图设计审查验收等相关人员可自行参照比对。本书主要分析施工图和消防审查工作中遇到的错误或不符合标准条文的理解问题，用“问题描述”的方式，将常见理解有问题的案例，尽量归类整理表达。“相关标准”是分析问题可能涉及的规范标准条文，受篇幅所限不能全部列出时，按对问题理解相关性列出参考意义较大的部分条文。“问题解析”是根据相关规范标准条文及其解释，对具体提出的消防问题，施工图消防审查验收人员会参考哪些规范依据和判断执行进行说明，也表达编者认为合理合规的执行尺度。本书包含对部分争议观点的理解，这部分内容分析了具体问题的现状成因，以及相关执行人员可能持有的规范依据和理解执行角度。

因具体建设项目设计情况复杂多样，对同一条文的理解和执行尺度不一的情况时有发生。若有错漏、争议和不同意见，均以现行国家、行业、地方相关强制性标准和法律法规为准。

<table>
<tr><td colspan="2">第二章　总则和基本规定</td><td>第一节　总则</td></tr>
<tr><td>问题描述</td><td colspan="2">问题 1　消防等规范实施时间如何理解执行?
1. 建设工程设计相关标准有发布日期、实施日期，施工图设计时，应依据哪个日期执行？按住建部〔2012〕12 号文规定的“设计合同签订时间”执行是否仍符合规定？有特殊情况时，比如《防排烟标》实际公开发布日期晚于实施日期，怎么办?
2. 既有建筑整体或局部装修改造设计，可否依据原建筑建造时《建筑设计防火规范》等设计标准?既有建筑改造设计可否不执行《建筑防烟排烟系统技术标准》等晚于原建筑设计时间的新标准的要求?</td></tr>
<tr><td>相关标准</td><td colspan="2">住建部令 51 号文《建设工程消防设计审查验收管理暂行规定》
第四十条：新颁布的国家工程建设消防技术标准实施之前，建设工程的消防设计已经依法审查合格的，按原审查意见的标准执行。
原公安标准《建设工程消防设计审查规则》GA 1290—2016
第 1 节　范围：本标准适用于公安机关消防机构依法对新建、扩建、改建（含室内外装修、建筑保温、用途变更）等建设工程的消防设计审核和备案检查；消防设计单位自审查、施工图审查机构实施的消防设计文件技术审查，可参照执行。
第 2 节　规范性引用文件：GB/T 5907（所有部分）消防词汇、GB 50016 建筑设计防火规范、GB 50084 自动喷水灭火系统设计规范、GB 50116 火灾自动报警系统设计规范、GB 50222 建筑内部装修设计防火规范、GB 50974 消防给水及消火栓系统技术规范等未注明日期标准，应执行最新版本。
建法函〔2012〕163 号、《住房城乡建设部关于对经审查合格的施工图适用情况的函》有以下内容：
在新的工程建设标准实施之前签订建设工程设计合同的，设计单位可以按照原有的工程建设标准编制建设工程设计文件，鼓励设计单位按照新标准编制执行。施工图设计文件审查机构应当按照编制建设工程设计文件所依据的标准进行审查。</td></tr>
<tr><td>问题解析</td><td colspan="2">1. 不符合规定。由于住建部文件〔2012〕12 号文颁发时的条件背景已经发生了变化，所以该文现已失效。目前应按住建部令 51 号文的规定执行。对住建设部令 51 号文第四十条可理解为：多数标准有发布日期，发布后有 3～6 个月过渡期，过渡期之后才是实施日期；标准实施日期过后，未申报或未经审查合格（或备案）的建设项目，消防设计应按新颁布的国家工程建设消防技术标准执行。住建部令 51 号文及实施细则出台前，原公安标准《建设工程消防设计审查规则》规定的消防设计审查，对《建筑设计防火规范》等防火规范的执行时间，与住建部令 51 号文的要求是一致的。《防排烟标》发布日期是 2017 年 11 月 20 日，实施日期是 2018 年 8 月 1 日，实际公开发行日期晚于实施日期，对此类特殊情况宜咨询地方建设行政主管部门统一确定合理的执行日期。
2. 不可以。对既有建筑装修改造设计，可将它理解为是既有建筑工程改造设计范围内的一次新设计，原则上，新设计的内容需按现行有效国家设计标准执行。在具体实施上，需根据改造项目合理确定的具体设计范围、内容，分为整体改造、局部改造和仅内部装修三种情况。仅更新室内装修材料，建筑功能平面布局、消防设施系统等均不改变的工程，可维持原审查合格的消防系统和平面布局等设计内容，仅内部装修设计执行《内装范》的规定。使用功能不变、平面布局有少量调整的装修改造工程，应根据实际功能布局，按现行消防技术标准合理地进行消防安全评估和性能提升。消防设施、系统等依然有效时，可仅更换已破损设施设备构件，新设施设备构件应符合现行规范或不低于原设计要求。既有建筑改造设计涉及改变使用功能或平面布局疏散方式改变时，应依据现行消防技术标准做建筑定性分类，进行消防设计、审查、验收等。</td></tr>
</table>

问题描述	**问题2　建筑和消防设计相关责任法规的问题** 1. 如未执行防火规范的相关条文，出现问题后，会由哪些部门追责和判罚？ 2. 经过设计、审查、施工、验收等符合规定的流程，使用的建筑物发生火灾时，建设工程行业中哪些人员可能涉及刑事责任？ 3. 施工图消防设计可否只将《建筑工程施工图设计文件技术审查要点》(以下简称《审查要点》)明确的法规标准和条文作为设计依据？
相关法规	**《中华人民共和国消防法》** 第九条　建设工程的消防设计、施工必须符合国家工程建设消防技术标准。建设、设计、施工、工程监理等单位依法对建设工程的消防设计、施工质量负责。 第五十三～第五十七条，明确消防救援机构等的监督检查原则办法。 第五十八～第七十一条，明确违法违规的法律责任和行政处罚的原则办法。 第七十条　本法规定的行政处罚，除应当由公安机关依照《中华人民共和国治安管理处罚法》的有关规定决定的外，由住房和城乡建设主管部门、消防救援机构按照各自职权决定。 **《建设工程消防设计审查验收管理暂行规定》** 第三十八条：违反本规定的行为，依照《中华人民共和国建筑法》《中华人民共和国消防法》《建设工程质量管理条例》等法律法规给予处罚；构成犯罪的，依法追究刑事责任。建设、设计、施工、工程监理、技术服务等单位及其从业人员违反有关建设工程法律法规和国家工程建设消防技术标准，除依法给予处罚或者追究刑事责任外，还应当依法承担相应的民事责任。 **《实施工程建设强制性标准监督规定》** 第二、三条，在中华人民共和国境内从事新建、改建、扩建等工程建设活动，必须执行工程建设强制性标准。工程建设强制性标准指直接涉及工程质量、安全、卫生及环境保护等方面的工程建设标准强制性条文。 **《建筑工程施工图设计文件技术审查要点》** 编制说明有以下内容： 所列审查内容是保证工程设计质量的基本要求，并不是工程设计的全部内容。设计单位和设计人员应全面执行工程建设标准和法规的有关规定。
问题解析	1. 由上述相关法规可知，建设工程的消防设计施工需符合国家工程建设消防技术标准（含强制性和非强制性标准条文）和其他设计相关强制性标准及政策法规。建筑工程规划设计建造各阶段，建设、设计、施工、工程监理等单位依法对建设工程的消防设计、施工质量负责；出问题时，由相应管理部门追责（含行政处罚、民事或刑事责任）。 2. 根据问题大小和具体原因，建设、设计、施工、监理，以及技术服务机构的相关人员，对职责范围内涉及违反法律法规的工作行为负责（通常是行政处罚），若出现事故构成犯罪的，需承担相应的刑事和民事责任。 3. 不可以。设计和审查职责范围不同。相关法规已明确，设计人应全面执行工程建筑（全部设计相关的）标准和法规，并终身负责。建筑设计相关标准很多，施工图阶段的审查时间短，无法深入了解具体项目设计细节，因此，《审查要点》和审查意见书仅能关注强制性条文和严重影响安全的问题，聚焦最底线的安全要求。《审查要点》总则明确：必须严格执行强制性标准，如违反即处罚；非强制性条文应当执行，如违反且因此出现问题或事故，亦要受到处罚。

第二章 总则和基本规定	第一节 总则
问题描述	**问题3 现行建筑规范无法涵盖的情况** 1. 采用了新材料、新工艺、新技术，导致超出现有消防规范规定范围，应如何设计？ 2. 建筑高度大于250m的建筑，应如何进行消防设计？ 3. 哪些项目可采用特殊消防设计？如果设计人员认为规范的条文不适用或不明确，可自行进行特殊消防设计论证吗？ 4. 正在使用的，但不符合规范规定的现状建筑，其设计原则可以作为其他建筑的设计依据吗？采用特殊消防设计论证通过的项目，在局部装修改造设计时，可以使用之前的论证结果吗？
相关标准	**住建部令51号《建设工程消防设计审查验收管理暂行规定》** 第十七条，特殊建设工程具有下列情形之一的，建设单位除提交本规定第十六条所列材料外，还应当同时提交特殊消防设计技术资料：（一）国家工程建设消防技术标准没有规定，必须采用国际标准或者境外工程建设消防技术标准的；（二）消防设计文件拟采用的新技术、新工艺、新材料不符合国家工程建设消防技术标准规定的。前款所称特殊消防设计技术资料，应当包括特殊消防设计文件，设计采用的国际标准、境外工程建设消防技术标准的中文文本，以及有关的应用实例、产品说明等资料。 **中华人民共和国公安部令第119号《建设工程消防监督管理规定》** 第十六条 具有下列情形之一的，建设单位除提供本规定第十五条所列材料外，应当同时提供特殊消防设计文件，或者设计采用的国际标准、境外消防技术标准的中文文本，以及其他有关消防设计的应用实例、产品说明等技术资料：（一）国家工程建设消防技术标准没有规定的；（二）消防设计文件拟采用的新技术、新工艺、新材料可能影响建设工程消防安全，不符合国家标准规定的；（三）拟采用国际标准或者境外消防技术标准的。 **《建筑设计防火规范》** 1.0.6 建筑高度大于250m的建筑，除应符合本规范的要求外，尚应结合实际情况采取更加严格的防火措施，其防火设计应提交国家消防主管部门组织专题研究、论证。
问题解析	1. 按住建部令51号文（之前为公安部令第119号文）规定，采用新材料、新工艺、新技术时，现行消防规范没有明确的内容，可采用特殊消防设计及专家评审方式作为设计依据。此时，应按住建部令51号文相关配套文件《建设工程消防设计审查验收工作细则》等要求，提供建设项目相关技术设计资料，申请专家论证，其结果可作为施工图消防设计、审查、验收依据。 2.《建规》条文第1.0.6条规定，高度大于250m的建筑，防火设计可提交国家消防主管部门组织专题研究论证。具体内容见《关于印发〈建筑高度大于250米民用建筑设计防火设计加强性技术要求（试行）〉的通知》相关技术要求。 3. 大型体育馆等观演建筑或交通建筑。此类项目设计有超大的功能空间，不在《建规》防火分区面积或疏散距离适用范围超出《建规》关于防火分区面积或疏散距离的规定，需按法规要求编制特殊消防设计报告，并经专家论证通过。不可将其设计和论证结果随意推行至其他项目中，常规项目设计应严格执行校方技术标准的规定，确实遇到规范条文不适用或不清楚、未明确时，宜向该标准的技术管理单位发文咨询。 4. 现状建筑的设计原则不能作为建设工程消防设计及审查验收依据。通过特殊消防设计评审论证并审验合格的项目，改造设计未改变原建筑设计功能、布局和分类定性时，可合理延续原特殊消防论证设计的措施、原则等内容。

问题描述

问题 4　规范标准解释权的问题

1. 项目的建设方、设计方、审图人员等对同一规范条文理解不一致时，如何解决？施工图设计和审查验收单位是否拥有对相关规范的解释权？

2. 图 1 为国家标准管理组针对具体项目咨询给予的解释性复函，其他项目有与复函内容相关的问题时，可以使用该复函解释吗？施工图审查机构会参考复函内容审图吗？

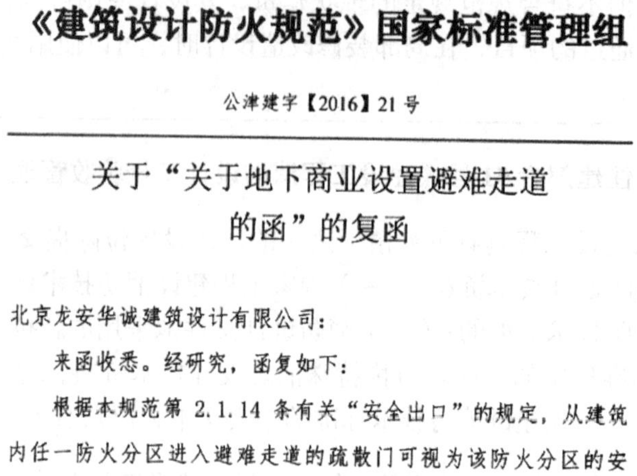

《建筑设计防火规范》国家标准管理组

公津建字【2016】21 号

关于“关于地下商业设置避难走道
的函”的复函

北京龙安华诚建筑设计有限公司：

来函收悉。经研究，函复如下：

根据本规范第 2.1.14 条有关“安全出口”的规定，从建筑内任一防火分区进入避难走道的疏散门可视为该防火分区的安

图 1　关于《建规》第 2.1.14 条问题的规范组复函（部分内容）

相关标准

《中华人民共和国消防法》

第九条：建设工程的消防设计、施工必须符合国家工程建设消防技术标准。建设、设计、施工、工程监理等单位依法对建设工程的消防设计、施工质量负责。

住建部令 51 号《建设工程消防设计审查验收管理暂行规定》

第十三条，提供建设工程消防设计图纸技术审查、消防设施检测或者建设工程消防验收现场评定等服务的技术服务机构，应当按照建设工程法律法规、国家工程建设消防技术标准和国家有关规定提供服务，并对出具的意见或者报告负责。

《建设工程质量管理条例》

第十九条：勘察、设计单位必须按照工程建设强制性标准进行勘察、设计，并对其勘察、设计的质量负责。注册建筑师、注册结构工程师等注册执业人员应当在设计文件上签字，对设计文件负责。

《建设工程勘察设计管理条例》

第五条：……建设工程勘察、设计单位必须依法进行建设工程勘察、设计，严格执行工程建设强制性标准，并对建设工程勘察、设计的质量负责。

建标〔2014〕65 号《工程建设标准解释管理办法》

有以下规定：

标准解释由标准批准部门负责。

对涉及强制性条文的，标准批准部门可指定有关单位出具意见，做出标准解释。

对涉及具体技术内容的，可由标准主编单位或技术依托单位出具解释意见。标准解释应加盖负责部门（单位）的公章。当申请人对解释意见有异议时，可提请标准批准部门做出标准解释。

问题解析	1. 依据《中华人民共和国标准化法》和《工程建设标准解释管理办法》等规定，标准主编或技术依托单位对标准可以出具解释意见。在《建规》等国家标准的前言中，通常会写明确该标准解释单位的名称。施工图消防设计、审查、验收、管理等机构人员，对标准无解释权。设计建设、审查验收、运营管理等规范执行人，对建设工程质量负有法规明确的职权责；施工图消防审查验收人员及所属技术服务机构，对出具的意见和报告负责（见住建部令 51 号文相关规定。执行规范过程中对规范条文的理解有差异时，应先进行技术沟通，如仍有异议时，可提请（标准批准部门确定的）标准管理组作出标准解释，如图 1 所示。 2. 国家标准管理组通常会针对具体项目的具体问题发出复函，复函不具有与标准同等的执行效力，建设工程消防设计或施工图审查人员只要准确理解和执行相关设计标准规定即可。少量对标准条文有进一步解释作用的复函，如图 1 所示，当设计的建设项目存在与复函内容类似的情况时，在与相关标准条文要求不矛盾的情况下，可参照复函内容理解执行。

问题描述

问题 5 建筑高度和建筑层数的计算方法

1. 建筑设计防火规范规定的建筑高度和建筑层数，与规划设计计算的建筑高度是否完全一致？

2. 若同一建筑按照规划和消防规范确定的建筑高度不一致时，怎么办？

相关标准

《建筑设计防火规范》

附录 A.0.1 建筑高度的计算应符合下列规定：

1 建筑屋面为坡屋面时，建筑高度应为建筑室外设计地面至其檐口与屋脊的平均高度。

2 建筑屋面为平屋面（包括有女儿墙的平屋面）时，建筑高度应为建筑室外设计地面至其屋面面层的高度。

3 同一座建筑有多种形式的屋面时，建筑高度应按上述方法分别计算后，取其中最大值。

4 对于台阶式地坪，当位于不同高程地坪上的同一建筑之间有防火墙分隔，各自有符合规范规定的安全出口，且可沿建筑的两个长边设置贯通式或尽头式消防车道时，可分别计算各自的建筑高度。否则，应按其中建筑高度最大者确定该建筑的建筑高度。

5 局部突出屋顶的瞭望塔、冷却塔、水箱间、微波天线间或设施、电梯机房、排风和排烟机房以及楼梯出口小间等辅助用房占屋面面积不大于 1/4 者，可不计入建筑高度。

6 对于住宅建筑，……。

2.1.1 高层建筑 high-rise building

建筑高度大于 27m 的住宅建筑和建筑高度大于 24m 的非单层厂房、仓库和其他民用建筑。

注：建筑高度的计算应符合本规范附录 A 的规定。

A.0.2 建筑层数应按建筑的自然层数计算，下列空间可不计入建筑层数：……。

《民用建筑设计统一标准》

4.5.2 建筑高度的计算应符合下列规定：

1 本标准第 4.5.1 条第 3 款、第 4 款控制区内建筑，建筑高度应以绝对海拔高度控制建筑物室外地面至建筑物和构筑物最高点的高度。

2 非本标准第 4.5.1 条第 3 款、第 4 款控制区内建筑，平屋顶建筑高度应按建筑物主入口场地室外设计地面至建筑女儿墙顶点的高度计算，无女儿墙的建筑物应计算至其屋面檐口；坡屋顶建筑高度应按建筑物室外地面至屋檐和屋脊的平均高度计算；当同一座建筑物有多种屋面形式时，建筑高度应按上述方法分别计算后取其中最大值；下列突出物不计入建筑高度内：……。

《民用建筑设计术语标准》

2.4.27 建筑高度 building height

建筑物室外地面到建筑物屋面、檐口或女儿墙的高度。

第 2.4.27 条条文说明：建筑高度的计算根据日照、消防、旧城保护、航空净空限制等不同要求，略有差异。

问题解析

1. 不完全一致，见《民用建筑设计统一标准》条文第 4.5.2 条和《建规》附录 A.0.1 的规定。

2. 同一建筑按规划和《建规》规定计算的建筑高度不一致时，宜分别依据相关规定计算并表达清楚。涉及建筑的内部消防设计和外部防火间距等消防设计内容时，应按防火规范的要求执行。除此以外的城市规划设计方面，如涉及日照、旧城保护、航空净空限制、规划验收时，应按《民用建筑设计统一标准》的规定执行。难以确定且只能申报一个高度时，因规范控制高度原则都是以高者为限，建议申报其中较高者，确保都能符合规范要求。本书主要讨论常见的防火问题，建筑高度和建筑层数均依据《建规》的附录规定内容论述。

<table>
<tr><td colspan="2">第二章　总则和基本规定</td><td>第一节　总则</td></tr>
<tr><td>问题描述</td><td colspan="2">问题 6　总平面图设计深度不足的问题
总平面图设计深度不足，不符合《建筑工程设计文件编制深度规定》《建筑工程施工图设计文件技术审查要点》等要求，且容易违反《建规》第 3～5 章，第 7.1 节、第 7.2 节等建筑防火相关强制性条文的规定，总平面图常见深度不足的情况有哪些？</td></tr>
<tr><td>相关标准</td><td colspan="2">《建筑工程设计文件编制深度规定》
对总平面图的设计深度做了如下规定：
4.2.3　设计说明。
一般工程分别写在有关的图纸上，复杂工程也可单独。如重复利用某工程的施工图图纸及其说明时，应详细注明其编制单位、工程名称、设计编号和编制日期；列出主要技术经济指标表（见表 3.3.2，该表也可列在总平面图上），说明地形图、初步设计批复文件等设计依据、基础资料，当无初步设计时说明参见 3.3.2 设计说明书 1 设计依据及基础资料。
4.2.4　总平面图。
1　保留的地形和地物；
2　测量坐标网、坐标值；
3　场地范围的测量坐标（或定位尺寸），道路红线、建筑控制线、用地红线等的位置；
4　场地四邻原有及规划的道路、绿化带等的位置（主要坐标或定位尺寸），周边场地用地性质以及主要建筑物、构筑物、地下建筑物等的位置、名称、性质、层数；
5　建筑物、构筑物（人防工程、地下车库、油库、贮水池等隐蔽工程以虚线表示）的名称或编号、层数、定位（坐标或相互关系尺寸）；
6　广场、停车场、运动场地、道路、围墙、无障碍设施、排水沟、挡土墙、护坡等的定位（坐标或相互关系尺寸）。如有消防车道和扑救场地，需注明；
7　指北针或风玫瑰图；
8　建筑物、构筑物使用编号时，应列出“建筑物和构筑物名称编号表”；
9　注明尺寸单位、比例、建筑正负零的绝对标高、坐标及高程系统（如为场地建筑坐标网时，应注明与测量坐标网的相互关系）、补充图例等。
4.2.5　竖向布置图。
2　场地四邻的道路、水面、地面的关键性标高；
3　建筑物、构筑物名称或编号、室内外地面设计标高、地下建筑的顶板面标高及覆土高度限制；
4　广场、停车场、运动场地的设计标高，以及景观设计中，水景、地形、台地、院落的控制性标高；
5　道路、坡道、排水沟的起点、变坡点、转折点和终点的设计标高（路面中心和排水沟顶及沟底）、纵坡度、纵坡距、关键性坐标，道路表明双面坡或单面坡、立道牙或平道牙，必要时标明道路平曲线及竖曲线要素；
6　挡土墙、护坡或土坎顶部和底部的主要设计标高及护坡坡度；
7　用坡向箭头或等高线表示地面设计坡向，当对场地平整要求严格或地形起伏较大时，宜用设计等高线表示，地形复杂时应增加剖面表示设计地形；
10　注明尺寸单位、比例、建筑正负零的绝对标高、坐标及高程系统（如为场地建筑坐标网时，应注明与测量坐标网的相互关系）、补充图例等。
《中华人民共和国城乡规划法》
第三十五条　城乡规划确定的铁路、公路、港口、机场、道路、绿地、输配电设施及输电线路走廊、通信设施、广播电视设施、管道设施、河道、水库、水源地、自然保护区、防汛通道、消防通道、核电站、垃圾填埋场及焚烧厂、污水处理厂和公共服务设施的用地以及其他需要依法保护的用地，禁止擅自改变用途。</td></tr>
</table>

问题解析	施工图设计文件中的总平面图及说明的设计深度表达应准确完整，并应与规划许可文件及附图一致。总平面图设计深度不足，会导致无法通过规划验收，甚至违反《建规》等规范强制性规定的情况。 总平面图常见涉嫌违规的设计深度问题如下： （1）未按《建筑工程设计文件编制深度规定》条文第 4.2.3 条规定，注明总平面图及明细表中地下地上建筑名称、面积、高度、层数、场地出入口及停车数等，或标注内容与规划许可证及附图不一致。未明确规划、交通、日照、无障碍、消防等法规或审批文件对总平面图的要求。 （2）未按《建筑工程设计文件编制深度规定》条文第 4.2.4 条完善总平面图设计内容及表达，如：用地红线及坐标，建筑基底和建筑控制线，本地块主要建（构）筑物、地下隐蔽工程的名称或编号、层数、定位坐标，未表述建筑用地内广场、停车场、运动场地、道路、围墙、无障碍设施、排水沟、挡土墙、护坡等图例及定位做法。道路系统位置标高等设置内容与单体首层平面不一致。 （3）未按《建筑工程设计文件编制深度规定》条文第 4.2.5 条规定完善总平面图竖向设计内容。主要有各建筑物 ±0.000 绝对标高、四角标高、地下建筑顶板面标高及覆土高度，相邻道路、场地等关键部位的标高，场地内道路、硬地等排水坡度坡向、转折点标高，道路单或双面坡度及道牙做法。建筑物四周高程与单体首层平面室外地坪高程表达内容不一致。 （4）未明确总平面图场地和建筑物的无障碍设计内容。未明确无障碍停车位设计数量及停放位置，或表达内容不符合规划要求及《无障碍设计规范》条文第 8.1.2 条、第 8.10.1 条等规定。未按《老年人照料设施建筑设计标准》条文第 4.2.4 条表达道路系统，未表达停靠在养老设施主要出入口处的救护车位置。 （5）未明确项目雨水控制与利用的设计依据、设计内容、施工及安全防护等要求。 （6）有人防工程的，未准确表达人防施工图设计总平面图的设计内容。 总平面图常见可能违反《建规》等防火规范规定的问题有： （1）未准确注明项目用地和周边相邻地块现状建（构）筑物的性质和间距尺寸。特别是周边有无火灾危险性较大的厂房仓库、甲乙丙类液体储罐、可燃气体储罐或材料堆场、燃气调压站等建（构）筑物，防火间距需符合《建规》第 4.4 节、第 4.5 节和条文第 3.5.1 条、第 3.4.1 条、第 5.2.1 条、第 5.4.14 条、第 5.2.3 条等规定。当周边有火灾危险性大的石油化工企业、烟花爆竹工厂、石油天然气工程、钢铁企业、发电厂与变电站、加油加气站等工程时，其间距尚需符合《汽车加油加气站设计与施工规范》《城镇燃气设计规范》《液化石油气供应工程设计规范》等标准的规定。 （2）未完整标注本项目所有地上建（构）筑物（含地下建筑人防出入口、竖井、配电室、传达室等）单体名称及防火间距，不符合《建规》等防火规范相应条文规定。当单体间防火间距标注不符合规定时，未明确已采取的其他防火分隔措施和依据，或与单体建筑图纸设计内容不一致。 （3）未按《建规》条文第 7.1.8 条、第 7.1.9 条准确注明消防车道的设置位置、宽度、坡度、承载力、转弯半径、回车场尺寸、净空高度等；多层街区建筑群、厂房仓库建筑等消防车道未成环，或环形消防车道仅有一处与其他车道连通。《建规》条文第 7.1.2 条规定的建筑类型，未按规定沿两个长边设置消防车道；消防车道或登高操作场地与建筑物之间，未按规定明确不设置妨碍消防救援的树木、架空管线等障碍物；消防车道或登高操作场地违规采用隐形绿化（影响消防扑救）；未核实明确消防车道或登高操作场地路面基础、铺装、结构、管道和暗沟等能承受重型消防车的压力。 （4）高层建筑消防车登高操作场地的设置位置、长宽、坡度、间距等，不符合《建规》第 7.2 节规定；消防车登高操作场地范围内设置进深大于 4m 裙房、雨篷、车库出入口等影响消防扑救工作的障碍物，消防车登高操作场地与建筑外墙距离大于 10m；建筑与登高操作场地相对应范围未设置直通楼梯间的入口。消防车登高操作场地违规布置在本项目用地红线外，或借用绿化绿地或市政道路时，未取得权属单位同意，或场地内设置的道牙高差、路障、道路围栏、树木、架空管线等妨碍消防扑救工作。

<table>
<tr><td colspan="2">第二章　总则和基本规定</td><td>第一节　总则</td></tr>
<tr><td>问题描述</td><td colspan="2">问题 7　消防设计说明深度不足的问题
施工图设计文件平面图设计表达深度应符合《建筑工程设计文件编制深度规定》《建筑工程施工图设计文件技术审查要点》相关规定要求。我们在施工图审工作中发现的，建议施工图设计说明中应表达完善的设计内容有哪些？</td></tr>
<tr><td>相关标准</td><td colspan="2">《建筑工程设计文件编制深度规定》
对施工图设计说明的设计或表达深度做了如下规定：
4.3.3　设计说明。
1　依据性文件名称和文号，如批文、本专业设计所执行的主要法规和所采用的主要标准（包括标准名称、编号、年号和版本号）及设计合同等。
2　项目概况。
内容一般应包括建筑名称、建设地点、建设单位、建筑面积、建筑基底面积、项目设计规模等级、设计使用年限、建筑层数和建筑高度、建筑防火分类和耐火等级、人防工程类别和防护等级、人防建筑面积、屋面防水等级、地下室防水等级、主要结构类型、抗震设防烈度等，以及能反映建筑规模的主要技术经济指标，如住宅的套型和套数（包括套型总建筑面积等）、旅馆的客房间数和床位数、医院的床位数、车库的停车泊位数等。
4　用料说明和室内外装修。
5　对采用新技术、新材料和新工艺的做法说明及对特殊建筑造型和必要的建筑构造的说明。
6　门窗表（见表 4.3.3-2）及门窗性能（防火、隔声、防护、抗风压、保温、隔热、气密性、水密性等）、窗框材质和颜色、玻璃品种和规格、五金件等的设计要求。
7　幕墙工程（玻璃、金属、石材等）及特殊屋面工程（金属、玻璃、膜结构等）的特点，节能、抗风压、气密性、水密性、防水、防火、防护、隔声的设计要求、饰面材质、涂层等主要的技术要求，并明确与专项设计的工作及责任界面。
8　电梯（自动扶梯、自动步道）选择及性能说明（功能、额定载重量、额定速度、停站数、提升高度等）。
9　建筑设计防火设计说明，包括总体消防、建筑单体的防火分区、安全疏散、疏散人数和宽度计算、防火构造、消防救援窗设置等。
12　根据工程需要采取的安全防范和防盗要求及具体措施，隔声减振减噪、防污染、防射线等的要求和措施。
13　需要专业公司进行深化设计的部分，对分包单位明确设计要求，确定技术接口的深度。

公消〔2016〕113 号《关于加强超大城市综合体消防安全工作的指导意见》有如下规定：一、（四）严格防火分隔措施。严禁使用侧向或水平封闭式及折叠提升式防火卷帘，防火卷帘应当具备火灾时依靠自重下降自动封闭开口的功能……。</td></tr>
<tr><td>问题解析</td><td colspan="2">施工图设计说明是整套施工图纸的纲领性文件，十分重要。施工图设计说明应准确表达建筑真实使用功能，按实际使用对象和功能准确确定建筑定性分类，才能完成各专业准确一致的消防设计。涉及二次设计的建筑项目，需在建设工程整体设计时明确二次设计的范围、内容、设计接口和主要技术要求；既有建筑改造设计应在充分评估、了解和准确表达原建筑消防等设计情况后，才能作出合理合规、不改变或提升原建筑性能的新设计。
建筑专业施工图及详图无法准确表达的消防设计内容，应采用说明、计算图表等方式辅助表达。常见因设计说明深度不足或错漏表达导致容易违反规定的情况有：</td></tr>
</table>

问题解析	（1）未按项目建筑分类、防火等级，准确表达总平面图防火间距、消防车道、登高救援场地等设置情况；未明确厂房、仓库、民用建筑附属库房等项目的生产、经营、展示、存储物品的火灾危险性；未明确项目的防火分区面积、防烟分区、最大使用人数、安全疏散计算等设计内容；未准确表达各部位建筑构件的具体做法、燃烧性能、耐火极限；未明确防火门、消防电梯、防火卷帘、防火封堵等建筑构造或设施的具体技术要求；未准确表达民用建筑内消防水泵房、消防控制室、厨房、附属库房、变配电、锅炉房、重要机房等特殊房间的防火分隔、防水防潮、防爆泄压等措施或做法要求。 （2）未明确建筑内的电缆井、管道井等在每层楼板处采用不低于楼板耐火极限的防火封堵材料封堵，未明确其与房间、走道等相连通的孔隙的防火封堵措施。未说明暗装配电箱所在墙体的防火封堵措施。 （3）未按《建规》条文第5.4.2条核实明确民用建筑内附属库房存储物品的火灾危险性，或表达错误。未明确不应有甲乙类物品；未明确若有大量丙1类液体时，其存储位置、储量、防火分隔和防液体流散措施。民用建筑内如有科研试验性生产房间，需参照《建规》条文第3.1.2条明确是否有火灾危险性高于建筑整体定性分类的功能房间，若有，应明确其名称、位置、面积等，并注意防火分隔和装饰装修材料等技术措施应符合相关规定。 （4）厂房、仓库建筑未明确生产中使用、储存物品性质，未按《建规》条文第3.1节规定准确定性建筑物的火灾危险性类别。厂房内有火灾危险性高于建筑定性的房间时，未明确其火灾危险性类别定性、位置面积及通风泄压等消防措施；有可燃气体、蒸汽和有粉尘、纤维爆炸危险的甲乙类房间时，未按规定采取不发火花地面等防火防爆措施；有使用、生产或存储甲乙丙类液体的房间，未按《建规》第3.6节规定明确其防流散、防火防爆措施。 （5）未按《建规》条文第6.1.1条、第6.1.7条、第6.2.4条规定核实防火墙的设置。防火墙未直接设置在基础或框架、梁等承重构件上时，未明确次梁等竖向承重构件设置位置及要求；未明确防火墙、隔墙应从楼地面基层隔断设置到顶板底面基层。未按《建规》条文第3.2.1条、第5.1.2条规定核实明确建筑内局部钢、木结构构件的防火涂料做法、耐火极限等要求。 （6）未明确电梯选择及性能说明（功能、额定载重量、额定速度、停站数、提升高度、无障碍要求等），不符合《建筑工程设计文件编制深度规定》条文第4.3.3.8条规定。未按《建规》条文第6.2.9条规定明确在电梯井内除电梯门、逃生门、通气孔外，不设置其他开口；未明确电梯层门的耐火极限不低于1.0h。未按《建规》条文第7.3.8条和国家标准《消防员电梯制造与安装安全规范》相关规定明确消防电梯选用的要求。 （7）按《建规》条文第6.7.4条规定，设置人员密集场所的建筑，其外墙外保温材料燃烧性能应为A级。常用挤塑聚苯板燃烧性能为B_1或B_2级，选用A_2级（隔离式挤塑板、聚合聚苯板等）外保温材料燃烧性能难以判定时，应有符合《建筑材料及制品燃烧性能分级》的产品合格检测报告（供验收检查）。按《建规》条文第6.7.6条规定，有空腔幕墙的高层建筑外保温材料应为A级，同时仍需按《建规》条文第6.7.9条规定，明确空腔幕墙层间楼板缝隙处的防火封堵措施。 （8）未按《建规》条文第6.7.10条、第6.7.7条、第6.7.8条规定，需明确采用非A级外保温的建筑屋顶、外墙处的防火隔离带及保温防护层的设置要求。建筑屋面采用B_1、B_2级保温材料时，未明确屋面板耐火等级、屋面与外墙防火隔离带做法、屋面保护层厚度。建筑物外墙外保温为B_1、B_2级材料时，未按《建规》第6.7.7条规定明确外门窗耐火完整性要求。 （9）立面、剖面图中层间外墙的窗槛墙高度不足时，未按《建规》条文第6.2.5条规定在上下楼层之间设置耐火完整性不低于1h耐火极限的防火玻璃墙等。要求设有建筑幕墙时，未按《建规》条文第6.2.6规定条明确幕墙与每层楼板、防火隔墙处缝隙采用防火封堵材料封堵的要求及不应将低楼板、防火隔墙耐火极限的要求。 （10）门窗做法表设计内容深度不足，未准确表达门窗编号、材质做法、洞口尺寸、疏散净宽等设计要求（注意疏散净宽应为扣除门扇门框等的净宽度）。通道安全出口等处设置门联窗、旋转门时，未注明旁边疏散门净宽或疏散净宽不足，或注明宽度不符合疏散计算及规范最小值要求。设有大小扇

问题解析	的疏散门时，未注明疏散门大小扇，或详图选用图集与平面图选用图集不一致。人员密集场所疏散走道上的疏散门，未注明不得上锁，或设置门禁时未明确采取火灾时能从两侧（或内部）易于打开门禁的措施，未在显著位置设置使用提示标识，不符合《建规》条文第 6.4.11 条第 4 款、《疏散用门安全控制与报警逃生门锁系统设计、施工及验收规程》条文第 3.2.1 条等规定。 （11）门窗详图设计内容表达不完善，外门窗开启部位和方式与立面图相关内容表达不一致。未按规范补规定完善消防救援窗详图、破碎标识或净宽净高尺寸，门窗玻璃选型不符合《建规》条文第 7.2.5 条、《建筑玻璃应用技术规程》条文第 7.1.1 条规定。未明确选用防火门图集，或未按《建规》条文第 6.5.1 条和《防火门》的相关规定准确表达防火门等级、自闭、常开、顺序关闭、火灾自闭信号反馈及手动开启性能等要求。未按《防火窗》相关规定，明确防火窗设置要求、固定或开启方式；或未按《建规》条文第 6.5.2 条明确采用不可开启的窗扇或具有火灾时能自行关闭的功能。 （12）未按《建规》条文第 6.5.3 条、《防火卷帘》相关规定，明确防火卷帘的宽高材质、耐火时限、自重降落、自闭反馈及防火封堵等设置要求。采用了侧向封闭式或水平折叠提升式防火卷帘，不符合《建规》条文第 6.5.3 条和公消〔2016〕113 号第一（四）条规定。

问题描述

问题 8 室内装修做法设计表达深度不足的问题

施工图设计文件室内装修做法表仅表达墙面、地面、顶棚的做法，这样的设计符合规定吗？常见室内装修做法表达深度不足的情况有哪些？

相关标准

《建筑工程设计文件编制深度规定》（2016 年版）

4.3.3 条 4 款有以下规定：

2）室内装修部分除用文字说明以外亦可用表格形式表达（见表 4.3.3-1，由于篇幅有限，此处只截取了部分表 4.3.3-1 的内容），在表上填写相应的做法或代号；较复杂或较高级的民用建筑应另行委托室内装修设计；凡属二次装修的部分，可不列装修做法表和进行室内施工图设计，但对原建筑设计、结构和设备设计有较大改动时，应征得原设计单位和设计人员的同意。

表 4.3.3-1 室内装修做法表

部位 名称	楼、地面	踢脚板	墙裙	内墙面	顶棚	备注
门厅						
走廊						

4.3.3 设计说明。

9 建筑设计防火设计说明，包括总体消防、建筑单体的防火分区、安全疏散、疏散人数和宽度计算、防火构造、消防救援窗设置等。

问题解析

不符合规定。施工图设计文件室内装修做法表应以房间名称为列，准确表达设计范围内各房间（含楼梯间、无窗房间等）的地面、墙面、顶棚、隔断、固定家具、装饰织物、其他装饰装修材料等 7 大类的装修做法及材料燃烧性能等级（不是耐火极限），并符合规范《内装规》等规定；若某些房间无隔断、无装饰织物等装饰装修材料，应在室内装修做法表中标注清楚。施工图审查中发现的常见装修做法设计深度表达不足、涉及强制性条文规定的问题有：

（1）未按《内装规》第 4 节规定明确该节特殊场所的装修材料要求。未明确灯具、电气设备等与窗帘帷幕幕布软包等装修材料距离不应小于 500mm 的规定。未明确燃气表间、锅炉房燃气调压间等的防火防爆设计，导致设计内容可能不符合《锅炉房设计规范》条文第 15.1.1 条 3 款、《建筑地面设计规范》条文第 3.8.5 条等规定。

（2）装修材料表未注明无窗房间的设置情况。其装修材料的燃烧性能应按《内装规》条文第 4.0.8 条规定提高一级。

（3）选用涂料时未明确无机涂料。选用燃烧性能为 A 级的乳胶漆时，需注意市场有无能达到标准要求的合规产品。选用其他燃烧性能较难确定的装修材料时，需按《内装规》条文第 3.0.3 条规定核实明确有无经检测符合《建筑材料及制品燃烧性能分级》相关规定的合格产品（验收时需有符合规定的检测报告）。

（4）涉及经常使用明火器具的餐厅、科研试验室，未按《内装规》条文第 4.0.12 条规定，在《内装规》表 5.1.1～表 5.3.1、表 6.0.1 和表 6.0.5 规定的基础上提高一级。展览性场所需明确有高温高热设备时，其贴邻的墙面、台面等未选用 A 级装修材料，不满足《建筑内部装修设计防火规范》条文第 4.0.14 条的规定。

（5）未明确厂房等建筑是否有爆炸危险房间，以爆炸危险房间的位置、通风和泄压措施。设置可燃气体、蒸汽和有粉尘、纤维爆炸危险的甲乙类厂房等，未明确相应房间的不发火花地面做法等防爆措施。使用和生产甲乙丙类液体的厂房，未明确其防流散和防燃防爆措施。

问题描述

问题 9 平面图消防设计深度不足的问题

1. 施工图是否必须有防火分区示意图？应表达哪些设计内容？

2. 平面图常见设计深度表达不足，容易违反哪些消防强制性条文？

相关标准

《建筑工程设计文件编制深度规定》

有以下规定：

4.3.4 平面图。

15 每层建筑面积、防火分区面积、防火分区分隔位置及安全出口位置示意，图中标注计算疏散宽度及最远疏散点到达安全出口的距离（宜单独成图）；当整层仅为一个防火分区，可不注防火分区面积，或以示意图（简图）形式在各层平面中表示。

4.3.5 立面图。

（略）

4.3.7 详图。

（略）

4.3.8 对贴邻的原有建筑，应绘出其局部的平、立、剖面，标注相关尺寸，并索引新建筑与原有建筑结合处的详图号。

4.3.9 计算书。

（略）

4.3.11 增加保温节能材料的燃烧性能等级，与消防相统一。

问题解析

1. 对于无法仅用防火说明表达清楚防火分区等消防设计情况的复杂项目，应有防火分区示意图，并应与平面布置图表达一致。注明各防火分区面积（是否有自动灭火系统）、最大使用人数、疏散设计计算、安全出口设置位置、净宽（直通和借用出口请用不同图例表达）及消防电梯设置情况等设计内容。

2. 平面图设计深度表达不足，导致容易违反消防标准强制性条文的常见问题：

（1）未准确核注各功能区或房间、功能名称及面积、最大使用人数；预留的房间或空间功能定性不清楚，错漏或未按真实功能准确核定人数，导致疏散门的个数、间距及开启方向等设计错误，违反《建规》条文第 5.5.15 条、第 5.5.17 条、第 5.5.5 条、第 6.4.11 条等规定。预留设备间应明确功能定性，避免其疏散门的设置违反《建规》条文第 6.2.7 条、《汽车防火规》条文第 5.1.9 条、第 5.2.6 条等规定。

（2）未准确标注安全出口或房间疏散门的编号、洞口或净宽尺寸。门编号未规范表达洞口宽高、防火要求等，或其表达与门窗表不一致；选用门窗图集时，需注意土建洞宽 1.0m（人员密集场所 1.5m）时，最小疏散净宽可能小于 0.9m（1.4m），涉嫌违反《建规》条文第 5.5.18 条和第 5.5.19 条的规定。

（3）未清楚表达各墙体构件做法及耐火极限要求。疏散走道两侧防火隔墙（含防火玻璃墙）图例错误或漏画；厨房等高温明火房间、冷藏间、杂物间、档案室、储藏类房间、设备机房等防火隔墙要求不准确，导致可能违反《建规》条文第 5.1.2、第 6.2.3 条、第 6.2.7 条等规定。

（4）未注明疏散走道净宽。开向疏散走道的门扇开足影响走道的疏散宽度时，涉嫌违反《建规》条文第 6.4.11 条、《民用建筑设计统一标准》条文第 6.11.9 条第 5 款疏散宽度要求。公共疏散走道（含门厅）不应设有影响安全疏散的可燃物、障碍物，参见《建规》条文第 5.5.17 条条文说明及《内装规》条文第 4.0.1～4.0.6 条规定。

（5）未按照《建规》条文第 7.2.3～7.2.5 条规定，注明外墙救援窗口的位置、大小、标识图例或与立剖面及门窗详图表达不一致。

问题描述

问题 10　与装修改造项目设计及消防审查验收依据相关的问题

1. 装修改造项目，可否依据原项目设计审查时的标准规范？

2. 装修改造项目，无法按现行有效消防标准进行改造，怎么办？

3. 装修改造项目是否肯定不涉及结构设计审查？

相关标准

住建部令 51 号《建设工程消防设计审查验收管理暂行规定》

第二条　特殊建设工程的消防设计审查、消防验收，以及其他建设工程的消防验收备案、抽查，适用本规定。

第四十条　新颁布的国家工程建设消防技术标准实施之前，建设工程的消防设计已经依法审查合格的，按原审查意见的标准执行。

第四十一条　住宅室内装饰装修、村民自建住宅、救灾和非人员密集场所的临时性建筑的建设活动，不适用本规定。

原公安消防标准《建设工程消防设计审查规则》

有以下规定：

第 1 条范围：本标准适用于公安机关消防机构依法对新建、扩建、改建（含室内外装修、建筑保温、用途变更）等建设工程的消防设计审核和备案检查；消防设计单位自审查、施工图审查机构实施的消防设计文件技术审查，可参照执行。

第 2 条规范性引用文件：下列文件对于本文件的应用是必不可少的。凡是注日期的引用文件，仅注日期的版本适用于本文件。凡是不注日期的引用文件，其最新版本（包括所有的修改单）适用于本文件。GB/T 5907（所有部分）消防词汇；GB 50016 建筑设计防火规范；GB 50084 自动喷水灭火系统设计规范；GB 50116 火灾自动报警系统设计规范；GB 50222 建筑内部装修设计防火规范；GB 50974 消防给水及消火栓系统技术规范。

原公安消防标准《建设工程消防验收评定规则》

有以下规定：

第 1 条范围：本标准适用于公安机关消防机构依法对新建、扩建、改建（含室内外装修、建筑保温、用途变更）等建设工程竣工后实施的消防验收和竣工验收消防备案检查。

问题解析

1. 不可以。按住建部令 51 号文第二、四十、四十一条，《建设工程消防设计审查规则》和《建设工程消防验收评定规则》相关规定，既有建筑装修改造设计范围内的消防设计内容及其审查、验收，原则上应按现行有效消防设计标准执行。

2. 确有困难不能满足时，可根据装修改造项目的实际情况，合理评估本次装修改造设计的范围和具体内容。对涉及改变建筑的功能布局、结构构件、消防设施系统变更的，应执行现行有效消防标准相关规定。对既有建筑确实无法通过合理的改造设计符合现行标准的，应进行消防评估，本次改造（含之前私自改造）不应采用违反强制性条文且严重影响安全的设计方案，其他情况，可针对具体项目采取合理可行的性能化补偿措施，以达到不降低现行消防标准安全的目的。具体内容可执行地方指导性政策文件，如《北京市既有建筑改造工程消防设计指南》。

3. 不一定。常见以下两类情况的装修改造项目会涉及结构设计审查。第一类是商业等其他功能改为幼儿园、中小学、养老、医院等建筑，或改为大型会议多功能厅、影剧院等人员密集型场所，以及改为数据机房等，会涉及增加结构设计荷载或抗震设防标准的变化；第二类为涉及承重墙、柱、梁及楼板等结构构件改动的，如增加楼梯、楼板开洞、局部增加夹层等，均应申报结构专业审查或明确结构设计已完成并有安全合规的检测结果。

问题描述

问题 11 装修改造项目设计深度不足的问题

装修改造项目设计深度不足，容易违反消防强制性条文的情况，应如何避免？

相关标准

《北京市既有建筑改造工程消防设计指南》等当地指导性政策文件

问题解析

装修改造项目建筑环境、建筑定性和设计范围的确定，比新建项目更复杂，建议认真研究如《北京市既有建筑改造工程消防设计指南》等当地指导性政策文件，认真研究原建筑施工图及现场勘验情况等相关技术资料，根据项目具体情况，进行合理的消防安全评估，确定本次装修改造设计的内容、目标等，避免产生严重影响安全的新问题或违反强制性条文的情况。常见问题有：

（1）应明确本次局部装修改造项目的整体概况。包括本改造所在原建筑物的总建筑面积、层数、高度、用途、建筑分类、耐火等级等，并明确本次局部改造位置、改造前后的实际使用功能。避免出现改变了原合规建筑的使用功能、建筑性质，故意或无意导致新的违反消防设计、主体结构、使用安全等方面政策法规的技术问题。

如图 1 所示，三层办公楼的首层改为员工餐厅，二层改为员工会议（教室平面布局），三层改为员工休息（旅馆客房布局），其真实使用对象和功能布局，与申报建筑性质不一致。若建筑实际使用功能已由（固定单位使用对象的）办公建筑改为设有人员密集场所、有涉外经营的商业使用性质的综合公建，需按现行规范核实改造后的设计内容符合规范要求，包括建筑功能布局、防火分隔、安全疏散、结构安全和水暖电各专业消防设施等。如为旅馆、宿舍或有歌舞娱乐休息场所，外墙外保温材料需符合《建规》条文第 6.7.4 条“应为 A 级”的强制性规定。同时，核实是否涉及总平面、建筑外墙、外窗、屋面、建筑立面等设计，改变原建筑的使用性质、面积、外立面形式时，尚应咨询规划等管理部门意见，获得许可。

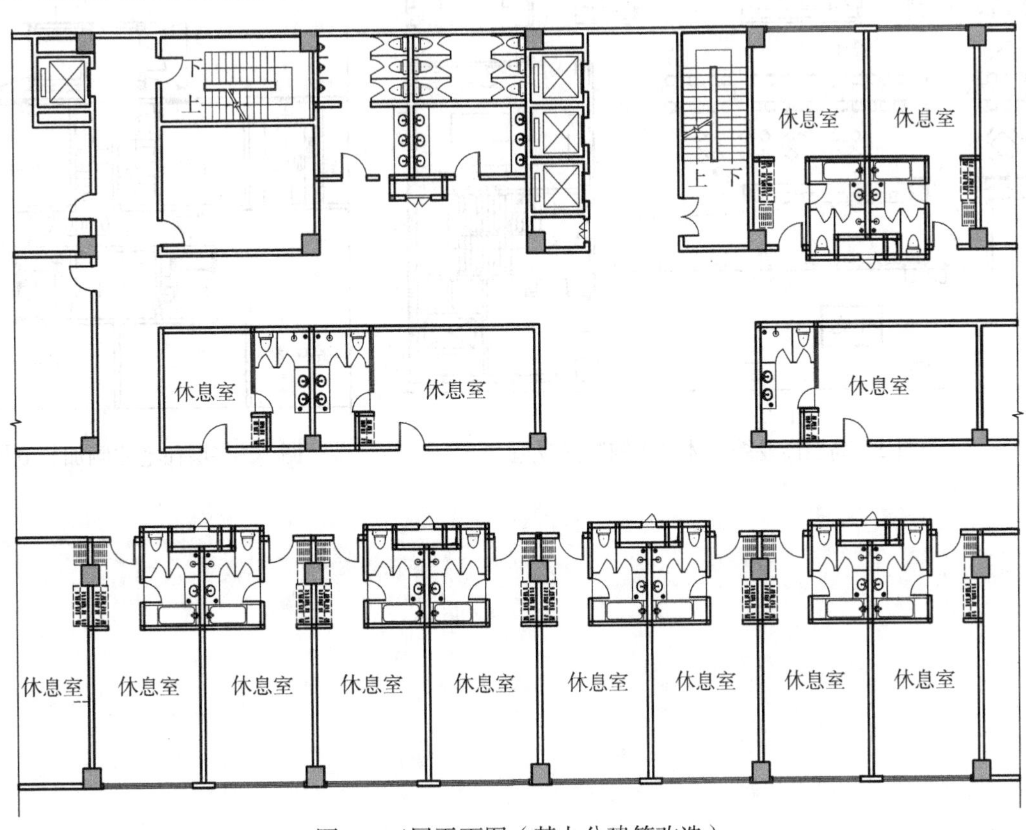

图 1 三层平面图（某办公建筑改造）

（2）应合理确定本次装修改造的设计范围，局部改造项目可用平面图例注释等方式表达实际设计范围。注意本次改造对所在防火分区、层或建筑非改造区的影响，需整体考虑防火分区的安全疏散出口设置及非改造区的疏散安全。避免把整层的楼梯间疏散宽度都据为己有，或阻挡非改造区疏散通道、增加其疏散距离等不合规的问题。

（3）应核实明确本次装修改造的消防设计范围、内容，包括改造部分所在或涉及的防火分区内消防设计内容。明确表达改造设计涉及的防火分区面积（是否有自动灭火系统）、安全出口位置距离、疏散设计、新增构件、防火分隔、消防救援窗等设计内容，是否符合现行消防规范要求。

如图 2 所示，高层商业综合体内若干店铺合并改为餐饮店。将原合规建筑内无餐饮功能的商业营业厅，改造成设有燃气或高温明火的餐饮功能，其防火分区面积需符合《建规》条文第 5.3.1 条“其他”项规定；且应设疏散走道通往与中庭及其他店铺共用的防烟楼梯间安全出口。

（4）应落实明确本次装修改造是否涉及总图或室外场地改造。若涉及，应准确表达建筑间距、防火间距、消防车道、登高操作场地等总平面设计内容；并注意日照、节能、交通、雨水控制与利用等设计内容的合规性。

如图 3 所示，多层住宅北侧加装电梯改造的设计项目，导致了阻挡建筑北侧消防车道、减少防火间距等违反消防强制性标准问题。类似住宅项目在内天井加装电梯设计方案，可能涉及改变原建筑疏散楼梯间自然通风条件，导致违反住宅卧室采光通风、日照、噪声等强制性条文的问题。

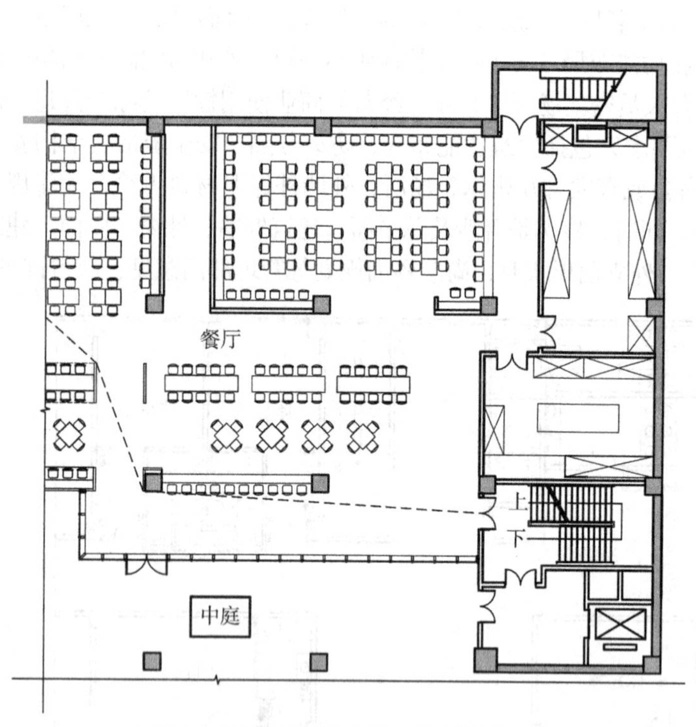

图 2　高层商业综合体内店铺装修改造

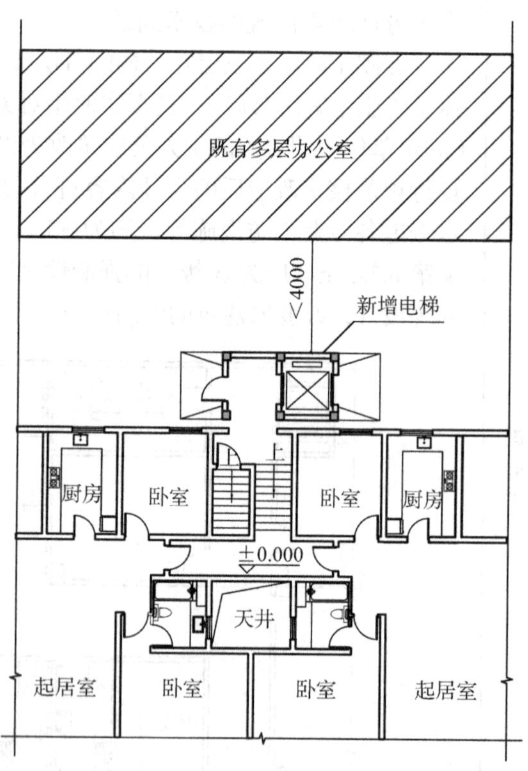

图 3　多层住宅北侧加装电梯改造

问题解析

问题描述

问题 12 公寓建筑的分类及消防设计依据的问题

1. 公寓建筑如何分类？如何执行相关消防标准？是否有不执行住宅、宿舍、旅馆三种消防标准的公寓类型？

2. 图 1 为建在公共建筑用地内、日照不足的单元式公寓，可否按住宅建筑执行消防设计规定？

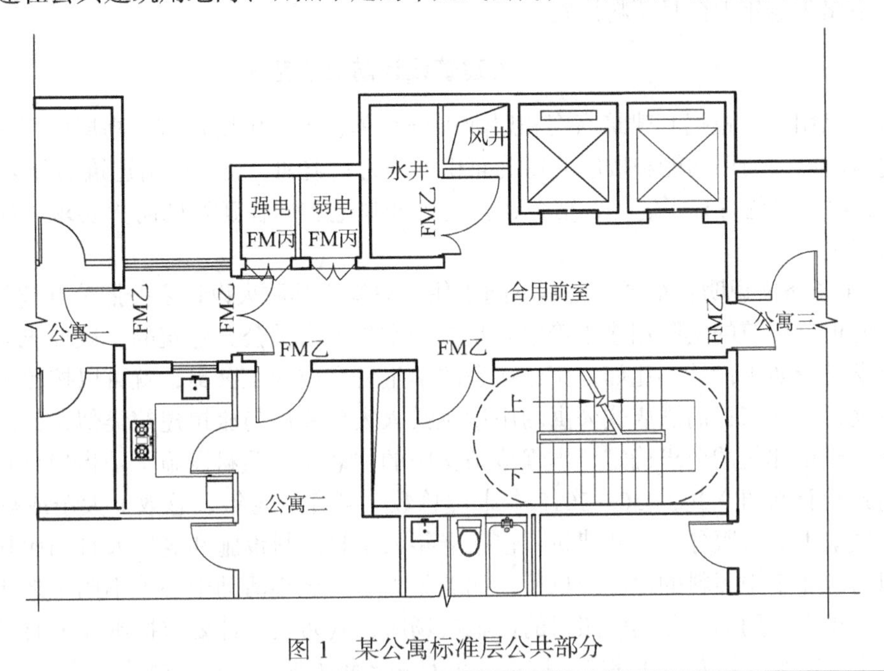

图 1 某公寓标准层公共部分

相关标准

《民用建筑设计术语标准》

3.1.2 酒店式公寓 service apartment

提供酒店式管理服务的住宅。

3.3.3 公寓式办公楼 office apartment

由一种或数种平面单元组成，单元内设有办公、会客空间、卧室、厨房和卫生间等房间的办公建筑。

《住宅设计规范》

2.0.1 住宅 residential building

供家庭居住使用的建筑。

第 2.0.1 条条文说明：本定义提出了住宅的两个关键概念："家庭"和"房子"。申明"房子"的设计规范主要是按照"家庭"的居住使用要求来规定的。未婚的或离婚后的单身男女以及孤寡老人作为家庭的特殊形式，居住在普通住宅中时，其居住使用要求与普通家庭是一致的。作为特殊人群，居住在单身公寓或老年公寓时，则应另行考虑其特殊居住使用要求，在《住宅设计规范》GB 50096 中不需予以特别考虑。……住宅的设施配套标准是以家庭为单位配套的，而公寓一般以栋为单位甚至可以以楼群为单位配套。……目前，我国尚未编制通用的公寓设计标准。

《老年人照料设施建筑设计标准》

2.0.1 老年人照料设施 care facilities for the aged

为老年人提供集中照料服务的设施，是老年人全日照料设施和老年人日间照料设施的统称，属于公共建筑。

第 2.0.2 条条文说明：老年人全日照料设施的主要特点是为老年人提供住宿和生活照料服务。其中"生活照料服务"一词来源于《养老机构服务质量基本规范》GB/T 35796—2017，是指：向老年人提

相关标准	供饮食、起居、清洁、卫生照护的活动。目前常见的设施名称有：养老院、老人院、福利院、敬老院、老年养护院、老年公寓等。除生活照料服务之外，老年人全日照料设施还可根据实际运营需求，提供老年护理服务、康复服务、医疗服务等其他服务项目（具体服务项目及要求见现行国家标准《养老机构服务质量基本规范》GB/T 35796）。符合上述特点的设施，无论其实际的设施名称如何，均应纳入本标准所定义的“老年人全日照料设施”范畴。需注意，部分老年公寓为供老年人居家养老使用的居住建筑，不属于老年人全日照料设施。 **《建筑设计防火规范》** 5.1.1　民用建筑根据其建筑高度和层数可分为单、多层民用建筑和高层民用建筑。高层民用建筑根据其建筑高度、使用功能和楼层的建筑面积可分为一类和二类。民用建筑的分类应符合表 5.1.1 的规定。注：2 除本规范另有规定外，宿舍、公寓等非住宅类居住建筑的防火要求，应符合本规范有关公共建筑的规定。 第 5.1.1 条条文说明：宿舍、公寓不同于住宅建筑，其防火设计要按照公共建筑的要求确定。具体设计时，要根据建筑的实际用途来确定其是按照本规范有关公共建筑的一般要求，还是按照有关旅馆建筑的要求进行防火设计。比如，用作宿舍的学生公寓或职工公寓，就可以按照公共建筑的一般要求确定其防火设计要求；而酒店式公寓的用途及其火灾危险性与旅馆建筑类似，其防火要求就需要根据本规范有关旅馆建筑的要求确定。本规范条文中的“老年人照料设施”是指现行行业标准《老年人照料设施建筑设计标准》JGJ 450—2018 中床位总数（可容纳老年人总数）大于或等于 20 床（人），为老年人提供集中照料服务的公共建筑，包括老年人全日照料设施和老年人日间照料设施。其他专供老年人使用的、非集中照料的设施或场所，如老年大学、老年活动中心等不属于老年人照料设施。……其他专供老年人使用的、非集中照料的设施或场所，其防火设计要求按本规范有关公共建筑的规定确定；对于非住宅类老年人居住建筑，按本规范有关老年人照料设施的规定确定。 **《公寓建筑设计标准》** 5.1.5　公寓建筑的防火设计应符合现行国家标准《建筑设计防火规范》GB 50016 有关公共建筑的有关规定。
问题解析	1. 企业标准《公寓建筑设计标准》仅明确公寓建筑的防火设计需按《建规》公共建筑的规定执行，但未明确具体建筑类型。实际工程中，除定性为老年人照料设施的养老公寓外，其他公寓通常为住宅、宿舍、旅馆三种类型。供家庭成员居住使用，且符合《住宅设计规范》规定的住宅型公寓，消防设计可按《建规》住宅建筑相关规定执行。不符合住宅建筑规定的，宜根据使用对象不同，分为宿舍类和旅馆类公寓。为固定单位配套、有管理责任人的单位员工、在校学生等固定人员较长期居住使用的公寓，应满足《宿舍建筑设计规范》相关规定，消防设计可按《建规》公共建筑规定执行。不满足上述条件时，应归类为旅馆建筑，按《旅馆建筑设计规范》及《建规》旅馆建筑相关规定执行。人员密度大的集体租赁公寓，价格低廉的青年旅社，带有办公、会客功能的专家公寓，住宅平面布局的老年公寓等各类居住建筑，需按真实居住对象、人数、功能等，准确合理地确定建筑分类，适用的专项标准和建筑消防分类定型等设计依据应一致。 2.《建筑设计防火规范》中“公寓”仅指作为公共建筑的公寓，见《建规》条文第 5.1.1 条及条文说明。单元式布局的居住公寓，若其居住使用对象确为户均不大于 3 人的家庭成员，经咨询当地规划主管部门许可后，其消防设计可按真实使用情况执行住宅建筑相关规定（若有日照时间不足或与建设用地性质不符合等问题，需先与规划等管理部门协商解决）；否则，应按公共建筑相关规定执行。公津建字〔2015〕59 号文“关于设备管井检查门设置问题的复函”有以下规定：“来函所述公寓为居住建筑，其防火应符合公共建筑的要求。但当设备管井布置在疏散楼梯间的合用前室外确有困难时，根据本规范第 6.4.3 条的有关防火目标要求，应符合下列要求：……”（由于本书篇幅所限该要求内容被省略）。该复函针对用地性质不符合规定，或日照条件无法符合住宅建筑规定的高层居住项目的规定，参照《建规》条文第 6.4.3 条提出了建议性补偿措施。

问题描述

问题 1　高层裙房定义与防火墙分隔措施

1. 如图 1 所示，在高层建筑投影范围内，与高层主体功能部分没有任何联系的功能区，可否按裙房定义？可否参照《建规》条文第 5.4.10 条规定按各自高度进行疏散设计计算？

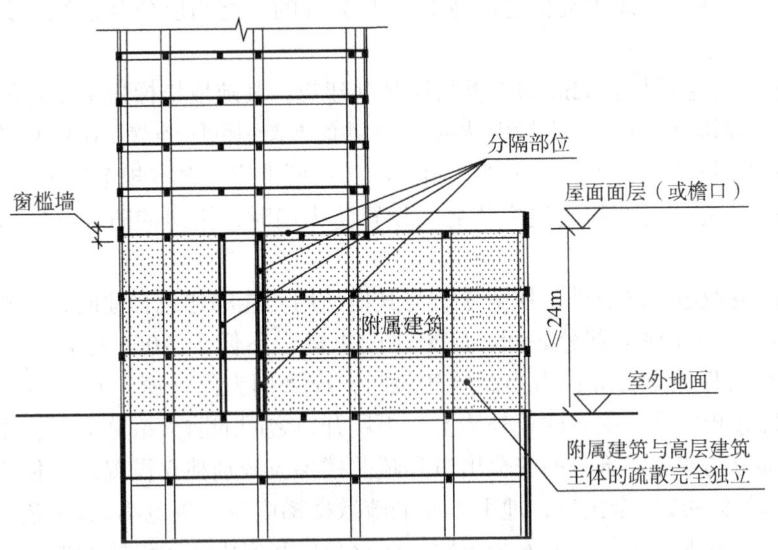

图 1　高层建筑和裙房分隔示意剖面图

2. 在高层主体投影范围外，与高层主体有使用功能联系，但结构脱开（设置变形缝）高度不大于 24m 的附属部分，可否按高层裙房定义？上述情况能否按两栋公共建筑之间贴邻建造设计，可否按各自高度进行疏散设计计算？

3. 见图 2 左侧，与一类高层公共建筑主体之间无防火墙分隔的多层裙房，可否设置封闭楼梯间？

4. 在图 2 两侧多层部分防火分区面积划分中，是否可按多层公共建筑的规定执行？其疏散距离、疏散净宽是否按多层公共建筑的规定执行？

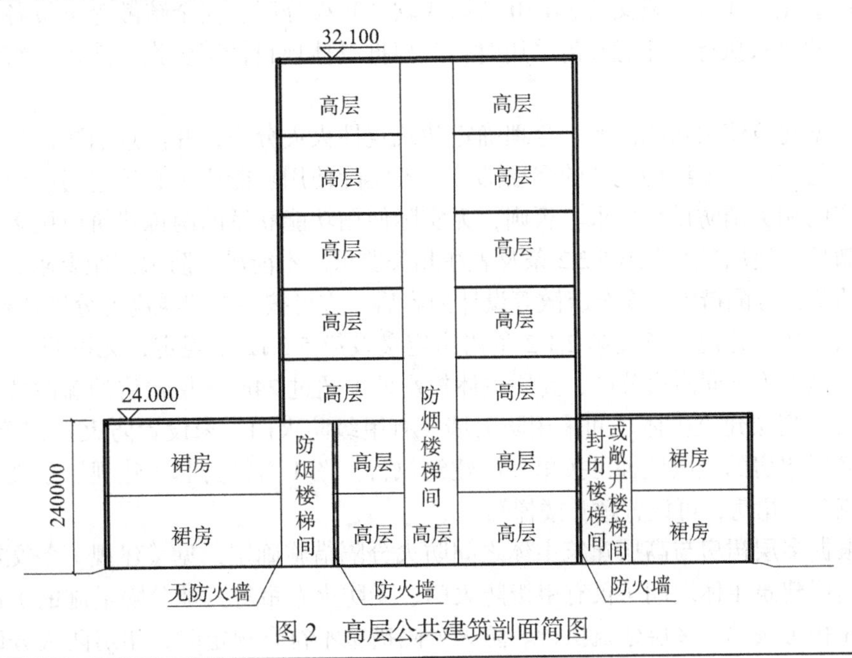

图 2　高层公共建筑剖面简图

相关标准

《建筑设计防火规范》

2.1.2　裙房　podium

在高层建筑主体投影范围外，与建筑主体相连且建筑高度不大于 24m 的附属建筑。

<table>
<tr><td>相关标准</td><td>第 2.1.2 条条文说明：裙房的特点是其结构与高层建筑主体直接相连，作为高层建筑主体的附属建筑而构成同一座建筑。为便于规定，本规范规定裙房为建筑中建筑高度小于或等于 24m 且位于与其相连的高层建筑主体对地面的正投影之外的这部分建筑；其他情况的高层建筑的附属建筑，不能按裙房考虑。
5.5.12　一类高层公共建筑和建筑高度大于 32m 的二类高层公共建筑，其疏散楼梯应采用防烟楼梯间。
裙房和建筑高度不大于 32m 的二类高层公共建筑，其疏散楼梯应采用封闭楼梯间。
注：当裙房与高层建筑主体之间设置防火墙时，裙房的疏散楼梯可按本规范有关单、多层建筑的要求确定。
5.1.1　注 3：除本规范另有规定外，裙房的防火要求应符合本规范有关高层民用建筑的规定。
5.3.1　注 2：裙房与高层建筑主体之间设置防火墙时，裙房的防火分区可按单、多层建筑的要求确定。
5.4.10　除商业服务网点外，住宅建筑与其他使用功能的建筑合建时，应符合下列规定：
1　住宅部分与非住宅部分之间，应采用耐火极限不低于 2.00h 且无门、窗、洞口的防火隔墙和 1.50h 的不燃性楼板完全分隔；当为高层建筑时，应采用无门、窗、洞口的防火墙和耐火极限不低于 2.00h 的不燃性楼板完全分隔。建筑外墙上、下层开口之间的防火措施应符合本规范第 6.2.5 条的规定。
2　住宅部分与非住宅部分的安全出口和疏散楼梯应分别独立设置；为住宅部分服务的地上车库应设置独立的疏散楼梯或安全出口，地下车库的疏散楼梯应按本规范第 6.4.4 条的规定进行分隔。
3　住宅部分和非住宅部分的安全疏散、防火分区和室内消防设施配置，可根据各自的建筑高度分别按照本规范有关住宅建筑和公共建筑的规定执行；该建筑的其他防火设计应根据建筑的总高度和建筑规模按本规范有关公共建筑的规定执行。</td></tr>
<tr><td>问题解析</td><td>1. 不应按裙房定义，按《建规》条文第 2.1.2 条裙房定义及第 5.1.1 条附注说明，高层建筑投影范围内的多层部分应为高层建筑一部分，应按高层建筑定义执行《建规》相关规范条文的规定。当高层主体和多层裙房之间采用完全防火分隔和安全疏散措施，能完全满足《建规》条文第 5.4.10 条第 1 款、第 2 款的组合建造规定时，如高层办公和多层商业建筑间设有无门窗洞口防火墙和完全独立疏散的楼梯间，也可参照《建规》条文第 5.4.10 条第 3 款“防火分区、安全疏散等可按各自建筑高度分别执行相关规定”的要求执行。注意确需采用时，宜根据具体项目情况咨询《建规》编制组和当地消防主管部门。
2. 应根据建筑使用功能需要，合理确定建筑定性火灾分类，并注意消防设计相关各专业设计内容的一致性。与高层主体结构脱开的多层部分，若实际使用功能要求必须连通，应定性为高层裙房，满足高层裙房的相关消防设计要求。否则，无实际使用功能联系的两栋建筑应按多层和高层建筑贴邻建造设计，满足《建规》条文第 5.2.2 条及表注相关要求。不能满足防火间距要求、确需组合建造时，应采用合理的防火分隔措施、安全疏散等设计内容后，方可按各自建筑高度分别执行。
3. 可以。按《建规》条文第 2.1.2 条裙房定义及第 5.5.12 条规定，无论裙房与高层主体间是否设置防火墙，是否为不同防火分区，高层主体投影外不超过 24m 多层裙房的疏散楼梯均可采用封闭楼梯间。当裙房与高层建筑主体之间采用防火墙（有甲级防火门、未设置防火卷帘等其他分隔措施）时，高层建筑多层裙房的疏散楼梯可按单多层建筑执行。图 1 右侧为非《建规》条文第 5.5.13 条规定功能的高层建筑多层裙房，可设置敞开楼梯间。
4. 需根据多层裙房与高层建筑主体之间防火分隔措施确定，见《建规》条文第 5.3.1 条注 2 规定。当裙房与高层建筑主体之间（仅有甲级防火门、无防火卷帘等其他分隔措施的）设置防火墙时，裙房防火分区面积可按单、多层建筑执行。防火分隔措施不符合规定时，裙房防火分区面积应满足高层建筑要求。除符合《建规》条文第 5.4.10 条第 1 款、第 2 款的组合建筑外，高层建筑裙房的疏散距离、疏散计算等防火设计应与整体高层建筑定性一致，见《建规》条文第 5.1.1 条注 3 的规定。如，高层建筑裙房疏散距离应按《建规》表 5.5.17 高层建筑的规定执行；整体建筑高度的疏散宽度应满足《建规》条文第 5.5.21 条的相关要求。</td></tr>
</table>

问题描述	**问题 2　商业服务网点定性和设计** 1. 商业服务网点可否设置在公共建筑首层或首层及二层？ 2. 住宅建筑商业服务网点内可否设置洗衣店、洗车店、餐饮店？可否设置物业办公、托老所等住宅配套用房？ 3. 某高层住宅首层为商业服务网点，开向室外的疏散门净宽是否可执行《建规》条文第 5.5.18 条疏散门不小于 0.9m 的规定？
相关标准	**《建筑设计防火规范》** 2.1.4　商业服务网点　commercial facilities 设置在住宅建筑的首层或首层及二层，每个分隔单元建筑面积不大于 300m^2 的商店、邮政所、储蓄所、理发店等小型营业性用房。 第 2.1.4 条条文说明：商业服务网点包括百货店、副食店、粮店、邮政所、储蓄所、理发店、洗衣店、药店、洗车店、餐饮店等小型营业性用房。 5.5.30　住宅建筑的户门、安全出口、疏散走道和疏散楼梯的各自总净宽度应经计算确定，且户门和安全出口的净宽度不应小于 0.9m，疏散走道、疏散楼梯和首层疏散外门的净宽度不应小于 1.10m。建筑高度不大于 18m 的住宅中一边设置栏杆的疏散楼梯，其净宽度不应小于 1.0m。 **《北京市大气污染防治条例》** 第六十条　饮食服务、服装干洗和机动车维修等项目，应当设置油烟、异味和废气处理装置等污染防治设施并保持正常使用，防止影响周边环境。在居民住宅楼、未配套设立专用烟道的商住综合楼、商住综合楼内与居住层相邻的商业楼层内，禁止新建、改建、扩建产生油烟、异味、废气的饮食服务、服装干洗和机动车维修等项目。 **《商店建筑设计规范》** 1.0.2　本规范适用于新建、扩建和改建的从事零售业的有店铺的商店建筑设计。不适用于建筑面积小于 100m^2 的单建或附属商店（店铺）的建筑设计。 5.2.3　商店营业厅的疏散门应为平开门，且应向疏散方向开启，其净宽不应小于 1.4m，并不宜设置门槛。
问题解析	1. 按《建规》条文第 2.1.4 条术语定义，商业服务网点仅指设置在住宅建筑首层或首层及二层。独立或设置在公共建筑首层及二层的小型商业用房，应依据《建规》条文第 5.5.8 条等规定设计。 2. 可设置物业用房、社区活动、小型诊所、托老所等居住区配套附属用房。《建规》第 2.1.4 条条文说明允许设置洗衣店、洗车店、餐饮店，但《建规》只对分隔单元提出面积等消防设计要求，该类项目尚应满足《住宅设计规范》关于噪声、环境污染等强制性条文的规定。北京市有明确的政策规定，不应设置产生油烟、异味、废气的饮食、干洗和机动车维修等项目。 3. 商业服务网点开向室外的疏散门净宽不应小于 1.10m。《建规》条文第 5.5.18 条 0.9m 为建筑内房间或楼梯间非首层疏散门的最小净宽。商业服务网点设置符合《建规》术语规定时，设置该网点的建筑整体定性仍为住宅建筑。商业服务网点户内疏散设计可按《建规》条文第 5.4.11 条相关规定执行，户内疏散走道、疏散楼梯和首层疏散外门的疏散净宽应不小于 1.10m，按《建规》条文第 5.5.30 条规定执行。不符合商业服务网点要求的商业营业厅，应按公共建筑首层疏散外门的疏散净宽不小于 1.1m 的规定执行（见《建规》条文第 5.4.10、第 5.5.18 条的规定）。面积大于 100m^2 且人员多的商业店铺，疏散门宜执行《商店建筑设计规范》条文第 5.2.3 条规定，疏散门净宽不小于 1.4m。

问题描述	**问题 3 住宅建筑与公共建筑组合建造** 1. 住宅建筑地下库房如何定性？防火分区面积是否执行《建规》条文第 3.3.2 条的规定？ 2. 住宅建筑地下可否设置其他民用（如商业）库房？若设置，该建筑应如何被定性？ 3.《建规》表 5.1.1 中“一类”第 2 项中的“其他多种功能组合”，是否包括住宅与公共建筑组合建造的情况？高层住宅与公共建筑组合建造的建筑如何分类和执行相关规范规定？
相关标准	**《建筑设计防火规范》** 5.4.2 除为满足民用建筑使用功能所设置的附属库房外。民用建筑内不应设置生产车间和其他库房。 经营、存放和使用甲、乙类火灾危险性物品的商店、作坊和储藏间，严禁附设在民用建筑内。 第 5.4.2 条条文说明：本条为强制性条文。民用建筑功能复杂，人员密集，如果内部布置生产车间及库房，一旦发生火灾，极易造成重大人员伤亡和财产损失。因此，本条规定不应在民用建筑内布置生产车间、库房。民用建筑由于使用功能要求，可以布置部分附属库房。此类附属库房是指直接为民用建筑使用功能服务，在整座建筑中所占面积比例较小，且内部采取了一定防火分隔措施的库房，如建筑中的自用物品暂存库房、档案室和资料室等。 第 5.1.1 条文说明：表中“一类”第 2 项中的“其他多种功能组合”，指公共建筑中具有两种或两种以上的公共使用功能，不包括住宅与公共建筑组合建造的情况。比如，住宅建筑的下部设置商业服务网点时，该建筑仍为住宅建筑；住宅建筑下部设置有商业或其他功能的裙房时，该建筑不同部分的防火设计可按本规范第 5.4.10 条规定执行。 5.4.10 除商业服务网点外，住宅建筑与其他使用功能的建筑合建时，应符合下列规定： 1 住宅部分与非住宅部分之间，应采用耐火极限不低于 2.00h 且无门、窗、洞口的防火隔墙和 1.50h 的不燃性楼板完全分隔；当为高层建筑时，应采用无门、窗、洞口的防火墙和耐火极限不低于 2.00h 的不燃性楼板完全分隔。建筑外墙上、下层开口之间的防火措施应符合本规范第 6.2.5 条的规定。 2 住宅部分与非住宅部分的安全出口和疏散楼梯应分别独立设置；为住宅部分服务的地上车库应设置独立的疏散楼梯或安全出口，地下车库的疏散楼梯应按本规范第 6.4.4 条的规定进行分隔。 3 住宅部分和非住宅部分的安全疏散、防火分区和室内消防设施配置，可根据各自的建筑高度分别按照本规范有关住宅建筑和公共建筑的规定执行；该建筑的其他防火设计应根据建筑的总高度和建筑规模按本规范有关公共建筑的规定执行。
问题解析	1. 应定性为住宅建筑的附属库房，存储物品通常为家用杂物等丙类固体，不应设置与住宅无关的商业、工业仓库等其他库房，见《建规》条文第 5.4.2 条规定。防火分区面积可不执行《建规》条文第 3.3.2 条的规定。 2. 不宜设置。确需设置商业等其他民用建筑库房时，应按真实功能申报，获得许可。同时，整体建筑应被定性为住宅与商业等建筑的组合建造，执行《建规》条文第 5.4.10 条相关规定。 3. 不包括。见《建规》第 5.1.1 条条文说明。原《高层民用建筑设计防火规范》将“商住楼”定性为公共建筑。现行《建规》无“商住楼”的分类定性，按《建规》第 5.4.10 条设计的建筑可注明“住宅与 ×× 功能组合建造”。安全疏散、防火分区和室内消防设施配置可按各自高度和功能性质执行；防火间距、消防救援等有关的建筑外部或整体的消防设计内容，应根据建筑总高度总规模按公共建筑规定执行，见《建规》条文第 5.1.1 条注 3、第 5.4.10 条第 3 款。

问题描述

问题4　重要公共建筑定性依据、设计使用年限

1.《建规》第5.1.1条表5.1.1中"一类"第3项中的"重要公共建筑"，包括哪些？

2. 普通建筑设计使用年限有几年？住宅建筑设计使用年限和70年产权年限是否矛盾？

相关标准

《建筑设计防火规范》

2.1.3　重要公共建筑　important public building

发生火灾可能造成重大人员伤亡、财产损失和严重社会影响的公共建筑。

第2.1.3条条文说明：对于重要公共建筑，不同地区的情况不尽相同，难以定量规定。本条根据我国的国情和多年的火灾情况，从发生火灾可能产生的后果和影响作了定性规定。一般包括党政机关办公楼，人员密集的大型公共建筑或集会场所，较大规模的中小学校教学楼、宿舍楼，重要的通信、调度和指挥建筑，广播电视建筑，医院等以及城市集中供水设施、主要的电力设施等涉及城市或区域生命线的支持性建筑或工程。

《汽车加油加气站设计与施工规范》

B.0.1　重要公共建筑物，应包括下列内容：

1　地市级及以上的党政机关办公楼。

2　设计使用人数或座位数超过1500人（座）的体育馆、会堂、影剧院、娱乐场所、车站、证券交易所等人员密集的公共室内场所。

3　藏书量超过50万册的图书馆；地市级及以上的文物古迹、博物馆、展览馆、档案馆等建筑物。

4　省级及以上的银行等金融机构办公楼，省级及以上的广播电视建筑。

5　设计使用人数超过5000人的露天体育场、露天游泳场和其他露天公众聚会娱乐场所。

6　使用人数超过500人的中小学校及其他未成年人学校；使用人数超过200人的幼儿园、托儿所、残障人员康复设施；150张床位及以上的养老院、医院的门诊楼和住院楼。这些设施有围墙者，从围墙中心线算起；无围墙者，从最近的建筑物算起。

7　总建筑面积超过20000m^{2}的商店（商场）建筑，商业营业场所的建筑面积超过15000m^{2}的综合楼。

8　地铁出入口、隧道出入口。

《民用建筑设计统一标准》

3.2.1　民用建筑的设计使用年限应符合表3.2.1的规定。

表3.2.1　设计使用年限分类

类别	设计使用年限（年）	示例
1	5	临时性建筑
2	25	易于替换结构构件的建筑
3	50	普通建筑和构筑物
4	100	纪念性建筑和特别重要的建筑

注：此表依据《建筑结构可靠性设计统一标准》GB 50068，并与其协调一致。

问题解析

1.《建规》第2.1.3条条文说明有规定，但同时难以定量规定，具体指标可参照《汽车加油加气站设计与施工规范》附录B关于"重要公共建筑物"规定，结合具体情况确定。

2. 普通民用建筑的设计使用年限为50年，见《民用建筑设计统一标准》条文第3.2.1条及《建筑结构可靠性设计统一标准》相关内容。设计使用年限和所有权年限是两个概念，设计使用年限是建筑物及构件设计计算依据，届时，具体项目或可根据使用环境和维护情况等进行安全评估，在评估安全或加固维修安全后继续使用。

<table>
<tr><td>问题描述</td><td>问题 5　酒类、油类、香水等火灾危险性分类及设计依据
《建规》第 3.1.3 条条文说明把酒精度为 38 度以上的白酒划分为甲类存储物品；《建规》第 5.4.2 条规定“经营、存放和使用甲、乙类火灾危险性物品的商店、作坊和储藏间，严禁附设在民用建筑内”。民用建筑可否设置酒类店铺？</td></tr>
<tr><td>相关标准</td><td>《建筑设计防火规范》
第 3.1.3 条条文说明：表 3 储存物品的火灾危险性分类举例中，酒精度为 38 度及以上的白酒为甲类物品。
第 5.4.2 条条文说明：民用建筑由于使用功能要求，可以布置部分附属库房。此类附属库房是指直接为民用建筑使用功能服务，在整座建筑中所占面积比例较小，且内部采取了一定防火分隔措施的库房，如建筑中的自用物品暂存库房、档案室和资料室等。如在民用建筑中存放或销售易燃、易爆物品，发生火灾或爆炸时，后果较严重。因此，对存放或销售这些物品的建筑的设置位置要严格控制，一般要采用独立的单层建筑。本条主要规定这些用途的场所不应与其他用途的民用建筑合建，如设置在商业服务网点内、办公楼的下部等，不包括独立设置并经营、存放或使用此类物品的建筑。
《酒厂设计防火规范》
3.0.1　酒厂生产、储存的火灾危险性分类及建（构）筑物的最低耐火等级应符合表 3.0.1 的规定。本规范未作规定者，应符合现行国家标准《建筑设计防火规范》GB 50016 的有关规定。
第 3.0.1 条条文说明：由于 38 度及以上白酒的闪点小于 28℃，据此确定 38 度及以上白酒的火灾危险性为甲类，将酒精度为 38 度及以上的白酒库、人工洞白酒库、白酒储罐区、勾兑车间、灌装车间、酒泵房等的火灾危险性确定为甲类。
《民用机场航站楼设计防火规范》
3.3.9　除白酒、香水类化妆品等类似火灾危险性的商品外，航站楼内不应布置存放其他甲、乙类物品的房间。存放白酒、香水类化妆品等类似商品的房间应避开人员经常停留的区域，并应靠近航站楼的外墙布置。
第 3.3.9 条条文说明：酒精度大于或等于 38° 的白酒属甲类液体，但瓶装白酒仍可划分为丙类。香水类化妆品含有多种易燃易挥发的化学品，大多属于甲、乙类物品，这些物品的火灾危险性高，存放在航站楼内易引发火灾或爆炸事故，后果较严重。……这些房间不包括仅摆放少量样品的商铺或展台。本条为强制性条文，必须严格执行。
《〈建筑设计防火规范〉局部修订条文》（征求意见稿）
有以下规定：
3.1.3 注：38° 及以上且单瓶容量不大于 5L 的白酒成品仓库的火灾危险性可划分为丙类 1 项。</td></tr>
<tr><td>问题解析</td><td>可以设置。宜按《建规》条文第 3.1.2 条控制其存储位置面积。酒精度 38° 及以上的白酒确属甲类液体，但商铺销售的普通瓶装白酒，有单独包装、容量小，存放总量小的特性，故可按丙类确定物品及所在空间的火灾危险性。因此，参考《民用机场航站楼设计防火规范》《〈建筑设计防火规范〉局部修订条文》（征求意见稿）等相关规定，民用建筑内可以设有或存储酒类、油类、香水等商品店铺，并可按丙类附属库房执行。当该类物品存量较大，容易发生破碎、流散或挥发等情况时，宜参考《建规》第 3.6 节相关内容，明确其火灾危险性及存储房间位置、面积，并采取合理的防火分隔、防流散、防爆泄压等防止火灾蔓延的措施。</td></tr>
</table>

问题描述

问题 6 安全出口定义及疏散距离的计算

1.《建规》中安全出口的定义是什么？相邻防火分区甲级防火门算不算安全出口？

2. 见图 1，公共建筑可否互相借用防火分区防火墙上甲级防火门作为安全出口？

3. 见图 1，计算疏散距离时，可以计算到防火墙的甲级防火门吗？

4. 防烟楼梯间安全出口距离，应计算到防烟楼梯间门还是前室门？

5. 见图 2，地下书库和设备层可否执行《建规》第 5.5.17 条第 4 款的要求，将直通楼梯间安全出口的门当成书库的房间疏散门？

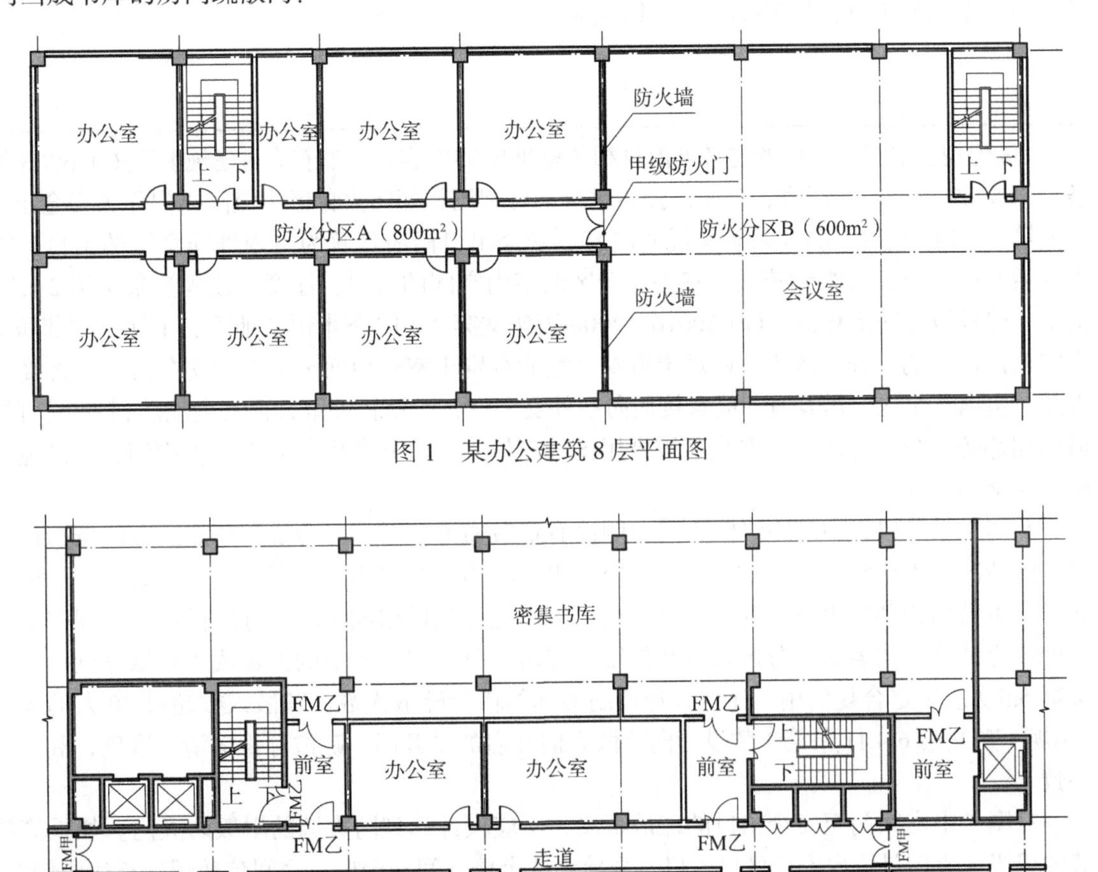

图 1 某办公建筑 8 层平面图

图 2 地下书库和设备层

相关标准

《建筑设计防火规范》

2.1.14 安全出口 safety exit

供人员安全疏散用的楼梯间和室外楼梯的出入口或直通室内外安全区域的出口。

第 2.1.14 条条文说明：本条术语解释中的“室内安全区域”包括符合规范规定的避难层、避难走道等，“室外安全区域”包括室外地面、符合疏散要求并具有直接到达地面设施的上人屋面、平台以及符合本规范第 6.6.4 条要求的天桥、连廊等。尽管本规范将避难走道视为室内安全区，但其安全性能仍有别于室外地面，因此设计的安全出口要直接通向室外，尽量避免通过避难走道再疏散到室外地面。

3.7.3 地下或半地下厂房（包括地下或半地下室），当有多个防火分区相邻布置，并采用防火墙分隔时，每个防火分区可利用防火墙上通向相邻防火分区的甲级防火门作为第二安全出口，但每个防火分区必须至少有 1 个直通室外的独立安全出口。

3.8.3 地下或半地下仓库（包括地下或半地下室）的安全出口不应少于 2 个；当建筑面积不大于 $100m^2$ 时，可设置 1 个安全出口。

相关标准	地下或半地下仓库（包括地下或半地下室），当有多个防火分区相邻布置并采用防火墙分隔时，每个防火分区可利用防火墙上通向相邻防火分区的甲级防火门作为第二安全出口，但每个防火分区必须至少有1个直通室外的安全出口。 5.5.9　一、二级耐火等级公共建筑内的安全出口全部直通室外确有困难的防火分区，可利用通向相邻防火分区的甲级防火门作为安全出口，但应符合下列要求： 1　利用通向相邻防火分区的甲级防火门作为安全出口时，应采用防火墙与相邻防火分区进行分隔； 第5.5.8条条文说明：安全出口是直接通向室外的房门或直接通向室外疏散楼梯、室内疏散楼梯间及其他安全区的出口，是疏散门的一个特例。
问题解析	1.《建规》中安全出口的定义见前页相关标准中的内容。虽然符合《建规》条文第3.7.3条、第3.8.3条、第5.5.9条规定的厂房、仓库、公共建筑，可利用相邻防火分区甲级防火门作为安全出口；按《建规》第2.1.14条、第5.5.8条条文说明内容，安全出口尚应理解为室内外安全区的出口，能确保人员进入后暂时安全，需继续疏散到室外安全区的室内空间的入口。注意《建规》条文第2.1.14条术语取消了《建筑设计防火规范》GB 50016—2006版条文第2.0.17条术语“地下、半地下相邻防火分区可视为安全区域”的字样，改为“避难走道安全性能有别于室外地面……因此安全出口要直接通向室外”，因此“室内安全区”需具有“能直接通向室外安全区，或短暂停留，再安全疏散到室外”的要求。故，借用相邻防火分区疏散时，要直通被借用区的疏散走道，并考虑其防火分隔措施、疏散宽度、距离等确保安全的措施。 2. 图1不可以，中间甲级防火门右侧没有疏散通道，需穿过会议室功能区方能抵达楼梯间安全出口。此情况下不应将防火墙防火门视为安全出口。当两侧都为疏散通道或为同时使用的公共建筑大空间时，可借用相邻防火分区安全出口疏散，但不应互相借用或跨防火分区借用楼梯间安全出口的疏散宽度。应计算注明各防火分区自有和借用相邻防火分区安全疏散的人数或为疏散宽度，按《建规》条文第5.5.9条规定合规借用。注意合理控制实际的借用疏散人数，疏散人数超过30人的疏散门，应按《建规》条文第6.4.11条第1款设为向疏散方向开启的平开门。疏散标识应清楚准确，和实际疏散情况一致。 3. 图1中房间门至安全出口的疏散距离，不应仅计算到防火墙的甲级防火门。如果简单认为防火墙的甲级防火门是室内安全区出入口，会导致两个楼梯间安全出口之间疏散距离长达两倍的错误结论。因此，借用相邻防火分区甲级防火门时，两个楼梯间安全出口之间疏散通道总长度，即疏散距离，仍应满足《建规》条文第5.5.17条的规定。 4. 应计算到防烟楼梯间前室门。包含前室的整个防烟楼梯间是建筑内与消防要求相适应的防火功能空间。同理，其他楼梯的疏散距离应计算到剪刀楼梯间前室门、封闭楼梯间门，敞开楼梯间宜到本层平台踏步正前方1m左右的位置（或三面墙体加挡烟垂壁围合的空间区域内合理位置）。 5. 图2地下书库，不在《建规》条文第5.5.17条第4款规定的营业厅、多功能厅等范围内，且与该条规定的房间功能不类似（有可燃物数量多、人员少的特点）。故，图2地下书库与其他房间共用楼梯间安全出口时，应在房间疏散门和楼梯间安全出口间设置疏散通道，房间内疏散距离应符合《建规》条文第5.5.17条第1款、第3款的规定。

问题描述

问题 7　屋面连廊等特殊安全出口

1. 通往屋面或室外露台的出入口可否算作安全出口？

2. 连接两座建筑物的天桥、连廊可否算作安全出口？

3. 通往避难层、避难走道的疏散门可否作为安全出口？内天井、下沉式广场、庭院、窗井可否作为安全出口？

相关标准

《建筑设计防火规范》

2.1.14　安全出口　safety exit

供人员安全疏散用的楼梯间和室外楼梯的出入口或直通室内外安全区域的出口。

第 2.1.14 条条文说明：本条术语解释中的“室内安全区域”包括符合规范规定的避难层、避难走道等，“室外安全区域”包括室外地面、符合疏散要求并具有直接到达地面设施的上人屋面、平台以及符合本规范第 6.6.4 条要求的天桥、连廊等。尽管本规范将避难走道视为室内安全区，但其安全性能仍有别于室外地面，因此设计的安全出口要直接通向室外，尽量避免通过避难走道再疏散到室外地面。

附录 A.0.1　建筑高度的计算应符合下列规定：

4　对于台阶式地坪，当位于不同高程地坪上的同一建筑之间有防火墙分隔，各自有符合规范规定的安全出口，且可沿建筑的两个长边设置贯通式或尽头式消防车道时，可分别计算各自的建筑高度。否则，应按其中建筑高度最大者确定该建筑的建筑高度。

6.6.4　连接两座建筑物的天桥、连廊，应采取防止火灾在两座建筑间蔓延的措施。当仅供通行的天桥、连廊采用不燃材料，且建筑物通向天桥、连廊的出口符合安全出口的要求时，该出口可作为安全出口。

第 6.6.4 条条文说明：这种连接方式……需要采取必要的防火措施，以防止火灾蔓延和保证用于疏散时的安全。此外，用于安全疏散的天桥、连廊等，不应用于其他使用用途，也不应设置可燃物，只能用于人员通行等。设计需注意研究天桥、连廊周围是否有危及其安全的情况，如位于天桥、连廊下方相邻部位开设的门窗洞口，应积极采取相应的防护措施，同时应考虑天桥两端门的开启方向和能够计入疏散总宽度的门宽。

问题解析

1. 当该出口连通的屋面或室外露台面积能满足疏散人员安全避难要求，并具有直接到达（消防车道所在的）室外地面疏散楼梯时，可算作安全出口。

2. 符合《建规》条文第 6.6.4 条规定的天桥、连廊，可算作安全出口，见《建规》第 6.6.4 条条文说明。施工图文件应注意表达其相关防火分隔措施、材质设计合规，深度表达准确；并注意核实被借用建筑物的连廊能直接至首层室外安全出口，仅通过疏散通道、疏散楼梯等室内安全区，不应穿过有可燃物、障碍物的功能区，参见《建规》第 2.1.14 条术语及条文说明等关于室内安全区的要求。

3. 可作为安全出口。该出口和疏散楼梯间安全出口类似，符合相关安全疏散和避难计算等规定，疏散宽度等核算原则应参考本书第六章第六节相关内容。同理，有安全可靠的自然通风排烟条件的内天井、下沉式广场、庭院，可作为室外安全区域，当有继续疏散条件时，通往该室外安全区的疏散门可作为安全出口。注意《建规》条文第 6.4.12 条～第 6.4.14 条规定的下沉式广场、防火隔间、避难走道等室内外安全区，是《建规》条文第 5.3.5 条规定的防火区域间的防火分隔措施，被疏散至该类室内外安全区的人员，仍需继续疏散至消防车可达的、能实施消防扑救的措施的室外地面。因此，通往无室外疏散梯的内天井、下沉庭院、窗井等的门，与防火隔间类似，不得作为安全出口计入个数和疏散宽度规定中。

问题描述

问题 8　安全出口有效疏散净宽

1. 如图 1 所示，防烟楼梯间和前室的门洞宽为 1.5m，楼梯梯段净宽为 1.3m，平台上的楼梯间门完全开启会对楼梯疏散净宽有影响吗？安全出口的疏散净宽应按哪个部位确定尺寸？

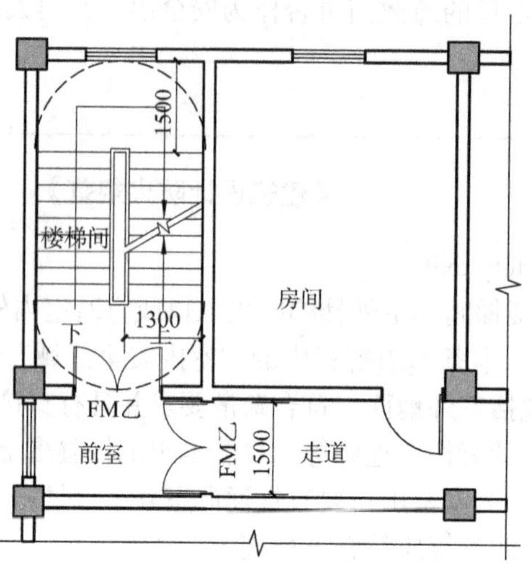

图 1　防烟楼梯间平面局部图

2. 涉及疏散净宽的常见防火规范条文有哪些？是否需要考虑如图 1 所示的疏散走道一侧房间疏散门完全开启时对疏散走道净宽的影响？

3. 在 1.0m 宽结构洞口中安装的疏散门，其净宽能否满足宽度是 0.9m 的要求？

相关标准

《建筑设计防火规范》

5.5.18　除本规范另有规定外，公共建筑内疏散门和安全出口的净宽度不应小于 0.90m，疏散走道和疏散楼梯的净宽度不应小于 1.10m。

第 5.5.18 条条文说明：设计应注意门宽与走道、楼梯宽度的匹配。一般，走道的宽度均较宽，因此，当以门宽为计算宽度时，楼梯的宽度不应小于门的宽度；当以楼梯的宽度为计算宽度时，门的宽度不应小于楼梯的宽度。此外，下层的楼梯或门的宽度不应小于上层的宽度；对于地下、半地下，则上层的楼梯或门的宽度不应小于下层的宽度。

《民用建筑设计统一标准》

6.8.2　当一侧有扶手时，梯段净宽应为墙体装饰面至扶手中心线的水平距离，当双侧有扶手时，梯段净宽应为两侧扶手中心线之间的水平距离。当有凸出物时，梯段净宽应从凸出物表面算起。

6.8.3　梯段净宽除应符合现行国家标准《建筑设计防火规范》GB 50016 及国家现行相关专用建筑设计标准的规定外，供日常主要交通用的楼梯的梯段净宽应根据建筑物使用特征，按每股人流宽度为 0.55m ＋（0～0.15）m 的人流股数确定，并不应少于两股人流。（0～0.15）m 为人流在行进中人体的摆幅，公共建筑人流众多的场所应取上限值。

6.11.9　门的设置应符合下列规定：

5　开向疏散走道及楼梯间的门扇开足后，不应影响走道及楼梯平台的疏散宽度；

《老年人照料设施建筑设计标准》

2.0.12　开启净宽　clear opening width

门扇开启后，门框内缘与开启门扇内侧边缘之间的水平净距离。

问题解析	1. 梯段净宽应为扶手中心线至墙面的距离，休息平台净宽应为深入平台的扶手中心线至墙面的距离，疏散门的开启净宽应为门洞口宽减去门框、门扇厚度的净尺寸，楼梯间安全出口的实际设置净宽应为以上三者中的最小值。疏散设计所需净宽应根据建筑性质和最大疏散人数计算所得，应为计算值和规范最小值中较大者。 2. 除各类项目专项规范有疏散宽度计算规定外，《建规》也有很多相关条文。常见项目的疏散净宽最小值见《建规》条文第 3.7.5 条、第 5.5.18 条、第 5.5.30 条规定；见《汽车防火规》条文第 6.0.3 条等规定。较频繁使用的房间门开向疏散走道一侧时，应考虑其对走道疏散安全的影响。 3. 不易满足。查各类门窗图集可知，通常每樘门的门框、门扇所占宽度为 120～180mm，导致实际用于通行的疏散净宽不足 0.9m。严格按规范强制性条文审查验收时，会有较多部符合规范要求的情况。《〈建筑设计防火规范〉局部修订条文》（征求意见稿）已将疏散门最小净宽改为 0.8m，通常洞口宽度为 1m 的标准防火门就可以满足净宽 0.8m 的要求了。

问题描述

问题 9　与敞开楼梯和敞开楼梯间有关的问题

1. 对于设置敞开楼梯间的建筑，通过敞开楼梯间连通的各层面积，是否可以划入为一个防火分区内？

2. 敞开楼梯和敞开楼梯间的最大区别是什么？

相关标准

《建筑设计防火规范》

5.3.1　除本规范另有规定外，不同耐火等级建筑的允许建筑高度或层数、防火分区最大允许建筑面积应符合表 5.3.1 的规定。

第 5.3.1 条条文说明：表 5.3.1 中“防火分区的最大允许建筑面积”，为每个楼层采用防火墙和楼板分隔的建筑面积，当有未封闭的开口连接多个楼层时，防火分区的建筑面积需将这些相连通的面积叠加计算。防火分区的建筑面积包括各类楼梯间的建筑面积。

5.3.2　建筑内设置自动扶梯、敞开楼梯等上、下层相连通的开口时，其防火分区的建筑面积应按上、下层相连通的建筑面积叠加计算；当叠加计算后的建筑面积大于本规范第 5.3.1 条的规定时，应划分防火分区。

第 5.3.2 条条文说明：建筑内连通上下楼层的开口破坏了防火分区的完整性，会导致火灾在多个区域和楼层蔓延发展。这样的开口主要有：自动扶梯、中庭、敞开楼梯等。中庭等共享空间，贯通数个楼层，甚至从首层直通到顶层，四周与建筑物各楼层的廊道、营业厅、展览厅或窗口直接连通；自动扶梯、敞开楼梯也是连通上下两层或数个楼层。火灾时，这些开口是火势竖向蔓延的主要通道，火势和烟气会从开口部位侵入上下楼层，对人员疏散和火灾控制带来困难。因此，应对这些相连通的空间采取可靠的防火分隔措施，以防止火灾通过连通空间迅速向上蔓延。对于本规范允许采用敞开楼梯间的建筑，如 5 层或 5 层以下的教学建筑、普通办公建筑等，该敞开楼梯间可以不按上、下层相连通的开口考虑。

2.1.14　安全出口　safety exit

供人员安全疏散用的楼梯间和室外楼梯的出入口或直通室内外安全区域的出口。

6.4.1　疏散楼梯间应符合下列规定：

1　楼梯间应能天然采光和自然通风，并宜靠外墙设置。靠外墙设置时，楼梯间、前室及合用前室外墙上的窗口与两侧门、窗、洞口最近边缘的水平距离不应小于 1.0m。

问题解析

1. 不需要。在规范限定或建筑类型及层数范围内，建筑物可采用敞开楼梯间疏散（如 5 层或 5 层以下的教学建筑、普通办公建筑等）。此时，敞开楼梯间可不按上、下层连通的开口考虑，可按层划分和计算防火分区面积。

2. 最大区别是能否被认可为安全出口计入疏散宽度。首先，敞开楼梯间可视为安全出口，其首层能直通室外安全区，满足安全出口的要求。敞开楼梯不满足此要求，不可作为安全出口，应将它视为建筑空间或使用功能区的一部分，计算房间内疏散距离时，需将敞开楼梯水平长度的 1.5 倍计入房间内疏散距离。其次是构造要求不同，敞开楼梯间应为一面（短边）敞开、三面墙体围合、耐火性能符合《建规》条文第 5.1.2 条规定的建筑构件，并应满足天然采光、自然通风条件（四面围合、一面设门洞的敞开楼梯间，防烟效果更好、符合规定）。敞开楼梯四周没有可防火防烟的围护墙体，与周围有可燃物的功能空间（如办公、营业厅、展览厅等）直接相通。由于建筑内（敞开楼梯等）连通上、下楼层的开口破坏了防火分区的完整性，会导致火灾在多个区域和楼层蔓延发展，防火分区面积和安全出口疏散计算，应按规范要求上、下层相连通部位整体叠加计算。

问题描述

问题10　共用疏散楼梯间和防火分区间互相借用楼梯间安全出口的问题

1. 图1为不同防火分区之间共用的疏散楼梯间设计方案，这样设计是否符合规定？

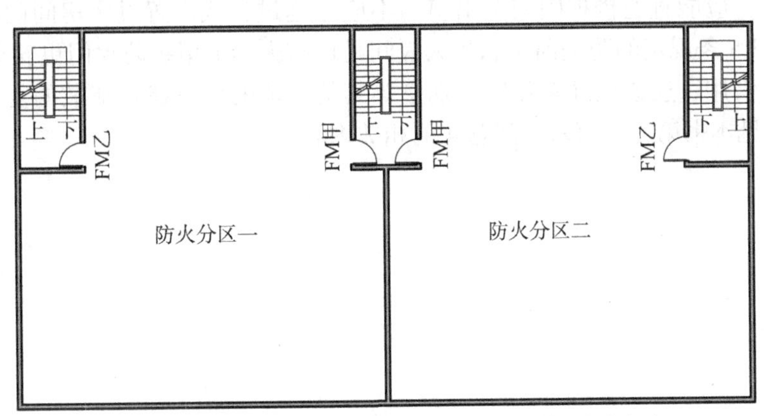

图1　不同防火分区之间共用的疏散楼梯间设计方案

2. 单元式住宅地下相邻防火分区，设置附属储藏间、设备间等使用人员极少的辅助用房，每个防火分区面积不超过500m²，各有一部直通室外的疏散楼梯间，可否利用相邻防火分区甲级防火门作为第二安全出口？可否作为互相借用的安全出口？

3. 地下汽车库可否借用相邻防火分区疏散楼梯？地下汽车库可以设置防火隔间吗？

相关标准

《建筑设计防火规范》

5.3.1　除本规范另有规定外，不同耐火等级建筑的允许建筑高度或层数、防火分区最大允许建筑面积应符合表5.3.1的规定。

第5.3.1条条文说明：防火分区的建筑面积包括各类楼梯间的建筑面积。

3.7.3　地下或半地下厂房（包括地下或半地下室），当有多个防火分区相邻布置，并采用防火墙分隔时，每个防火分区可利用防火墙上通向相邻防火分区的甲级防火门作为第二安全出口，但每个防火分区必须至少有1个直通室外的独立安全出口。

《汽车库、修车库、停车场设计防火规范》

第6.0.2条条文说明：人员安全出口的设置是按照防火分区考虑的，即每个防火分区应设置2个人员安全出口。安全出口的定义，按照现行国家标准《建筑设计防火规范》GB 50016的规定，是指供人员安全疏散用的楼梯间、室外楼梯的出入口或直通室内外安全区域的出口。鉴于汽车库的防火分区面积、疏散距离等指标均比现行国家标准《建筑设计防火规范》GB 50016相应的防火分区面积、疏散距离等指标放大，故对于汽车库来讲，防火墙上通向相邻防火分区的甲级防火门，不得作为第二安全出口。

问题解析

1. 不符合规定。共用疏散楼梯间没有设计依据，防火规范原则上不认可不同防火分区同层共用疏散楼梯间。平面疏散楼梯间应归属于某一防火分区，是该防火分区防止火灾蔓延、保证人员安全疏散的重要组成部分。符合《建规》条文第3.7.3条、第3.8.3条、第5.5.9条规定的厂房、仓库、民用建筑，与邻近防火分区满足《建规》规定的防火分隔和安全疏散条件时，可通过相邻防火分区墙上甲级防火门合规借用相邻防火分区的疏散宽度。

2. 不宜违规互相借用安全出口。对本问题中的项目案例，由于使用人少，面积小，疏散方案较《建规》条文第5.5.5条金属竖向梯更合理安全，与条文第5.5.9条“借用相邻防火分区甲级防火门为第二安全出口”有类似的安全合理性。注意有其他安全隐患时，不得互相借用或跨防火分区借用疏散宽度，参见《〈建规〉实施指南》第238页、本书第二章第二节问题6的相关内容。

问题解析	3. 不可以。地下汽车库防火分区面积大，疏散距离长、火灾荷载多、情况复杂、安全隐患大，除符合《汽车防火规》条文第 6.0.7 条规定的情况外，地下汽车库不应借用相邻其他防火分区楼梯间安全出口（含疏散距离或宽度）疏散。相同使用人群的居住区配套地下汽车库，借用住宅建筑地下防火分区安全出口时，应能直通楼梯间安全出口，不应穿越过长或设置过多房间门的走道。编者认为,《建规》条文第 5.3.5 条规定的防烟前室和防火隔间是比防火墙上甲级防火门更安全的防火分隔措施，对附属汽车库确需借用、连通或穿越住宅、别墅等其他功能的地下建筑疏散的复杂情况，可以合理参考、合规采用。参见本书第六章第六节问题 4 的相关内容。

问题描述	**问题 11　室外地坪与建筑消防设计高度** 环形或建筑两个长边设置的消防车道，分别处于不同标高的台地或坡地时，应如何计算它的建筑高度和确定消防设计依据？
相关标准	**《建筑设计防火规范》** 7.1.2　高层民用建筑，超过 3000 个座位的体育馆，超过 2000 个座位的会堂，占地面积大于 $3000m^2$ 的商店建筑、展览建筑等单、多层公共建筑应设置环形消防车道，确有困难时，可沿建筑的两个长边设置消防车道；对于高层住宅建筑和山坡地或河道边临空建造的高层民用建筑，可沿建筑的一个长边设置消防车道，但该长边所在建筑立面应为消防车登高操作面。 A.0.1　建筑高度的计算应符合下列规定： 4　对于台阶式地坪，当位于不同高程地坪上的同一建筑之间有防火墙分隔，各自有符合规范规定的安全出口，且可沿建筑的两个长边设置贯通式或尽头式消防车道时，可分别计算各自的建筑高度。否则，应按其中建筑高度最大者确定该建筑的建筑高度。
问题解析	规范对此没有明确的条文规定。但是，按消防规范原则规定理解，应以消防车登高操作场地（或消防车道）一侧的室外设计地坪为起点计算建筑高度；高层建筑应优先考虑从消防车操作场地设置一侧的室外地坪计算建筑高度。见图 1 和图 2，可理解如下： 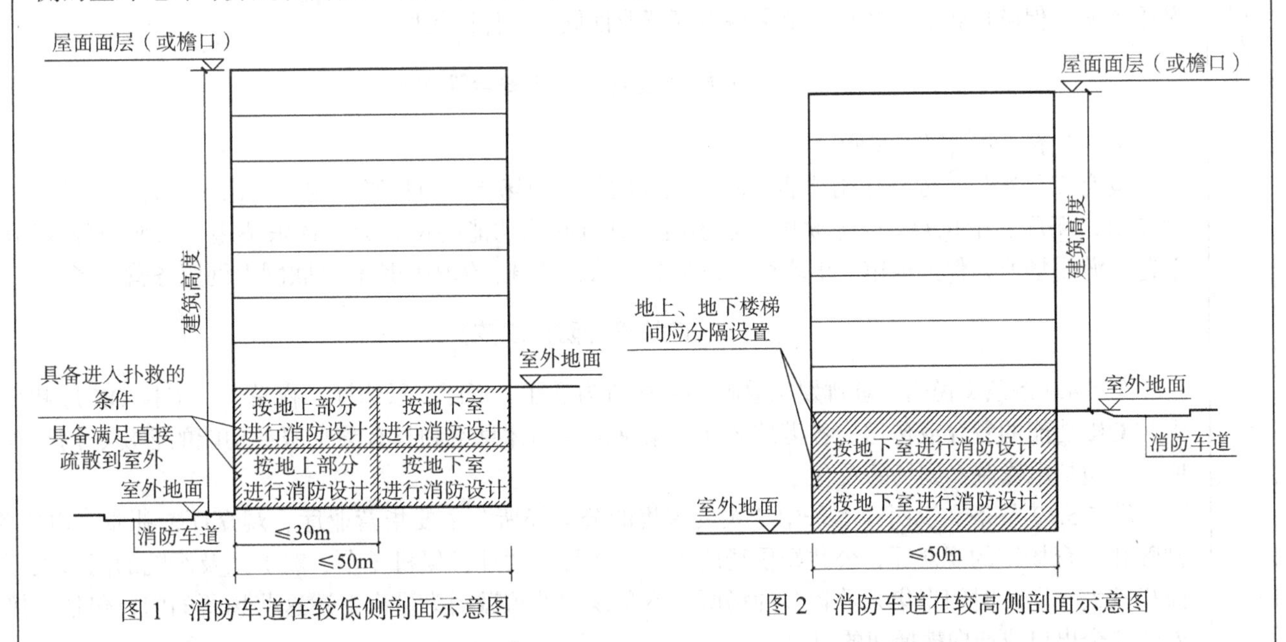 图 1　消防车道在较低侧剖面示意图　　图 2　消防车道在较高侧剖面示意图 （1）当消防车操作场地布置在较低室外地坪时，当房间具备从扑救面进入的条件且建筑进深不大于 30m 的部分，可按地上建筑设计，并将疏散楼梯间首层安全出口设置在操作场地一侧。进深大于 30m 或楼梯间安全出口无法直通室外的部分，应按地下建筑进行防火设计。注意疏散楼梯间仍应满足规范关于地上、地下楼梯间防火分隔的规定。 （2）消防车操作场地布置在较高室外地坪时，低于场地室外设计地坪的房间，应按地下建筑进行防火设计。注意进深大于 50m 的建筑，宜在建筑两侧设置消防车操作场地，疏散楼梯间宜就近设计在直通消防操作场地所处的室外地坪，建筑高度按高度最大者确定。

问题描述	**问题 12　人员密集场所与《建规》条文第 5.5.19 条人员密集的场所之间的关系** 1. 人员密集场所、公众聚集场所、公共娱乐场所、歌舞娱乐放映游艺场所等场所定义关系及规定依据是什么？ 2.《建规》条文第 5.5.19 条“人员密集的公共场所”是否等同于人员密集场所及建筑？ 3.《建规》有哪些条文涉及“人员密集场所”，如何理解执行这些条文的要求？
相关标准	**《中华人民共和国消防法》** 第七十三条有以下规定： 人员密集场所，是指公众聚集场所，医院的门诊楼、病房楼，学校的教学楼、图书馆、食堂和集体宿舍，养老院，福利院，托儿所，幼儿园，公共图书馆的阅览室，公共展览馆、博物馆的展示厅，劳动密集型企业的生产加工车间和员工集体宿舍，旅游、宗教活动场所等。 公众聚集场所，是指宾馆、饭店、商场、集贸市场、客运车站候车室、客运码头候船厅、民用机场航站楼、体育场馆、会堂以及公共娱乐场所等。 **《公共娱乐场所消防安全管理规定》** 公安部令第 39 号第二条有以下规定： 本规定所称公共娱乐场所，是指向公众开放的下列室内场所：影剧院、录像厅、礼堂等演出、放映场所；舞厅、卡拉 OK 厅等歌舞娱乐场所；具有娱乐功能的夜总会、音乐茶座和餐饮场所；游艺、游乐场所；保龄球馆、旱冰场、桑拿浴室等营业性健身、休闲场所。 **《人员密集场所消防安全管理》** 第 3.1 条“公共娱乐场所”术语定义： 具有文化娱乐、健身休闲功能并向公众开放的室内场所。包括影剧院、录像厅、礼堂等演出、放映场所，舞厅、卡拉 OK 厅等歌舞娱乐场所，具有娱乐功能的夜总会、音乐茶座、酒吧和餐饮场所，游艺、游乐场所，保龄球馆、旱冰场、桑拿等娱乐、健身、休闲场所和互联网上网服务营业场所。 **《建筑设计防火规范》** 第 5.4.9 条条文说明：歌舞娱乐放映游艺场所为歌厅、舞厅、录像厅、夜总会、卡拉 OK 厅和具有卡拉 OK 功能的餐厅或包房、各类游艺厅、桑拿浴室的休息室和具有桑拿服务功能的客房、网吧等场所，不包括电影院和剧场的观众厅。 第 5.5.19 条条文说明：本条中“人员密集的公共场所”主要指营业厅、观众厅，礼堂、电影院、剧院和体育场馆的观众厅，公共娱乐场所中出入大厅、舞厅，候机（车、船）厅及医院的门诊大厅等面积较大、同一时间聚集人数较多的场所。本条规定的疏散门为进出上述这些场所的门，包括直接对外的安全出口或通向楼梯间的门。
问题解析	1. 从上述条文依据可知，范围大小关系是：人员密集场所＞公众聚集场所＞公共娱乐场所＞歌舞娱乐放映游艺场所。 2. 不等同。《建规》第 5.5.19 条的条文说明已明确了该条文具体适用范围和位置，应按该条文规定及条文说明合理执行，避免过度扩大适用范围导致设计不合理。 3.《建规》涉及“人员密集场所”的条文有第 3.6.3 条、第 5.4.8 条、第 5.4.12 条、第 5.4.13 条、第 5.5.5 条、第 6.4.11 条、第 6.7.2 条、第 6.7.4 条、第 6.7.5 条、第 6.7.6 条。《建规》条文及条文说明中未明确适用范围的，宜按消防法七十三条规定理解和执行。已明确适用范围的按条文要求执行，有些指建筑整体，如《建规》条文第 6.7.4 条“外保温材料燃烧性能”；有些指所在场所，宜按场所范围特性执行。对商业等建筑内使用人员少的辅助办公设备区，不需要按建筑整体或人员密集场所定性严格执行疏散计算等内容。

<table>
<tr><td>问题描述</td><td>

问题 13 劳动密集型企业的相关政策依据

1. 住建部令第 51 号文第十四条中“劳动密集型企业的员工集体宿舍”中“劳动密集型企业 ”如何判定？有何规范依据？该条文第 5 款“总建筑面积大于 1000m²”是只针对托儿所、幼儿园的儿童用房吗？

2. 如何理解《建规》条文第 10.3.1 条第 5 款“人员密集的厂房”的规定？有何规范依据？

</td></tr>
<tr><td>相关标准</td><td>

住建部令 51 号《建设工程消防设计审查验收管理暂行规定》

第十四条具有下列情形之一的建设工程是特殊建设工程：……（五）总建筑面积大于 1000m² 的托儿所、幼儿园的儿童用房，儿童游乐厅等室内儿童活动场所，养老院、福利院，医院、疗养院的病房楼，中小学校的教学楼、图书馆、食堂，学校的集体宿舍，劳动密集型企业的员工集体宿舍；……

《建筑设计防火规范》

第 8.4.1 条条文说明：制鞋、制衣、玩具、电子等类似火灾危险性的厂房主要考虑了该类建筑面积大、同一时间内人员密度较大、可燃物多。

《建筑内部装修设计防火规范》

第 6.0.1 条条文说明：本条中劳动密集型的生产车间主要指：生产车间员工总数超过 1000 人或者同一工作时段员工人数超过 200 人的服装、鞋帽、玩具，木制品、家具、塑料、食品加工和纺织、印染、印刷等劳动密集型企业。

浙消〔2020〕166 号《关于印发〈浙江省消防技术规范难点问题操作技术指南（2020 版）〉的通知》

有以下内容：“第一章 1.3.1《建筑设计防火规范》第 8.3.1 条第 2 款规定的类似生产厂房、第 8.4.1 条第 1 款规定的类似用途的厂房和第 10.3.1 条第 5 款规定的人员密集的厂房是指单体建筑任一生产加工车间或防火分区，同一时间的生产人数超过 200 人（或同一时间的生产人数超过 30 人且人均建筑面积小于 20m²）的丙类厂房、肉食蔬菜水果等食品加工，或生产性质及火灾危险性与之相类似的厂房。”

安委〔2014〕9 号《国务院安全生产委员会关于开展劳动密集型企业消防安全专项治理工作的通知》（已失效仅供参考定义）

有以下内容：“整治范围：凡现有同一时间容纳 30 人以上，从事制鞋、制衣、玩具、肉食蔬菜水果等食品加工、家具木材加工、物流仓储等劳动密集型企业的生产加工车间、经营储存场所和员工集体宿舍，均列入本次专项治理范围。各地可以结合本地实际，合理确定治理的范围、企业的规模。”

</td></tr>
<tr><td>问题解析</td><td>

1. “劳动密集型企业的员工集体宿舍”是住建部令 51 号文第十四条要求的消防审查验收的特殊建设工程，确未见相关标准对此有明确统一的定义。劳动密集型企业通常由各地根据人口、就业、经济等因素综合确定。注意该条文中“劳动密集型企业”和“劳动密集型场所”有主体差异。总建筑面积大于 1000m² 是针对该条款中的所有建筑类型。

2. 未见《建规》中有明确的统一的术语说明。对《建规》条文第 8.3.1 条第 2 款、第 8.4.1 条第 1 款、第 10.3.1 条第 5 款等涉及“劳动密集型企业”的规定，标准条文有说明的，可按其明确的适用范围执行；未有具体说明的，可参考《建筑内部装修设计防火规范》第 6.0.1 条条文说明和浙消〔2020〕166 号文的相关规定，结合建设工程项目具体设计内容，合理综合判定。

</td></tr>
</table>

问题描述

问题 1　多功能组合、附属变电站等建筑定性分类

1. 图 1 公寓和商业两种功能组合建造时，总高度为 34m；首层至三层为商业，每层建筑面积超过 $1000m^2$；四至九层每层建筑面积为 $1200m^2$，应将该建筑划分为一类高层建筑？还是划分为二类高层建筑？

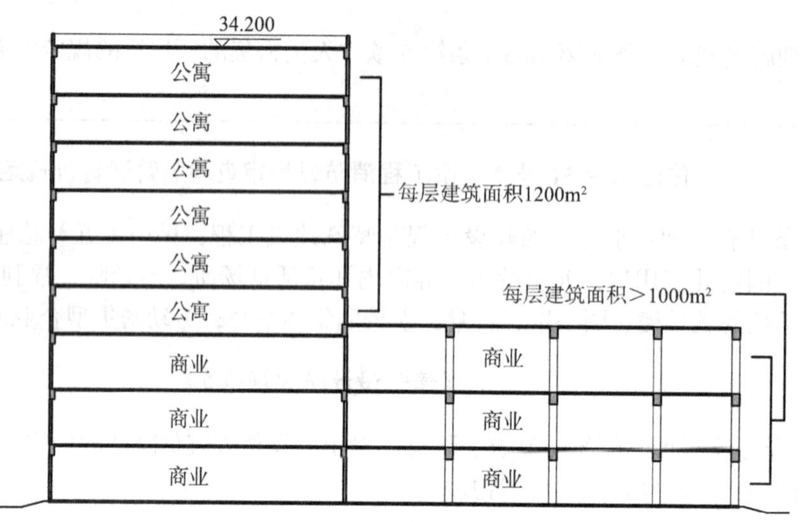

图 1　公寓商业组合建造

2. 建筑高度大于 24m（不大于 50m）的旅馆或办公建筑内，设有商业、餐饮等功能，算不算《建规》条文第 5.1.1 条内容中的一类多功能组合公共建筑？是否应确定为一类高层建筑？

3. 综合民用建筑或建筑群内附属变电站可与主体组合建造吗？应按哪种建筑定性执行防火规范？

相关标准

《建筑设计防火规范》

5.1.1　民用建筑根据其建筑高度和层数可分为单、多层民用建筑和高层民用建筑。高层民用建筑根据其建筑高度、使用功能和楼层的建筑面积可分为一类和二类。民用建筑的分类应符合表 5.1.1 的规定。

表 5.1.1 民用建筑的分类有以下内容：建筑高度超过 24m 以上部分任一楼层建筑面积大于 $1000m^2$ 的商店、展览、电信、邮政、财贸金融建筑和其他多种功能组合的建筑；为一类高层建筑。该条条文说明明确，表中“一类”第 2 项中的“其他多种功能组合”，指公共建筑中具有两种或两种以上的公共使用功能，不包括住宅与公共建筑组合建造的情况。条文中“建筑高度 24m 以上部分任一楼层建筑面积大于 $1000m^2$”是指该层楼板的标高大于 24m。

《商店建筑设计规范》

5.1.4　除为综合建筑配套服务且建筑面积小于 $1000m^2$ 的商店外，综合性建筑的商店部分应采用耐火极限不低于 2.00h 的隔墙和耐火极限不低于 1.50h 的不燃烧体楼板与建筑的其他部分隔开；商店部分的安全出口必须与建筑其他部分隔开。

问题解析

1. 虽然总建筑高度不大于 50m，但高度超过 24m 以上部分任一层建筑面积大于 $1000m^2$，所以应为一类高层公共建筑。

2. 需按具体情况判断。旅馆建筑内设仅供旅客使用的附属商业、餐饮等功能，且附属功能总面积不大于 $1000m^2$ 时，不算多功能组合建筑，该建筑可被定性为二类高层公共建筑。若该商业部分面积大，且对外独立运营，则不应视为该建筑主体的附属功能，此时整体建筑为《建规》条文第 5.1.1 条规定的多功能组合建筑。当楼面标高大于 24m 的任一层建筑面积大于 $1000m^2$ 时，该建筑应定性为一类高层公共建筑。

问题解析	3. 对综合建筑内的民用建筑附属变电站，无需单独定性，可按《建规》条文第 5.4.12 条规定执行。独立设置时，可参照满足《建规》丙类厂房相关要求。建规字〔2018〕4 号文“关于对室内变电站防火设计问题的复函”有以下内容：“《火力发电厂与变电站设计防火规范》将干式变压器室火灾危险性定为丁类。考虑变电站内变压器、电容器、电缆等可燃物分布情况，室内变电站的防火设计可按丙类厂房有关要求确定。”

问题描述

问题 2 屋顶有局部单层超高的多层公共建筑

1. 某建筑内设置了剧院、档案室、图书室及餐饮等功能区，其中，单层剧院屋面高度为 26.5m，其余部分屋面高度为 21.6m，将建筑定性为多层公共建筑，见图 1，符合规定吗？

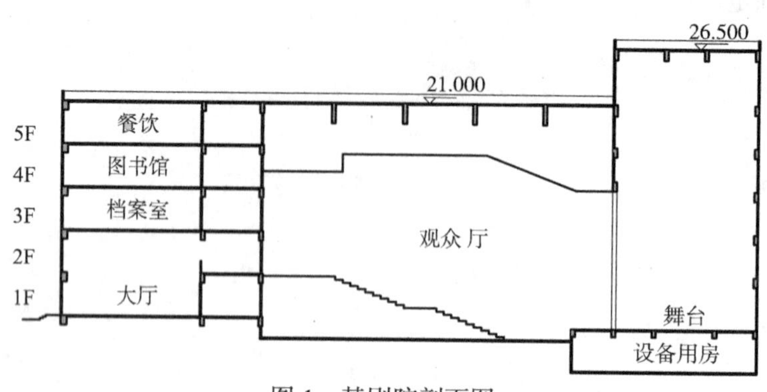

图 1 某剧院剖面图

2. 剧院等单层超高部分有无面积比例要求？有无高度限制？

相关标准

《建筑设计防火规范》

5.1.1 民用建筑根据其建筑高度和层数可分为单、多层民用建筑和高层民用建筑。高层民用建筑根据其建筑高度、使用功能和楼层的建筑面积可分为一类和二类。民用建筑的分类应符合表 5.1.1 的规定。

第 5.1.1 条条文说明有以下内容：本条中建筑高度大于 24m 的单层公共建筑，在实际工程中情况往往比较复杂，可能存在单层和多层组合建造的情况，难以确定是按单、多层建筑还是高层建筑进行消防设计。在防火设计时要根据建筑各使用功能的层数和建筑高度综合确定。如某体育馆建筑主体为单层，建筑高度 30.6m。座位区下部设置 4 层辅助用房，第四层顶板标高小于 24m（室外地坪至屋面面层高度），该体育馆可不按高层建筑进行防火设计。

1.0.4 同一建筑内设置多种使用功能场所时，不同使用功能场所之间应进行防火分隔，该建筑及其各功能场所的防火设计应根据本规范的相关规定确定。

问题解析

1. 上述建筑可整体定性为多层公共建筑。注意档案室、图书室及餐饮等多层部分与单层剧院功能区之间应采取防火墙等防火分隔措施，见《建规》条文第 1.0.4 条规定。注意核实明确此处的档案室、图书室及餐饮属于剧院功能的辅助用房，其使用对象应为剧院内部工作人员，为剧院建筑使用功能配套附属使用；否则，应按图书馆和影剧院两个多层公共建筑贴邻建造进行消防设计。

2. 未见相关限制规定，见《建规》第 5.1.1 条条文说明。注意应按建筑定性合理布局使用功能，不应设置非必要非附属的其他使用功能空间。

问题描述

问题 3　建筑高度与屋面使用功能

见图 1，某综合公共建筑，四层屋面标高为 23.80m，其上有大面积活动场地、露天酒吧等使用功能区，并有大量梁、柱、屋面构架及部分玻璃墙体等屋顶构筑物，将该建筑定性为多层公共建筑，符合规范要求吗？

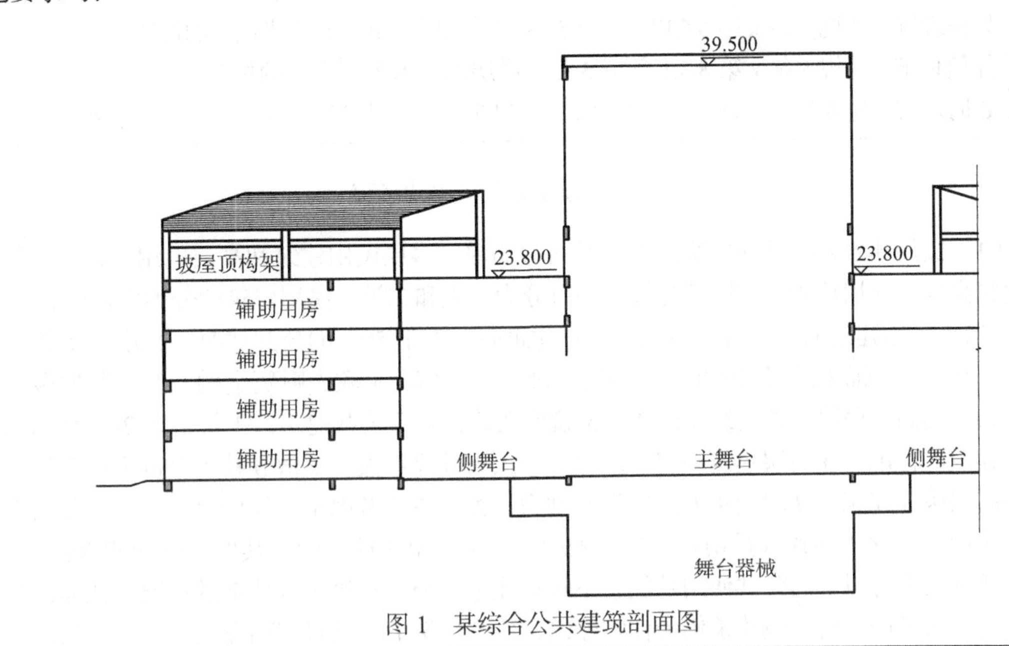

图 1　某综合公共建筑剖面图

相关标准

《建筑设计防火规范》

附录 A　建筑高度和建筑层数的计算方法

A.0.1　建筑高度的计算应符合下列规定：

1　建筑屋面为坡屋面时，建筑高度应为建筑室外设计地面至其檐口与屋脊的平均高度。

2　建筑屋面为平屋面（包括有女儿墙的平屋面）时，建筑高度应为建筑室外设计地面至其屋面面层的高度。

3　同一座建筑有多种形式的屋面时，建筑高度应按上述方法分别计算后，取其中最大值。

4　对于台阶式地坪，当位于不同高程地坪上的同一建筑之间有防火墙分隔，各自有符合规范规定的安全出口，且可沿建筑的两个长边设置贯通式或尽头式消防车道时，可分别计算各自的建筑高度。否则，应按其中建筑高度最大者确定该建筑的建筑高度。

5　局部突出屋顶的瞭望塔、冷却塔、水箱间、微波天线间或设施、电梯机房、排风和排烟机房以及楼梯出口小间等辅助用房占屋面面积不大于 1/4 者，可不计入建筑高度。

6　对于住宅建筑，设置在底部且室内高度不大于 2.2m 的自行车库、储藏室、敞开空间，室内外高差或建筑的地下或半地下室的顶板面高出室外设计地面的高度不大于 1.5m 的部分，可不计入建筑高度。

问题解析

不符合规范要求。《建规》中“屋面”通常按无其他使用功能的室外安全区考虑，除合理放置必要设备和避难疏散功能外，不应设有其他人员密集的使用功能区。故，多层部分不超 24m，仅单层观众厅舞台等高大空间部分超 24m 时，影剧院仍可被定性为多层公共建筑。图 1 建筑屋面设有露天活动场地、露天酒吧等使用功能区（存在安全疏散和防火分隔需要），且设置大量建筑构件（存在封闭为室内空间的可能性），应将“屋面层”计入建筑高度和层数。需按《建规》附录 A 第 A.0.1 条建筑高度计算规则重新核实建筑高度计算高度大于 24m 的建筑室内和半室外使用功能空间的面积。避免实际使用时，存在火灾安全隐患或出现无法安全疏散等消防问题。

问题描述

问题 4　易误读错解的建筑分类条文

1.《建规》条文第 5.1.1 条表 5.1.1-3 一类公共建筑（这列）有医疗建筑，是否指所有医疗建筑都是一类民用建筑？

2. 如何理解《建规》条文第 5.1.1 条“其他多种功能组合的建筑”与“建筑高度 24m 以上部分”的关系？

3. 如何理解《建规》条文第 5.5.17 条表 5.5.17 中“高层旅馆、展览建筑”的说法？

4. 如何理解《建规》条文第 8.3.1 条第 5 款“高层乙、丙类厂房”的规定？

5. 如何理解《建规》条文第 10.1.1 条第 1 款“建筑高度大于 50m 的乙、丙类厂房和丙类仓库”的说法？

相关标准

《建筑设计防火规范》

5.1.1　民用建筑根据其建筑高度和层数可分为单、多层民用建筑和高层民用建筑。高层民用建筑根据其建筑高度、使用功能和楼层的建筑面积可分为一类和二类。民用建筑的分类应符合表 5.1.1 的规定。

表 5.1.1 民用建筑的分类有以下内容：1. 建筑高度大于 50m 的公共建筑；2. 建筑高度超过 24m 以上部分任一楼层建筑面积大于 $1000m^2$ 的商店、展览、电信、邮政、财贸金融建筑和其他多种功能组合的建筑；为一类高层民用公共建筑。该条条文说明明确：对于公共建筑，本规范以 24m 作为区分多层和高层公共建筑的标准。在高层建筑中将性质重要、火灾危险性大、疏散和扑救难度大的建筑定为一类。例如，将高层医疗建筑、高层老年人照料设施划为一类，主要考虑了建筑中有不少人员行动不便、疏散困难，建筑内发生火灾易致人员伤亡。……表中“一类”第 2 项中的“其他多种功能组合”，指公共建筑中具有两种或两种以上的公共使用功能，不包括住宅与公共建筑组合建造的情况。比如，住宅建筑的下部设置商业服务网点时，该建筑仍为住宅建筑；住宅建筑下部设置有商业或其他功能的裙房时，该建筑不同部分的防火设计可按本规范第 5.4.10 条的规定进行。条文中“建筑高度 24m 以上部分任一楼层建筑面积大于 $1000m^2$”的“建筑高度 24m 以上部分任一楼层”是指该层楼板的标高大于 24m。

问题解析

1. 不是。高度小于 24m 的医疗建筑是多层建筑。建筑高度大于 24m 的高层医疗建筑是一类高层建筑，单多层民用建筑没有一类或二类的建筑分类。

2.《建规》第 5.1.1 条“条文”其他多种功能组合的建筑，且同时满足建筑高度 24m 以上部分任一楼层建筑面积大于 $1000m^2$ 条件的，应定性为一类高层公共建筑。如图 1 所示，高层主体建筑面积不大于 $1000m^2$，可将其定性为二类高层建筑。

3.《建规》第 5.5.17 条条文“高层旅馆、展览建筑”，应理解为高层旅馆建筑和高层展览建筑。

4.《建规》条文第 8.3.1 条第 5 款“高层乙、丙类厂房”应为高层乙类厂房和高层丙类厂房。

5.《建规》条文第 10.1.1 条第 1 款“建筑高度大于 50m 的乙、丙类厂房和丙类仓库”，应为建筑高度大于 50m 的乙、丙类厂房和建筑高度大于 50m 的丙类仓库。

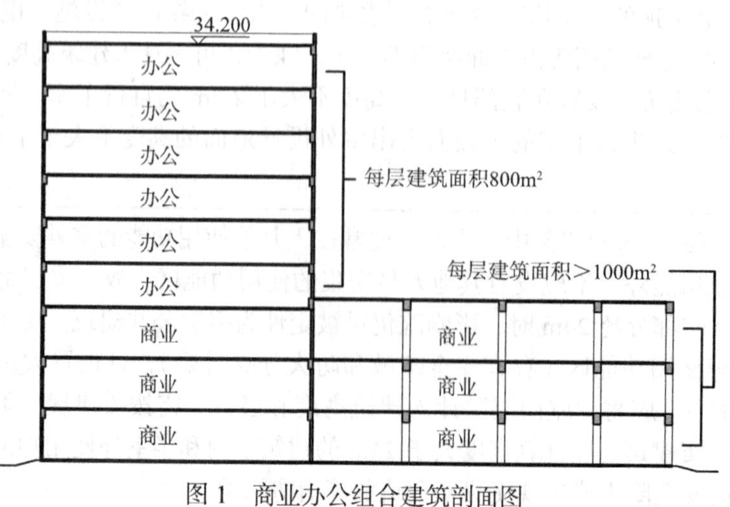

图 1　商业办公组合建筑剖面图

<table>
<tr><td>问题描述</td><td>

问题 1　防火墙及防火门窗的设置要求

1. 在《建规》第 5.2.2 条注 2 提及的防火墙上可否设置甲级防火门窗或耐火极限不低于 3h 的防火卷帘？

2. 甲级防火门窗是否可以代替防火墙？防火分区防火墙上设置防火门窗、防火玻璃墙时，应符合哪些规定？

</td></tr>
<tr><td>相关标准</td><td>

《建筑设计防火规范》

2.1.12　防火墙　fire wall

防止火灾蔓延至相邻建筑或相邻水平防火分区且耐火极限不低于 3.00h 的不燃性墙体。

5.2.2　注 2：两座建筑相邻较高一面外墙为防火墙，或高出相邻较低一座一、二级耐火等级建筑的屋面 15m 及以下范围内的外墙为防火墙时，其防火间距不限。

5.2.2　注 5：相邻两座建筑中较低一座建筑的耐火等级不低于二级且屋顶无天窗，相邻较高一面外墙高出较低一座建筑的屋面 15m 及以下范围内的开口部位设置甲级防火门、窗，或设置符合现行国家标准《自动喷水灭火系统设计规范》GB 50084 规定的防火分隔水幕或本规范第 6.5.3 条规定的防火卷帘时，其防火间距不应小于 3.5m；对于高层建筑，不应小于 4m。

2.1.22　防火分区　fire compartment

在建筑内部采用防火墙、楼板及其他防火分隔设施分隔而成，能在一定时间内防止火灾向同一建筑的其余部分蔓延的局部空间。

6.1.5　防火墙上不应开设门、窗、洞口，确需开设时，应设置不可开启或火灾时能自动关闭的甲级防火门、窗。

第 6.1.5 条条文说明：对于因防火间距不足而需设置的防火墙，不应开设门窗洞口。必须设置的开口要符合本规范有关防火间距的规定。用于防火分区或建筑内其他防火分隔用途的防火墙，如因工艺或使用等要求必须在防火墙上开口时，须严格控制开口大小并采取在开口部位设置防火门窗等能有效防止火灾蔓延的防火措施。

6.5.2　设置在防火墙、防火隔墙上的防火窗，应采用不可开启的窗扇或具有火灾时能自行关闭的功能。

防火窗应符合现行国家标准《防火窗》GB 16809 的有关规定。

</td></tr>
<tr><td>问题解析</td><td>

1. 不可以。根据《建规》第 2.1.12 条、第 6.1.5 条及条文说明规定，并对比《建规》条文第 5.2.2 条条文注 5（可设置甲级门窗的规定）理解可知，第 5.3.1 条条文注 2 强调的“防火墙”是指耐火极限不低于 3.0h 的无门窗洞口的不燃性实体外墙。此时，采用防火玻璃墙时，应注意构件的整体耐火极限需按防火墙耐火极限规定和检测要求确定。《建规》其他条文中明确的（室内）“防火墙”多指《建规》第 6.1.5 条条文中仅设（少量必要）甲级防火门窗的防火墙。

2. 甲级防火门窗不能等同于防火墙。在消防产品检测等相关标准中，对防火门窗和防火墙的耐火性能要求和检测标准的要求是不一样的，《建规》有条文明确防火墙上不得设置甲级防火门窗，因此确需要设置时，应注意满足《建规》条文第 6.1.5 条、第 6.5.1 条、第 6.5.2 条、第 6.4.10 条等规定。防火门的选用应符合现行国家标准《防火门》相关规定，注意防火等级、自动关闭、常开、顺序关闭、火灾时手动开启等性能要求，宜按图集选用合规产品。防火窗应符合现行国家标准《防火窗》相关规定，并满足《建规》条文第 6.5.2 条“不开启或具有火灾时能自行关闭功能”等要求。对于防火墙上是否可以设置防火玻璃墙，《建规》未明确规定，因此不宜不设置，若设置，应按防火墙要求核实防火玻璃墙的耐火性能。

</td></tr>
</table>

问题描述

问题 2 防火（隔）墙及防火卷帘设置要求

1.《建规》第 6.2.2 条医、幼、老场所要求设置的“防火隔墙”上是否可设置防火卷帘？第 6.2.7 条消防控制室等设备间、第 6.4.2 条、第 6.4.3 条楼梯间的“防火隔墙”处是否可设置防火卷帘？第 3.3.10 条、第 5.4.10 条、第 5.4.11 条、第 6.4.4 条 3 款等规定“完全分隔”处，是否可设置防火卷帘？

2. 防火墙、防火隔墙上设置防火卷帘，应注意明确哪些设置要求？何时必须明确两步降设置要求？

相关标准

《建筑设计防火规范》

2.1.11 防火隔墙 fire partition wall

建筑内防止火灾蔓延至相邻区域且耐火极限不低于规定要求的不燃性墙体。

6.2.2 医疗建筑内的手术室或手术部、产房、重症监护室、贵重精密医疗装备用房、储藏间、实验室、胶片室等，附设在建筑内的托儿所、幼儿园的儿童用房和儿童游乐厅等儿童活动场所、老年人照料设施，应采用耐火极限不低于 2.00h 的防火隔墙和 1.00h 的楼板与其他场所或部位分隔，墙上必须设置的门、窗应采用乙级防火门、窗。

6.2.3 建筑内的下列部位应采用耐火极限不低于 2.00h 的防火隔墙与其他部位分隔，墙上的门、窗应采用乙级防火门、窗，确有困难时，可采用防火卷帘，但应符合本规范第 6.5.3 条的规定：

6 附设在住宅建筑内的机动车库。

6.2.4 建筑内的防火隔墙应从楼地面基层隔断至梁、楼板或屋面板的底面基层。住宅分户墙和单元之间的墙应隔断至梁、楼板或屋面板的底面基层，屋面板的耐火极限不应低于 0.50h。

6.5.3 防火分隔部位设置防火卷帘时，应符合下列规定：

1 除中庭外，当防火分隔部位的宽度不大于 30m 时，防火卷帘的宽度不应大于 10m；当防火分隔部位的宽度大于 30m 时，防火卷帘的宽度不应大于该部位宽度的 1/3，且不应大于 20m。

2 防火卷帘应具有火灾时靠自重自动关闭功能。

3 除本规范另有规定外，防火卷帘的耐火极限不应低于本规范对所设置部位墙体的耐火极限要求。

4 防火卷帘应具有防烟性能，与楼板、梁、墙、柱之间的空隙应采用防火封堵材料封堵。

5 需在火灾时自动降落的防火卷帘，应具有信号反馈的功能。

6 其他要求，应符合现行国家标准《防火卷帘》GB 14102 的规定。

问题解析

1. 上述防火隔墙上，原则上不应或不宜设置防火卷帘。《建规》明确“应采用防火墙（或防火隔墙）分隔”处均不宜设门窗洞口。若设置，应设为规范允许的防火门窗，如条文第 6.1.5 条“能自动关闭的甲级防火门”；如 6.2.2 条“乙级防火门、窗”。防火卷帘在实际使用过程中，存在防烟效果差、可靠性低等问题，因此《建规》条文强调应“采用防火墙……完全分隔”时，应指符合耐火极限要求的不燃性墙体，不含防火卷帘。可设防火卷帘的防火墙、防火隔墙，《建规》条文第 6.2.3 条、第 5.3.2 条等有明确规定。

2. 应按规范要求设置防火卷帘，采用符合现行国家标准《防火卷帘》相关规定的合格产品。设计文件应按《建规》条文第 6.5.3 条核注防火卷帘编号尺寸、靠自重自动关闭及信号反馈功能、防烟防火封堵等设置要求。注意计算平面图中防火卷帘设置宽度，需符合《建规》条文第 6.5.3 条第 1 款规定。特殊情况或部位涉及需要两步降或手动开启时，建议明确操作措施及提示标识要求，常见设置位置是中庭局部小空间（面积小、人极少且确实无法设置防火疏散门时），和地下汽车库防火分区内防火单元间的防火卷帘一侧（无法合理设防火疏散门时）。

问题描述	**问题3　防火分区与防火墙、防火单元分隔关系** 1. 防火分区防火分隔措施是否含防火卷帘？3h防火卷帘可否可代替防火墙？ 2.《建规》条文第5.3.1表注2、第5.5.12条注“裙房与高层主体间设置防火墙”，其上可否设防火卷帘？ 3. 防火单元是什么？与防火分区有什么关系？
相关标准	**《建筑设计防火规范》** 2.1.22　防火分区　fire compartment 在建筑内部采用防火墙、楼板及其他防火分隔设施分隔而成，能在一定时间内防止火灾向同一建筑的其余部分蔓延的局部空间。 2.1.12　防火墙　fire wall 防止火灾蔓延至相邻建筑或相邻水平防火分区且耐火极限不低于3.00h的不燃性墙体。 第5.3.2条条文说明：在采取了能防止火灾和烟气蔓延的措施后，一般将中庭单独作为一个独立的防火单元。对于中庭部分的防火分隔物，推荐采用实体墙，有困难时可采用防火玻璃墙，……。尽管规范未排除采取防火卷帘的方式，但考虑到防火卷帘在实际应用中存在可靠性不够高等问题，故规范对其耐火极限提出了更高要求。 **《天津市城市综合体建筑设计防火标准》** 2.0.4　防火单元 在建筑内部采用防火隔墙及其他防火分隔设施分隔而成的区域，可以将火灾影响控制在该区域内。 **《住宅建筑规范》** 第9.1.2条条文说明：考虑到住宅建筑的特点，从被动防火措施上，宜将每个住户作为一个防火单元处理，故本条对住户之间的防火分隔要求做了原则规定。 **《电动汽车分散充电设施工程技术标准》** 6.1.5　新建汽车库内配建的分散充电设施……每个防火单元应采用耐火极限不小于2.0h的防火隔墙或防火卷帘、防火分隔水幕等与其他防火单元和汽车库其他部位分隔。 第6.1.5条条文说明，明确此时防火单元最大建筑面积，约为内燃机汽车防火分区面积的50%。
问题解析	1. 含防火卷帘，见《建规》条文第2.1.12条规定。但耐火极限3h防火卷帘在产品设计和消防检测等要求与防火墙差异较大，不能等同、不应简单视为可代替防火墙。《建筑防火通用规范》（征求意见稿）条文第4.1.4条明确，高层建筑主体与裙房间应采用防火墙和甲级防火门分隔；当不符合要求（设有防火卷帘替代防火墙）时，裙房不能按多层建筑执行相关规定，按《建规》第5.3.1条表注2理解，裙房防火分区设计也需要按高层主体确定。 2. 不可以。《建规》条文第5.5.12条、第5.3.1条附注中“防火墙”，应理解为“耐火极限不低于3.0h的不燃性墙体”。因此，可设少量不可开启或火灾自动关闭的甲级防火门窗，不可设防火卷帘。同理注意《建规》条文第3.7.3条、第3.8.3条、第5.5.9条“应采用防火墙分隔”的防火墙上均指未设防火卷帘的防火墙。常见可设置防火卷帘位置见《建规》条文第6.2.3条规定。 3. 参考上述相关标准可知，防火单元是一种防火分隔措施，面积小于防火分区，是防火分区的组成部分；但不具有独立疏散条件，需与所在防火分区整体考虑疏散安全。

问题描述

问题 4　走道两侧隔墙开窗与防火玻璃墙

1. 开向疏散走道的门窗是否有面积占比要求？是否有耐火极限要求？

2. 满足门窗耐火完整性要求的防火玻璃门窗可否视同防火墙、防火隔墙使用？防火玻璃墙呢？

相关标准

《建筑设计防火规范》

2.1.11　防火隔墙　fire partition wall

建筑内防止火灾蔓延至相邻区域且耐火极限不低于规定要求的不燃性墙体。

2.1.10　耐火极限　fire resistance rating

在标准耐火试验条件下，建筑构件、配件或结构从受到火的作用时起，至失去承载能力、完整性或隔热性时止所用时间，用小时表示。

6.2.4　建筑内的防火隔墙应从楼地面基层隔断至梁、楼板或屋面板的底面基层。住宅分户墙和单元之间的墙应隔断至梁、楼板或屋面板的底面基层，屋面板的耐火极限不应低于 0.50h。

《消防词汇第 1 部分：通用术语》

2.51　耐火性能

建筑构件、配件或结构在一定时间内满足标准耐火试验的稳定性、完整性和（或）隔热性的能力。

北京市地标《防火玻璃框架系统设计、施工及验收规范》

2.0.2　防火玻璃框架系统：

主要由防火玻璃、钢质耐火框架和防火材料组成，在一定时间内，满足耐火稳定性、完整性和隔热性要求的非承重系统。

2.0.3　防火玻璃门窗：

主要由防火玻璃、钢质耐火框架和防火材料组成，在一定时间内，满足一定耐火性能要求的门窗系统。

4.1.3　除第 4.4.5 条的中庭与周围空间防火分隔的做法外，防火墙不应采用防火玻璃框架系统，当防火墙上必须开设门窗时，可采用 A1.50（甲级）防火玻璃门窗框架系统。

问题解析

1.《建规》对疏散走道两侧耐火极限不小于 1.0h 隔墙上开设的门窗洞口，无面积占比要求，也无耐火极限要求（有地方消防审查或验收规定，要求疏散走道两侧隔墙上开设的门、窗面积占比不得超过二分之一或三分之一）。建筑设计时宜按实际需要合理设置门窗大小位置，不应采用玻璃隔断作为疏散走道两侧墙体；确有需要设置防火玻璃墙时，应设置隔断至结构板底，隔热性、完整性等耐火极限符合所在墙体要求的防火玻璃墙。《建规》条文第 5.1.2 条明确了防火墙、防火隔墙、走道隔墙等燃烧性能和耐火极限要求。

2. 不可以。《建规》条文第 5.3.2 条、第 5.3.6 条第 4 款等允许防火隔墙上设置防火玻璃墙时，均明确了耐火隔热性和耐火完整性等要求。《建规》已明确防火墙、防火隔墙均为不燃性墙体。通常防火玻璃门窗只能满足主要材料的耐火性能要求，构件整体耐火性能很难达到不燃性墙体构件的耐火性能要求（稳定性、完整性和隔热性等及检测方式）。《建规》条文中规定可以采用防火玻璃墙时，均明确了适用范围及构件的耐火要求，如《建规》条文第 6.2.5 条外墙处防火玻璃墙仅有耐火完整性要求。确需采用防火玻璃门窗、防火玻璃墙作为外墙、防火墙、防火隔墙使用时，应核实该建筑构件整体（含所有组成部分）满足所在不燃性墙体构件的耐火性能要求。

问题描述	**问题 5　防火墙外墙上可否设置甲级防火固定窗等开口** 1.《建规》条文第 5.2.2 条注 2“外墙为防火墙”，该防火墙可否设有甲级防火门窗（通风百叶）或 3h 防火卷帘？ 2. 室外疏散楼梯周围 2m 的墙面上可否设置甲级防火固定窗？
相关标准	**《建筑设计防火规范》** 2.1.10　耐火极限　fire resistance rating 在标准耐火试验条件下，建筑构件、配件或结构从受到火的作用时起，至失去承载能力、完整性或隔热性时止所用时间，用小时表示。 2.1.12　防火墙　fire wall 防止火灾蔓延至相邻建筑或相邻水平防火分区且耐火极限不低于 3.00h 的不燃性墙体。 6.1.1　防火墙应直接设置在建筑的基础或框架、梁等承重结构上，框架、梁等承重结构的耐火极限不应低于防火墙的耐火极限。 防火墙应从楼地面基层隔断至梁、楼板或屋面板的底面基层。当高层厂房（仓库）屋顶承重结构和屋面板的耐火极限低于 1.00h，其他建筑屋顶承重结构和屋面板的耐火极限低于 0.50h 时，防火墙应高出屋面 0.5m 以上。 6.1.5　防火墙上不应开设门、窗、洞口，确需开设时，应设置不可开启或火灾时能自动关闭的甲级防火门、窗。 可燃气体和甲、乙、丙类液体的管道严禁穿过防火墙。防火墙内不应设置排气道。 第 6.1.5 条条文说明：对于因防火间距不足而需设置的防火墙，不应开设门窗洞口。必须设置的开口要符合本规范有关防火间距的规定。 5.2.2　注 2 两座建筑相邻较高一面外墙为防火墙，或高出相邻较低一座一、二级耐火等级建筑的屋面 15m 及以下范围内的外墙为防火墙时，其防火间距不限。 6.4.5　室外疏散楼梯应符合下列规定： 5　除疏散门外，楼梯周围 2m 内的墙面上不应设置门、窗、洞口。疏散门不应正对梯段。
问题解析	1. 不可以设有甲级防火门窗（含防火通风百叶）或 3h 防火卷帘，见《建规》第 6.1.5 条条文说明。非承重外墙与防火墙的构造要求不同，耐火性能差异大；根据《建规》条文第 5.1.2 条及注 1 理解，第 5.2.2 条注 2“外墙防火墙”与“可设门窗洞口外墙”不同；第 5.2.2 条注 4“外墙防火墙”和“可设有限门窗洞口的外墙”，防火间距也不同。因此第 5.2.2 条注 2、3 外墙防火墙均应为采用不燃性材料制作、耐火极限不低于 3h 的无门窗洞口防火墙。同理注意《建规》条文第 3.3.8 条、第 3.4.1 条注 2、第 3.5.2 条注 2、第 3.5.3 条、第 4.3.4 条、第 4.4.3 条等外墙防火墙，均不应设有任何门窗洞口。 2. 不可以设置甲级防火固定窗。条文已明确为不应设置门窗洞口的外墙。墙体建筑构件和防火门窗构件的燃烧性能、耐火极限等耐火性能要求和检测方法不同。设有防火玻璃墙时，应达到外墙不燃性墙体构件的耐火性能要求。注意地下自行车坡道兼作防火分区安全疏散出口时，其外墙周围 2m 范围内也不应设置甲或乙级防火窗（见本书第六章第一节问题 2 的问题解析）。

问题描述

问题 1 多层民用建筑的最小防火间距

1. 见图 1，有两座高度相同的多层住宅，在住宅两侧相对的外墙上设有甲级防火窗，图中 3m 的防火间距符合规定吗？

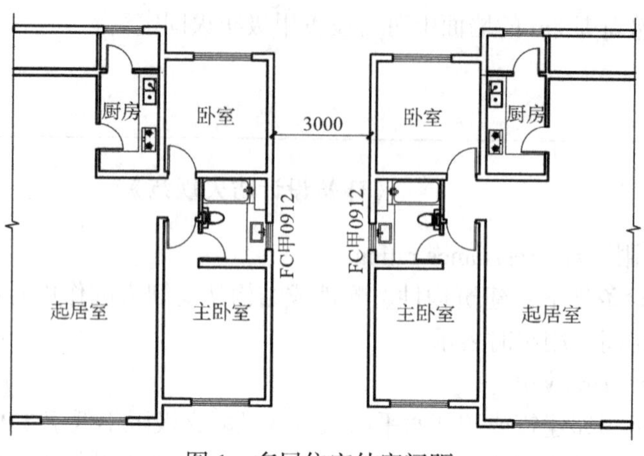

图 1 多层住宅外窗间距

2. 若不设甲级防火窗，符合防火规范要求的最小间距应是多少？既有建筑防火间距不够怎么办？

相关标准

《建筑设计防火规范》

5.2.2 注 1 相邻两座单、多层建筑，当相邻外墙为不燃性墙体且无外露的可燃性屋檐，每面外墙上无防火保护的门、窗、洞口不正对开设且该门、窗、洞口的面积之和不大于外墙面积的 5% 时，其防火间距可按本表的规定减少 25%。

5.2.2 注 3 相邻两座高度相同的一、二级耐火等级建筑中相邻任一侧外墙为防火墙，屋顶的耐火极限不低于 1.00h 时，其防火间距不限。

5.2.2 注 5 相邻两座建筑中较低一座建筑的耐火等级不低于二级且屋顶无天窗，相邻较高一面外墙高出较低一座建筑的屋面 15m 及以下范围内的开口部位设置甲级防火门、窗，或设置符合现行国家标准《自动喷水灭火系统设计规范》GB 50084 规定的防火分隔水幕或本规范第 6.5.3 条规定的防火卷帘时，其防火间距不应小于 3.5m；对于高层建筑，不应小于 4m。

5.2.4 除高层民用建筑外，数座一、二级耐火等级的住宅建筑或办公建筑，当建筑物的占地面积总和不大于 2500m² 时，可成组布置，但组内建筑物之间的间距不宜小于 4m。组与组或组与相邻建筑物的防火间距不应小于本规范第 5.2.2 条的规定。

问题解析

1. 不符合规定。两栋多层建筑外墙设置甲级防火门窗时，也需符合《建规》条文第 5.2.2 条规定，不能计算符合《建规》条文第 5.2.2 条注 1 规定时，应核算满足《建规》条文第 5.2.2 条注 5“不应小于 3.5m”的规定，参见《〈建规〉图示》5.2.2 图示 3、4、5 及注释 1。《建规》第 5.2.2 条注 2、注 3、注 4 的“外墙为防火墙”时，均指不含门窗洞口的防火墙，见本书第二章第四节问题 1、5。

2. 若取消甲级防火窗，改为无门窗洞口防火墙时，按《建规》条文第 5.2.2 条注 2“防火间距不限”，可为 0m。若设有普通外墙门窗，需按两个设计方案核算最小防火间距。其一，按《建规》条文第 5.2.2 条注 1 核算外墙门窗洞口不正对、门窗洞口面积比不大于 5% 时，其防火间距可按表 5.2.2 减少 25%，如图 1 所示，一、二级多层民用建筑之间的防火间距应不小于 4.5m；其二，若按多栋多层住宅成组布置核算，则组内、组外建筑物间距需分别符合《建规》条文第 5.2.4 条规定，一、二级耐火等级的多层住宅，组内建筑间距宜不小于 4m，组间建筑间距应不小于 6m。既有住宅建筑项目的厨房等外窗，有自然采光通风需求，确实无法改造符合防火间距、防火分隔规定时，宜采取能高温熔断、自动关闭的甲级防火窗等补偿措施。同理，既有建筑开向半封闭的室内公共疏散通道的厨房窗和住宅户门，也应采取合理的补偿措施，确保消防安全。

问题描述

问题 2　人防、车库出入口、竖井等防火间距

地上小型建、构筑物，地下建筑人防出入口、通风竖井、机动车或非机动车出入口等，如图 1、图 2 所示，和相邻建筑之间的防火间距，是否应符合《建规》条文第 5.2.2 条的规定？

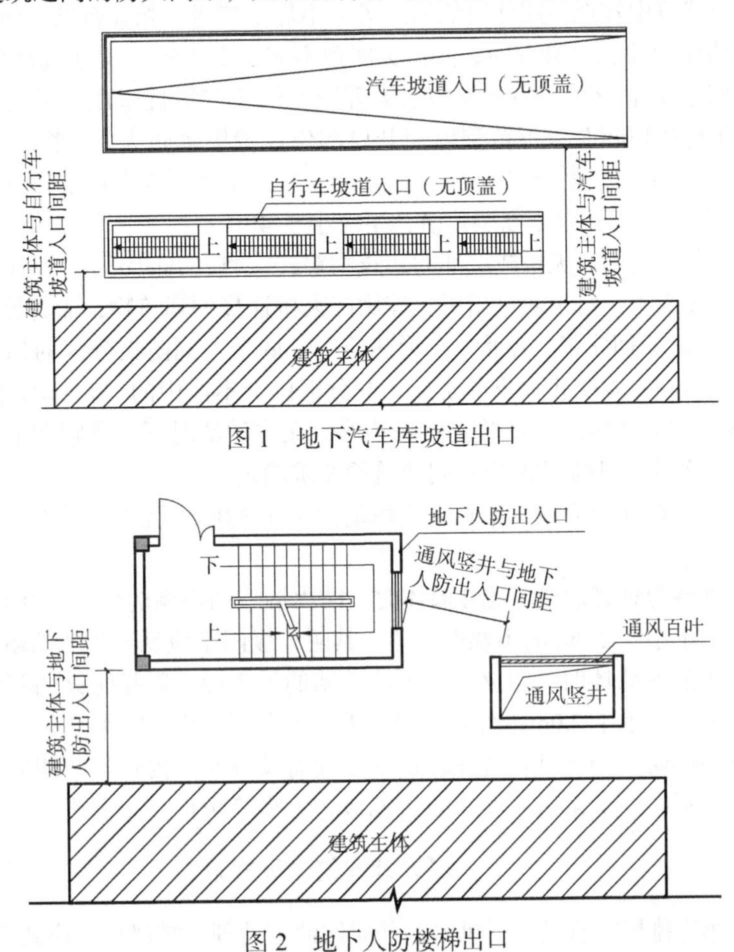

图 1　地下汽车库坡道出口

图 2　地下人防楼梯出口

相关标准

《建筑设计防火规范》

5.2.2　民用建筑之间的防火间距不应小于表 5.2.2 的规定，与其他建筑的防火间距，除应符合本节规定外，尚应符合本规范其他章的有关规定。

表 5.2.2　民用建筑之间的防火间距（m）

建筑类别		高层民用建筑	裙房和其他民用建筑		
		一、二级	一、二级	三级	四级
高层民用建筑	一、二级	13	9	11	14
裙房和其他民用建筑	一、二级	9	6	7	9
	三级	11	7	8	10
	四级	14	9	10	12

注：1　相邻两座单、多层建筑，当相邻外墙为不燃性墙体且无外露的可燃性屋檐，每面外墙上无防火保护的门、窗、洞口不正对开设且该门、窗、洞口的面积之和不大于外墙面积的 5% 时，其防火间距可按本表的规定减少 25%。

<table>
<tr><td>相关标准</td><td>2　两座建筑相邻较高一面外墙为防火墙，或高出相邻较低一座一、二级耐火等级建筑的屋面15m及以下范围内的外墙为防火墙时，其防火间距不限。
3　相邻两座高度相同的一、二级耐火等级建筑中相邻任一侧外墙为防火墙，屋顶的耐火极限不低于1.00h时，其防火间距不限。
4　相邻两座建筑中较低一座建筑的耐火等级不低于二级，相邻较低一面外墙为防火墙且屋顶无天窗，屋顶的耐火极限不低于1.00h时，其防火间距不应小于3.5m；对于高层建筑，不应小于4m。
5　相邻两座建筑中较低一座建筑的耐火等级不低于二级且屋顶无天窗，相邻较高一面外墙高出较低一座建筑的屋面15m及以下范围内的开口部位设置甲级防火门、窗，或设置符合现行国家标准《自动喷水灭火系统设计规范》GB 50084规定的防火分隔水幕或本规范第6.5.3条规定的防火卷帘时，其防火间距不应小于3.5m；对于高层建筑，不应小于4m。
6　相邻建筑通过连廊、天桥或底部的建筑物等连接时，其间距不应小于本表的规定。
第5.2.2条条文说明：对于通过裙房、连廊或天桥连接的建筑物，需将该相邻建筑视为不同的建筑来确定防火间距。对于回字形、U形、L形建筑等，两个不同防火分区的相对外墙之间也要有一定的间距，一般不小于6m，以防止火灾蔓延到不同分区内。本注中的“底部的建筑物”，主要指如高层建筑通过裙房连成一体的多座高层建筑主体的情形，在这种情况下，尽管在下部的建筑是一体的，但上部建筑之间的防火间距，仍需按两座不同建筑的要求确定。
6.1.2　防火墙横截面中心线水平距离天窗端面小于4.0m，且天窗端面为可燃性墙体时，应采取防止火势蔓延的措施。
6.1.3　建筑外墙为难燃性或可燃性墙体时，防火墙应凸出墙的外表面0.4m以上，且防火墙两侧的外墙均应为宽度均不小于2.0m的不燃性墙体，其耐火极限不应低于外墙的耐火极限。
建筑外墙为不燃性墙体时，防火墙可不凸出墙的外表面，紧靠防火墙两侧的门、窗、洞口之间最近边缘的水平距离不应小于2.0m；采取设置乙级防火窗等防止火灾水平蔓延的措施时，该距离不限。
6.1.4　建筑内的防火墙不宜设置在转角处，确需设置时，内转角两侧墙上的门、窗、洞口之间最近边缘的水平距离不应小于4.0m；采取设置乙级防火窗等防止火灾水平蔓延的措施时，该距离不限。
《车库建筑设计规范》
3.2.8　地下车库排风口宜设于下风向，并应做消声处理。排风口不应朝向邻近建筑的可开启外窗；当排风口与人员活动场所的距离小于10m时，朝向人员活动场所的排风口底部距人员活动地坪的高度不应小于2.5m。</td></tr>
<tr><td>问题解析</td><td>不同使用功能的地上建筑物单体之间，原则上均应满足《建规》条文第5.2.2条防火间距规定。图2地下人防出入口（有室内功能空间）和其他不同使用功能的建筑主体之间，应符合该规定；对图1地下建筑的地上构件，规范没有明确规定。
有一定合理性，可不按建筑防火间距要求执行的特殊建、构筑物，常见有如下两类：
（1）地下建筑的地上室外不燃构件。见图1的敞开式汽车坡道、自行车坡道的围护栏杆，下沉庭院室外不燃的防护构件采光板等，当地上无建筑室内使用功能空间时，可不按《建规》条文第5.2.2条相邻建筑物的防火间距考虑。但当防火间距不足时，地下汽车库坡道室内外空间交界处，应设置防火卷帘等防火分隔措施；地下自行车坡道内外空间交界处，应设置乙级防火门等防火分隔措施，避免地下建筑火灾烟气影响相邻地上建筑物的安全疏散、灭火救援。
（2）地上建筑主体不可分割的地下附属功能部分。当建筑地上地下为不同使用区域，如图2所示，地下建筑功能与地上建筑主体功能无关，其出入口、通风竖井等应按《建规》条文第5.2.2条注6规定及条文说明要求，满足两座不同建筑间防火间距要求，尤其注意外窗开口处需核实明确防火间距要符合规定。如果地下功能区与地上主体建筑结构相连、功能相关，可属于建筑地上主体功能不可分割的一部分时，该功能空间与地上主体建筑之间可采用与消防设计相适应的防火分隔措施。如图2所示，地下出入口、通风竖井等与建筑地上外墙开口的防火间距，可满足同一建筑不同防火分区的防火分隔要求，见《建规》条文第5.2.2条条文说明。</td></tr>
</table>

问题描述

问题 3　阳台、疏散外廊、室外疏散梯、室外扶梯等不燃构件的防火间距

1. 如图 1 所示，建筑外墙外侧的由不燃材料制作的阳台、外廊、连廊、室外疏散梯、室外扶梯等，是否应纳入建筑物间防火间距的计算范围？

2. 上述部位是否应计入防火分区面积？

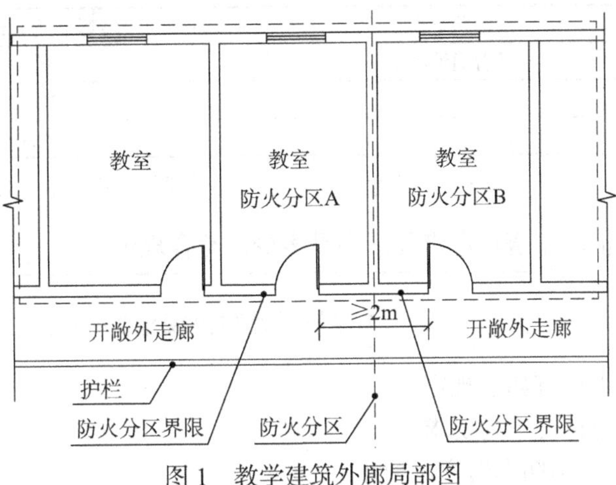

图 1　教学建筑外廊局部图

相关标准

《建筑设计防火规范》

2.1.21　防火间距　fire separation distance

防止着火建筑在一定时间内引燃相邻建筑，便于消防扑救的间隔距离。

注：防火间距的计算方法应符合本规范附录 B 的规定。

第 2.1.21 条条文说明：防火间距是不同建筑间的空间间隔，既是防止火灾在建筑之间发生蔓延的间隔，也是保证灭火救援行动既方便又安全的空间。

2.1.22　防火分区　fire compartment

在建筑内部采用防火墙、楼板及其他防火分隔设施分隔而成，能在一定时间内防止火灾向同一建筑的其余部分蔓延的局部空间。

附录 B.0.1：建筑物之间的防火间距应按相邻建筑外墙的最近水平距离计算，当外墙有凸出的可燃或难燃构件时，应从其凸出部分外缘算起。

6.6.4　连接两座建筑物的天桥、连廊，应采取防止火灾在两座建筑间蔓延的措施。当仅供通行的天桥、连廊采用不燃材料，且建筑物通向天桥、连廊的出口符合安全出口的要求时，该出口可作为安全出口。

问题解析

1. 按《建规》附录 B.0.1，外墙凸出的不燃构件可不计入。但作为建筑单体功能的必要组成部分时，有疏散或存储等使用功能的阳台、外廊、室外疏散梯、室外扶梯等，即使由不燃材料建造，也应计入防火间距（参见《〈建规〉实施指南》第 166 页内容）。由不燃材料制作、无通行功能且不放置可燃物的不燃性建筑构件，可依据《建规》附录 B 不计入防火间距。两座建筑物间，采用不燃材料制作，并按依据《建规》条文第 6.6.4 条采取防止火灾蔓延措施的天桥、连廊，可不计入防火间距。

2. 可不计入防火分区面积。按防火分区定义，通风条件良好的室外空间，无论是否有使用功能，均可不需计入到室内防火分区面积范围。但应考虑其使用人员的疏散安全，特别是外廊、连廊、室外疏散梯、室外扶梯等人员疏散通道，不应放置可燃物、障碍物，不应有疏散功能以外的其他使用功能。

问题描述

问题 1 消防车与消防车道的转弯半径的问题

1. 在多层住宅居住小区总图中，消防车道转弯半径标注为 6m，是否符合规定？施工图设计文件审查，可否依据图 1 理解为消防车道转弯半径应为 9～12m，要求设计必须修改总图？

消防车道转弯半径参考

消防车类别	转弯半径（m）
普通消防车	9
登高车	12
特种车	16～20

图 1 消防车道转弯半径参考（《〈建规〉图示》7.1.8 图示）

2. 在总平图中，消防车道转弯半径最小是多少才符合规定？

相关标准

《建筑设计防火规范》

对消防车道转弯半径有如下规定：

7.1.8 消防车道应符合下列要求：

2 转弯半径应满足消防车转弯的要求；

第 7.1.8 条条文说明：由于当前在城市或某些区域内的消防车道，大多数需要利用城市道路或居住小区内的公共道路，而消防车的转弯半径一般均较大，通常为 9m～12m。因此，无论是专用消防车道还是兼作消防车道的其他道路或公路，均应满足消防车的转弯半径要求，该转弯半径可以结合当地消防车的配置情况和区域内的建筑物建设与规划情况综合考虑确定。

《车库建筑设计规范》

2.0.22 机动车最小转弯半径 vehicular minimum turning radius

机动车回转时，当转向盘转到极限位置，机动车以最低稳定车速转向行驶时，外侧转向轮的中心平面在支承平面上滚过的轨迹圆半径，表示机动车能够通过狭窄弯曲地带或绕过不可越过的障碍物的能力。

2.0.27 机动车道路转弯半径 turning radius of the vehicle lane

能够保持机动车辆正常行驶与转弯状态下的弯道内侧道路边缘处半径。

问题解析

1. 在多层住宅建筑总图中，消防车道最小转弯半径标注为 6m 符合规范规定。施工图消防审查时要求设计人员将消防车道最小转弯半径修改为 9m 规范依据不够充分。消防车道转弯半径和消防车转弯半径不是一个概念，由图 2 可知，车道的转弯半径小于机动车转弯半径（引自《车库建筑设计规范》第 10 页）。《车库建筑设计规范》条文第 2.0.22 条、第 2.0.27 条术语明确，“机动车最小转弯半径”指“外侧转向轮的轨迹圆半径 r_1”，需详细计算确定；“机动车道路转弯半径”指“内侧道路边缘处半径 r_0”，数值通常比机动车最小转弯半径小 2.5～3m。经咨询图示审编人得知，图 1 的表达有误，应为消防车转弯半径参考值，指消防车外侧前轮轨迹圆半径。

2. 消防车道转弯半径与道路宽度和消防车型有关，需按图 2 计算得到。施工图设计可估算确定，消防车道最小路宽为 4m（双向为 6m），其转弯半径最小值可在《建规》第 7.1.9 条条文说明规定的消防车转弯半径 9～12m 基础上约减 3m（双向车道最多可核减 5m），即消防车道最小转弯半径不得小于 6～9m。项目所在地有需要使用大型特种消防车的可能性时，宜根据具体情况适当放大。

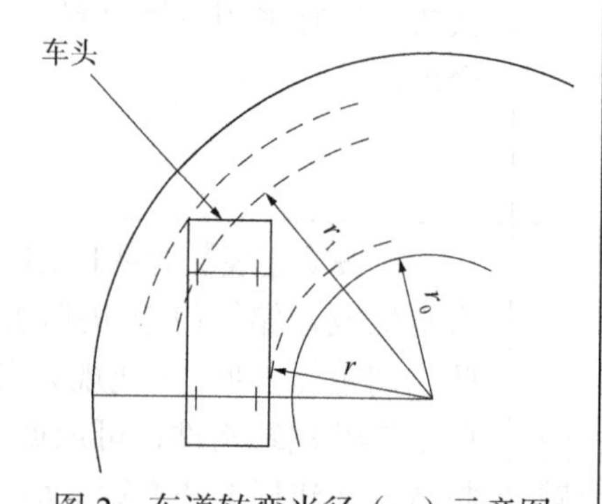

图 2 车道转弯半径（r_0）示意图

r_1 为机动车最小转弯半径（m）；r 为机动车环行内半径（m）；r_0 为环行车道内半径（m）。

问题描述

问题 2　多层民用建筑是否应设消防车道

1. 多层住宅小区是否每栋建筑单体周边都必须设置消防车道？建筑群（街区）设置环形消防车道是否需双向均不超过 160m？建筑沿街长度过长时，是否需要设置间距不大于 80m 的人行通道？

2. 哪些单多层建筑需要设置环形消防车道？如何理解《建规》条文第 7.1.8 条“消防车道和建筑间不应设置妨碍消防车操作的树木、架空管线等障碍物”？

相关标准

《建筑设计防火规范》

7.1.1　街区内的道路应考虑消防车的通行，道路中心线间的距离不宜大于 160m。

当建筑物沿街道部分的长度大于 150m 或总长度大于 220m 时，应设置穿过建筑物的消防车道。确有困难时，应设置环形消防车道。

7.1.2　高层民用建筑，超过 3000 个座位的体育馆，超过 2000 个座位的会堂，占地面积大于 3000m^2 的商店建筑、展览建筑等单、多层公共建筑应设置环形消防车道，确有困难时，可沿建筑的两个长边设置消防车道；对于高层住宅建筑和山坡地或河道边临空建造的高层民用建筑，可沿建筑的一个长边设置消防车道，但该长边所在建筑立面应为消防车登高操作面。

第 7.1.2 条条文说明：本条为强制性条文。沿建筑物设置环形消防车道或沿建筑物的两个长边设置消防车道，有利于在不同风向条件下快速调整灭火救援场地和实施灭火。对于大型建筑，更有利于众多消防车辆到场后展开救援行动和调度。本条规定要求建筑物周围具有能满足基本灭火需要的消防车道。对于一些超大体量或超长建筑物，一般均有较大的间距和开阔地带。这些建筑只要在平面布局上能保证灭火救援需要，在设置穿过建筑物的消防车道的确困难时，也可设置环行消防车道。但根据灭火救援实际，建筑物的进深最好控制在 50m 以内。少数高层建筑，受山地或河道等地理条件限制时，允许沿建筑的一个长边设置消防车道，但需结合消防车登高操作场地设置。

7.1.8　消防车道应符合下列要求：

3　消防车道与建筑之间不应设置妨碍消防车操作的树木、架空管线等障碍物；

4　消防车道靠建筑外墙一侧的边缘距离建筑外墙不宜小于 5m；

第 7.1.8 条条文说明：……根据实际灭火情况，除高层建筑需要设置灭火救援操作场地外，一般建筑均可直接利用消防车道展开灭火救援行动，因此，消防车道与建筑间要保持足够的距离和净空，避免高大树木、架空高压电力线、架空管廊等影响灭火救援作业。

问题解析

1. 规范未要求每栋多层住宅建筑周边都必须设置消防车道。由《建规》第 7.1.1 条、第 7.1.2 条条文及条文说明可知，第 7.1.2 条规定外的单多层民用建筑，可设置道路中心线间距不大于 160m 的环形消防道路。《建规》未要求环形消防道路双向间距都必须不大于 160m，单向间距不大于 160m 时，在另一方向合理布局即可，不宜绕行过长，否则会影响救援时效。无内院（进深小）的沿街窄长建筑，长边两侧有消防车道时，不要求设置间距不大于 80m 的人行通道，总平面图设计时应合理考虑建筑周围基本灭火救援的需要。

2. 见《建规》条文第 7.1.2 条规定，占地面积大、体量大的体育馆、会堂、展览、商业等人员密集的单多层公共建筑，应设置符合规定的环形消防车道，以满足消防车通行、停靠、扑救需要。未要求设置消防车登高操作场地的建筑物，建筑与消防车道之间不应设置围墙、高大树木、架空管线、架空管廊等影响灭火救援作业的障碍物，以便利用消防车道展开灭火救援行动。

问题描述

问题3　与内天井相关的消防车道与操作场地的问题

1. 如图1所示，可否将建筑内的天井设置为消防车登高操作场地？若设置，有没有最小尺寸等规定？
2. 如图1所示，消防车登高操作场地与建筑之间可否设置下沉庭院和窗井？
3. 消防车登高操作场地可否借用市政道路布置？

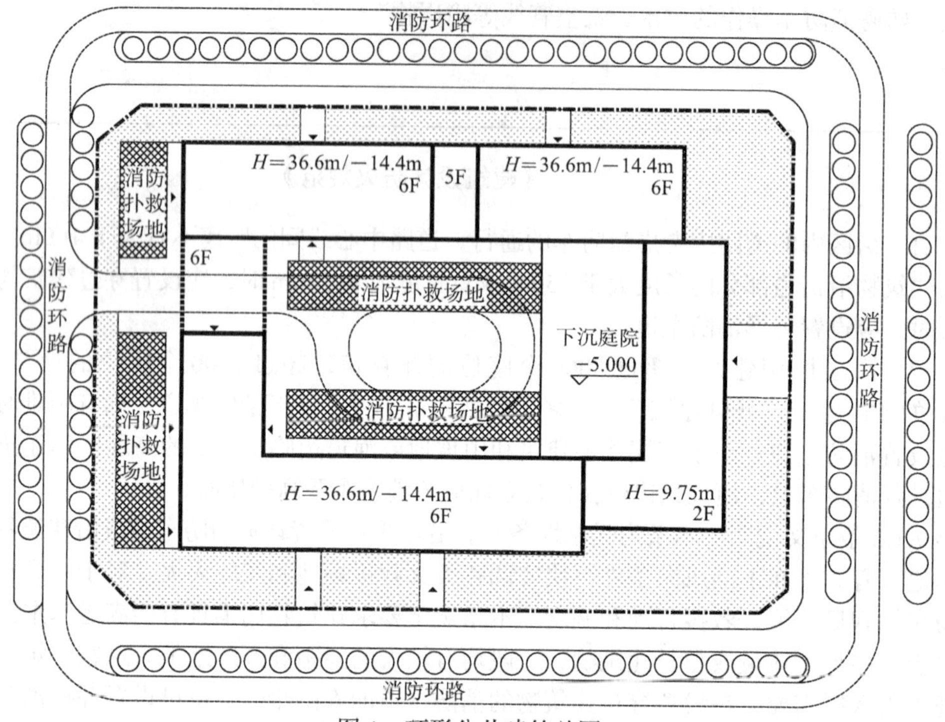

图1　环形公共建筑总图

注：H为建筑高度。

相关标准

《建筑设计防火规范》

7.1.4　有封闭内院或天井的建筑物，当内院或天井的短边长度大于24m时，宜设置进入内院或天井的消防车道；当该建筑物沿街时，应设置连通街道和内院的人行通道（可利用楼梯间），其间距不宜大于80m。

7.1.9　环形消防车道至少应有两处与其他车道连通。尽头式消防车道应设置回车道或回车场，回车场的面积不应小于12m×12m；对于高层建筑，不宜小于15m×15m；供重型消防车使用时，不宜小于18m×18m。

7.2.1　高层建筑应至少沿一个长边或周边长度的1/4且不小于一个长边长度的底边连续布置消防车登高操作场地，该范围内的裙房进深不应大于4m。

建筑高度不大于50m的建筑，连续布置消防车登高操作场地确有困难时，可间隔布置，但间隔距离不宜大于30m，且消防车登高操作场地的总长度仍应符合上述规定。

7.2.2　消防车登高操作场地应符合下列规定：

1　场地与厂房、仓库、民用建筑之间不应设置妨碍消防车操作的树木、架空管线等障碍物和车库出入口。

2　场地的长度和宽度分别不应小于15m和10m。对于建筑高度大于50m的建筑，场地的长度和宽度分别不应小于20m和10m。

3　场地及其下面的建筑结构、管道和暗沟等，应能承受重型消防车的压力。

4　场地应与消防车道连通，场地靠建筑外墙一侧的边缘距离建筑外墙不宜小于5m，且不应大于10m，场地的坡度不宜大于3%。

相关标准	**《中华人民共和国城乡规划法》** 第三十五条：城乡规划确定的铁路、公路、港口、机场、道路、绿地、输配电设施及输电线路走廊、通信设施、广播电视设施、管道设施、河道、水库、水源地、自然保护区、防汛通道、消防通道、核电站、垃圾填埋场及焚烧厂、污水处理厂和公共服务设施的用地以及其他需要依法保护的用地，禁止擅自改变用途。
问题解析	1.《建规》条文第 7.1.4 条规定“短边长度大于 24m”的天井，宜设置消防车道。《建规》没有明确内天井中设置消防车登高操作场地的具体措施要求，对于仅有一处与外部连通的内天井，原则上不宜设置消防车登高操作场地。确需设置时，应先满足《建规》第 7.2 节消防车登高操作场地相关设置要求的规定，否则不应计入其设置长度的指标。对于无登高操作场地、需利用消防车道进行扑救的单多层建筑，注意消防车道应设置在楼梯间出入口和主要功能房间一侧，且该侧不应设有影响消防救援的高大树木等障碍物。 2. 可以。但应注意窗井和下沉庭院等构筑物宽度、高度的设置，不应影响消防车登高救援操作，有顶盖的窗井进深不宜大于 4m，无顶盖的下沉庭院进深不应大于 10m。图 1 高层建筑在内院设置消防车道和登高操作场地，应按《建规》条文第 7.1.8 条、第 7.1.9 条核实注明消防车道间距、尺寸、回转半径、荷载等要求，应按《建规》条文第 7.2.1 条、第 7.2.2 条、第 7.2.3 条核实消防车登高操作场地设置范围、位置、直通楼梯间等要求。注意图 1 内院外消防车道不满足《建规》条文第 7.1.9 条“应有两处与其他车道连通”的要求，需借用外侧市政道路满足环形消防车道的通行及辅助救援要求，且东北侧高层建筑两侧长边均未设消防车登高操作场地（顶层局部区域无法直接救援，需通过走道和两栋高层之间的室外平台到达），直通室外楼梯间入口也不完全符合《建规》条文第 7.2.3 条规定。因此，该项目在规划方案阶段已确定外侧不设置围墙，借助市政道路进行消防辅助救援（需征得相关主管部门同意）；建议在日常消防检查管理工作中进一步完善不合规内容的合理补偿措施，确保消防救援的可行性、便利性。 3. 未经许可，消防车登高操作场地不应设置在市政道路上，因为消防车登高操作场地的设置要求与市政道路（含人行便道）的日常使用功能矛盾，如该场地应平整，不应设有路肩等地面高差，不应设有影响救援的高大树木、围栏、道路隔离墩、路灯等障碍物等。已报规通过（规划许可证报审通过）或既有建筑改造等特殊项目设计，确需借用市政道路（或代征绿地等非项目建设用地）设置消防车登高操作场地时，应取得道路、绿地等权属单位同意，不得擅自改变原规划用途，并满足《建规》第 7.1 节和第 7.2 节消防救援相关要求。

问题描述

问题 4　地下汽车库坡道出入口与消防车登高操作场地

1. 图 1～图 3 是地下汽车库坡道出入口与消防车登高操作场地的布置关系图，哪个图符合规范要求？

2. 在建筑与消防车登高操作场地之间，可以设置非机动车出入口吗？如何理解现行规范《建筑设计防火规范》条文第 7.2.2 条关于消防车登高操作场地与厂房、仓库、民用建筑之间不应设置妨碍消防车操作的树木、架空管线等障碍物和汽车库出入口的要求？玻璃雨篷属于条文第 7.2.2 条中所述的障碍物吗？

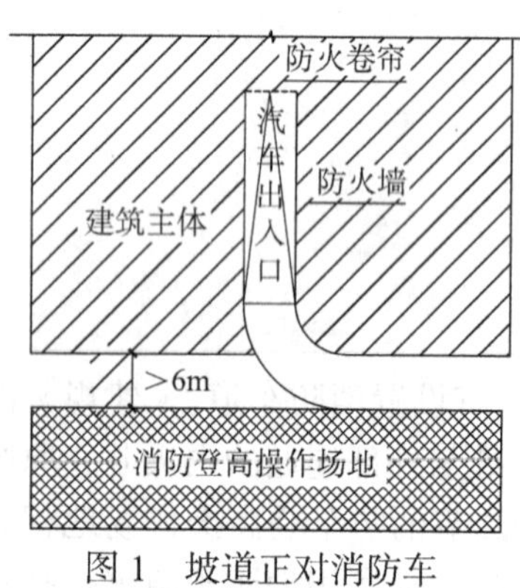

图 1　坡道正对消防车登高操作场地

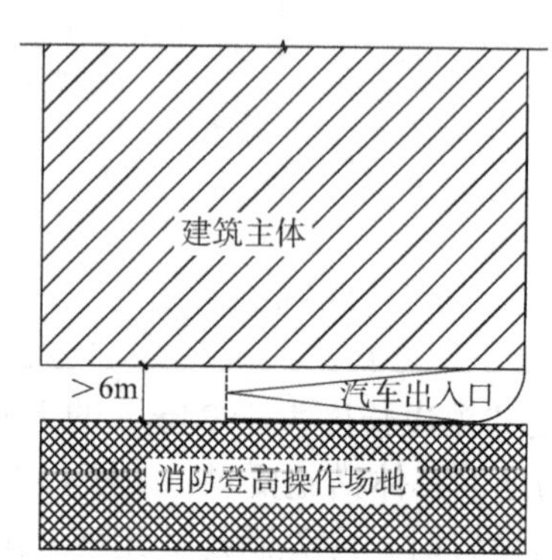

图 2　坡道与消防车登高操作场地平行

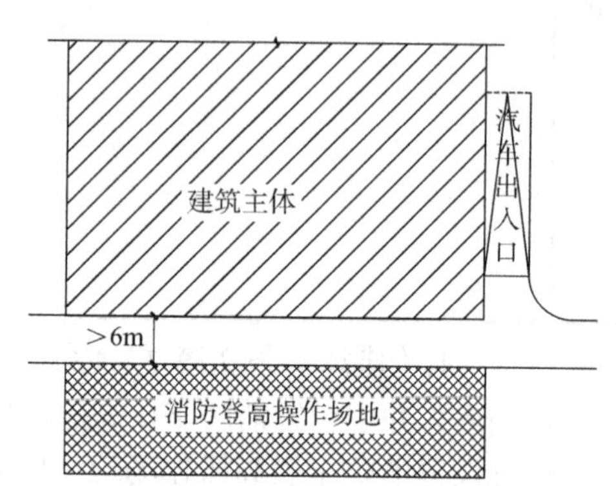

图 3　坡道在消防车登高操作场地与主体对应区域外

相关标准

《建筑设计防火规范》

7.2.1　高层建筑应至少沿一个长边或周边长度的 1/4 且不小于一个长边长度的底边连续布置消防车登高操作场地，该范围内的裙房进深不应大于 4m。

7.2.2　消防车登高操作场地应符合下列规定：

1　场地与厂房、仓库、民用建筑之间不应设置妨碍消防车操作的树木、架空管线等障碍物和车库出入口。

7.1.8　消防车道应符合下列要求：

3　消防车道与建筑之间不应设置妨碍消防车操作的树木、架空管线等障碍物。

问题解析

1. 图 1 和图 3 基本符合规范要求，图 2 违反规范强制性条文的要求。通常考虑在消防车登高操作场地进行火灾救援时，地下车库车辆可以不疏散不通行，否则，需考虑车辆通行对操作场地的影响，受影响范围不应计入有效长度。图 1 布置时需明确机动车库出入口处应设防火卷帘，避免地下汽车库火灾烟气对救援消防的影响。图 2 地下汽车库坡道长边沿建筑设置，宽度大于 4m 的下凹坡道和火灾烟气对消防扑救有较大影响。图 3 需考虑合理的防火间距或其他防火分隔措施，避免地下汽车库火灾影响建筑主体安全。

2.《建规》第 7.2.2 条条文中的车库出入口，应为机动车车库的出入口，不包括进深不大于 4m 的非机动车车库出入口。建筑与登高操作场地之间不应设置妨碍消防车操作的树木、架空管线等障碍物和车库出入口，这里指：进深大于 4m，同时设置高度上对消防车操作有妨碍的障碍物。因此，在高层建筑救援场地一侧设置非机动车库、雨篷等障碍物时，其进深总和应满足“进深不大于 4m”的要求。

问题描述

问题5　住宅建筑的消防车登高操作场地

1. 消防车登高操作场地设置在单元式住宅的北侧，还是南侧？

2. 住宅建筑端头设置小型商业服务用房，确实无法满足消防车登高操作场地一个长边或每户消防救援要求，应该怎么办？

3. 尽端式登高操作场地是否需要按消防车道要求设置回车场？《建规》第7.2节有没有相应要求？

相关标准

《建筑设计防火规范》

7.2.1　高层建筑应至少沿一个长边或周边长度的1/4且不小于一个长边长度的底边连续布置消防车登高操作场地，该范围内的裙房进深不应大于4m。

建筑高度不大于50m的建筑，连续布置消防车登高操作场地确有困难时，可间隔布置，但间隔距离不宜大于30m，且消防车登高操作场地的总长度仍应符合上述规定。

7.2.2　消防车登高操作场地应符合下列规定：

1　场地与厂房、仓库、民用建筑之间不应设置妨碍消防车操作的树木、架空管线等障碍物和车库出入口。

7.2.3　建筑物与消防车登高操作场地相对应的范围内，应设置直通室外的楼梯或直通楼梯间的入口。

5.5.32　建筑高度大于54m的住宅建筑，每户应有一间房间符合下列规定：

1　应靠外墙设置，并应设置可开启外窗；

2　内、外墙体的耐火极限不应低于1.00h，该房间的门宜采用乙级防火门，外窗的耐火完整性不宜低于1.00h。

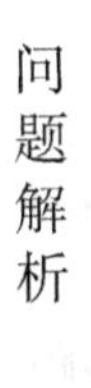

1. 需符合《建规》条文第7.2.1～7.2.3条规定。设置在北侧时，注意裙房（首层可能妨碍消防车停靠操作的门厅、雨篷等）突出主体不应大于4m；设置在南侧时，应有能直通北侧住宅楼梯间的出入口，建议大于54m的住宅，（有条件）尽可能设置在南侧，提高每户消防救援的可能性。

2. 确有困难时（应征得当地相关管理部门许可后）可参照图1设置，确保消防车登高操作场地距高层住宅尽端山墙垂线不大于15m（《建规》条文第7.2.1条规定30m的一半），且消防车登高操作场地可直达住宅每个单元的楼梯间，不要影响住宅尽端单元和最不利户型的消防扑救。

3. 通常消防车道应贯通登高操作场地，满足消防车通行、转弯、停靠要求。确需设置尽端式登高操作场地时，应按《建规》条文第7.1.9条要求设置消防车回车场地，并宜参照上条措施及《建规》条文第7.2.1条要求，在距最不利单元尽端山墙面不大于15m处设置（见图1），不得影响消防车停靠、登高救援等要求。

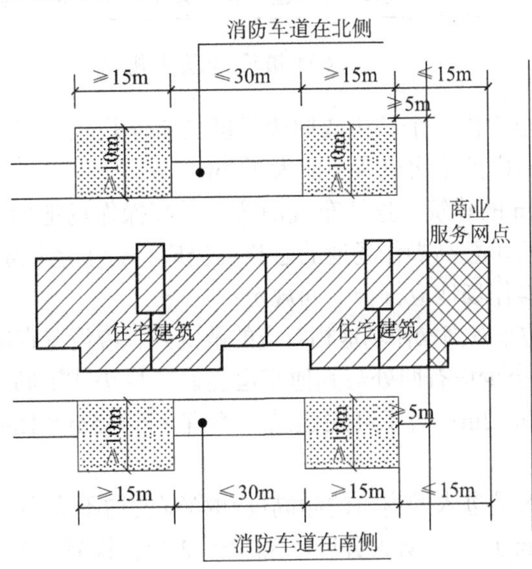

图1　住宅建筑登高操作场地（引自浙消〔2020〕166号文第13页）

问题描述

问题6 大底盘多塔建筑的消防车登高操作场地

1. 见图1，某高层综合体底座建筑高度为27m，其上有两栋150m超高层建筑，该建筑消防救援场地分段设置是否符合规范要求？

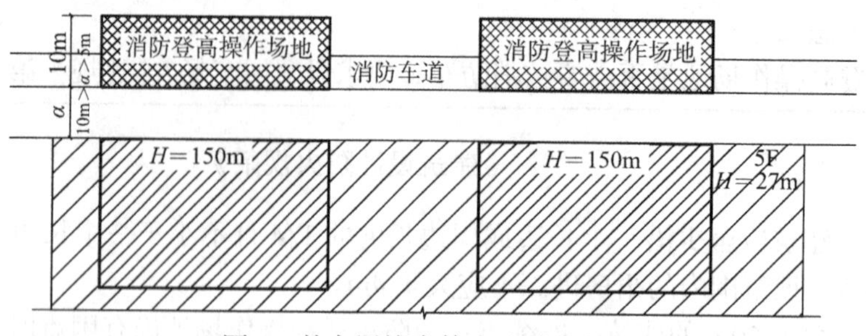

图1 某高层综合体底座建筑简图

2. 见图2，高层连廊（有隔层，高约56m）连接5栋60m高层塔楼，裙房高度为21m，其消防救援场地可否分段设置？

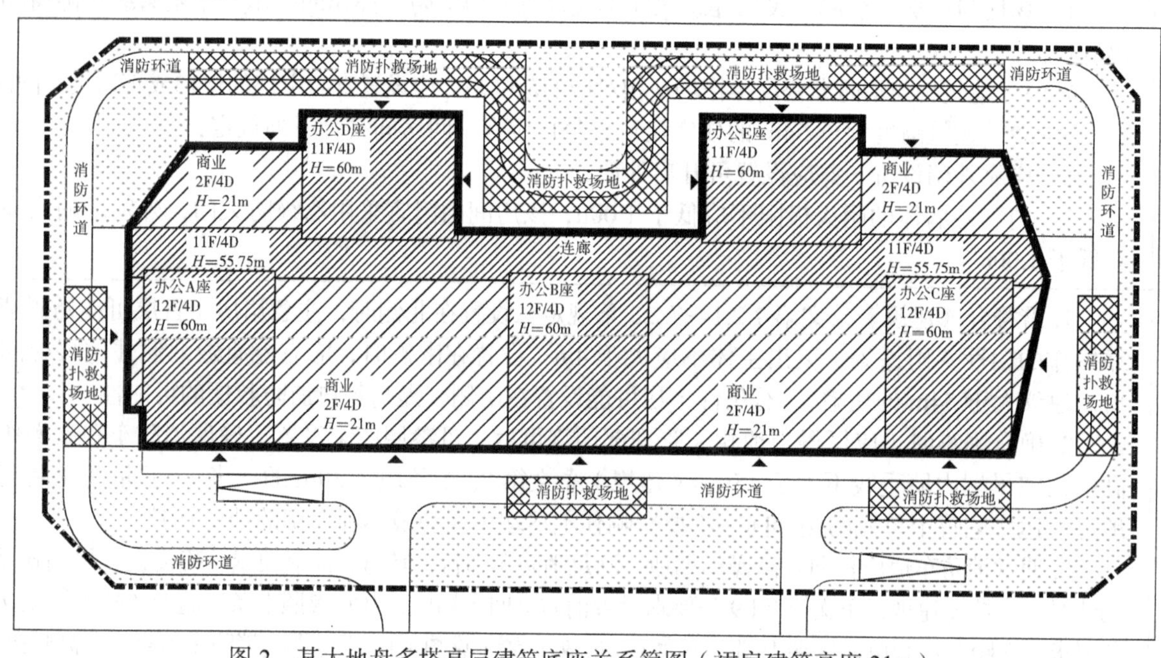

图2 某大地盘多塔高层建筑底座关系简图（裙房建筑高度21m）

相关标准

《建筑设计防火规范》

7.2.1 高层建筑应至少沿一个长边或周边长度的1/4且不小于一个长边长度的底边连续布置消防车登高操作场地，该范围内的裙房进深不应大于4m。

建筑高度不大于50m的建筑，连续布置消防车登高操作场地确有困难时，可间隔布置，但间隔距离不宜大于30m，且消防车登高操作场地的总长度仍应符合上述规定。

7.2.2 消防车登高操作场地应符合下列规定：

7.2.3 建筑物与消防车登高操作场地相对应的范围内，应设置直通室外的楼梯或直通楼梯间的入口。

7.1.9 环形消防车道至少应有两处与其他车道连通。尽头式消防车道应设置回车道或回车场，回车场的面积不应小于12m×12m；对于高层建筑，不宜小于15m×15m；供重型消防车使用时，不宜小于18m×18m。

7.2.5 供消防救援人员进入的窗口的净高度和净宽度均不应小于1.0m，下沿距室内地面不宜大于1.2m，间距不宜大于20m且每个防火分区不应少于2个，设置位置应与消防车登高操作场地相对应。窗口的玻璃应易于破碎，并应设置可在室外易于识别的明显标志。

问题解析

1. 不符合规范要求。图 1 中建筑底盘高度大于 24m，属于高层建筑，长边范围内需按高层建筑要求设置消防车登高操作场地。高层建筑塔楼高度大于 50m，该建筑应连续设置不少于一个长边、连续的消防车登高操作场地。项目确有困难无法连续时，设在高层裙房处的操作场地间隔不得大于 30m。局部救援场地不能连续时，宜设置贯通各段登高操作场地的环形消防车道，避免延误消防扑救时间，见图 3～图 5《〈建规〉图示》7.2.1 图示及《建规》第 7.1.9 条、第 7.10 条条文说明内容。

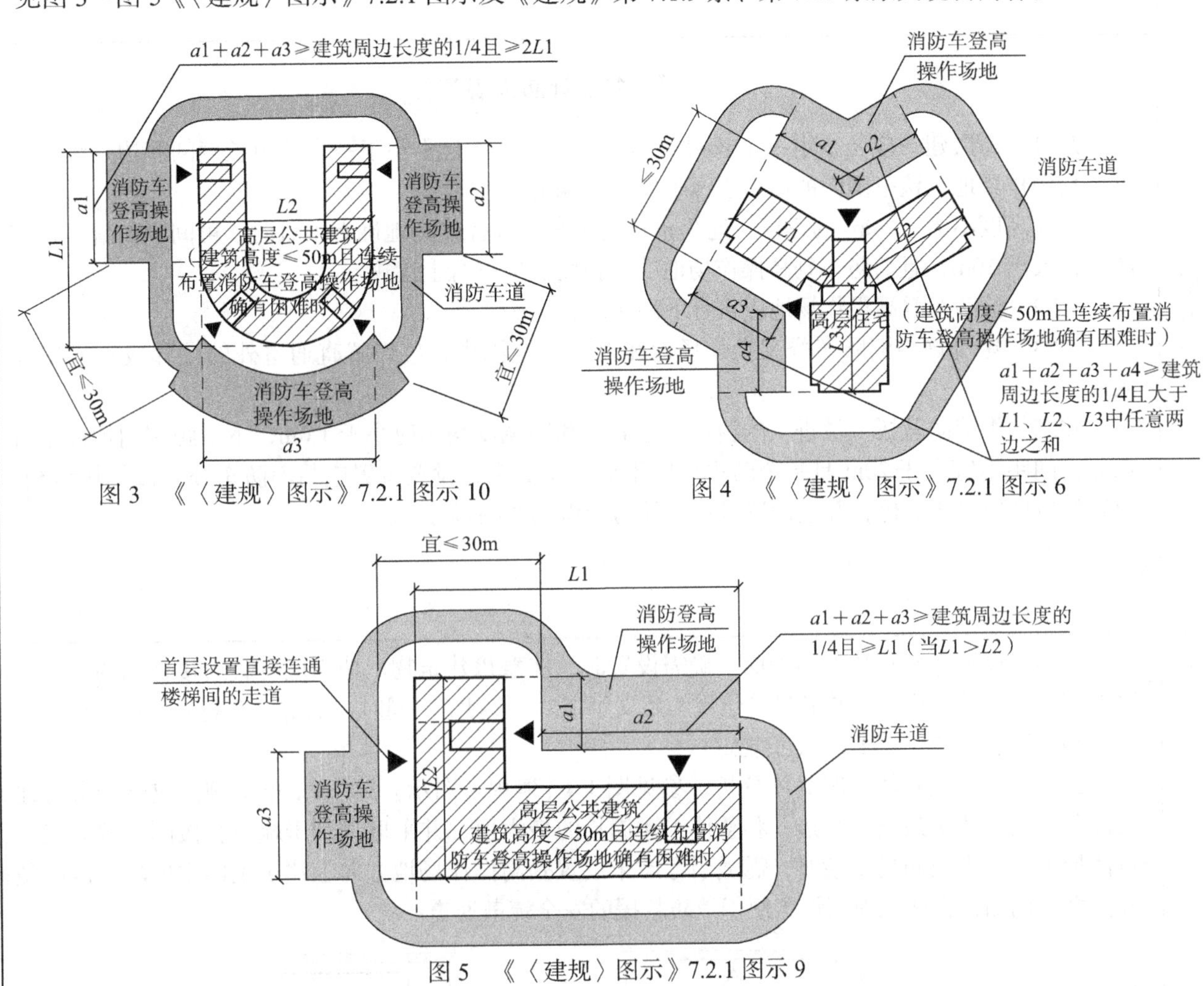

图 3 《〈建规〉图示》7.2.1 图示 10

图 4 《〈建规〉图示》7.2.1 图示 6

图 5 《〈建规〉图示》7.2.1 图示 9

2. 图 2 中不能清晰区分各个高层塔楼和多层裙房关系时，宜先满足高层建筑整体一个连续长边的登高操作场地设置要求。同时，应确保各高层塔楼主体功能区有不小于一个塔楼单体长边的登高操作场地；应确保消防车登高操作场地的设置能满足各个塔楼主体每层主要功能区面对登高操作场地一侧，且满足设置两个消防救援窗口的需要。注意，图 2 中两端及中间的塔楼，面向操作场地一侧的裙房突出主体宽度不应大于 4m，应符合《建规》条文第 7.2.1 条的规定。

问题描述

问题 7　复杂形体建筑的消防车登高操作场地

1. 消防车登高操作场地可以设置在建筑物的山墙面吗？

2. 平面为多边形等复杂形体，难以确定建筑长边，可否仅满足建筑总周长的 1/4 吗？

相关标准

《建筑设计防火规范》

7.2.1　高层建筑应至少沿一个长边或周边长度的 1/4 且不小于一个长边长度的底边连续布置消防车登高操作场地，该范围内的裙房进深不应大于 4m。

建筑高度不大于 50m 的建筑，连续布置消防车登高操作场地确有困难时，可间隔布置，但间隔距离不宜大于 30m，且消防车登高操作场地的总长度仍应符合上述规定。

7.2.2　消防车登高操作场地应符合下列规定：……

7.2.3　建筑物与消防车登高操作场地相对应的范围内，应设置直通室外的楼梯或直通楼梯间的入口。

7.2.5　供消防救援人员进入的窗口的净高度和净宽度均不应小于 1.0m，下沿距室内地面不宜大于 1.2m，间距不宜大于 20m 且每个防火分区不应少于 2 个，设置位置应与消防车登高操作场地相对应。窗口的玻璃应易于破碎，并应设置可在室外易于识别的明显标志。

问题解析

1. 不宜设置在建筑物的山墙面。确需设置时，注意该建筑物山墙面应有直通楼梯间的入口，该山墙面宜有消防救援窗口，并满足《建规》条文第 7.2.5 条规定。同时，消防车登高操作场地设置需满足《建规》条文第 7.2.1～第 7.2.4 条规定。

2. 不可以。应具体情况具体分析，参见图 1《〈建规〉图示》第 7.1.1 条示例。应合理考虑建筑高层部分（或整体）最长一个边，和整体 1/4 周长的最大值，并采取最利于疏散救援的设置方式。如建筑体量平面过大或布局复杂时，需适当考虑未设置登高操作场地方向上建筑主体主要功能区的救援措施方案，例如，在建筑内部设置便于消防救援的安全疏散通道。

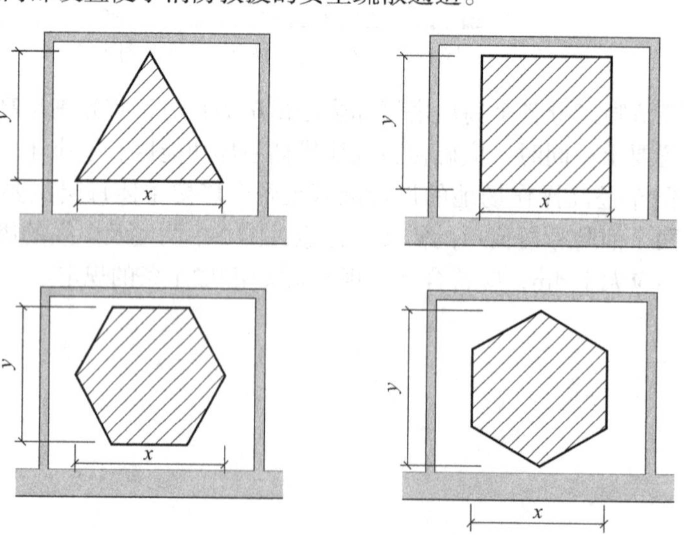

图 1　《〈建规〉图示》第 7.1.1 条示例

问题描述

问题 8　消防救援窗口

1. 厂房、仓库、公共建筑的首层需要设置消防救援窗口吗？其首层防盗门等非透明疏散门可以作为救援窗口吗？

2. 开敞阳台或外廊一侧的门窗可作为消防救援窗口吗？

3. 高层厂房、仓库、公共建筑的外墙，非消防车登高操作场地或消防车道一侧的外墙需要设置消防救援窗口吗？

4. 消防救援窗口是否必须为玻璃窗？金属、石材幕墙上的暗门是否可作为消防救援窗口？

5. 不靠外墙的防火分区怎样设置消防救援窗口？

相关标准

《建筑设计防火规范》

7.2.4　厂房、仓库、公共建筑的外墙应在每层的适当位置设置可供消防救援人员进入的窗口。

第 7.2.4 条条文说明：因此，在建筑外墙上设置可供专业消防人员使用的入口，对于方便消防员灭火救援十分必要。救援窗口的设置既要结合楼层走道在外墙上的开口、还要结合避难层、避难间以及救援场地，在外墙上选择合适的位置进行设置。

7.2.5　供消防救援人员进入的窗口的净高度和净宽度均不应小于 1.0m，下沿距室内地面不宜大于 1.2m，间距不宜大于 20m 且每个防火分区不应少于 2 个，设置位置应与消防车登高操作场地相对应。窗口的玻璃应易于破碎，并应设置可在室外易于识别的明显标志。

1. 按《建规》条文第 7.2.4 条规定，厂房、仓库、公共建筑的外墙应在"每层"设置消防救援窗口，应含首层，可利用外窗，也可利用首层疏散外门作为救援窗口。确需采用防盗门时，请注意易被破拆和明显标志的要求。

2. 可以作为消防救援窗口。消防救援窗口是为了满足消防救援人员进入建筑实施救援的外窗开口，兼作为消防救援窗口的外窗外门等，均应（在室外侧）设置易于识别的明显标志。

3. 消防救援窗口设置应尽量结合内部房间、疏散走道和外部消防救援场地或车道设置。非登高操作场地一侧，有条件的，也宜按《建规》条文第 7.2.5 条要求设置间距不宜大于 20m 的救援窗口。

4. 消防救援窗口宜采用易于破碎的玻璃窗。确需采用金属、石材幕墙上的暗门作为消防救援窗口时，应采取确保火灾时能手动开启、便于救援的构造措施和清晰准确的标识系统。因技术发展而采取的新技术等特殊设计时，应确保做法合理、产品合规。

5. 消防救援窗口应合理设置在每个防火分区便于扑救的公共区或紧邻疏散通道的位置。确有不靠外墙的防火分区，无法合理设置消防救援窗口时，应设置不少于两个便捷可靠的疏散走道，通向相邻防火分区的消防救援窗口，参见图 1。

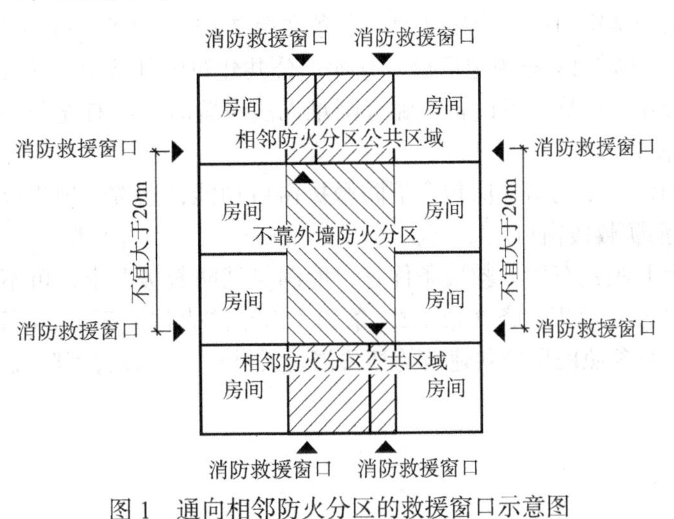

图 1　通向相邻防火分区的救援窗口示意图

问题描述	**问题9　特殊部位的消防救援窗口设置** 1. 面向下沉庭院的外墙，是否也应设置消防救援窗口？ 2. 在高度超过100m的建筑外墙上，是否需要设置消防救援窗口？ 3. 有消防专用口的洁净厂房是否需要设置消防救援窗口？ 4. 地上汽车库、修车库是否需要设置消防救援窗口？
相关标准	**《建筑设计防火规范》** 7.2.4　厂房、仓库、公共建筑的外墙应在每层的适当位置设置可供消防救援人员进入的窗口。 第7.2.4条条文说明：在实际火灾事故中，大部分建筑的火灾在消防队到达时均已发展到比较大的规模，从楼梯间进入有时难以直接接近火源，但灭火时只有将灭火剂直接作用于火源或燃烧的可燃物，才能有效灭火。因此，在建筑的外墙设置可供专业消防人员使用的入口，对于方便消防员灭火救援十分必要。救援窗口的设置既要结合楼层走道在外墙上的开口、还要结合避难层、避难间以及救援场地，在外墙上选择合适的位置进行设置。 **《洁净厂房设计规范》** 5.2.10　洁净厂房同层洁净室（区）外墙应设可供消防人员通往厂房洁净室（区）的门窗，其门窗洞口间距大于80m时，应在该段外墙的适当部位设置专用消防口。 专用消防口的宽度不应小于750mm，高度不应小于1800mm，并应有明显标志。楼层的专用消防口应设置阳台，并从二层开始向上层架设钢梯。 **《汽车库、修车库、停车场设计防火规范》** 4.3.1　汽车库、修车库周围应设置消防车道。 第4.3.1条条文说明：消防车道是保证火灾时消防车靠近建筑物施以灭火救援的通道。 6.0.4　除室内无车道且无人员停留的机械式汽车库外，建筑高度大于32m的汽车库应设置消防电梯。消防电梯的设置应符合现行国家标准《建筑设计防火规范》GB 50016的有关规定。
问题解析	1. 按《建规》条文第7.2.4条规定，在面对下沉庭院的外墙应设置消防救援窗口。采用通往下沉庭院的外门代替消防救援窗口时，应按《建规》条文第7.2.5条要求，外门应有明显的标识，易破拆。 2.《建规》条文第7.2.4条规定厂房、仓库、公共建筑的外墙上，应在每层设置消防救援窗口，未规定高度超过100m的建筑可不设置。确有困难无法设置时，应有充分理由，采取安全补救措施，宜经消防咨询部门许可。 3. 洁净厂房的消防专用口，应包含消防救援窗口功能，已按专项规范相关规定执行时，可不再按《建规》要求增设消防救援窗口。 4. 通常，地上开敞式车库，救援条件好，能满足消防救援要求，可不单独设置消防救援窗口。非开敞式地上车库，按《建规》条文第7.2.4条和《汽车防火规》第1.0.4条、第4.3.1条、第6.0.4条等规定的原则理解，宜参照民用公共建筑的相关消防设计规定，设置消防救援窗口。

<table>
<tr><td colspan="2">第四章　厂房、仓库、车库</td><td>第一节　厂房、仓库</td></tr>
<tr><td>问题描述</td><td colspan="2">问题 1　厂房、仓库建筑分类定性与消防设计
1. 厂房、仓库建筑可以合建吗？合建时如何执行消防设计相关规定？
2. 工业厂房内可否有多种火灾危险类别的房间？如何进行建筑定性及消防设计？</td></tr>
<tr><td>相关标准</td><td colspan="2">《建筑设计防火规范》
3.1.1　生产的火灾危险性应根据生产中使用或产生的物质性质及其数量等因素划分，可分为甲、乙、丙、丁、戊类，并应符合表 3.1.1 的规定。
3.1.2　同一座厂房或厂房的任一防火分区内有不同火灾危险性生产时，厂房或防火分区内的生产火灾危险性类别应按火灾危险性较大的部分确定；当生产过程中使用或产生易燃、可燃物的量较少，不足以构成爆炸或火灾危险时，可按实际情况确定；当符合下述条件之一时，可按火灾危险性较小的部分确定：
1　火灾危险性较大的生产部分占本层或本防火分区建筑面积的比例小于 5% 或丁、戊类厂房内的油漆工段小于 10%，且发生火灾事故时不足以蔓延至其他部位或火灾危险性较大的生产部分采取了有效的防火措施；
2　丁、戊类厂房内的油漆工段，当采用封闭喷漆工艺，封闭喷漆空间内保持负压、油漆工段设置可燃气体探测报警系统或自动抑爆系统，且油漆工段占所在防火分区建筑面积的比例不大于 20%。
3.1.4　同一座仓库或仓库的任一防火分区内储存不同火灾危险性物品时，仓库或防火分区的火灾危险性应按火灾危险性最大的物品确定。
3.3.6　厂房内设置中间仓库时，应符合下列规定：
4　仓库的耐火等级和面积应符合本规范第 3.3.2 条和第 3.3.3 条的规定。
3.3.10　物流建筑的防火设计应符合下列规定：
1　当建筑功能以分拣、加工等作业为主时，应按本规范有关厂房的规定确定，其中仓储部分应按中间仓库确定。
2　当建筑功能以仓储为主或建筑难以区分主要功能时，应按本规范有关仓库的规定确定，但当分拣等作业区采用防火墙与储存区完全分隔时，作业区和储存区的防火要求可分别按本规范有关厂房和仓库的规定确定。</td></tr>
<tr><td>问题解析</td><td colspan="2">1. 一般不可以。应先确定工业建筑内生产或存储物品的火灾危险性，再依据《建规》相关条文明确建筑定性，依规合理进行消防设计。当工业建筑生产需要同时设置存储空间时，可按《建规》条文第 3.3.6 条、第 3.3.7 条、第 3.3.10 条规定，在厂房内合理设置中间仓库，其建筑定性仍为厂房；否则，宜定性为物流建筑。物流建筑以分拣、加工为主时，宜按厂房规定执行防火设计内容；物流建筑若以仓储为主或难以区分时，能完全分隔时可分别执行厂房和仓库相关规定，不能时需按仓库规定确定防火设计内容。
2. 可以。应根据空间和建筑物的实际使用情况，按《建规》条文第 3.1.1 条～3.1.5 条要求核实明确各空间和建筑整体性质，确定合理消防设计依据。根据《建规》第 3.1.2 条规定，厂房建筑内可设有少量火灾危险性高于建筑整体定性的房间。若有，应明确该类房间的名称、功能（注明火灾危险性）、设置位置、面积占比，及与其他房间的防火分隔措施。注意建筑内各空间之间的防火分隔措施，常涉及《建规》第 3.2.9 条，第 3.3.5～3.3.9 条，第 6.2.3 条、第 6.2.7 条等条文内容。</td></tr>
</table>

问题描述

问题 2　物流建筑的防火设计依据

1. 如图 1、图 2 所示，物流建筑由 3 部分组成，分别是：单层高大空间丙 2 类仓库，单层高大空间分拣包装操作区，局部 2 层辅助办公和设备机房区。如何确定该物流建筑防火设计依据？

2. 接上问内容，物流建筑二层平面，局部辅助办公区和设备机房区，可否与厂房、仓库等其他防火分区连通，可否设置观察窗等门窗洞口？可否设置防火卷帘？

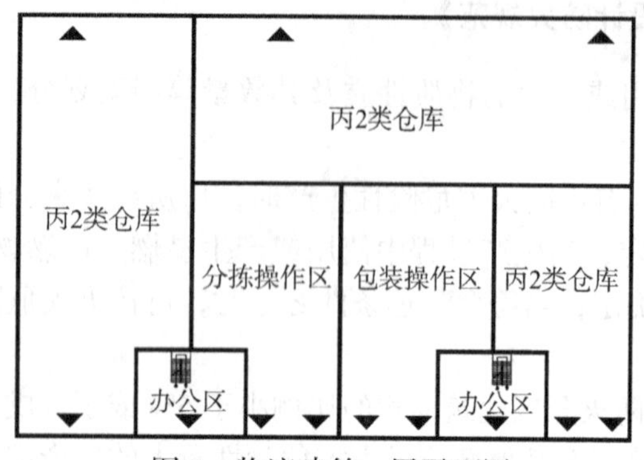

图 1　物流建筑一层平面图

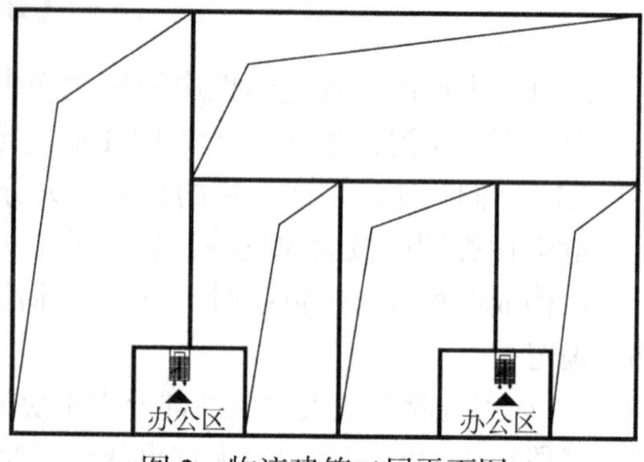

图 2　物流建筑二层平面图

3. 见图 3、图 4，物流建筑室内防火分区向两个物流建筑之间的货运通道排风排烟，符合规定吗？该通道可以视作室外安全区吗？可以借用该货运通道进行安全疏散吗？

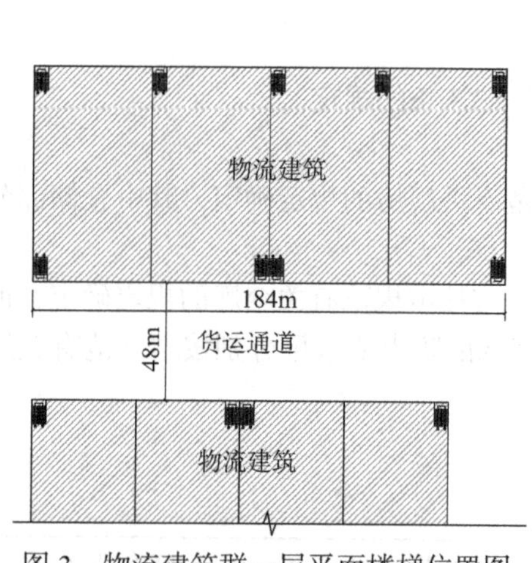

图 3　物流建筑群一层平面楼梯位置图

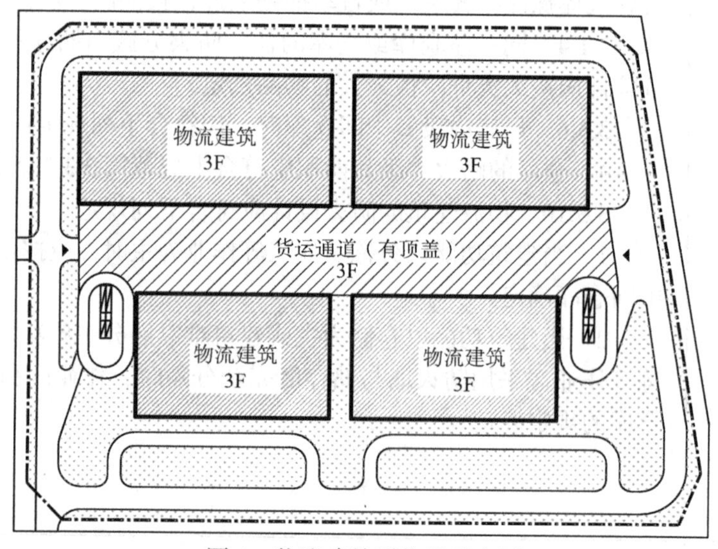

图 4　物流建筑群位置示意图

相关标准

《建筑设计防火规范》

3.3.10　物流建筑的防火设计应符合下列规定：

1　当建筑功能以分拣、加工等作业为主时，应按本规范有关厂房的规定确定，其中仓储部分应按中间仓库确定。

2　当建筑功能以仓储为主或建筑难以区分主要功能时，应按本规范有关仓库的规定确定，但当分拣等作业区采用防火墙与储存区完全分隔时，作业区和储存区的防火要求可分别按本规范有关厂房和仓库的规定确定。

3.3.9　员工宿舍严禁设置在仓库内。

办公室、休息室设置在丙、丁类仓库内时，应采用耐火极限不低于 2.50h 的防火隔墙和 1.00h 的楼板与其他部位分隔，并应设置独立的安全出口。隔墙上需开设相互连通的门时，应采用乙级防火门。

<table>
<tr><td>相关标准</td><td>
6.4.11　建筑内的疏散门应符合下列规定：
2　仓库的疏散门应采用向疏散方向开启的平开门，但丙、丁、戊类仓库首层靠墙的外侧可采用推拉门或卷帘门。

《物流建筑设计规范》

3.0.1　物流建筑按其使用功能特性，可分为作业型物流建筑、存储型物流建筑、综合型物流建筑，并应符合下列规定：
1　作业型物流建筑应同时满足下列条件：
1）建筑内存储区的面积与该建筑的物流生产面积之比不大于15%；
4）建筑内存储区的占地面积总和不大于现行国家标准《建筑设计防火规范》GB 50016规定的每座仓库的最大允许占地面积。
15.3.2　当多座多层或高层物流建筑由楼层货物运输通道连通时，其防火设计应符合下列规定：
3　汽车通道两侧进行装卸作业时，通道的最小净宽不应小于30m；楼层货物运输通道仅作为车辆通行时，多层物流建筑之间不应小于10m，高层物流建筑之间不应小于13m；
4　每个防火分区应设2个安全出口，当在楼层货物运输通道上设置直通首层的疏散楼梯时，人员可以疏散到楼层货物运输通道；当通道两侧布置物流建筑时，通道上的任一点至直通首层的疏散楼梯的距离不应大于60m；
5　顶层的楼层货物运输通道向室外敞开面积不应小于该层通道面积的20%；其他楼层自然排烟面积不应小于该层通道面积的6%；当通道高度大于6m时，通道内与自然排烟口距离大于40m的区域，应设机械排烟设施；
6　楼层货物运输通道内应设置消火栓和自动灭火设施；
7　楼层货物运输通道应设应急照明和疏散指示标识。
第15.3.2条条文说明有以下内容：各栋建筑之间应符合防火间距的要求；汽车通道平时用作货物作业，火灾时消防车可以通行和实施灭火救援。4 汽车通道接近室外环境，汽车通道不单独划分防火分区，当汽车通道内设有直通室外地坪的疏散楼梯时，通向汽车通道的出口可以作为安全出口；通道两侧布置建筑时，应在两侧设疏散楼梯。
</td></tr>
<tr><td>问题解析</td><td>
1. 应先按《物流建筑设计规范》条文第3.0.1条规定明确该物流建筑分类，明确各防火分区的火灾危险性分类和设置范围；再按《建规》条文第3.3.10条规定明确仓储、分拣各分区之间的防火分隔措施和各自安全疏散设计。注意需按《建规》第3.3.3条规定复核仓库部分最大允许占地面积要求。
2. 应先根据该辅助办公和设备区的面积大小、使用要求，确定其与存储区、作业区的防火分隔关系。辅助办公设备区设在厂房作业区或存储（仓库）防火分区内时，防火分隔和安全疏散设计应分别符合《建规》条文第3.3.5条、第3.3.9条规定；独立划分防火分区的辅助办公设备区，与主体功能之间的防火分隔要求应分别符合厂房和仓库建筑的分隔要求，采用耐火极限不低于3.0h（或4.0h）防火墙。注意：规范要求“完全分隔”的防火分区之间的防火墙上不应设置防火卷帘，确需连通使用时，应设置符合规定的甲级防火门，见《建规》条文第3.3.10条、第6.4.11条第2款的规定。
3. 由《物流建筑设计规范》条文第15.3.2条和《建规》条文第1.0.4条术语及相关规定可知，物流建筑货物运输通道与《建规》条文第1.0.4条规定的室内外安全区不同，有货车停放和装卸货物等使用功能，会有大量影响安全疏散的可燃物、障碍物，其安全疏散和自然通风条件与避难走道下沉庭院等室外安全区不同。因此，图3、图4不应向该货物运输通道排风排烟。借用该通道疏散时，需按《物流建筑设计规范》规定在通道两侧设置直通首层室外（安全区）的疏散楼梯。图3中间4部楼梯为不能直通首层室外安全区的室内疏散楼梯间，各层外窗（面向货运通道）自然通风条件差，不应简单看作楼梯间安全出口。
</td></tr>
</table>

第四章 厂房、仓库、车库	第一节 厂房、仓库
问题描述	**问题 3 厂房、仓库与附属办公、宿舍的设置问题** 1. 工业厂房建筑内能否设置值班宿舍？设置的面积是多少？工业厂房和民用建筑可否上下组合建造？ 2. 工业厂房内的附属办公区，如何进行疏散设计？厂房内的研发车间、实验室等是否需按办公建筑执行《建规》第 5.5.17 条规定？ 3. 仓库内能否设置办公、休息、宿舍等用房或与其他建筑组合建造？
相关标准	**《建筑设计防火规范》** 3.3.5 员工宿舍严禁设置在厂房内。 办公室、休息室等不应设置在甲、乙类厂房内，确需贴邻本厂房时，其耐火等级不应低于二级，并应采用耐火极限不低于 3.00h 的防爆墙与厂房分隔。且应设置独立的安全出口。 办公室、休息室设置在丙类厂房内时，应采用耐火极限不低于 2.50h 的防火隔墙和 1.00h 的楼板与其他部位分隔，并应至少设置 1 个独立的安全出口。如隔墙上需开设相互连通的门时，应采用乙级防火门。 3.7.4 厂房内任一点至最近安全出口的直线距离不应大于表 3.7.4 的规定。 3.3.9 员工宿舍严禁设置在仓库内。 办公室、休息室等严禁设置在甲、乙类仓库内，也不应贴邻。 办公室、休息室设置在丙、丁类仓库内时，应采用耐火极限不低于 2.50h 的防火隔墙和 1.00h 的楼板与其他部位分隔，并应设置独立的安全出口。隔墙上需开设相互连通的门时，应采用乙级防火门。 3.3.10 物流建筑的防火设计应符合下列规定： 2 当建筑功能以仓储为主或建筑难以区分主要功能时，应按本规范有关仓库的规定确定，但当分拣等作业区采用防火墙与储存区完全分隔时，作业区和储存区的防火要求可分别按本规范有关厂房和仓库的规定确定。
问题解析	1. 厂房和仓库建筑内严禁设置员工宿舍，见《建规》条文第 3.3.5 条、第 3.3.9 条规定。由于生产管理需要，设有值班办公用房时，应根据厂房建筑的火灾危险分类和耐火等级等情况，合规确定设置面积、位置、防火分隔措施和安全疏散方式。《建规》允许在丙、丁、戊类厂房内设置办公休息用房，应为生产管理需要而设置的办公休息用房面积不宜超过《建规》条文第 3.1.2 条“5%～10%”的规定。厂房贴建或设置办公用房时，防火分隔和安全疏散设计应符合《建规》条文第 3.3、3.4 节规定。《建规》禁止厂房建筑和民用建筑上下组合建造，贴邻建造时，应符合《建规》“相邻建筑”的防火间距要求及相关措施的规定。 2. 厂房建筑内分散布置的附属办公区疏散可按厂房建筑定性执行《建规》条文第 3.7.4 条等规定。若整层或整个防火分区均为研发实验室等“小房间长走道”办公平面布局，宜按《建规》条文第 5.5.17 条民用建筑相关规定复核疏散距离。 3. 员工宿舍严禁设置在仓库内，仓库建筑实际使用确需设置办公、休息用房时，其防火分隔和安全疏散等措施，需符合《建规》条文第 3.3.9 条、第 3.8 节相关条文规定。仓库建筑不得与民用建筑组合建造；仓库建筑不应与厂房建筑上下组合建造，贴邻建造时，应符合《建规》“相邻建筑”的防火间距要求。仓库建筑因使用确需设置加工作业区时，应根据存储和作业区面积占比，按照《物流建筑设计规范》条文第 3.0.1 条确定为作业型、存储型或综合型物流建筑，物流建筑仓储区需要按《建规》条文第 3.3.10 条规定与厂房功能的分拣作业区完全分隔，仓储区消防设计应按仓库建筑相关规定执行。

第四章　厂房、仓库、车库		第一节　厂房、仓库
问题描述	**问题 4　厂房建筑的防火防爆** 1. 厂房建筑中局部有爆炸危险的房间，是否需要泄压计算？如何取值计算？是按照整栋建筑取值计算还是仅按照有爆炸危险性的区域取值计算？ 2. 厂房仓库建筑容易发生重大火灾事故，与施工图设计有很大关系吗？如何在施工图设计中注意防范？	
相关标准	**《建筑设计防火规范》** 3.6.2　有爆炸危险的厂房或厂房内有爆炸危险的部位应设置泄压设施。 3.6.4　厂房的泄压面积宜按下式计算，但当厂房的长径比大于 3 时，宜将建筑划分为长径比不大于 3 的多个计算段，各计算段中的公共截面不得作为泄压面积：……。 3.6.5　散发较空气轻的可燃气体、可燃蒸气的甲类厂房，宜采用轻质屋面板作为泄压面积。顶棚应尽量平整、无死角，厂房上部空间应通风良好。 3.6.6　散发较空气重的可燃气体、可燃蒸气的甲类厂房和有粉尘、纤维爆炸危险的乙类厂房。应符合下列规定： 1　应采用不发火花的地面。采用绝缘材料作整体面层时，应采取防静电措施。 2　散发可燃粉尘、纤维的厂房，其内表面应平整、光滑，并易于清扫。 3　厂房内不宜设置地沟，确需设置时，其盖板应严密，地沟应采取防止可燃气体、可燃蒸气和粉尘、纤维在地沟积聚的有效措施，且应在与相邻厂房连通处采用防火材料密封。 3.6.7　有爆炸危险的甲、乙类生产部位，宜布置在单层厂房靠外墙的泄压设施或多层厂房顶层靠外墙的泄压设施附近。 有爆炸危险的设备宜避开厂房的梁、柱等主要承重构件布置。 3.6.10　有爆炸危险区域内的楼梯间、室外楼梯或有爆炸危险的区域与相邻区域连通处，应设置门斗等防护措施。门斗的隔墙应为耐火极限不应低于 2.00h 的防火隔墙，门应采用甲级防火门并应与楼梯间的门错位设置。 3.6.11　使用和生产甲、乙、丙类液体的厂房，其管、沟不应与相邻厂房的管、沟相通，下水道应设置隔油设施。	
问题解析	1. 如果有爆炸危险的区域与非危险区域之间已采取了良好的防火分隔措施（比如采用了防爆墙），确保危险区域的爆炸事故不会影响非危险区域，那么计算时，可以只计算有爆炸危险区域的体积，否则应按照整栋建筑体积计算。 2. 难以简单判定。厂房建筑内的生产活动、工艺流程复杂、种类多，若工业建筑施工图的设计人员对厂房工艺理解不准确、对其生产使用或存储的物品信息判定错误，易有较大的火灾危险。应提高施工图设计和表达深度，加强施工图设计阶段建设方和设计方的责任意识。应由了解工艺的建设方准确发包，由专业设计方承接设计任务。工业建筑的消防设计说明中应说明主要和高风险的工艺，生产过程中涉及材料或产品的名称、火灾危险性及其他主要的理化性质。施工图设计文件应准确表达厂房建筑整体定性，注明其中火灾危险性高于建筑整体或有防爆泄压要求的房间名称位置（不应仅标注生僻的工艺技术要求），应明确重点部位防火分隔、防爆泄压、扑救疏散等措施。准确表达重点部位的消防设计内容，提醒设计、审查、施工、验收、使用、救援等相关人员注意。	

问题描述

问题 5　厂房建筑疏散通道的设计

1. 如图 1 所示，高层丙类厂房中的生产车间与防烟楼梯间前室之间需要设置走廊吗？可以采用小房间加走道的设置方式吗？

2. 厂房建筑疏散楼梯间首层可否通过或连通厂房功能空间疏散到室外？

3. 如图 2 所示，丁类多层厂房疏散楼梯间首层平面图，该设计是否算开敞楼梯间直通室外？

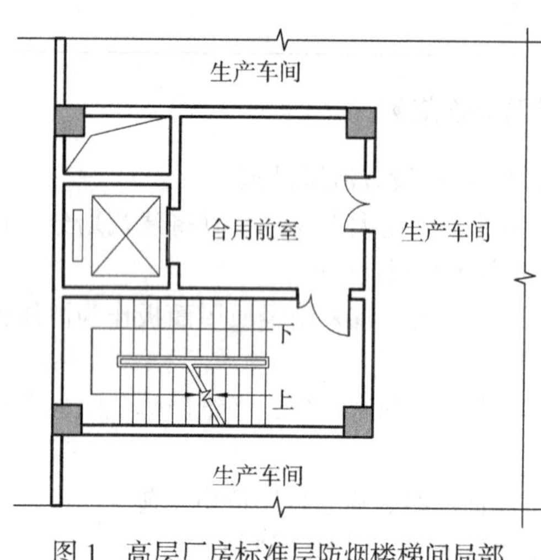

图 1　高层厂房标准层防烟楼梯间局部

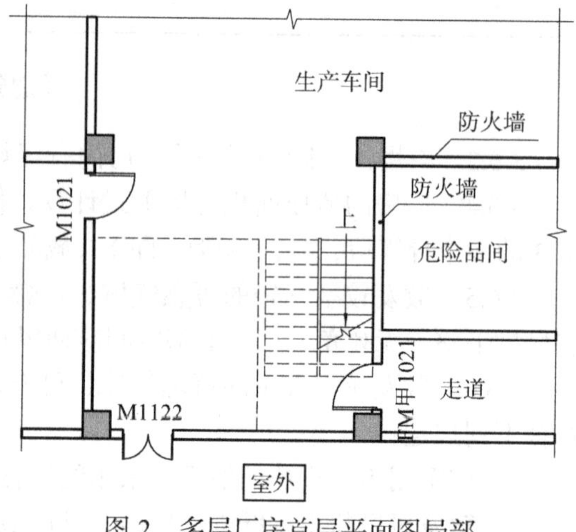

图 2　多层厂房首层平面图局部

相关标准

《建筑设计防火规范》

3.7.4　厂房内任一点至最近安全出口的直线距离不应大于表 3.7.4 的规定。（由于本书篇幅所限，此处省略表 3.7.4）

3.7.6　高层厂房和甲、乙、丙类多层厂房的疏散楼梯应采用封闭楼梯间或室外楼梯。建筑高度大于 32m 且任一层人数超过 10 人的厂房，应采用防烟楼梯间或室外楼梯。

6.4.3　防烟楼梯间除应符合本规范第 6.4.1 条的规定外，尚应符合下列规定：

6　楼梯间的首层可将走道和门厅等包括在楼梯间前室内形成扩大的前室，但应采用乙级防火门等与其他走道和房间分隔。

6.4.1　疏散楼梯间应符合下列规定：

1　楼梯间应能天然采光和自然通风，并宜靠外墙设置。靠外墙设置时，楼梯间、前室及合用前室外墙上的窗口与两侧门、窗、洞口最近边缘的水平距离不应小于 1.0m。

问题解析

1. 厂房在通常情况下按大空间使用，因此《建规》条文第 3.7.4 条规定了厂房内任一点至最近安全出口的直线距离，此时不需要设置走廊。图 1 安全出口应指防烟楼梯间前室门。若厂房由多个小房间组成，可合理设计疏散走道，小房间仍为生产用房使用时，宜复核任一小房间内任一点至楼梯间安全出口的直线距离，符合厂房建筑要求。如果各小房间均作为研发办公使用时，宜参照民用建筑设计的规定。

2. 工业建筑的封闭、防烟楼梯间首层，应按《建规》条文第 6.4.2 条第 4 款、第 6.4.3 条第 6 款直通室外，或设置扩大封闭楼梯间、扩大前室与厂房功能区分隔后直通室外。丁戊类多层厂房设置敞开楼梯间时，楼梯间应符合《建规》条文第 6.4.1 条第 1 款靠外墙、能自然通风采光的规定，其首层宜直通室外，避免穿越有可燃物、障碍物的厂房功能区。

3. 图 2 楼梯间空间两侧有其他房间疏散门或功能区，不能满足三面围合的条件，不算开敞楼梯间。尤其在图 2 中楼梯间一侧有危险品的房间门，不得直接开向疏散楼梯间。

问题描述

问题6　多个仓库防火分区可否共用安全出口

1. 一幢仓库建筑中的多个仓库防火分区可共用安全出口吗？

2. 如何理解《建规》条文第3.8.2条通向疏散走道或楼梯的门应为乙级防火门的规定？丙类多层仓库必须做封闭楼梯间吗？

相关标准

《建筑设计防火规范》

3.3.2　除本规范另有规定外，仓库的层数和面积应符合表3.3.2的规定。

表3.3.2　仓库的层数和面积

储存物品的火灾危险性类别		仓库的耐火等级	最多允许层数	每座仓库的最大允许占地面积和每个防火分区的最大允许建筑面积（m^2）						
				单层仓库		多层仓库		高层仓库		地下或半地下仓库（包括地下或半地下室）
				每座仓库	防火分区	每座仓库	防火分区	每座仓库	防火分区	防火分区
甲	3、4项	一级	1	180	60	—	—	—	—	—
	1、2、5、6项	一、二级	1	750	250	—	—	—	—	—

3.8.2　每座仓库的安全出口不应少于2个，当一座仓库的占地面积不大于300m^2时，可设置1个安全出口。仓库内每个防火分区通向疏散走道、楼梯或室外的出口不宜少于2个，当防火分区的建筑面积不大于100m^2时，可设置1个出口。通向疏散走道或楼梯的门应为乙级防火门。

3.8.7　高层仓库的疏散楼梯应采用封闭楼梯间。

问题解析

1.《建规》第3.8.2条文强制性条文规定每座仓库的安全出口不应少于2个，是指每座仓库建筑，每个防火分区（存储空间）安全出口不宜少于2个，因此，可将仓库建筑划分为多个小房间，划分为多个防火分区，但需满足每座仓库占地面积不超过《建规》条文第3.3.2条的规定，见图1仓库防火分区设置（一）。仓库建筑因其储存物品量大且种类定性复杂，需注意严格执行防火分区防火墙的设置位置及要求。

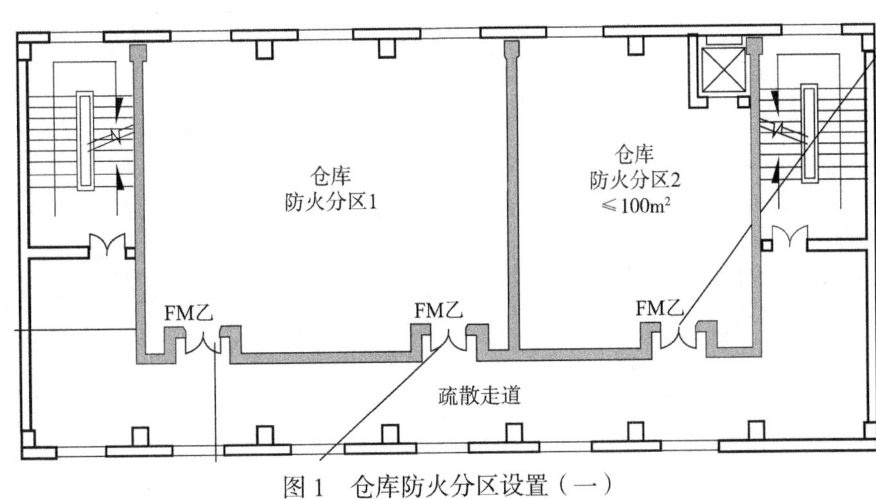

图1　仓库防火分区设置（一）

问题解析

2.《建规》未要求丙类多层仓库必须采用封闭楼梯间。《建规》条文第3.8.7条规定"应设封闭楼梯间"的范围不含丙类多层仓库建筑，见图1。图2的仓库层只设一个防火分区，设乙级防火门是仓库防火分区通向疏散走道或楼梯的房间疏散门防火要求，并非要求必须设置封闭楼梯间。

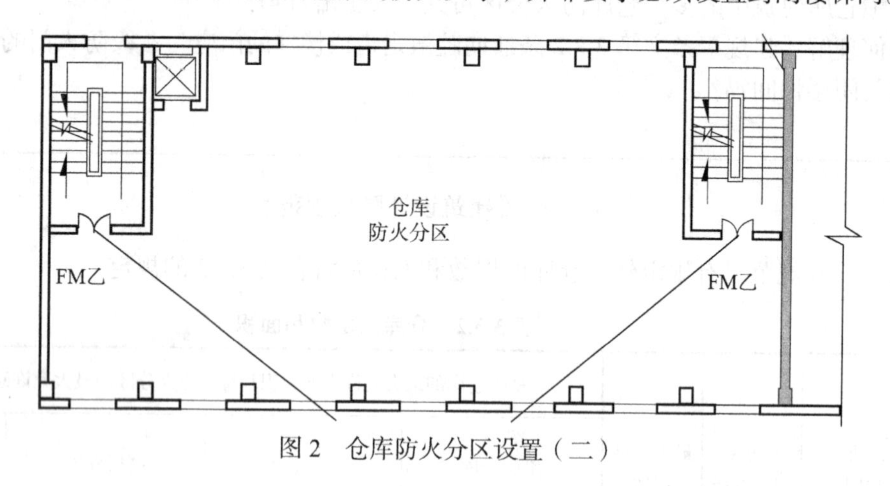

图2　仓库防火分区设置（二）

问题描述

问题 1　汽车库组合建造与住宅附属机动车库

1. 如图 1 所示，某叠拼住宅半地下空间设置了为各住户配建的共有汽车库和住户自有附属停车位。图 1 左侧 3 个停车位之间未设置防火分隔，与住户之间采用甲级防火门；右侧 3 个停车位之间设置防火隔墙，其中一个停车位与住户之间设置乙级防火门，符合规范要求吗？为什么？

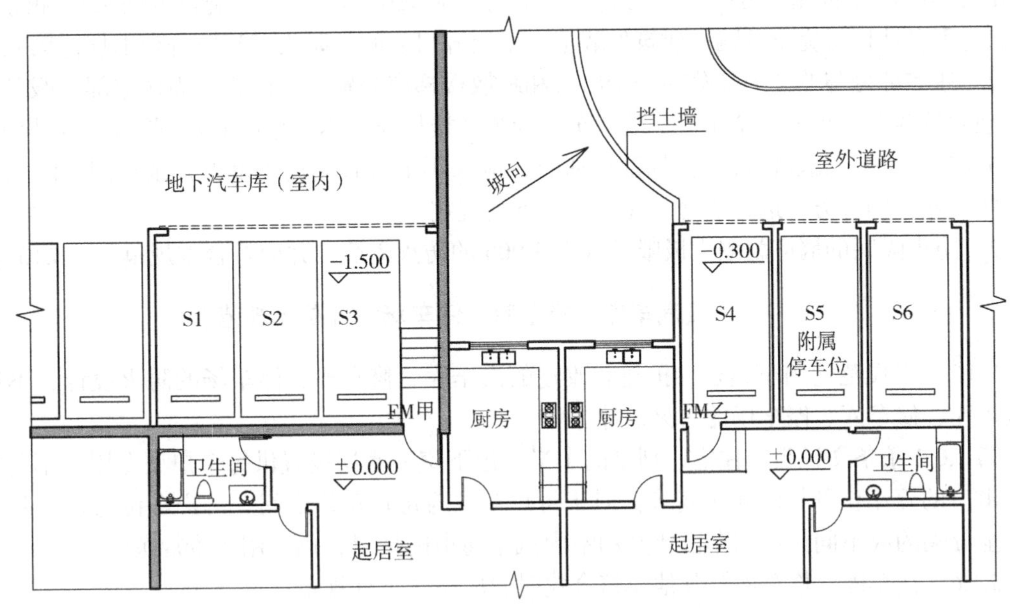

图 1　住宅建筑与汽车库组合平面图

2. 如图 2 所示，别墅地下一、二层为丙类库房，别墅地下自用汽车库通过共用地下汽车库连通和出入，地下汽车库主要面积包括汽车通道和共用汽车出口的面积，另有少量访客和共用设施配套停车位，该设计是否符合规定？有什么安全隐患或违规的问题？

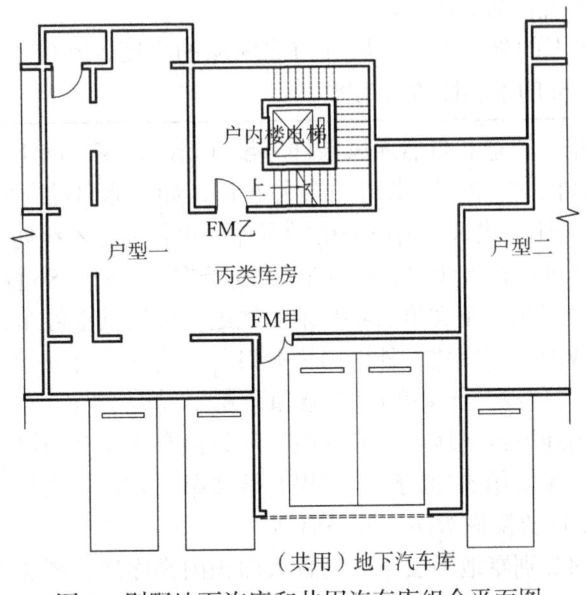

图 2　别墅地下汽库和共用汽车库组合平面图

相关标准

《建筑设计防火规范》

5.4.2　除为满足民用建筑使用功能所设置的附属库房外。民用建筑内不应设置生产车间和其他库房。

经营、存放和使用甲、乙类火灾危险性物品的商店、作坊和储藏间，严禁附设在民用建筑内。

相关标准	6.2.3　建筑内的下列部位应采用耐火极限不低于 2.00h 的防火隔墙与其他部位分隔，墙上的门、窗应采用乙级防火门、窗，确有困难时，可采用防火卷帘，但应符合本规范第 6.5.3 条的规定： 6　附设在住宅建筑内的机动车库。 5.4.10　除商业服务网点外，住宅建筑与其他使用功能的建筑合建时，应符合下列规定： 1　住宅部分与非住宅部分之间，应采用耐火极限不低于 2.00h 且无门、窗、洞口的防火隔墙和 1.50h 的不燃性楼板完全分隔；当为高层建筑时，应采用无门、窗、洞口的防火墙和耐火极限不低于 2.00h 的不燃性楼板完全分隔。建筑外墙上、下层开口之间的防火措施应符合本规范第 6.2.5 条的规定。 2　住宅部分与非住宅部分的安全出口和疏散楼梯应分别独立设置；为住宅部分服务的地上车库应设置独立的疏散楼梯或安全出口，地下车库的疏散楼梯应按本规范第 6.4.4 条的规定进行分隔。 5.3.5　……。相邻区域确需局部连通时，应采用下沉式广场等室外开敞空间、防火隔间、避难走道、防烟楼梯间等方式进行连通，并应符合下列规定： 2　防火隔间的墙应为耐火极限不低于 3.00h 的防火隔墙，并应符合本规范第 6.4.13 条的规定； **《汽车库、修车库、停车场设计防火规范》** 1.0.2　本规范适用于新建、扩建和改建的汽车库、修车库、停车场的防火设计，不适用于消防站的汽车库、修车库、停车场的防火设计。 第 1.0.2 条条文说明：住宅、别墅的（半）地下室，底层设置供每个户型专用，不与其他户室共用疏散出口的停车位的情况越来越多。对于每户车位与每户车位之间、每户车位与住宅其他部位之间不能完全分隔的或不同住户的车位要共用室内汽车通道的情况，仍适用于本规范。 5.1.6　汽车库、修车库与其他建筑合建时，应符合下列规定： 1　当贴邻建造时，应采用防火墙隔开； 2　设在建筑物内的汽车库（包括屋顶停车场）、修车库与其他部位之间，应采用防火墙和耐火极限不低于 2.00h 的不燃性楼板分隔； 3　汽车库、修车库的外墙门、洞口的上方，应设置耐火极限不低于 1.00h、宽度不小于 1.0m、长度不小于开口宽度的不燃性防火挑檐； 4　汽车库、修车库的外墙上、下层开口之间墙的高度，不应小于 1.2m 或设置耐火极限不低于 1.00h、宽度不小于 1.0m 的不燃性防火挑檐。
问题解析	1. 需根据半地下车库通道和自然通风条件等设计情况确定。图 1 左右两侧汽车库的使用对象和建筑定性不同，消防设计依据有差异。图 1 右侧停车位，如果能通过满足自然采光通风的室外通道出入，S4 车位所在空间可视为住宅建筑内附设的机动车库，可仅通过乙级防火门与住宅户内连通使用，与住宅户内空间的防火分隔可执行《建规》条文第 6.2.3 条规定。S5、S6 停车位符合《建规》条文第 5.4.10 条的规定，注意，按《建规》条文第 5.4.10 条的规定，该侧其他停车位与贴建住宅建筑间应为无门窗洞口防火墙；停车位或所在车库建筑外墙门窗洞口与住宅建筑外墙洞口防火间距，需符合《汽车防火规》条文第 5.1.6 条和《建规》条文第 6.1.3 条和第 6.2.5 条等规定。 图 1 左侧，如果为地下或半地下车库室内空间，该车库及共用汽车通道与住宅建筑间防火分隔设计应按《汽车防火规》条文第 5.1.6 条、《建规》条文第 5.4.10 条执行，不应直接连通住宅建筑户内功能空间，应设置走道或防火隔间等防火分隔措施。 2. 不符合规定。图 2 别墅地下层不应设置大面积丙类库房，图 2 汽车库应按《汽车防火规》条文第 1.0.2 条规定定性为地下（公用）汽车库，与住宅使用空间之间应按《汽车防火规》条文第 5.1.6 条、《建规》条文第 5.4.10 条规定设置无门窗洞口的防火墙。别墅项目或住宅建筑等住宅室内空间确需直接连通地下汽车库等空间时，应采取合理的分隔措施，避免地下汽车库（或大面积丙类库房等非居住功能空间）设置的易爆物、可燃物、污染物等，对地上居住空间产生安全影响，宜参考《建规》条文第 5.3.5 条规定，设置防火隔间或防烟前室，地下空间的疏散楼梯间应在首层直通室外。

问题描述

问题 2　地下汽车库防火分区内的附属用房

1. 图 1，约 400m² 戊类库房设置在 1945m² 设备用房防火分区内，是否符合规范要求？

2. 可否将器材间、油料库、值班室等修车区功能房间或非机动车停车区，设置在地下汽车库防火分区内？在地下汽车库防火分区内，可否设置面积不超过 500m² 的设备用房？

3. 哪些设备用房可以设置在地下汽车库防火分区内？是否可以按防火分区面积比设置？

4. 在图 2、图 3 中，地下汽车库防火分区设置了垃圾储存转运间、上部商业餐饮隔油设施处理间、中水机房等设备间，这符合规范要求吗？如何确保这些房间的安全？

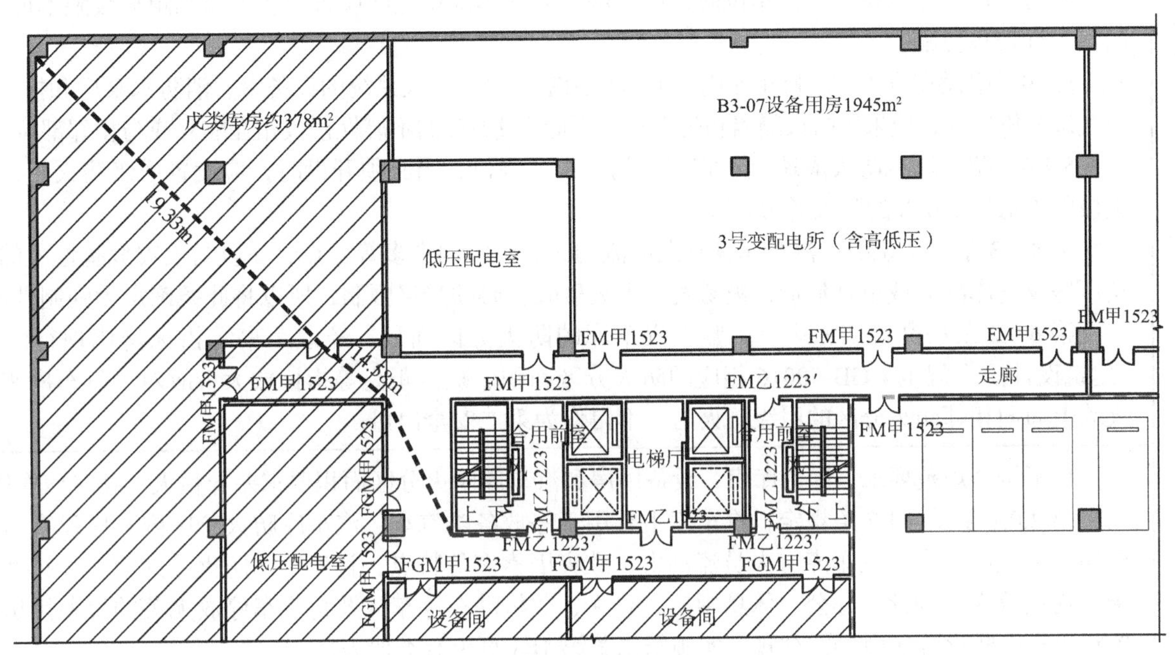

图 1　地下汽车库防火分区示意图

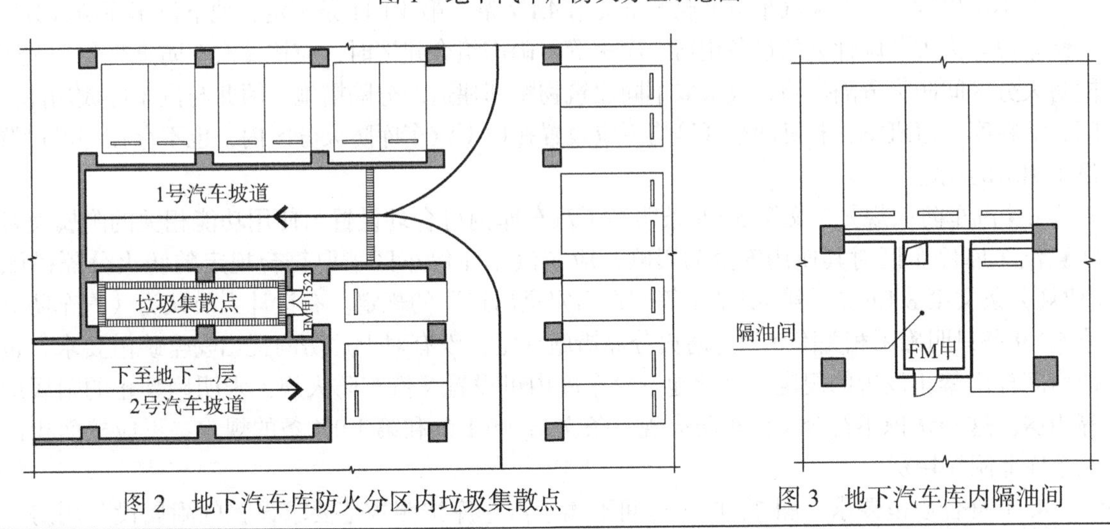

图 2　地下汽车库防火分区内垃圾集散点　　　　图 3　地下汽车库内隔油间

相关标准

《汽车库、修车库、停车场设计防火规范》

2.0.1　汽车库　garage

用于停放由内燃机驱动且无轨道的客车、货车、工程车等汽车的建筑物。

4.1.7　为汽车库、修车库服务的下列附属建筑，可与汽车库、修车库贴邻，但应采用防火墙隔开，并应设置直通室外的安全出口：

相关标准	1 贮存量不大于 1.0t 的甲类物品库房； 2 总安装容量不大于 5.0m^3/h 的乙炔发生器间和贮存量不超过 5 个标准钢瓶的乙炔气瓶库； 3 1 个车位的非封闭喷漆间或不大于 2 个车位的封闭喷漆间； 4 建筑面积不大于 200m^2 的充电间和其他甲类生产场所。 4.1.11 燃油或燃气锅炉、油浸变压器、充有可燃油的高压电容器和多油开关等，不应设置在汽车库、修车库内。当受条件限制必须贴邻汽车库、修车库布置时，应符合现行国家标准《建筑设计防火规范》GB 50016 的有关规定。 5.1.6 汽车库、修车库与其他建筑合建时，应符合下列规定：…… 5.1.7 汽车库内设置修理车位时，停车部位与修车部位之间应采用防火墙和耐火极限不低于 2.00h 的不燃性楼板分隔。 5.1.9 附设在汽车库、修车库内的消防控制室、自动灭火系统的设备室、消防水泵房和排烟、通风空气调节机房等，应采用防火隔墙和耐火极限不低于 1.50h 的不燃性楼板相互隔开或与相邻部位分隔。 5.2.6 防火墙或防火隔墙上不宜开设门、窗、洞口，当必须开设时，应设置甲级防火门、窗或耐火极限不低于 3.00h 的防火卷帘。 第 4.1.3 条条文说明：汽车库具有人员流动大、致灾因素多等特点，一旦与火灾危险性大的甲、乙类厂房及仓库贴邻或组合建造，极易发生火灾事故，必须严格限制，所以将此条确定为强制性条文。 第 6.0.2 条条文说明：……。鉴于汽车库的防火分区面积、疏散距离等指标均比现行国家标准《建筑设计防火规范》GB 50016 相应的防火分区面积、疏散距离等指标放大，故对于汽车库来讲，防火墙上通向相邻防火分区的甲级防火门，不得作为第二安全出口。
问题解析	1. 不符合规范要求。因为库房、设备用房和汽车库防火分区面积要求差异很大。按《汽车防火规》条文第 2.0.1 条及 4.1.7 条规定，汽车库主要用于停放各类汽车，汽车库防火分区内不应设有与汽车停放功能无关的库房。汽车库有人员流动大、致灾因素多等特点，且汽车库防火分区面积、疏散距离等指标均被放大，因此，办公、休息用房、仓库、非机动车停车区及与汽车停放无关的设备用房不应设置在汽车库防火分区内。《〈建规〉实施指南》第 183 页也有类似表达。 2. 不可以设置。按《汽车防火规》条文第 4.1.7 条～第 4.1.11 条规定，地下汽车库防火分区内不得设置修车位等火灾危险性大的设备用房、库房等。确需组合建造时，应按《汽车防火规》相关规定采取不同防火分区间防火分隔措施，或采取不同建筑物贴邻建造的分隔措施。因此与汽车停放功能无关的器材间、油料库、值班室、非机动车区等均不应设置在地下汽车库防火分区内，也不存在许可设置一定规模设备用房的规定。 3.《汽车防火规》条文第 5.1.9 条明确了汽车库内可合理设置与使用功能相关的附属设备用房，应注意汽车库停车区对其使用安全的影响，应与汽车库停车区采取符合规定的防火分隔措施，应满足《建规》条文第 8.1.6 条、第 8.1.7 条等“直通安全出口”的规定。有设计人员认为《汽车防火规》条文第 5.1.9 条只明确了相关附属用房防火分隔措施规定，没有对上述房间提出安全疏散要求，也没有对其他房间提出禁止设置的规定，因此地下汽车库内可设置《汽车防火规》未明确禁止的附属库房、办公等用房。这种认识不符合《汽车防火规》条文第 2.0.1 条和第 1.0.4 条的规定，不应按面积比加权设置汽车库非附属用房。 4. 不符合规范要求。图 2、图 3 房间不属于汽车库按照规范要求设置的附属设备用房，按《汽车防火规》相关规定，不应设置在汽车库防火分区内。图 2 垃圾储存转运间存储物品的火灾危险性通常为丙 2 类，面积大且有物品分类整理转运清洗等操作功能要求时，应参照《汽车防火规》条文第 4.1.7 条等单独设置防火分区。图 3 上层厨房功能的下层隔油间，面积小、不须专人停留管理，确需设置在下层车库防火分区内时，应设置甲级防火门等防火分隔措施（易燃物多时，宜设置防火隔间）。其他总面积不大于 200m^2、危险性小的中水处理机房等设备用房，确需设置在车库防火分区内时，宜靠近安全出口设置，或参照《汽车防火规》条文第 5.1.9 条等规定设置不穿过开敞停车区的疏散走道，直通楼梯间安全出口。

问题描述

问题 3　地下汽车库防火分区借用安全出口

1. 如图 1 所示，某变配电站防火分区，仅有一个直通室外的楼梯间，借用相邻车库防火分区防火墙上甲级防火门作为第 2 安全出口，是否符合规范要求？

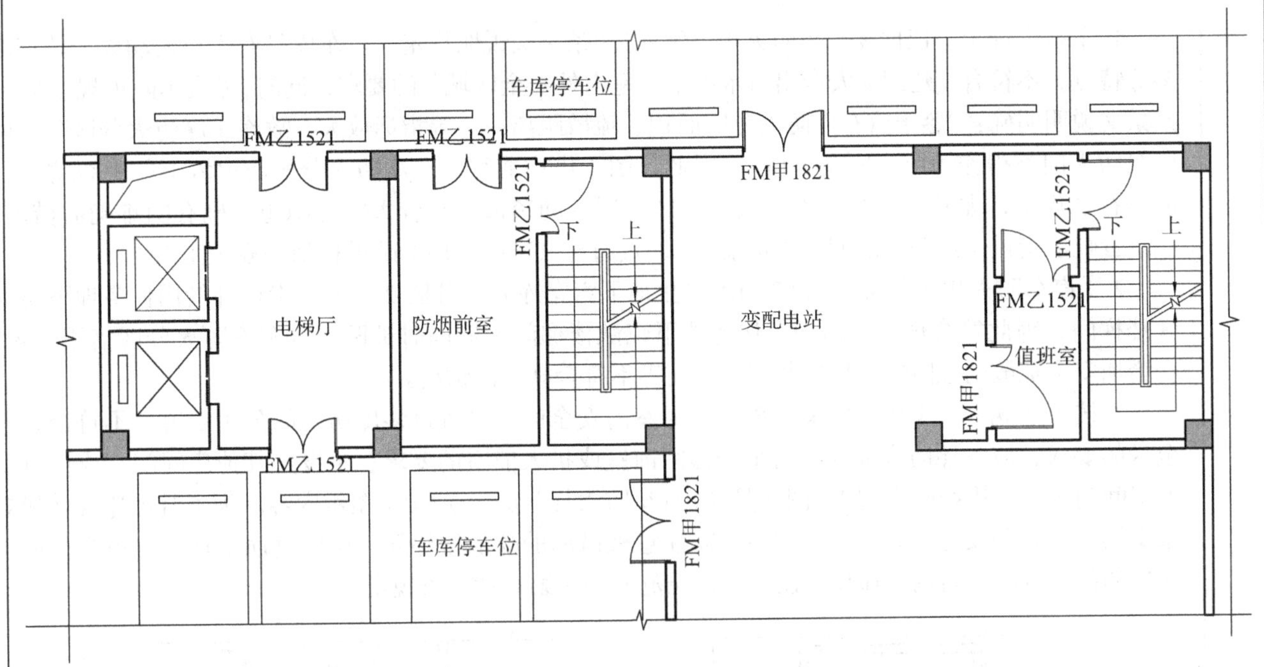

图 1　地下汽车库防火分区内变电站

2. 某项目地下汽车库防火分区没有直通室外的楼梯，两个安全出口都借用住宅防火分区，是否符合规范要求？2 个地下汽车库防火分区可以借用住宅建筑的同一个地下楼梯间吗？

3. 很多住宅区项目，地下汽车库防火分区借用住宅楼梯间疏散时，穿过设置在住宅附属库房防火分区的公共走道，是否符合规范要求？容易涉嫌违反哪些规范条文要求？

相关标准

《汽车库、修车库、停车场设计防火规范》

6.0.2　除室内无车道且无人员停留的机械式汽车库外，汽车库、修车库内每个防火分区的人员安全出口不应少于 2 个，Ⅳ类汽车库和Ⅲ、Ⅳ类修车库可设置 1 个。

第 6.0.2 条条文说明：安全出口的定义，按照现行国家标准《建筑设计防火规范》GB 50016 的规定，是指供人员安全疏散用的楼梯间、室外楼梯的出入口或直通室内外安全区域的出口。鉴于汽车库的防火分区面积、疏散距离等指标均比现行国家标准《建筑设计防火规范》GB 50016 相应的防火分区面积、疏散距离等指标放大，故对于汽车库来讲，防火墙上通向相邻防火分区的甲级防火门，不得作为第二安全出口。

第 4.1.3 条条文说明：汽车库具有人员流动大、致灾因素多等特点，……。

6.0.7　与住宅地下室相连通的地下汽车库、半地下汽车库，人员疏散可借用住宅部分的疏散楼梯；当不能直接进入住宅部分的疏散楼梯间时，应在汽车库与住宅部分的疏散楼梯之间设置连通走道，走道应采用防火隔墙分隔，汽车库开向该走道的门均应采用甲级防火门。

第 6.0.7 条条文说明：……。该走道的设置类似于楼梯间的扩大前室，同时，考虑到汽车库与住宅地下室之间分别属于不同防火分区，所以，连通门采用甲级防火门。

《住宅设计规范》

2.0.25　附建公共用房　accessory assembly occupancy building

相关标准	附于住宅主体建筑的公共用房，包括物业管理用房、符合噪声标准的设备用房、中小型商业用房、不产生油烟的餐饮用房等。 6.10.4　住户的公共出入口与附建公共用房的出入口应分开布置。
问题解析	1. 不符合规定。依据《汽车防火规》第 4.1.3 条条文说明规定，汽车库具有人员流动大、致灾因素多等特点，不符合《建规》安全出口术语中“室内外安全区域”的要求，同时，《汽车防火规》第 6.0.2 条条文说明明确：“鉴于汽车库防火分区面积、疏散距离……等指标放大，故汽车库防火分区防火墙上甲级防火门不得作为第二安全出口”。因此，图 1 借用通往汽车库防火分区防火墙上的甲级防火门疏散不符合规定，尤其穿过与车库开敞停车区连通空间疏散，有较大安全隐患。确有困难确需借用时，应设置疏散走道（或防火隔间、防烟前室），直通与汽车库共用的疏散楼梯间安全出口。 2.《汽车防火规》条文第 6.0.7 条未禁止地下汽车库防火分区 2 个安全出口都借用住宅地下防火分区楼梯间，因此符合规定。但一个住宅地下疏散楼梯间不应同时被两个汽车库防火分区借用，否则，会增加安全疏散的危险性，导致共用楼梯间等不符合规定的情况。 3. 按《建规》安全出口定义，该处应为室内安全区。设置过多库房门的公用走道，不符合室内安全区的要求，应参照防火隔间、防烟楼梯间前室或扩大前室的要求，不设置其他房间门，或仅有少量的房间门（宜为甲级防火门）。图 2 是《〈汽车防火规〉图示》6.0.7 图示内容。为了避免违反《建规》条文第 2.1.14 条安全出口定义，同时，需注意被借用的疏散楼梯间首层应直通室外，避免穿行住户出入口的门厅空间，否则会违反《住宅设计规范》条文第 6.10.4 条规定。 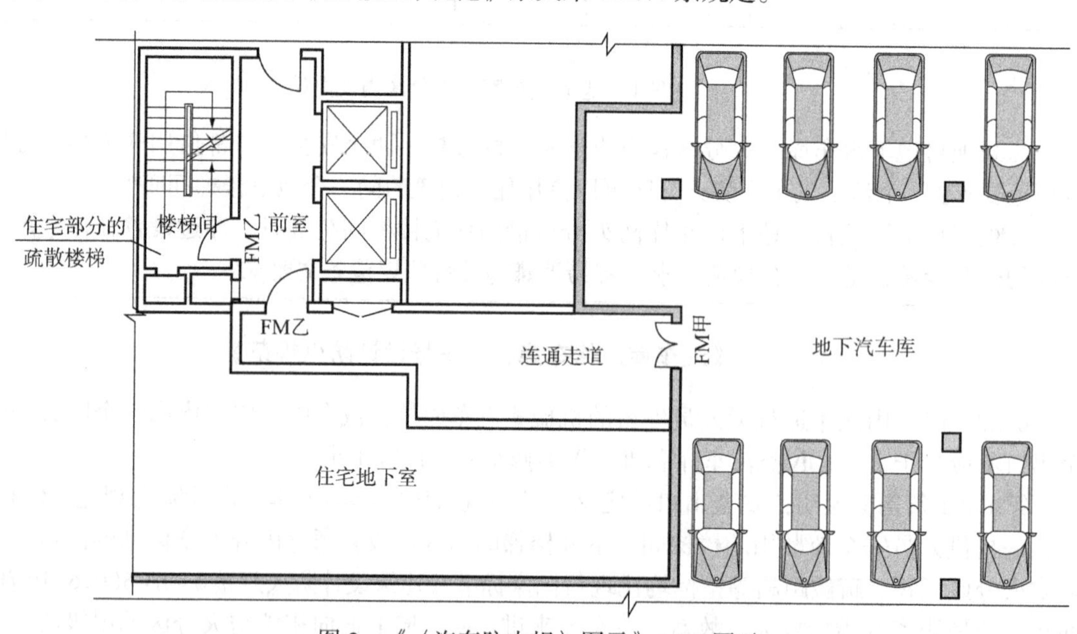 图 2　《〈汽车防火规〉图示》6.0.7 图示

问题描述

问题 4　地下汽车库的面积与疏散距离

1. 见图 1，地下室总建筑面积不大于 4500m²，但汽车库防火分区面积为 3500m²，停车 90 辆，是否必须设置不少于 2 个汽车疏散出口？

2. 见图 2，汽车库疏散距离设计是否符合《汽车防火规》条文第 6.0.6 条规定？《汽车防火规》条文第 6.0.6 条“疏散距离”是直线距离？还是人员行走疏散距离？

3. 见图 3，图 3 中计算汽车库的“直线距离”是否符合规范要求？

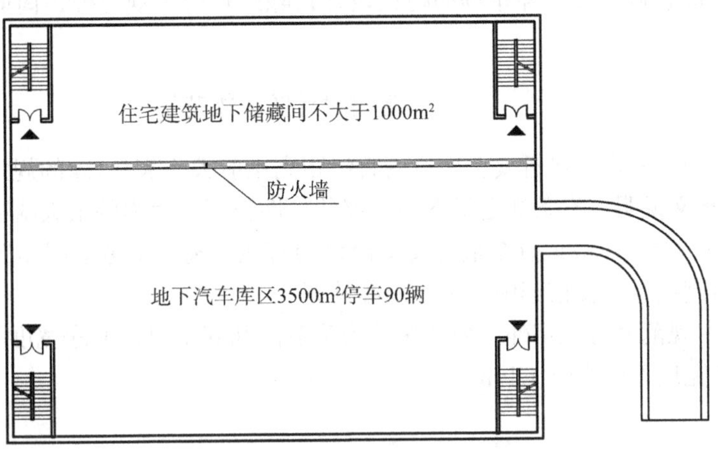

图 1　地下组合建筑分区示意图

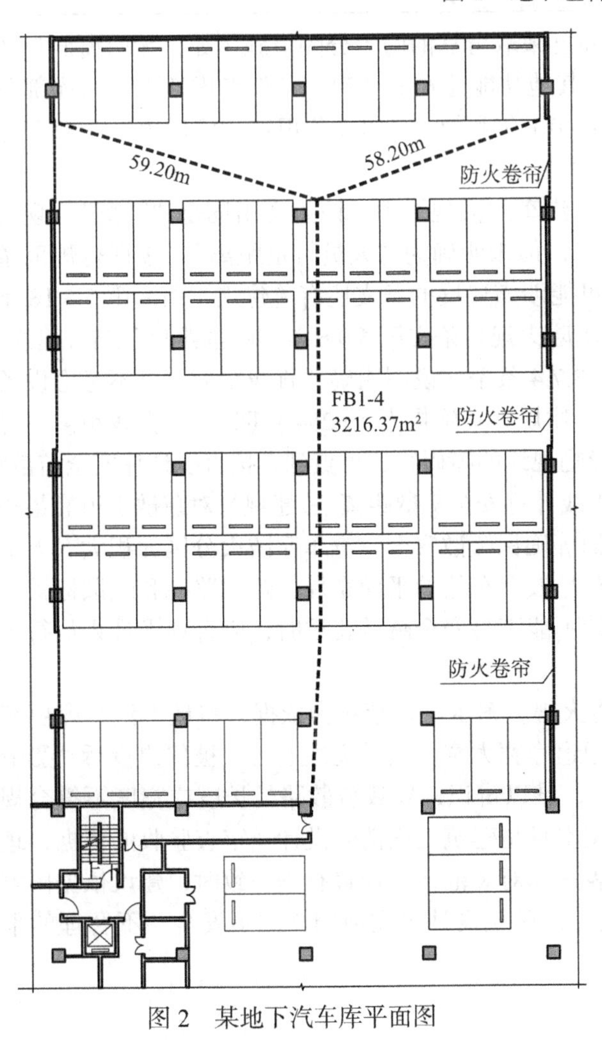

图 2　某地下汽车库平面图

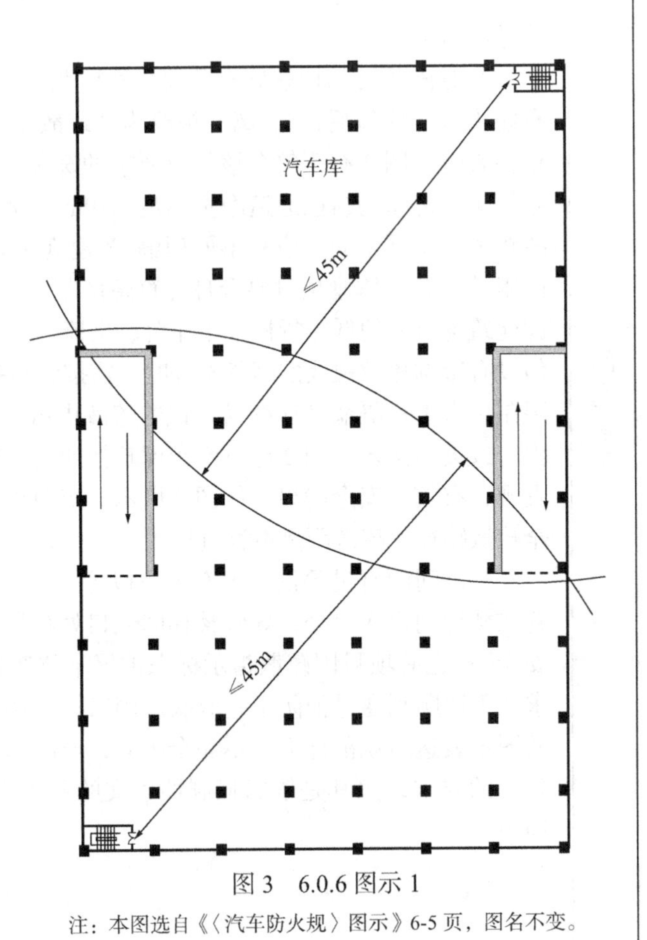

图 3　6.0.6 图示 1

注：本图选自《〈汽车防火规〉图示》6-5 页，图名不变。

<table>
<tr><td>相关标准</td><td>

《汽车库、修车库、停车场设计防火规范》

第 6.0.10 条条文说明：当符合下列条件之一时，汽车库、修车库的汽车疏散出口可设置 1 个：设置双车道汽车疏散出口、停车数量小于或等于 100 辆且建筑面积小于 4000m² 的地下或半地下汽车库。

6.0.6　汽车库室内任一点至最近人员安全出口的疏散距离不应大于 45m，当设置自动灭火系统时，其距离不应大于 60m。对于单层或设置在建筑首层的汽车库，室内任一点至室外最近出口的疏散距离不应大于 60m。

1.0.4　汽车库、修车库、停车场的防火设计，除应符合本规范外，尚应符合国家现行有关标准的规定。

《建筑设计防火规范》

3.7.4　厂房内任一点至最近安全出口的直线距离不应大于表 3.7.4 的规定。

第 3.7.4 条条文说明：本条规定了不同火灾危险性类别厂房内的最大疏散距离。本条规定的疏散距离均为直线距离，即室内最远点至最近安全出口的直线距离，未考虑因布置设备而产生的阻挡，但有通道连接或墙体遮挡时，要按其中的折线距离计算。

5.5.18　除本规范另有规定外，公共建筑内疏散门和安全出口的净宽度不应小于 0.90m，疏散走道和疏散楼梯的净宽度不应小于 1.10m。

</td></tr>
<tr><td>问题解析</td><td>

1. 不必须。若地下汽车库和其他功能区之间已采取可靠的防火分隔措施（如，无门窗洞口的防火墙或防火隔间），图 1 项目可属于地下汽车库与其他功能建筑的合建，可仅考虑地下汽车库部分建筑面积小于 4000m²，依据《汽车防火规》条文第 3.0.1 条和第 6.0.10-3 条规定，可设置一个双车道汽车疏散出口。

2. 对该条文的理解确有争议。在旧版本的《汽车防火规》中，该条文用词是“距离”，现行《汽车防火规》修编后，“距离”被改为“疏散距离”，但未明确为“人员行走距离”。按现行规范条文严格检查时，图 2 有不符合该规范要求的嫌疑。可能涉嫌违反的条文还有《建规》条文第 5.5.18 条，穿越停车位之间的疏散通道净宽不足 1.10m。《汽车防火规》条文第 6.0.6 条“疏散距离”与《建规》“直线距离”用词不同，应有不同理解。《建规》第 3.7.4 条条文说明明确“直线距离”可不考虑设备布置的阻挡，有墙体遮挡时要合理计算疏散距离。《〈建规〉实施指南》P254 页明确，“直线距离”可不考虑建筑场所内的低矮货柜、工作台、桌椅等不影响视线的障碍物，可点到点按直线计算安全疏散距离，但设有影响疏散视线的高货架等时，需按绕行折线计算安全疏散距离。《建规》对疏散走道有最小净宽限制，有走道隔墙和连续易辨识的疏散指示标识等确保疏散安全。汽车库防火分区面积大、人员流动大、致灾因素多，图 2 地下汽车库疏散通道需跨越较多车位的平面布局，疏散路径和疏散标被阻挡难发现，有较大安全隐患。如图 2 所示，疏散设计不能满足安全疏散要求时，应合理设计人员行走的安全疏散路径，疏散距离不宜过长。

3. 该问题有过争议，曾有项目以《〈汽车防火规〉图示》未禁止为依据，将地下汽车库停车位设置在楼梯间出入口处，导致楼梯间入口处疏散通道净宽太窄，人员无法通行，被住户投诉“影响使用安全”；也有项目因疏散指示标识被停车位遮挡，难以辨识，导致疏散路径长度或宽度不符合规范要求，无法顺利通过消防审查验收。国家标准条文本身是建筑工程消防设计及审查验收的依据，理想化的图示表达与规范标准并不完全等同，当图示表达和对规范条文理解有不一致时，建议依据国家标准条文的要求，尤其是依据强制性条文的要求设计，避免设计出类似图 2 的不安全、不合理的平面布局图。

</td></tr>
</table>

问题描述

问题 5　地下汽车库消防电梯的设置

1. 地下汽车库是否必须设置消防电梯？建规字〔2017〕20 号文明确了地下汽车库可不设置消防电梯吗？

2. 能否在两个地下汽车库防火分区共用一部消防电梯？共用时是否需要参考公津建字〔2015〕27 号文要“消防电梯口部设各自前室”？

3. 地下汽车库防火分区可否借用住宅建筑地下消防电梯？

相关标准

《建筑设计防火规范》

7.3.1　下列建筑应设置消防电梯：

3　设置消防电梯的建筑的地下或半地下室，埋深大于 10m 且总建筑面积大于 3000m^2 的其他地下或半地下建筑（室）。

《汽车库、修车库、停车场设计防火规范》

6.0.4　除室内无车道且无人员停留的机械式汽车库外，建筑高度大于 32m 的汽车库应设置消防电梯。消防电梯的设置应符合现行国家标准《建筑设计防火规范》GB 50016 的有关规定。

第 6.0.4 条条文说明：原国家标准《汽车库、修车库、停车场设计防火规范》GB 50067 未对汽车库内消防电梯的设置作出规定。由于建设用地的紧张，而汽车库的停车数量有较大的上升，在城市中，汽车库有向上和向深发展的趋势，与现行国家标准《建筑设计防火规范》GB 50016 一致，增加消防电梯设置的要求。

6.0.7　与住宅地下室相连通的地下汽车库、半地下汽车库，人员疏散可借用住宅部分的疏散楼梯；当不能直接进入住宅部分的疏散楼梯间时，应在汽车库与住宅部分的疏散楼梯之间设置连通走道，走道应采用防火隔墙分隔，汽车库开向该走道的门均应采用甲级防火门。

公津建字〔2015〕27 号“关于消防电梯与楼梯间直通室外问题的复函”有以下规定：对于设置在地下的设备用房、非机动车车库等防火分区，当受首层建筑平面布置等因素限制，分别设置消防电梯有困难时，可与相邻防火分区共用 1 台消防电梯，但应分别设置前室。

建规字〔2017〕20 号“关于疏散楼梯和消防电梯设置问题的复函”有以下规定：地下汽车库与其他建筑合建，汽车库与其他使用功能场所之间采用防火墙和耐火极限不低于 2.0h 的不燃性楼板完全分隔。有关汽车库与其他使用功能场所的疏散楼梯和消防电梯设置要求，可分别根据各自区域的建筑埋深和现行国家标准……的规定确定。

问题解析

1.《汽车防火规》条文第 6.0.4 条应设范围未提及地下汽车库，因此，仅依据该规范独立建造的地下汽车库可不设置消防电梯。《建规》条文第 7.3.1 条第 3 款规定的地下建筑，应包含附属汽车库，因此，地下商业等建筑的附属或组合建造（未完全分隔的）地下汽车库，宜按建筑整体性质参照《建规》条文第 7.3.1 条和第 7.3.2 条规定执行，并参照《汽车防火规》第 6.0.4 条条文说明，每个防火分区设置消防电梯。建规字〔2017〕20 号文确有地下汽车库可不设消防电梯的含义，但未明确“完全分隔”的具体执行尺度，若按防火区域和组合建造概念理解，则宜参照《建规》条文第 5.4.10 条“无门窗洞口的完全分隔”措施执行。

2. 公津建字〔2015〕27 号文可共用范围未含汽车库。通常地下汽车库防火分区面积大，平面布局合理时，容易满足每个防火分区一台消防电梯要求。特殊情况确需布置共用消防电梯时，应参照公津建字〔2015〕27 号文设各自前室。见本书第六章第五节问题 4。

3. 若地下汽车库防火分区已按《汽车防火规》条文第 6.0.7 条规定，在符合规范要求下借用了住宅防火分区的疏散楼梯，则可参照相关规定同理借用消防电梯。注意公用地下汽车库借用住宅楼梯时，不应穿行住宅首层门厅门禁内区域，避免违反《住宅设计规范》第 6.10.4 强制性条文的要求。

问题描述	**问题6 地下电动汽车库与充电设施** 1. 电动汽车可否停放在汽车库或防火分区内? 2. 设有分散充电桩的地下汽车库，防火单元与防火分区范围不一致，可否? 3.《电动汽车分散充电设施工程技术标准》是推荐性标准，施工图《审查要点》也未列出该标准，施工图审查、消防审查和验收应否必须执行该标准?
相关标准	**《汽车库、修车库、停车场设计防火规范》** 1.0.2 本规范适用于新建、扩建和改建的汽车库、修车库、停车场的防火设计，不适用于消防站的汽车库、修车库、停车场的防火设计。 2.0.1 汽车库 garage 用于停放由内燃机驱动且无轨道的客车、货车、工程车等汽车的建筑物。 **《电动汽车分散充电设施工程技术标准》** 1.0.2 本标准适用于电动汽车分散充电设施的规划、设计、施工和验收。 6.1.1 汽车库和停车场的分类、耐火等级、安全疏散和消防设施的设置应符合现行国家标准《建筑设计防火规范》GB 50016和《汽车库、修车库、停车场设计防火规范》GB 50067的有关规定。 6.1.5 新建汽车库内配建的分散充电设施在同一防火分区内应集中布置，并应符合下列规定： 1 布置在一、二级耐火等级的汽车库的首层、二层或三层。当设置在地下或半地下时，宜布置在地下车库的首层，不应布置在地下建筑四层及以下。 2 设置独立的防火单元，每个防火单元的最大允许建筑面积应符合表6.1.5的规定。 3 每个防火单元应采用耐火极限不小于2.0h的防火隔墙或防火卷帘、防火分隔水幕等与其他防火单元和汽车库其他部位分隔。当采用防火分隔水幕时，应符合现行国家标准《自动喷水灭火系统设计规范》GB 50084的有关规定。 4 当防火隔墙上需开设相互连通的门时，应采用耐火等级不低于乙级的防火门。 5 当地下、半地下和高层汽车库内配建分散充电设施时，应设置火灾自动报警系统、排烟设施、自动喷水灭火系统、消防应急照明和疏散指示标志。 第6.1.5条条文说明：本条考虑了电动汽车充电过程的火灾风险高于内燃机汽车停放过程的火灾风险，规定了防火单元最大建筑面积，该面积为内燃机汽车防火分区面积的50%。
问题解析	1. 电动汽车可以停放在汽车库或防火分区内，但应集中放置，并按《电动汽车分散充电设施工程技术标准》条文第6.1.1条、第6.1.5条规定在汽车库内划分防火单元。虽然电动汽车不在《汽车防火规》术语适用范围内容规定内，但是《电动汽车分散充电设施工程技术标准》明确了设有电动汽车的汽车库的布局分类、耐火等级、防火分隔、安全疏散和消防设施等消防设计内容，可依据《汽车防火规》执行。 2. 按相关标准原则理解，防火分区可由多个防火单元组成，防火单元不应跨越防火分区设置。电动汽车库内设置电动汽车分散充电设施时，应执行《电动汽车分散充电设施工程技术标准》《汽车防火规》的相关规定。 3. 施工图《审查要点》通常仅列出强制性标准及相关条文，未列出推荐性标准。建筑设计应执行全部建设工程设计相关标准（含《电动汽车分散充电设施工程技术标准》等推荐标准）。因推荐标准《电动汽车分散充电设施工程技术标准》内有《汽车防火规》无法涵盖且影响公众安全的相关专项消防条文，属于2020年6月1日施行的住房和城乡建设部令51号应执行的范围，施工图消防审查可综合考虑，对涉及消防安全的内容提出审查意见。

问题描述

问题 7　电动自行车、摩托车停放

1. 电动自行车可否设置在地下汽车库防火分区内？
2. 住宅建筑地下自行车库内可否存放摩托车、电动自行车？其防火分区面积应是多少？
3. 对于设置在室外的电动车充电场所，《建规》没有明确的条文规定，怎么办？

相关标准

《汽车库、修车库、停车场设计防火规范》

2.0.1　汽车库　garage

用于停放由内燃机驱动且无轨道的客车、货车、工程车等汽车的建筑物。

《电动汽车分散充电设施工程技术标准》

1.0.2　本标准适用于电动汽车分散充电设施的规划、设计、施工和验收。

《人民防空工程设计防火规范》

4.1.4　丙、丁、戊类物品库房的防火分区允许最大建筑面积应符合表 4.1.4 的规定。当设置有火灾自动报警系统和自动灭火系统时，允许最大建筑面积可增加 1 倍；局部设置时，增加的面积可按该局部面积的 1 倍计算。

第 4.1.4 条条文说明：人防工程内的自行车库属于戊类物品库，摩托车库属于丁类物品库。

北京地标《电动自行车停放场所防火设计标准》

术语 2.0.3 电动自行车库：

用于停放电动自行车并安装配套充电设施的建筑物。

5.0.4　电动自行车库应划分集中充电区域，充电设施应采用充电柜。

6.0.1　电动自行车库应设置火灾自动报警系统和自动喷水灭火系统。

6.0.2　电动自行车库防火分区的最大允许建筑面积应符合以下规定：

1　设置在地面的独立建造的电动自行车库，每个防火分区的面积不应大于 1000m^2；

2　设置在地下或半地下的电动自行车库，每个防火分区的面积不应大于 500m^2。

第 6.0.2 条条文说明：设置自动喷水灭火系统也不允许增加防火分区面积。对于有些公共建筑新建或改造自行车库，……防火分区面积无法控制在 500m^2 以内，就不能在地下设置电动自行车库，应在室外地面单独设置电动自行车停车场。

问题解析

1. 电动自行车不属于地下汽车库建筑适用范围（见《汽车防火规》术语的要求），所以电动自行车不可以设置在地下汽车库防火分区内。

2. 在停有摩托车或设有给电动自行车充电的场所，发生火灾的案例较多。目前尚没有与之相关的国家实施标准，应按各省市的电动自行车停放充电场所防火设计相关标准或政策文件的要求执行（如北京市地方标准《电动自行车停放场所防火设计标准》）。住宅建筑地下自行车库确需停放电动自行车时，若无地方标准，应满足《建规》相关条文规定，如防火分区面积不应超过《建规》条文第 5.3.1 条“其他功能”要求，并按条文第 6.2.7 条考虑充电间的防火分隔措施。

3. 参照相关地方消防法规或管理规定执行，并符合《汽车防火规》《电动汽车分散充电设施工程技术标准》相关规定。应注意：① 设置在室外露天区域时，该区域与建筑外墙窗洞口外沿、安全出口的间距不应小于 6m。② 不应占用防火间距、消防车道和消防车登高操作场地，不得妨碍消防车操作和影响室外消防设施的正常使用；不得占用、堵塞安全出口和疏散通道。参见消防法、城乡规划法等相关规定。

问题描述

问题 8 地下汽车库机械升降出口

图 1 为某地下汽车库，共二层，地下一、二层每层防火分区面积均为 1460m²，分别停车 22 辆。未设置汽车坡道，设置了 2 台垂直升降机，是否符合规范要求？

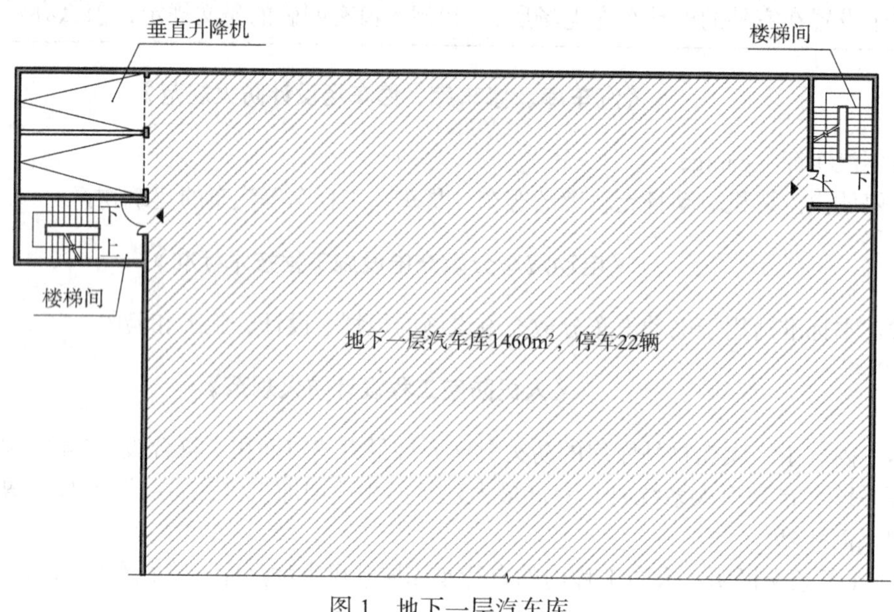

图 1 地下一层汽车库

相关标准

《汽车库、修车库、停车场设计防火规范》

3.0.1 汽车库、修车库、停车场的分类应根据停车（车位）数量和总建筑面积确定，并应符合表 3.0.1 的规定。

表 3.0.1 汽车库、修车库、停车场的分类

名称		Ⅰ	Ⅱ	Ⅲ	Ⅳ
汽车库	停车数量（辆）	＞300	151～300	51～150	≤50
	总建筑面积 S（m²）	$S>10000$	$5000<S\leq10000$	$2000<S\leq5000$	$S\leq2000$

6.0.2 除室内无车道且无人员停留的机械式汽车库外，汽车库、修车库内每个防火分区的人员安全出口不应少于 2 个，Ⅳ类汽车库和Ⅲ、Ⅳ类修车库可设置 1 个。

6.0.9 除本规范另有规定外，汽车库、修车库的汽车疏散出口总数不应少于 2 个，且应分散布置。

6.0.10 当符合下列条件之一时，汽车库、修车库的汽车疏散出口可设置 1 个：

1 Ⅳ类汽车库；

6.0.12 Ⅳ类汽车库设置汽车坡道有困难时，可采用汽车专用升降机作汽车疏散出口，升降机的数量不应少于 2 台，停车数量少于 25 辆时，可设置 1 台。

第 6.0.12 条条文说明：在一些城市的闹市中心，由于基地面积小，汽车库的周围毗邻马路，使楼层或地下、半地下汽车库的汽车坡道无法设置，为了解决数量不多的停车需要，可设汽车专用升降机作为汽车疏散出口。目前国内上海、北京等地已有类似的停车库，但停车的数量都比较少。因此条文规定了Ⅳ类汽车库方能适用。控制 50 辆以下，主要是根据目前国内已建的使用汽车专用升降机的汽车库和正在发展使用的机械式立体汽车库的停车数提出的。汽车专用升降机应尽量做到分开布置。对停车数量少于 25 辆的，可只设一台汽车专用升降机。

问题解析	不符合规范要求，应按《汽车防火规》条文第 3.0.1 条汽车库的分类定性执行。该项目地下一、二层总停车数为 44 辆，总建筑面积大于 2000m²，应按Ⅲ类地下汽车库的要求设置 2 个人员安全出口、2 个汽车疏散口，见《汽车防火规》条文第 6.0.2 条和第 6.0.10 条要求。图 1 项目用地小、原设计方案按Ⅳ类汽车库执行《汽车防火规》条文第 6.0.12 条，不符合规范要求；施工图设计阶段按Ⅲ类车库增加坡道式汽车疏散出入口的条件不足；按Ⅳ类车库减少地下建筑面积和停车（车位）数量，改动大且不合理。因此，设计采取增设垂直升降机井壁之间的防火墙、分成两个独立地下汽车库。每层是设置一台垂直升降机的独立地下汽车库，每层停车不超过 25 辆；两个地下汽车库建筑间采用耐火极限不小于 2.0h 的楼板和无门窗洞口防火墙分隔，较安全合理。每个地下汽车库有 2 个人员安全出口，两个地下汽车库共用疏散楼梯间安全出口时，宜参照《建规》条文第 5.3.5 条要求采用设置甲级防火门的防烟前室或防火隔间，以符合与建筑定性对应的防火分隔和安全疏散要求。

问题描述

问题 9 停车楼与其他建筑屋顶停车

1. 图 1 为屋面标高 23.9m 的停车楼的屋顶停车平面图，屋顶设置大量停车位，该停车楼被定性为多层汽车库，这符合规范要求吗？其建筑高度可否按《建规》附录 A 规定的屋面面层标高确定？

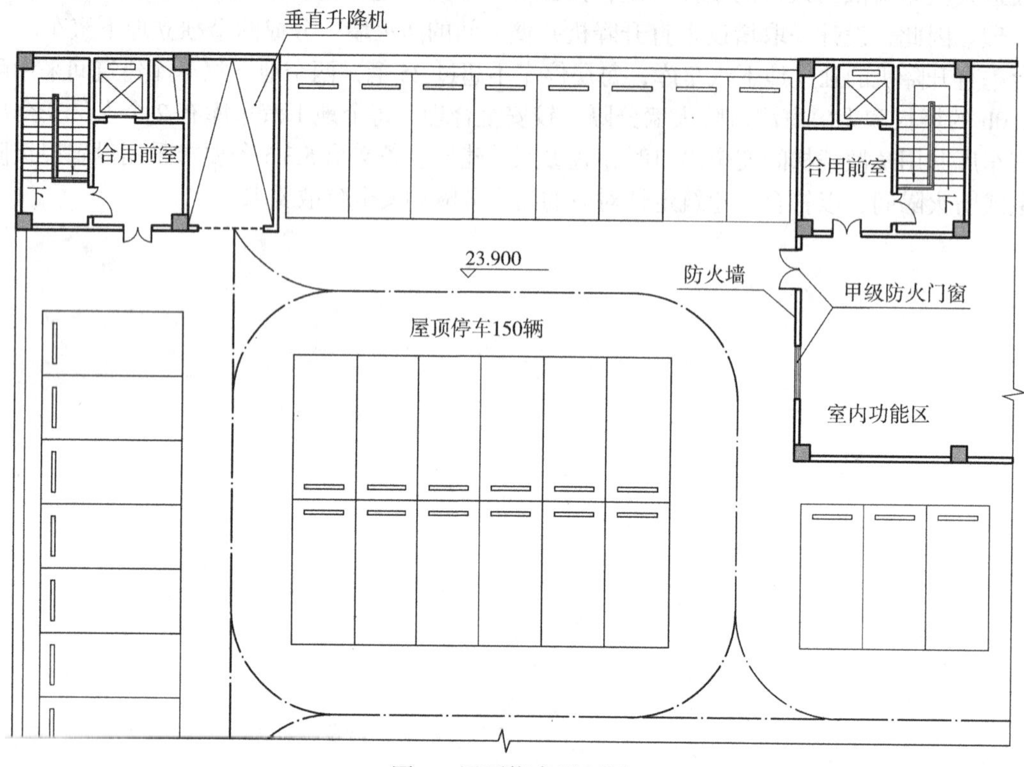

图 1 屋顶停车平面图

2. 其他建筑屋顶上可否设置大面积停车场？建筑屋顶上可否设置机械式停车车位？若可以设置，如何考虑防火间距？

相关标准

《建筑设计防火规范》

A.0.1 建筑高度的计算应符合下列规定：

2 建筑屋面为平屋面（包括有女儿墙的平屋面）时，建筑高度应为建筑室外设计地面至其屋面面层的高度。

3 同一座建筑有多种形式的屋面时，建筑高度应按上述方法分别计算后，取其中最大值。

5 局部突出屋顶的瞭望塔、冷却塔、水箱间、微波天线间或设施、电梯机房、排风和排烟机房以及楼梯出口小间等辅助用房占屋面面积不大于 1/4 者，可不计入建筑高度。

B.0.1 建筑物之间的防火间距应按相邻建筑外墙的最近水平距离计算，当外墙有凸出的可燃或难燃构件时，应从其凸出部分外缘算起。

《汽车库、修车库、停车场设计防火规范》

2.0.7 高层汽车库 high-rise garage

建筑高度大于 24m 的汽车库或设在高层建筑内地面层以上楼层的汽车库。

3.0.1 汽车库、修车库、停车场的分类应根据停车（车位）数量和总建筑面积确定，并应符合表 3.0.1 的规定。

注：1 当屋面露天停车场与下部汽车库共用汽车坡道时，其停车数量应计算在汽车库的车辆总数内。

相关标准	4.2.1　除本规范另有规定外，汽车库、修车库、停车场之间及汽车库、修车库、停车场与除甲类物品仓库外的其他建筑物的防火间距，不应小于表 4.2.1 的规定。其中，高层汽车库与其他建筑物，汽车库、修车库与高层建筑的防火间距应按表 4.2.1 的规定值增加 3m；汽车库、修车库与甲类厂房的防火间距应按表 4.2.1 的规定值增加 2m。 4.2.3　停车场与相邻的一、二级耐火等级建筑之间，当相邻建筑的外墙为无门、窗、洞口的防火墙，或比停车部位高 15m 范围以下的外墙均为无门、窗、洞口的防火墙时，防火间距可不限。 第 4.2.3 条条文说明：对于机械式停车装置，停车部位应该从停留在最高处的车辆部位算起。 3.1.6　汽车库、修车库与其他建筑合建时，应符合下列规定： 1　当贴邻建造时，应采用防火墙隔开； 2　设在建筑物内的汽车库（包括屋顶停车场）、修车库与其他部位之间，应采用防火墙和耐火极限不低于 2.00h 的不燃性楼板分隔； 3　汽车库、修车库的外墙门、洞口的上方，应设置耐火极限不低于 1.00h、宽度不小于 1.0m、长度不小于开口宽度的不燃性防火挑檐； 4　汽车库、修车库的外墙上、下层开口之间墙的高度，不应小于 1.2m 或设置耐火极限不低于 1.00h、宽度不小于 1.0m 的不燃性防火挑檐。 2.0.9　敞开式汽车库　open garage 任一层车库外墙敞开面积大于该层四周外墙体总面积的 25%，敞开区域均匀布置在外墙上且其长度不小于车库周长的 50% 的汽车库。
问题解析	1. 不符合规范要求。图 1 设有屋顶停车场的停车楼的建筑高度，不应按屋面面层标高确定。按《建规》附录 A、B 规定可知，《建规》考虑的建筑屋面，通常为无使用功能和可燃物的室外安全区。但图 1 屋面为设有大量停车位的停车场，按《汽车防火规》条文第 3.0.1 条的规定理解，图 1 建筑应为屋顶停车场与停车楼建筑的组合建造，确定其建筑高度和防火间距时，应考虑屋顶停车位的影响，图 1 建筑高度应至少包含屋顶停车场功能区，则总建筑高度大于 24m，应定性为高层建筑。 2. 规范没有明确规定。非汽车库建筑屋顶设置大面积停车场时，宜将屋顶停车场使用功能部分（含坡道或提升设备等）确定为地上汽车库建筑，需考虑地上汽车库（含屋顶停车场功能区）与其他建筑外墙屋顶（含室外屋顶设备区）的防火间距；屋顶停车场与其他建筑室内功能空间的防火分隔措施，应符合《汽车防火规》条文第 5.1.6 条、《建规》第 5.4.10 条等规定。根据组合建筑的具体使用功能及其与屋顶停车场的使用关系，确定合理的安全疏散方式。若为单层露天停车场，可按《汽车防火规》条文第 4.2.1 条规定控制停车场停车位及汽车通道与屋顶其他建筑物（或功能区）的防火间距。屋顶设有机械停车位时，需核实机械停车位围护结构的设置情况和自然通风条件。满足室外自然通风条件时，可按地上开敞式汽车库考虑，汽车库建筑与其他建筑的防火间距，执行《汽车防火规》第 4.2 节相关规定；室外自然通风条件不足时，宜按室内汽车库考虑，执行《汽车防火规》条文第 5.1.6 条要求采取有效的防火分隔措施。参见浙消〔2020〕166 号文第 2.3.9 条规定屋顶停车场的汽车坡道按地上汽车库要求设置。

问题描述

问题 1 住宅楼梯间与非住宅防火分隔

1. 图 1 为高层住宅与商业建筑组合图，图 2 为高层住宅的底部商业服务网点平面图，住宅楼梯间外窗与商业用房外窗间距均为 1500mm，是否符合规范要求？

2. 上述情况若为多层住宅和其他公共建筑的组合建造，符合规定吗？

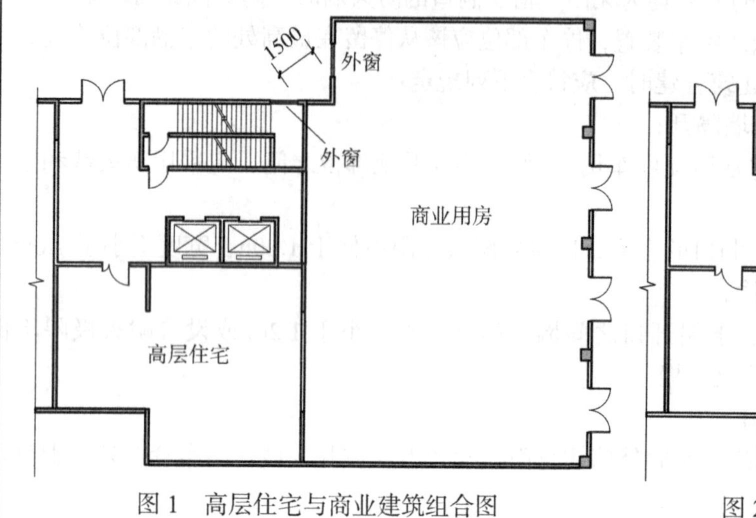

图 1 高层住宅与商业建筑组合图

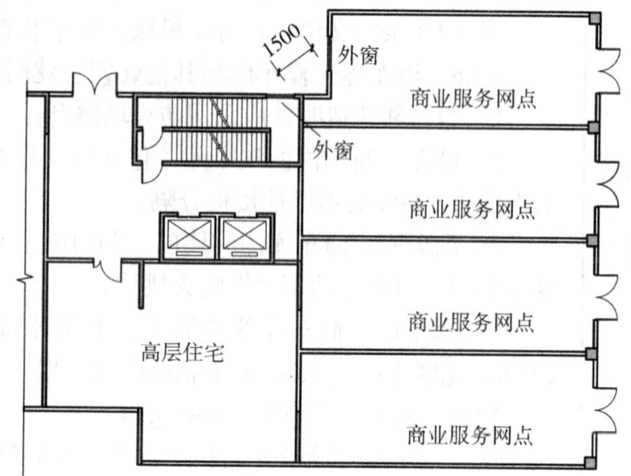

图 2 高层住宅的商业服务网点平面图

相关标准

《建筑设计防火规范》

5.4.10 除商业服务网点外，住宅建筑与其他使用功能的建筑合建时，应符合下列规定：

1 住宅部分与非住宅部分之间，应采用耐火极限不低于 2.00h 且无门、窗、洞口的防火隔墙和 1.50h 的不燃性楼板完全分隔；当为高层建筑时，应采用无门、窗、洞口的防火墙和耐火极限不低于 2.00h 的不燃性楼板完全分隔。建筑外墙上、下层开口之间的防火措施应符合本规范第 6.2.5 条的规定。

2.1.4 商业服务网点 commercial facilities

设置在住宅建筑的首层或首层及二层，每个分隔单元建筑面积不大于 300m^2 的商店、邮政所、储蓄所、理发店等小型营业性用房。

5.4.11 设置商业服务网点的住宅建筑，其居住部分与商业服务网点之间应采用耐火极限不低于 2.00h 且无门、窗、洞口的防火隔墙和 1.50h 的不燃性楼板完全分隔，住宅部分和商业服务网点部分的安全出口和疏散楼梯应分别独立设置。

6.1.4 建筑内的防火墙不宜设置在转角处，确需设置时，内转角两侧墙上的门、窗、洞口之间最近边缘的水平距离不应小于 4.0m；采取设置乙级防火窗等防止火灾水平蔓延的措施时，该距离不限。

问题解析

1. 图 1 不符合规定。图 1 为住宅与其他建筑功能的组合图，住宅与商业功能区之间的防火分隔应是无门、窗、洞口的防火墙；防火墙内转角处两侧外窗间距不应小于 4.0m，不足时应按《建规》条文第 6.1.4 条规定采用乙级防火窗等防止火灾水平蔓延的措施。注意楼梯间外窗采取自然通风方式防烟排烟时，商业用房的乙级防火窗应为固定窗。图 2 符合规定，按《建规》条文第 2.1.4 条规定设有商业服务网点的高层住宅可按住宅建筑定性，住宅部分与商业服务网点之间为防火隔墙，相邻两侧外窗防火间距，可执行《建规》条文第 6.4.1 条第 1 款不小于 1.0m 的规定。

2. 符合规定。多层住宅与其他公共建筑组合建造时，需独立安全疏散的多层住宅建筑与其他公共建筑功能之间可设耐火极限不低于 2h 的防火隔墙，防火隔墙两侧外窗防火间距符合《建规》条文第 6.4.1 条、第 6.2.5 条规定即可。有条件时，可按《建规》条文第 6.1.3 条、第 6.1.4 条防火墙要求执行。

第五章　民用建筑	第一节　平面布置一般规定
问题描述	**问题 2　住宅与非住宅组合建造的防火设计依据** 1. 住宅与其他建筑组合建造，建筑高度可否上下各自分别计算？计算依据是什么？ 2. 当住宅与非住宅部分防火分隔安全疏散完全独立时，其下部建筑可否按《建规》条文第 5.5.8 条规定只设置 1 个安全出口？其建筑百人疏散计算可否按《建规》条文第 5.5.21 条规定和公共建筑部分高度确定？高层住宅建筑的消防电梯，可否不停靠（未设置消防电梯的）在非住宅裙房？ 3. 高度为 53m 的住宅与商业等其他功能组合建造，建筑物耐火等级和建筑构件、装修材料的防火设计应如何确定？
相关标准	**《建筑设计防火规范》** 5.4.10　除商业服务网点外，住宅建筑与其他使用功能的建筑合建时，应符合下列规定： 3　住宅部分和非住宅部分的安全疏散、防火分区和室内消防设施配置，可根据各自的建筑高度分别按照本规范有关住宅建筑和公共建筑的规定执行；该建筑的其他防火设计应根据建筑的总高度和建筑规模按本规范有关公共建筑的规定执行。 第 5.4.10 条条文说明，住宅部分的安全疏散楼梯、安全出口和疏散门的布置与设置要求，室内消火栓系统、火灾自动报警系统等的设置，可根据住宅部分建筑高度，按照本规范有关住宅建筑的要求确定，但住宅部分疏散楼梯间内防烟与排烟系统的设置应根据该建筑的总高度确定；非住宅部分的防火分区划分，和防排烟系统等的设置，可以根据非住宅部分的建筑高度，按照本规范有关公共建筑的要求确定。该建筑与邻近建筑的防火间距、消防车道和救援场地的布置、室外消防给水系统设置、室外消防用水量计算、消防电源的负荷等级确定等，需要根据该建筑的总高度和本规范第 5.1.1 条有关建筑的分类要求，按照公共建筑的要求确定。
问题解析	1. 不应将建筑高度简单相加或拆分。应按《建规》附录 A.0.1 的要求，合理计算建筑（消防设计）高度。与规划建筑高度不同，《建规》中的建筑高度是指能满足消防车停靠操作和人员疏散要求的室外设计地面至屋面面层的高度。按《建规》条文第 5.4.10 条要求组合建造的建筑各部分，均需按室外设计地面至其功能区屋面确定各部分建筑高度，建筑分类定性和整体消防设计应按总高度、总规模依据《建规》条文第 5.4.10 条规定执行。 2. 当住宅和非住宅组合建筑的防火分隔和安全疏散措施满足《建规》条文第 5.4.10 条第 1 款、第 2 款的规定后，可依据该条文第 3 款的要求，按各自功能、规模和建筑高度执行相关规范条文的规定。如，公共建筑底层部分符合《建规》条文第 5.5.8 条要求，可设置 1 个安全出口，可按一个独立防火分区考虑；公共建筑部分的百人疏散计算指标可仅依据公共建筑层数确定；高层住宅的消防电梯可不停靠裙房的公共建筑使用功能区。 3. 高度大于 50m 的住宅与其他非住宅建筑组合建造，应按一类高层建筑确定整体分类，其耐火等级应为一级，见《建规》条文第 5.1.1 条的规定。住宅和非住宅组合建造按《建规》条文第 5.4.10 条第 1 款、第 2 款规定，防火分隔、安全疏散、消防设施可按自身功能建筑高度执行，建筑内部装修材料的防火设计，也可参照执行。除此以外的建筑整体或外围防火设计，如建筑定性分类、建筑构件、防火间距、消防车道等，均应按建筑整体要求执行相关规定。应特别注意：①《建规》第 5.1.1 条条文说明“多种功能组合”不包含与住宅的组合；②《〈建筑设计防火规范〉局部修订条文》（征求意见稿）第 6.7.4 条条文说明“外保温不含”和《〈建规〉图示》第 6.7.4 条注释 1“应符合公共建筑相关要求”不一致。在修订版正式发布前，宜按现行规范条文执行，建议与《〈建规〉图示》注释理解一致。

问题描述

问题 3　非商业服务网点的小型商业用房疏散设计依据

1. 见图 1，某独立建造的商业建筑，单个面积不大于 300m² 的首（二）层小型商业店铺，能否按《建规》条文第 2.1.4 条商业服务网点相关规定设计？该店铺可否设置净宽为 1.1m 的户内敞开楼梯？

2. 小型商业店铺面积不超 200m²，仅有一部净宽 1.10m 的疏散楼梯，是否合规？

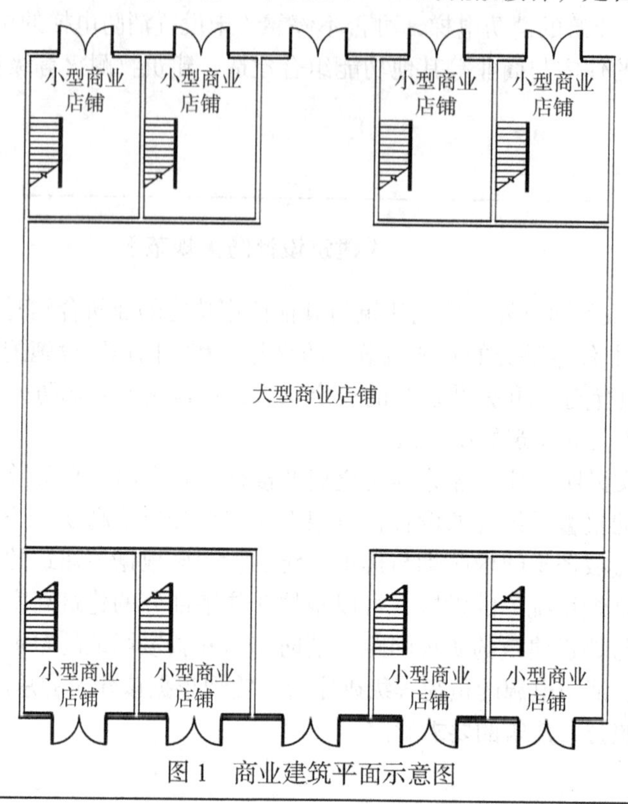

图 1　商业建筑平面示意图

相关标准

《建筑设计防火规范》

2.1.4　商业服务网点　commercial facilities

设置在住宅建筑的首层或首层及二层，每个分隔单元建筑面积不大于 300m² 的商店、邮政所、储蓄所、理发店等小型营业性用房。

5.5.8　公共建筑内每个防火分区或一个防火分区的每个楼层，其安全出口的数量应经计算确定，且不应少于 2 个。设置 1 个安全出口或 1 部疏散楼梯的公共建筑应符合下列条件之一：

2　除医疗建筑，老年人照料设施，托儿所、幼儿园的儿童用房，儿童游乐厅等儿童活动场所和歌舞娱乐放映游艺场所等外，符合表 5.5.8 规定的公共建筑。

表 5.5.8　设置 1 部疏散楼梯的公共建筑

耐火等级	最多层数	每层最大建筑面积（m²）	人数
一、二级	3 层	200	第二、三层的人数之和不超过 50 人
三级	3 层	200	第二、三层的人数之和不超过 25 人
四级	2 层	200	第二层人数不超过 15 人

5.5.18　除本规范另有规定外，公共建筑内疏散门和安全出口的净宽度不应小于 0.90m，疏散走道和疏散楼梯的净宽度不应小于 1.10m。

5.13　下列多层公共建筑的疏散楼梯，除与敞开式外廊直接相连的楼梯间外，均应采用封闭楼梯间：

3　商店、图书馆、展览建筑、会议中心及类似使用功能的建筑；

问题解析	1. 不符合《建规》条文第 2.1.4 条"设置在住宅建筑首层"的规定。不是商业服务网点，不应按商业服务网点执行消防标准，可按《建规》条文第 5.5.8 条执行公共建筑相关规定。采用无门窗洞口防火墙与其他部分完全分隔的小型商业店铺，可设置贯通上下的敞开楼梯，按独立防火分区进行消防设计，图 2 内部独立设置的户内敞开楼梯，可按疏散通道考虑，执行《建规》条文第 5.5.18 条"疏散通道净宽不小于 1.10m"的规定。同时，疏散距离应从上一层最不利点计算至首层疏散外门处。 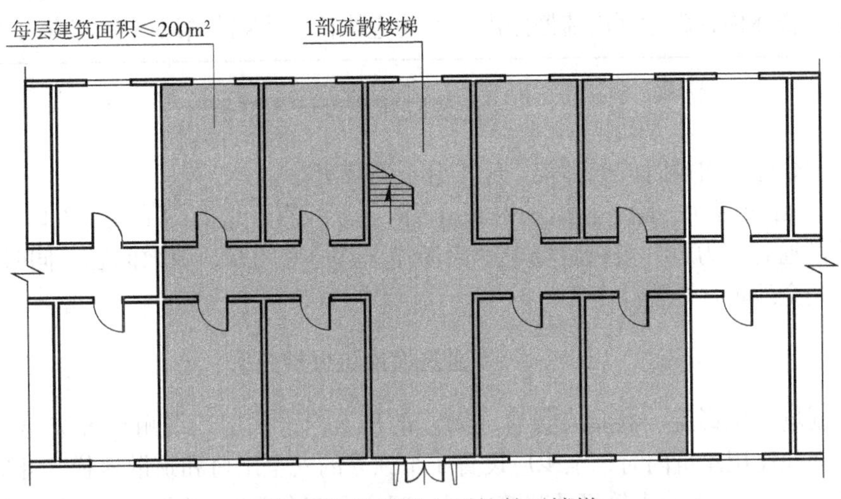 图 2　设置贯通上下的敞开楼梯 2. 需根据平面布局确定疏散楼梯形式。该商业店铺面积符合《建规》条文第 5.5.8 条或第 5.5.15 条只设一个疏散门的规定，且二层最不利点至首层外门的疏散距离满足《建规》条文第 5.5.17 条第 3 款规定时，可设置净宽不小于 1.1m 的户内敞开楼梯（梯段疏散距离按水平投影的 1.5 倍计算）。否则，应按《建规》条文第 5.5.13 条、《商店建筑设计规范》条文第 5.2.3 条等规定，至少设置两部首层直通室外、净宽不小于 1.40m 的封闭楼梯间。

<table>
<tr><td>问题描述</td><td>

问题 4 商业综合体内电影院专用疏散梯

1. 商业综合体内设置的电影院划分有 2 个以上防火分区，是否每个防火分区应设置一部专用疏散楼梯？

2. 商业综合体内多厅影院区如何合理确定疏散人数？疏散人数包括候场人数吗？

3. 商业综合体内各影厅厅内疏散距离是否均应执行《建规》第 5.5.17 条第 4 款规定？
</td></tr>
<tr><td>相关标准</td><td>

《电影院建筑设计规范》

3.2.6 综合建筑内设置的电影院，应符合下列规定：

第 3.2.6 条条文说明：除了从商场内部出入外，还应有至地面的单独出入口，并设有电梯，提高电影院专用疏散通行能力，并解决晚场电影商场停止营业后的交通疏散问题，同时在非正常情况下，能够尽快到达安全地带。

《建筑设计防火规范》

5.4.7 剧场、电影院、礼堂宜设置在独立的建筑内；采用三级耐火等级建筑时，不应超过 2 层；确需设置在其他民用建筑内时，至少应设置 1 个独立的安全出口和疏散楼梯，并应符合下列规定：

2 设置在一、二级耐火等级的建筑内时，观众厅宜布置在首层、二层或三层；确需布置在四层及以上楼层时，一个厅、室的疏散门不应少于 2 个，且每个观众厅的建筑面积不宜大于 $400m^2$。

第 5.4.7 条条文说明：剧院、电影院和礼堂均为人员密集的场所，人群组成复杂，安全疏散需要重点考虑。当设置在其他建筑内时，考虑到这些场所在使用时，人员通常集中精力于观演等某件事情中，对周围火灾可能难以及时知情，在疏散时与其他场所的人员也可能混合。因此，要采用防火隔墙将这些场所与其他场所分隔，疏散楼梯尽量独立设置，不能完全独立设置时，也至少要保证一部疏散楼梯，仅供该场所使用，不与其他用途的场所或楼层共用。

建规字〔2017〕3 号
《关于“关于电影院消防安全设计问题请示”的复函》

有如下规定：

一、……。当观众厅面积较小，厅内疏散距离按 5.5.17 条 3 款确定时，观众厅疏散门至安全出口的疏散距离应符合表 5.5.17 规定；当观众厅面积较大，厅内疏散距离按第 4 款确定时，观众厅疏散门与安全出口的疏散距离，应按规范要求采用长度不大于 10m 的专用疏散走道连通至室外或疏散楼梯间。

二、电影院内有固定做法的观众厅等场所的疏散人数可按座位数确定；其他无标定人数的场所，按有关设计规范确定合理的疏散人数。
</td></tr>
<tr><td>问题解析</td><td>

1. 规范未明确，编者建议宜在每个防火分区设置一部专用疏散楼梯。楼层低、影厅小、总面积少的电影院，只设置一部专用疏散楼梯时，疏散楼梯宜设置在观光电梯、自动扶梯等人流来时的通道附近，便于紧急情况的人员疏散，并兼顾所有影厅观众厅散场需求。电影院在四层及四层以上楼层，且有单个观众厅建筑面积大于 $400m^2$ 的情况，穗勘设协字〔2019〕14 号文第四章第 2.5.14.9 条建议该防火分区应设置不少于两个独立使用的疏散楼梯。

2. 影院区疏散人数应包括候场人数。规范未具体规定电影院候场人数的计算方法，商业综合体内多厅电影院区的疏散总人数，可按《建规》条文第 5.5.21 条 5 款为所有观众厅固定座位数的 1.1 倍。有大影厅时，电影院候场人数核算为人数最多的影厅固定座位数，与所有影厅固定座位总数的 0.1 倍值中的较大者，参见穗勘设协字〔2019〕14 号文第四章第 2.5.14.11 条规定。

3. 可以根据观众厅布局和实际疏散情况，按《建规》条文第 5.5.17 条 3 款或第 5.5.17 条第 4 款执行均符合规定。见建规字〔2017〕3 号文。
</td></tr>
</table>

问题描述

问题 5　酒店办公商业可否共用楼梯间安全出口

1. 如图 1 所示，将某高层商业办公综合楼局部改造成酒店，酒店客房和商业裙房水平（或竖向）共用疏散楼梯，符合标准要求吗？

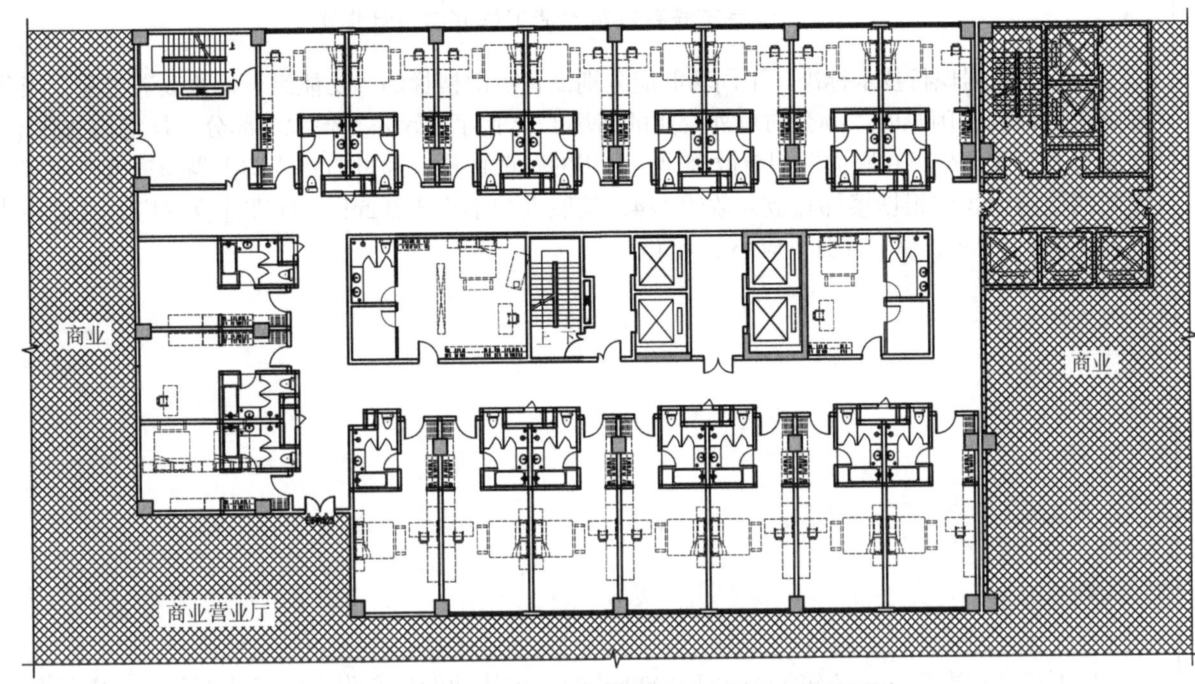

图 1　某高层商业办公综合楼局部改成酒店的平面图

2. 2019 年版的《办公建筑设计标准》与 2014 年版的《商店建筑设计规范》的相关规定不完全一致？可仅执行 2019 年版的《办公建筑设计标准》的相关规定吗？在什么情况下，酒店、办公、商业等可以共用疏散楼梯？

相关标准

《建筑设计防火规范》

1.0.4　同一建筑内设置多种使用功能场所时，不同使用功能场所之间应进行防火分隔，该建筑及其各功能场所的防火设计应根据本规范的相关规定确定。

《商店建筑设计规范》

5.1.4　除为综合建筑配套服务且建筑面积小于 1000m^2 的商店外，综合性建筑的商店部分应采用耐火极限不低于 2.00h 的隔墙和耐火极限不低于 1.50h 的不燃烧体楼板与建筑的其他部分隔开；商店部分的安全出口必须与建筑其他部分隔开。

第 5.1.4 条条文说明：多层、高层综合性建筑物的商店部分与建筑其他部分间的防火分隔主要是指隔墙、楼板及出入口。但在旅馆等建筑中配套设置的商店，因功能联系紧密，规模较小，人员密度低，可以不按该条执行。

《办公建筑设计标准》

5.0.3　办公综合楼内办公部分的安全出口不应与同一楼层内对外营业的商场、营业厅、娱乐、餐饮等人员密集场所的安全出口共用。

第 5.0.3 条条文说明：在办公综合楼内，除办公部分之外常带有对外营业的商场、餐厅、营业厅和娱乐设施，这些场所往往人员较密集，如果这些场所与办公部分处在同一楼层，则它们的疏散楼梯和安全出口不能与办公部分共用，若是为商场营业专用的办公室则不受此规定限制。

相关标准	**住建部令第51号《建设工程消防设计审查验收管理暂行规定》** 第四十条：新颁布的国家工程建设消防技术标准实施之前，建设工程的消防设计已经依法审查合格的，按原审查意见的标准执行。 **《北京市既有建筑改造工程消防设计指南》** 3.4.2 依据现行技术标准，不同功能应分别设置疏散楼梯的多功能组合建筑改造工程，当分别设置疏散楼梯确有困难时，办公与对外营业的商场、营业厅、娱乐、餐饮等部分，住宅与非住宅部分，商业与非商业部分可在竖向共用疏散楼梯，共用的疏散楼梯应通过前室或防火隔间进入，前室或防火隔间的使用面积应根据楼梯疏散人数的1/4，按照人均不小于0.2m^{2}的标准计算确定，且公共建筑部分不应小于6.0m^2，住宅部分不应小于4.5m^2。
问题解析	1. 不符合标准要求。建筑面积大于1000m^{2}的非主体功能配套附属的商业部分，不应与办公或酒店等使用功能区水平（或竖向）共用疏散楼梯。对于改变使用功能的建筑项目改造设计，按住建部令51号规定，原则上应执行现行国家建设工程设计标准。因此，图1某高层商业综合楼局部改造成酒店，按上述原则改变了原建筑使用功能，应划分独立的防火分区，应按现行《商店建筑设计规范》条文第5.1.4条规定设置各自独立的楼梯间安全出口。图1酒店与商业营业厅不同层共用中间楼梯；两侧楼梯间与商业营业厅同层共用，不符合规定且有较大的安全隐患。改造项目确有困难，不具备增加楼梯间条件时，可采取设置防火隔间等合理的补偿措施，参见《北京市既有建筑改造工程消防设计指南》第3.4.2条条文规定。 2. 依据《办公建筑设计标准》条文5.0.3条要求，办公部分与商场、餐厅、营业厅和娱乐设施等功能区，不能同层共用楼梯间安全出口；依据《商店建筑设计规范》条文第5.1.4条要求，商业营业厅不可与非附属（酒店、办公、宿舍、住宅等）其他功能区共用楼梯间，同层或不同层共用疏散楼梯间均不符合规定。和《办公建筑设计标准》相比，《商店建筑设计规范》发布时间早，条文规定较严格，但仍在有效期。在规范标准执行原则上，这两本不同类型的专项规范不具备新旧替代机制，现行规范中的强制性规定需同时满足。同时涉及商业、办公两种功能的新建建筑工程，应按较严的现行标准执行。改造项目确有困难时，宜咨询主管部门，并采取合理可行的消防设计性能补偿措施。

问题描述

问题 6　《建规》条文第 5.4.10 条第 3 款的内容在公共建筑组合建造中是否适用的问题

1. 某高层商业综合楼，仅首层和二层设有商业营业厅，其商业部分的使用人数疏散计算可否按自身功能建筑高度，执行《建规》条文第 5.5.21 条 0.65m/ 百人疏散指标的规定？

2. 两种主要公共建筑功能组合建造时，哪些规范条文需要按整体的建筑高度和规模执行？

相关标准

《建筑设计防火规范》

5.4.10　除商业服务网点外，住宅建筑与其他使用功能的建筑合建时，应符合下列规定：

1　住宅部分与非住宅部分之间，应采用耐火极限不低于 2.00h 且无门、窗、洞口的防火隔墙和 1.50h 的不燃性楼板完全分隔；当为高层建筑时，应采用无门、窗、洞口的防火墙和耐火极限不低于 2.00h 的不燃性楼板完全分隔。建筑外墙上、下层开口之间的防火措施应符合本规范第 6.2.5 条的规定。

2　住宅部分与非住宅部分的安全出口和疏散楼梯应分别独立设置；为住宅部分服务的地上车库应设置独立的疏散楼梯或安全出口，地下车库的疏散楼梯应按本规范第 6.4.4 条的规定进行分隔。

3　住宅部分和非住宅部分的安全疏散、防火分区和室内消防设施配置，可根据各自的建筑高度分别按照本规范有关住宅建筑和公共建筑的规定执行；该建筑的其他防火设计应根据建筑的总高度和建筑规模按本规范有关公共建筑的规定执行。

第 5.4.10 条条文说明：非住宅部分的安全疏散楼梯、安全出口和疏散门的布置与设置要求，防火分区划分，室内消火栓系统、自动灭火系统、火灾自动报警系统和防排烟系统等的设置，可以根据非住宅部分的建筑高度，按照本规范有关公共建筑的要求确定。该建筑与邻近建筑的防火间距、消防车道和救援场地的布置、室外消防给水系统设置、室外消防用水量计算、消防电源的负荷等级确定等，需要根据该建筑的总高度和本规范第 5.1.1 条有关建筑的分类要求，按照公共建筑的要求确定。

5.5.21　除……其他公共建筑，其房间疏散门、安全出口、疏散走道和疏散楼梯的各自总净宽度，应符合下列规定：……1～2 层一二级公共建筑百人计算指标为 0.65m/ 百人；4 层及以上为 1.0m/ 百人。

问题解析

1. 原则上应根据整体建筑高度及分类定性执行《建规》等消防设计规范条文的规定。确有困难，办公、商业、酒店等公共建筑组合，当防火分隔和安全出口等疏散设计完全按符合《建规》条文第 5.4.10 条第 1 款、第 2 款规定，设置了无门窗洞口防火墙和独立疏散楼梯时，见图 1，因住宅与商业之间有完全的防火分隔，相互影响较少，低层商业部分的防火分区面积、疏散计算等内容，可按其自身高度参照《建规》条文第 5.4.10 条第 3 款的规定执行。

2.《建规》条文第 5.4.10 条第 3 款规定未提及的消防内容，如涉及耐火等级、建筑构件、防火间距、消防车道、外墙保温材料等建筑整体性质及与外部关系的规范条文，需按较严格的建筑整体的总高度、总规模执行。

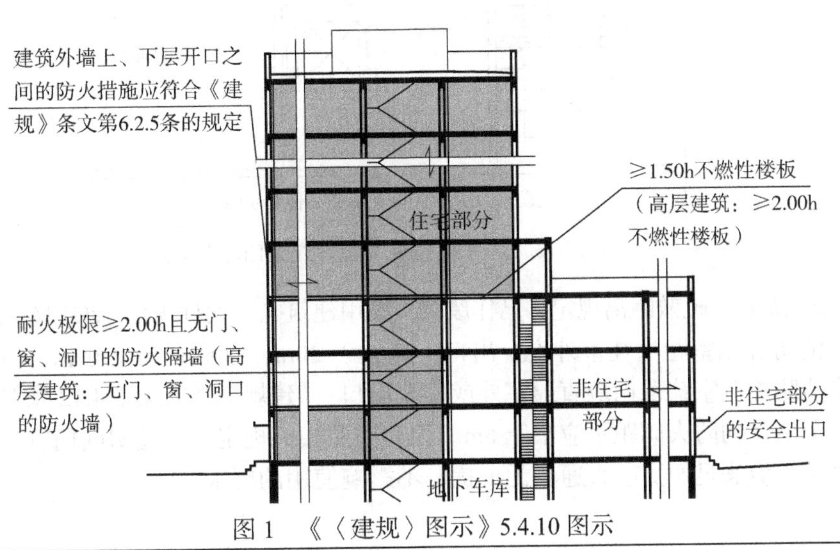

图 1　《〈建规〉图示》5.4.10 图示

问题描述

问题7 消防水泵房、消防控制室、锅炉房等直通安全出口的问题

1. 消防水泵房、消防控制室、锅炉房等均有直通安全出口的要求。该类房间通往楼梯间安全出口的疏散走道比较长，需经过其他房间门口才能达到楼梯间，这样可算作直通安全出口吗？

2. 对上述房间门至楼梯间安全出口的疏散通道有无距离要求？

相关标准

《建筑设计防火规范》

5.4.12 燃油或燃气锅炉、油浸变压器、充有可燃油的高压电容器和多油开关等，宜设置在建筑外的专用房间内；确需贴邻民用建筑布置时，应采用防火墙与所贴邻的建筑分隔，且不应贴邻人员密集场所，该专用房间的耐火等级不应低于二级；确需布置在民用建筑内时，不应布置在人员密集场所的上一层、下一层或贴邻，并应符合下列规定：

1 ……。设置在屋顶上的常（负）压燃气锅炉，距离通向屋面的安全出口不应小于6m。

2 锅炉房、变压器室的疏散门均应直通室外或安全出口。

8.1.6 消防水泵房的设置应符合下列规定：

3 疏散门应直通室外或安全出口。

第8.1.6条条文说明："疏散门应直通安全出口"，要求泵房的门通过疏散走道直接连通到进入疏散楼梯（间）或直通室外的门，不需要经过其他空间。

8.1.7 ……。消防控制室的设置应符合下列规定：

4 疏散门应直通室外或安全出口；

问题解析

1. 可以算作直通安全出口。施工图应准确表达该类重要房间的设置位置、分隔与疏散等消防设计内容。消防水泵房、消防控制室应就近直通楼梯间安全出口，其间的疏散走道不宜设置其他房间疏散门，见图1《〈建规〉图示》8.1.6图示3。消防水泵房、消防控制室、锅炉房的房间疏散门，不应穿过其他功能空间或房间（含地下汽车库等）到达安全出口，确有困难时，安全出口应设在能清晰看到并可迅速通过疏散走道到达的楼梯间处（见穗勘设协字〔2019〕14号文第四章第2.5.14.7条要求）。

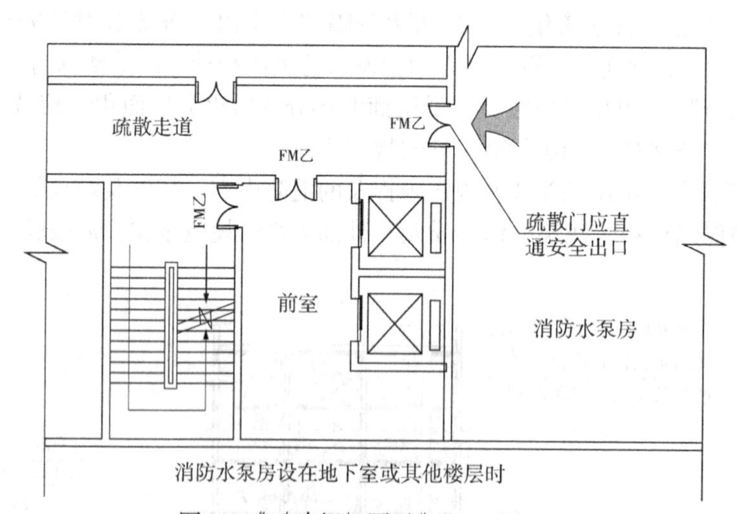

图1 《〈建规〉图示》8.1.6图示3

2.《建规》无具体疏散距离规定。已作废的《民用建筑电气设计规范》JGJ 16—2008条文第13.11.6条第1款规定消防控制室距通往室外安全出口不应大于20m，且应有明显标志。《建规》条文第8.1.7条第4款明确消防控制室疏散门应直通室外或安全出口。《建规》条文第5.4.12条第1款规定屋顶燃气锅炉与屋面安全出口的防火间距不应小于6m。因此参照相关规定，上述房间门宜直通安全出口，确需设置疏散走道时，应满足便捷、直通、无干扰、不影响使用的要求。

问题描述	**问题 8　《建规》条文第 5.5.17 条第 4 款多功能厅的范围** 1. 除观众厅、展览厅、多功能厅、餐厅、营业厅等大空间外，还有哪些功能房间可按《建规》条文第 5.5.17 条第 4 款规定直接向楼梯间开门？ 2. 规模较大的阅览室、实验室、设备用房商业或办公建筑内的健身房是否执行《建规》条文第 5.5.17 条第 4 款的规定？ 3. 民用建筑地下自行车库平面疏散方式可以按《建规》条文第 5.5.17 条第 4 款要求执行吗？ 4. 某高层商业综合体内儿童乐园、儿童服装店、儿童培训等场所，可否按《建规》条文第 5.5.17 条第 4 款规定执行？
相关标准	**《建筑设计防火规范》** 5.5.17　公共建筑的安全疏散距离应符合下列规定： 4　一、二级耐火等级建筑内疏散门或安全出口不少于 2 个的观众厅、展览厅、多功能厅、餐厅、营业厅等，其室内任一点至最近疏散门或安全出口的直线距离不应大于 30m；当疏散门不能直通室外地面或疏散楼梯间时，应采用长度不大于 10m 的疏散走道通至最近的安全出口。当该场所设置自动喷水灭火系统时，室内任一点至最近安全出口的安全疏散距离可分别增加 25%。 第 5.5.17 条条文说明：包括开敞式办公区、会议报告厅、宴会厅、观演建筑的序厅、体育建筑的入场等候与休息厅等，不包括用作舞厅和娱乐场所的多功能厅。 1.0.4　同一建筑内设置多种使用功能场所时，不同使用功能场所之间应进行防火分隔，该建筑及其各功能场所的防火设计应根据本规范的相关规定确定。
问题解析	1. 与该条文“等”字之前所列场所类似的使用功能场所，才可直接向其专用楼梯间开门。本书编者理解观众厅、展览厅、多功能厅、餐厅、营业厅等场所的共性为：空间大、开敞，容易观察到安全出口，使用人数多，需快速疏散人员；疏散楼梯只为上述场所使用，营运使用时间内不存在楼梯间安全出口闭锁的可能性；火灾预防扑救措施和责任清晰。故，通过适当放大室内疏散距离，缩短走道疏散距离，在合理平面布局的同时简化通往楼梯间疏散走道和门的分隔措施，提高此类场所的疏散效率。条文说明增加了开敞式办公区，意思是开敞办公区可采用“30m 大空间＋10m 短走道”的疏散方式。因房间疏散门到达走道后仍应有两个疏散方向，故，不同使用管理单位的开敞办公区不应直接开向非专用疏散楼梯间，否则会因使用时间不同或防盗安全等原因封闭不常用的楼梯间安全出口（不符合《建规》条文第 6.4.2 条第 2 款和第 6.4.3 条第 5 款的规定），应避免依据不足且安全隐患大的平面布局和疏散方式，相关内容见本书第五章第二节问题 5。 2. 空间大、人数多的开架阅览室（不含存书多、人少的书库区）和学校大空间实验室（不含有生化火灾危险品和贵重仪器的储存间）、商业或办公建筑内健身房、体操房、训练厅、游泳池（不含货品库区、器械存储区）等，当不涉及歌舞娱乐功能，且使用场景和安全疏散条件与《建规》条文第 5.5.17 条第 4 款要求类似时，可参照该条“多功能厅”的规定执行。 3. 自行车库不在《建规》条文第 5.5.17 条第 4 款规定范围，但未停放摩托车、未设电动车充电设施的自行车库，与多功能厅场所相比，可燃物少、火灾危险性小，且确有大空间布局需求。故设置直通室外专用疏散坡道的自行车库，平面疏散方式可参照《建规》条文第 5.5.17 条第 4 款要求执行。不能满足上述条件，或防火分区内有非附属用房时，应按《建规》条文第 5.5.17 条第 1 款、第 3 款的要求采用疏散通道方式，加强防火分隔措施，减少火灾发生和蔓延的风险。 4. 商业综合体内儿童乐园、儿童服装等场所，若使用对象为有父母随时监护陪伴的儿童，且使用特征同商业营业厅，营业厅疏散距离等设计可执行《建规》条文第 5.5.17 条第 4 款的规定；宜按《建规》条文第 5.4.4 条要求在儿童活动场所设置独立的楼梯安全出口。教育类儿童培训场所，通常无监护人在场，且通常为小教室加疏散走道平面布局，不宜采用大空间疏散方式；并应采用 2.0h 防火隔墙与有大量可燃物的营业厅分隔，设置专用疏散走道直通独立的疏散楼梯间。

问题描述

问题9 老年人照料设施设在地下一层的设置限制

1. 如图1所示，老年人照料设施的老年人公共活动及康复医疗用房设置在标高为 −6.0m 的地下室，其上有 2.4m 高的设备夹层，是否违反《建规》第 5.4.4B 条"应设置在地下一层"的规定？

2. 地面标高为 −8.0m 的通高地下电影院，与商店地下二层地面标高相同，地下电影可否当作地下一层？

3. 埋深 −9.9m、自身为地下二层的消防水泵房，与相邻地下三层汽车库防火分区的地面标高相同，可否视为设在地下二层？

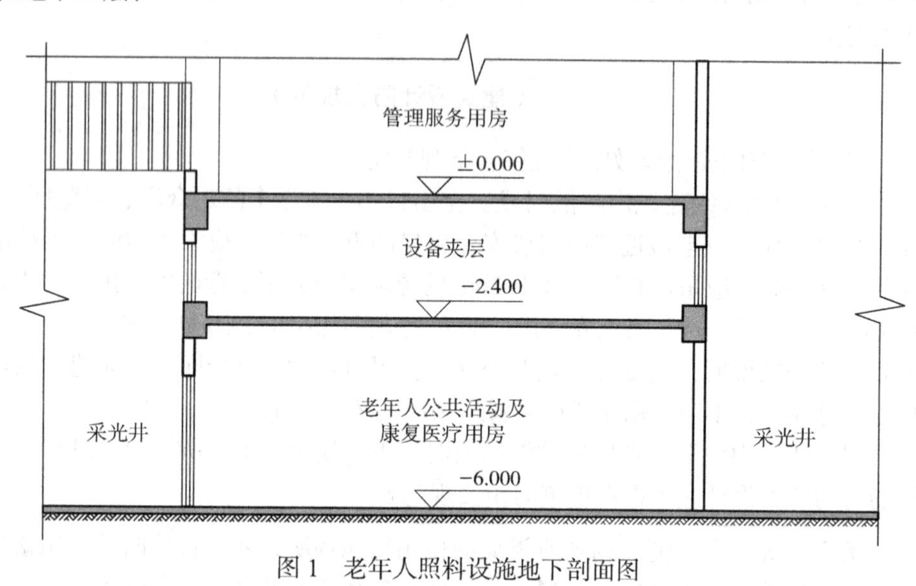

图1 老年人照料设施地下剖面图

相关标准

《建筑设计防火规范》

5.4.4B 当老年人照料设施中的老年人公共活动用房、康复与医疗用房设置在地下、半地下时，应设置在地下一层，每间用房的建筑面积不应大于 200m² 且使用人数不应大于 30 人。

第 5.4.4B 条条文说明：本条老年人照料设施中的老年人公共活动用房指用于老年人集中休闲、娱乐、健身等用途的房间，如公共休息室、阅览或网络室、棋牌室、书画室、健身房、教室、公共餐厅等，老年人生活用房指用于老年人起居、住宿、洗漱等用途的房间，康复与医疗用房指用于老年人诊疗与护理、康复治疗等用途的房间或场所。

A.0.2 建筑层数应按建筑的自然层数计算，下列空间可不计入建筑层数：

1 室内顶板面高出室外设计地面的高度不大于 1.5m 的地下或半地下室；

2 设置在建筑底部且室内高度不大于 2.2m 的自行车库、储藏室、敞开空间；

3 建筑屋顶上突出的局部设备用房、出屋面的楼梯间等。

5.4.10 除商业服务网点外，住宅建筑与其他使用功能的建筑合建时，应符合下列规定：

1 住宅部分与非住宅部分之间，应采用耐火极限不低于 2.00h 且无门、窗、洞口的防火隔墙和 1.50h 的不燃性楼板完全分隔；当为高层建筑时，应采用无门、窗、洞口的防火墙和耐火极限不低于 2.00h 的不燃性楼板完全分隔。建筑外墙上、下层开口之间的防火措施应符合本规范第 6.2.5 条的规定。

2 住宅部分与非住宅部分的安全出口和疏散楼梯应分别独立设置；为住宅部分服务的地上车库应设置独立的疏散楼梯或安全出口，地下车库的疏散楼梯应按本规范第 6.4.4 条的规定进行分隔。

3 住宅部分和非住宅部分的安全疏散、防火分区和室内消防设施配置，可根据各自的建筑高度分别按照本规范有关住宅建筑和公共建筑的规定执行；该建筑的其他防火设计应根据建筑的总高度和建筑规模按本规范有关公共建筑的规定执行。

问题解析	1. 按《建规》附录 A.0.2 等规定，除屋顶局部功能区外，层高大于 2.2m 的使用功能自然层应计入层数。图 1 设备层高为 2.4m，按规定应计入层数，老年人活动用房所在楼层应算作地下二层。但该项目老年人活动用房所在楼层，与其上的局部设备夹层未共用疏散楼梯，其上层高 2.4m（宜不大于 2.2m）的设备夹层为无人值守设备夹层空间，与地下老人活动用房采用无门窗防火墙分隔；且地下老人活动用房两侧设下沉庭院，有独立的室外疏散梯直通消防车道所在首层地坪，因此，防火分隔和安全疏散措施较安全，可视为设在地下一层，不违反强制性条文。 2. 根据功能区之间的布局及防火分隔措施确定。不共用疏散楼梯间的独立防火分区（或区域）之间采用无门窗洞口防火墙分隔时，可按照《建规》条文第 5.4.10 条规定视为不同建筑功能的组合建造，其防火分区、安全疏散等设计可按自身功能规模和高度执行。故，当影院区上部不设设备夹层以外的使用功能时，该影院部分可视为地下一层。因管理或使用需要，防火区域之间确需连通时，可参照《建规》条文第 5.3.5 条要求设防火隔间等防火分隔方式，不得采用防火卷帘分隔。 3. 措施、原理同上，消防水泵房与地下三层汽车库区不共用楼电梯及进排风口，采用无门窗洞口防火墙或防火隔间等划分为独立防火分区域时，可按地下二层考虑。

问题描述

问题1 住宅建筑防火分区与防火分隔

1. 住宅建筑是否需要划分防火分区？单元式住宅在什么情况下需要划分防火分区？

2. 防火分区之间住户外墙上的防火分隔措施是什么？

3. 如图1所示，两个单元的高层住宅，相邻单元住户相对外墙上外窗间距不足6m，不满足图1《〈建规〉图示》要求，涉嫌违反《建规》哪条规定？

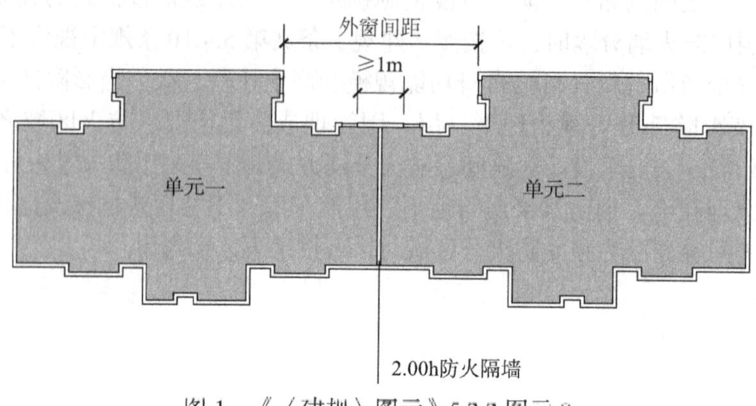

图1 《〈建规〉图示》5.2.2图示9

相关标准

《建筑设计防火规范》

第5.3.1条条文说明：对于住宅建筑，一般每个住宅单元每层的建筑面积不大于一个防火分区的允许建筑面积，当超过时，仍需要按照本规范要求划分防火分区。塔式和通廊式住宅建筑，当每层的建筑面积大于一个防火分区的允许建筑面积时，也需要按照本规范要求划分防火分区。

第5.2.2条条文说明：对于回字形、U型、L型建筑等，两个不同防火分区的相对外墙之间也要有一定的间距，一般不小于6m，以防止火灾蔓延到不同分区内。

6.1.4 建筑内的防火墙不宜设置在转角处，确需设置时，内转角两侧墙上的门、窗、洞口之间最近边缘的水平距离不应小于4.0m；采取设置乙级防火窗等防止火灾水平蔓延的措施时，该距离不限。

6.2.4 建筑内的防火隔墙应从楼地面基层隔断至梁、楼板或屋面板的底面基层。住宅分户墙和单元之间的墙应隔断至梁、楼板或屋面板的底面基层，屋面板的耐火极限不应低于0.50h。

第6.2.4条条文说明：要求单元之间的墙应无门窗洞口，从而把火灾限制在着火的一户内或一个单元之内。

公津建字〔2016〕19号
《关于规范第5.2.2条问题的复函》

有以下规定：

“当一座住宅建筑由多个住宅单元组成时，不同住宅单元相对外墙之间也要有一定的间距，一般不应小于6m，并应符合本规范第6.2.5条的规定。”

问题解析

1. 住宅建筑需划分防火分区。塔式和通廊式住宅每层建筑面积大于一个防火分区规定时，应按《建规》条文第5.3.1条要求划分防火分区。单元式住宅通常每个单元为一个防火分区，因此规范未要求必须按层划分防火分区，当住宅建筑体量或层建筑面积过大，且单元间防火间距过小（相对外窗间距不大于6m）时，需考虑合理划分防火分区、设置合理的防火分隔措施。

2. 塔式和通廊式住宅防火分区间住户外墙外窗的防火分隔措施应满足《建规》条文第5.2.2条、第6.1.3条、第6.1.4条6m、2m、4m的要求。防火分区内相邻住户间外墙外窗的防火分隔措施，见《建规》条文第6.2.5条的规定。单元式住宅可参照上述规定采取合理的分隔措施。

问题解析	3. 未见规范有直接的条文规定，但有涉嫌违反《建规》条文第 5.2.2 条注 6 规定的可能性。通常单元式住宅防火分隔措施会竖向设置，住宅单元间应为无门窗洞口防火隔墙，户间外窗间距必须符合《建规》条文第 6.2.5 条规定。对单元之间是否必须按每单元一个防火分区执行《建规》条文第 5.2.2 条注 6 的规定，尚有争议。因此，单元间相对外墙外窗的防火措施宜按图 1《〈建规〉图示》的要求执行。确有困难时，可参照《建规》条文第 6.3.7 条等规定，采取合理可行的防止火灾蔓延的措施。

问题描述

问题 2　《建规》条文第 5.3.4 条营业厅防火分区可包含的功能

1. 商业建筑营业厅内设有餐饮店铺时，可否按《建规》条文第 5.3.4 条规定划分防火分区面积？

2. 按《建规》条文第 5.3.4 条规定“营业厅防火分区最大允许面积”设置时，营业厅内可包含哪些商业功能？

3. 执行《建规》条文第 5.3.4 条放大防火分区最大允许面积时，营业厅内可否有 B_2 级装修材料？

相关标准

《建筑设计防火规范》

5.3.4　一、二级耐火等级建筑内的商店营业厅、展览厅，当设置自动灭火系统和火灾自动报警系统并采用不燃或难燃装修材料时，其每个防火分区的最大允许建筑面积应符合下列规定：

1　设置在高层建筑内时，不应大于 4000m²；

2　设置在单层建筑或仅设置在多层建筑的首层内时，不应大于 10000m²；

3　设置在地下或半地下时，不应大于 2000m²。

第 5.3.4 条条文说明：当营业厅内设置餐饮场所时，防火分区的建筑面积需要按照民用建筑的其他功能的防火分区要求划分，并要与其他商业营业厅进行防火分隔。本条规定了允许营业厅、展览厅防火分区可以扩大的条件，即设置自动灭火系统、火灾自动报警系统，采用不燃或难燃装修材料。该条与本规范第 8 章规定和国家标准《建筑内部装修设计防火规范》GB 50222 有关降低装修材料燃烧性能的要求无关，即当按本条要求进行设计时，……装修材料要求采用不燃或难燃材料，且不能低于 GB 50222 的要求，而且不能再按照该规范的规定降低材料的燃烧性能。

《建筑内部装修设计防火规范》相关规定。

问题解析

1. 见《建规》第 5.3.4 条条文说明的内容。当商业营业厅内有（涉及燃气或高温明火）厨房操作间及饮食店铺，密闭使用的影厅、培训教室、卡拉 OK 放映厅、美容院、按摩休息间，应将它们视为多功能综合空间，不应执行《建规》条文第 5.3.4 条营业厅等防火分区最大允许面积的规定，防火分区面积应符合《建规》条文第 5.3.1 条的规定。

2. 开敞营业厅通常可包含零散设置的投币游戏机，无高温明火的茶饮店、面包店、甜品店、果汁店等饮品副食售卖，无需关门使用的美容美发、中医门诊、体育器材体验式专卖等店铺。该类店铺与营业厅空间相通，营业时间一致，店铺内任意一点至楼梯间安全出口的疏散距离符合《建规》条文第 5.5.17 条文第 4 款的规定，因此，可按《建规》条文第 5.3.4 条要求划分营业厅防火分区面积。

3. 不可以有 B_2 级装修材料。图 1《内装规》表 5.2.1 续表局部允许营业厅内固定家具、装饰织物、其他装修装饰材料等可以采用 B_2 级装修材料，前提是防火分区面积应符合《建规》条文第 5.3.1 条的规定。《建规》第 5.3.4 条条文说明已明确，按该条放大营业厅、展览厅防火分区最大允许面积时，营业厅、展厅防火分区内的所有各类装饰装修材料均应为不燃或难燃材料。因此，营业厅内各部位装修材料的燃烧性能应不低于 B_1 级。

4	商店的营业厅	每层建筑面积＞1500m² 或总建筑面积＞3000m²	A	B_1	B_1	B_1	B_1	B_1	B_1	—	B_2	B_1
		每层建筑面积≤ 1500m² 或总建筑面积≤ 3000m²	A	B_1	B_1	B_1	B_1	B_1	B_2	—	B_2	B_2

图 1　《内装规》表 5.2.1 续表局部

问题描述

问题 3 商业综合体内的餐饮功能

1. 商业建筑内的餐饮疏散计算执行什么标准?《建规》第 5.3.4 条条文说明和《饮食建筑设计规范》第 4.1.3 条规定矛盾吗?

2. 燃气厨房是否可设置在地下商业建筑内?

相关标准

《建筑设计防火规范》

5.3.4 一、二级耐火等级建筑内的商店营业厅、展览厅，当设置自动灭火系统和火灾自动报警系统并采用不燃或难燃装修材料时，其每个防火分区的最大允许建筑面积应符合下列规定：……。

第 5.3.4 条条文说明：当营业厅内设置餐饮场所时，防火分区的建筑面积需要按照民用建筑的其他功能的防火分区要求划分，并要与其他商业营业厅进行防火分隔。

5.4.16 高层民用建筑内使用可燃气体燃料时，应采用管道供气。使用可燃气体的房间或部位宜靠外墙设置，并应符合现行国家标准《城镇燃气设计规范》GB 50028 的规定。

《饮食建筑设计规范》

第 4.1.3 条条文说明：由于附建在商业建筑中的饮食建筑所在位置、面积、业态等随着商业经营策略调整经常变更，在保证人民生命财产安全前提下，综合考虑商业经营的实际需求，防火分区划分和安全疏散人数计算按照《建筑设计防火规范》中商业建筑的相关规定执行。

《城镇燃气设计规范》

10.2.21 地下室、半地下室、设备层和地上密闭房间敷设燃气管道时，应符合下列要求：

2 【本条自 2022 年 1 月 1 日起废止】应有良好的通风设施，房间换气次数不得小于 3 次 /h；并应有独立的事故机械通风设施，其换气次数不应小于 6 次 /h。

4 【本条自 2022 年 1 月 1 日起废止】应采用非燃烧体实体墙与电话间、变配电室、修理间、储藏室、卧室、休息室隔开。

10.5.3 商业用气设备设置在地下室、半地下室（液化石油气除外）或地上密闭房间内时，应符合下列要求：

3 【本条自 2022 年 1 月 1 日起废止】用气房间应设置燃气浓度检测报警器，并由管理室集中监视和控制；

《燃气工程项目规范》

2.2.7 设置燃气设备、管道和燃具的场所不应存在燃气泄漏后聚集的条件。燃气相对密度大于等于 0.75 的燃气管道、调压装置和燃具不得设置在地下室、半地下室、地下箱体、地下综合管廊及其他地下空间内。

5.3.3 用户燃气管道及附件应结合建筑物的结构合理布置，并应设置在便于安装、检修的位置，不得设置在下列场所：

1 卧室、客房等人员居住和休息的房间；

2 建筑内的避难场所、电梯井和电梯前室、封闭楼梯间、防烟楼梯间及其前室；

3 空调机房、通风机房、计算机房和变、配电室等设备房间；

4 易燃或易爆品的仓库、有腐蚀性介质等场所；

5 电线（缆）、供暖和污水等沟槽及烟道、进风道和垃圾道等地方。

5.3.7 燃气相对密度小于 0.75 的用户燃气管道当敷设在地下室、半地下室或通风不良场所时，应设置燃气泄漏报警装置和事故通风设施。

相关标准	5.3.8　用户燃气管道穿过建筑物外墙或基础的部位应采取防沉降措施。高层建筑敷设燃气管道应有管道支撑和管道变形补偿的措施。 5.3.9　当用户燃气管道架空或沿建筑外墙敷设时，应采取防止外力损害的措施。 5.3.10　用户燃气管道与燃具的连接应牢固、严密。 5.3.13　用户燃气管道的安装不得损坏建筑的承重结构及降低建筑结构的耐火性能或承载力。 **应急消〔2019〕314号** **“关于印发《大型商业综合体消防安全管理规则（试行）》的通知”** 有以下规定 第三十四条：（5万平米以上）大型商业综合体内餐饮场所的管理应当符合下列要求： 2. 餐饮场所严禁使用液化石油气及甲、乙类液体燃料； 3. 餐饮场所使用天然气作燃料时，应当采用管道供气。设置在地下且建筑面积大于150平方米或座位数大于75座的餐饮场所不得使用燃气； 4. 不得在餐饮场所的用餐区域使用明火加工食品，开放式食品加工区应当采用电加热设施； 5. 厨房区域应当靠外墙布置，并应采用耐火极限不低于2小时的隔墙与其他部位分隔； 6. 厨房内应当设置可燃气体探测报警装置，并能够将报警信号反馈至消防控制室；
问题解析	1.《建规》第5.3.4条条文说明和《饮食建筑设计规范》条文第4.1.3条的规定是一致的。与食堂、酒楼等独立饮食建筑设计依据不同，有餐饮的商业综合体，建筑性质仍为商业，除有具体条文规定外，应执行商业建筑设计的相关规定。如，楼梯间设置形式应按《建规》条文第5.5.13条商业建筑设计的规定执行；有餐饮的商业营业厅防火分区最大允许面积需按《建规》第5.3.4条条文说明“按照《建规》第5.3.1条其他功能的规定”执行。 2. 燃气相对密度大的使用场所，不得设置在地下空间内。《建规》对燃气厨房设置在地下商业建筑内没有明确的禁止。公安部和应急管理部有多项政策文件规定如何控制大型商业建筑燃气火灾风险，民用建筑工程若涉及上述内容，应执政策文件的规定；同时，也应执行《建规》条文第5.4.16条及《城镇燃气设计规范》《燃气工程项目规范》等相关规定：在靠外墙、有良好的通风设施、采用可靠防火分隔措施的专用房间内，设置燃气泄漏报警装置和事故通风设施等措施。

问题描述

问题4　商业营业厅的附属仓库

1. 存有白酒的商业营业厅和附属仓库，其火灾危险性应按什么类仓库考虑？附属库房是否需要单独划分防火分区？

2. 对商业营业厅防火分区内的附属仓库有无面积限制？其使用或疏散人数如何计算？

相关标准

《建筑设计防火规范》

5.4.2　除为满足民用建筑使用功能所设置的附属库房外。民用建筑内不应设置生产车间和其他库房。

经营、存放和使用甲、乙类火灾危险性物品的商店、作坊和储藏间，严禁附设在民用建筑内。

3.1.2　同一座厂房或厂房的任一防火分区内有不同火灾危险性生产时，厂房或防火分区内的生产火灾危险性类别应按火灾危险性较大的部分确定；当生产过程中使用或产生易燃、可燃物的量较少，不足以构成爆炸或火灾危险时，可按实际情况确定；当符合下述条件之一时，可按火灾危险性较小的部分确定：

1　火灾危险性较大的生产部分占本层或本防火分区建筑面积的比例小于5%或丁、戊类厂房内的油漆工段小于10%，且发生火灾事故时不足以蔓延至其他部位或火灾危险性较大的生产部分采取了有效的防火措施；

6.2.3　建筑内的下列部位应采用耐火极限不低于2.00h的防火隔墙与其他部位分隔，墙上的门、窗应采用乙级防火门、窗，确有困难时，可采用防火卷帘，但应符合本规范第6.5.3条的规定：

4　民用建筑内的附属库房，剧场后台的辅助用房；

第5.5.21条条文说明：对于进行了严格的防火分隔，并且疏散时无需进入营业厅内的仓储、设备房、工具间、办公室等，可不计入营业厅的建筑面积。

问题解析

1. 商业包装、单瓶容量可控的白酒，火灾危险性可按丙类物品考虑，见本书第二章第二节问题5。存放商品白酒的库房的火灾危险性，与丙类仓库基本类似。因民用商业建筑内该类商品容量有限，营业厅防火分区面积划分要求接近丙类厂房，故营业厅内小面积的附属库房不需单独划分防火分区，其防火分区面积应执行《建规》条文第6.2.3条第4款规定。商业建筑内面积大的库房，其防火分区面积宜按照《建规》条文第3.1.2条、第3.3.2条规定执行。

2.《建规》没有明确规定。宜参照《建规》条文第3.1.2条第1款规定，商业营业厅防火分区内的附属仓库面积应不大于所在商业营业厅防火分区面积的5%～10%。《天津市城市综合体建筑设计防火标准》第2.0.4条规定“不应大于其店铺面积的10%，且每个库房面积不应大于200m^2”；咨询当地主管部门意见，获得许可后，方可参照执行。《建规》第5.5.21条条文说明及如图1所示，有防火分隔措施且火灾疏散时无需通过营业厅的仓储办公部分，可不按营业厅面积指标计算疏散人数，可按实际最大使用人数计算该部分疏散宽度（宜在平面图中注明）。

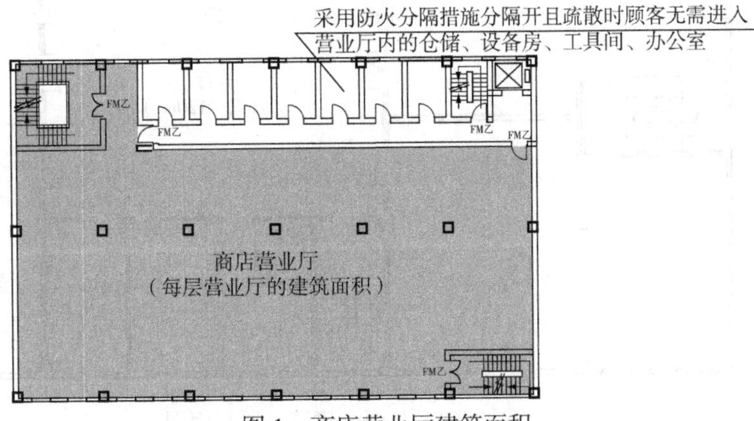

图1　商店营业厅建筑面积

问题描述

问题5 公共疏散走道区设置楼梯的问题

1.某办公建筑地下一层设置了十多个面积不超过1000m²的具有办公功能的防火分区，如图1所示，每个防火分区设有1部直通首层室外的疏散楼梯。另一安全出口直接进入相邻防火分区的封闭楼梯间，该设计是否符合规定？

2.见图2，某商业建筑的二层设置了多个商业餐饮店，每个餐饮店内有1个安全出口通向疏散楼梯间，另一安全出口在前厅通向封闭楼梯间，这样设置是否符合规定？

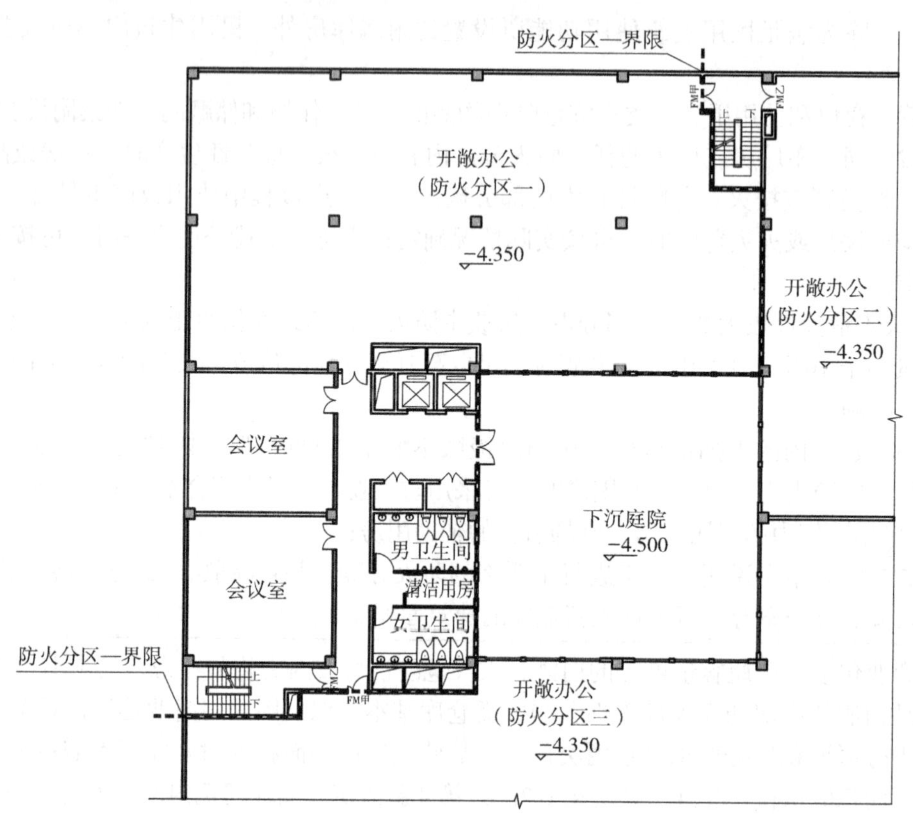

图1 地下开敞办公平面局部图

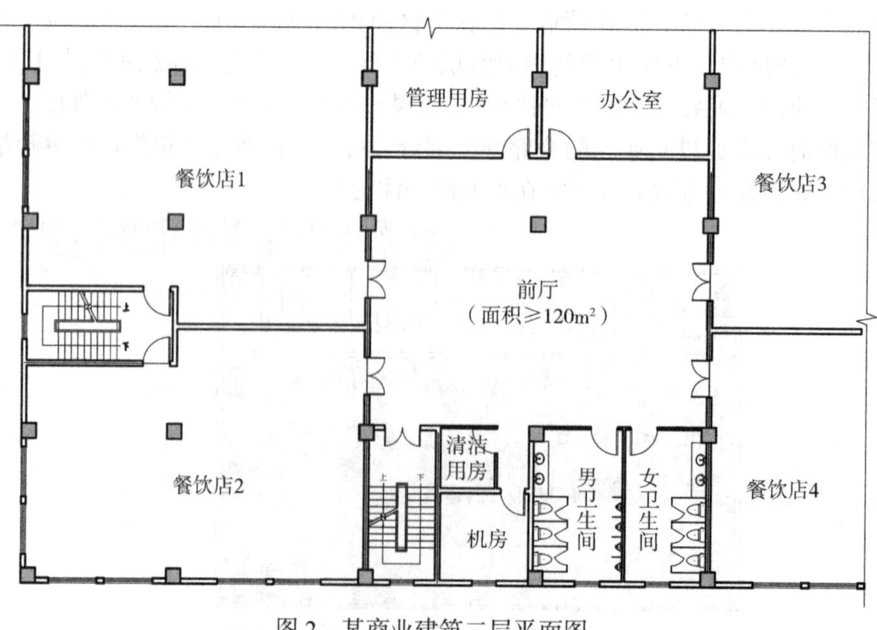

图2 某商业建筑二层平面图

<table>
<tr>
<td>问题描述</td>
<td>

3. 见图 3，在一类高层办公楼内仅有两处疏散楼梯间，需穿越开敞办公区功能区疏散，是否符合规定？如何理解《建规》第 5.5.17 条第 4 款条文说明“含开敞式办公区”？

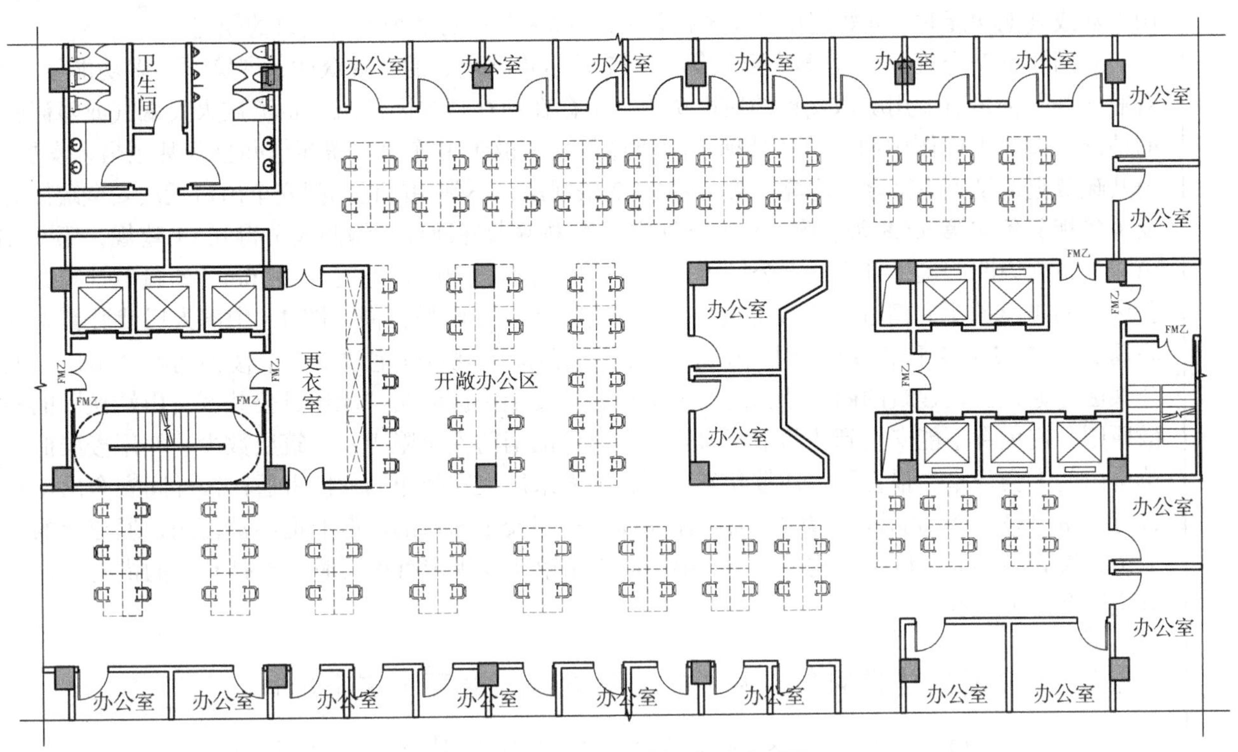

图 3　一类高层办公标准层平面图

</td>
</tr>
<tr>
<td>相关标准</td>
<td>

《建筑设计防火规范》

5.5.8　公共建筑内每个防火分区或一个防火分区的每个楼层，其安全出口的数量应经计算确定，且不应少于 2 个。设置 1 个安全出口或 1 部疏散楼梯的公共建筑应符合下列条件之一：

5.5.17　公共建筑的安全疏散距离应符合下列规定：

1　直通疏散走道的房间疏散门至最近安全出口的直线距离不应大于表 5.5.17 的规定。

4　一、二级耐火等级建筑内疏散门或安全出口不少于 2 个的观众厅、展览厅、多功能厅、餐厅、营业厅等，其室内任一点至最近疏散门或安全出口的直线距离不应大于 30m；当疏散门不能直通室外地面或疏散楼梯间时，应采用长度不大于 10m 的疏散走道通至最近的安全出口。当该场所设置自动喷水灭火系统时，室内任一点至最近安全出口的安全疏散距离可分别增加 25%。

第 5.5.17 条条文说明：本条中的“观众厅、展览厅、多功能厅、餐厅、营业厅等”场所，包括开敞式办公区、会议报告厅、宴会厅、观演建筑的序厅、体育建筑的入场等候与休息厅等，不包括用作舞厅和娱乐场所的多功能厅。

6.4.11　建筑内的疏散门应符合下列规定：

4　人员密集场所内平时需要控制人员随意出入的疏散门和设置门禁系统的住宅、宿舍、公寓建筑的外门，应保证火灾时不需使用钥匙等任何工具即能从内部易于打开，并应在显著位置设置具有使用提示的标识。

</td>
</tr>
<tr>
<td>问题解析</td>
<td>

1. 不符合规定。《建规》未规定共用楼梯间的设置做法，确有需要借用相邻防火分区安全出口疏散时，不应影响被借用防火分区的疏散安全。在图 1 右上位置，借用相邻防火分区楼梯间疏散时，应有前室或疏散走道，有可燃物的功能区不应直接向相邻防火分区疏散楼梯间开门，涉嫌违反《建规》条文第 6.4.2 条第 2 款的规定。在图 1 左下位置，会议室、卫生间、电梯厅、走道等共用区建筑面积大于 $50m^2$，使用人数大于 15 人，只有一个楼梯间安全出口，不符合《建规》条文第 5.5.5 条规定。

</td>
</tr>
</table>

问题解析	2. 注意商业店铺之间公共区的建筑面积、功能及最大使用人数应符合规定，该区的各功能空间实际管理方式应一致。图 2 公共区（包含前厅、机房、管理用房、办公室）面积大于 200m^2、有较多使用人数或其他功能时，涉嫌违反《建规》条文第 5.5.8 条应有 2 个安全出口的规定。 3. 图 3 不符合规定。《建规》条文第 5.5.17 条第 4 款规定的“观众厅、展览厅、多功能厅、餐厅、营业厅等”都是有专用疏散楼梯的使用功能，不存在通往楼梯间的疏散走道被火灾烟气或障碍物阻挡的情况。图 3 平面图中两部疏散楼梯不能通过公共疏散走道连通，需穿越办公区甚至男、女更衣室，公共疏散走道设置不符合《建规》条文第 5.1.2 条规定；不常用的楼梯间安全出口无法安全疏散时，违反《建规》条文第 5.5.8 条、第 5.5.15 条规定。本书编者咨询规范编制人员得知，《建规》第 5.5.17 条第 4 款条文说明明确了开敞式办公区可采用“房间内不超 30m，走道不超 10m”的疏散计算方式，办公区开向走道的房间门进入疏散走道后，仍应有 2 个安全疏散方向。图 4（中国人民武装警察部队消防局 2018 年 7 月 2 日答辽公消【2018】45 号意见截图）规定住宅建筑 2 个楼梯间安全出口应能通过公共区连通，公共建筑的两个楼梯间安全出口，原则上更应满足“能通过公共区自由转换”的安全疏散原则，避免有不能安全到达两个楼梯间安全出口的消防安全隐患。建筑层数少、使用楼层低的同一单位内的大会议室、报告厅、开敞办公区等，确需采用大空间布局，使得通往楼梯间安全出口必须穿过有大量可燃物的功能区疏散时，需确保连通楼梯间安全出口的疏散通道不被占用，通道上的门不得上锁，设置门禁时，应按《建规》条文第 6.4.11 条第 4 款规定有火灾时易于打开门的措施，在门的显著位置有使用提示。 分隔的楼梯间作为两个安全出口时，这两个安全出口在同一楼层上应能通过公共区自由转换；对于住宅建筑，不应通过住宅的套内空间进行转换。 图 4　中国人民武装警察部队消防局 2018 年 7 月 2 日答辽公消【2018】45 号意见截图

问题描述

问题 6　疏散走道、外廊的疏散距离计算

1. 见图 1，疏散门至敞开式外廊、敞开楼梯间的疏散距离计算原则是什么？

2. 图 2 表示了内走廊的平面布局，如何理解和计算它的疏散距离？

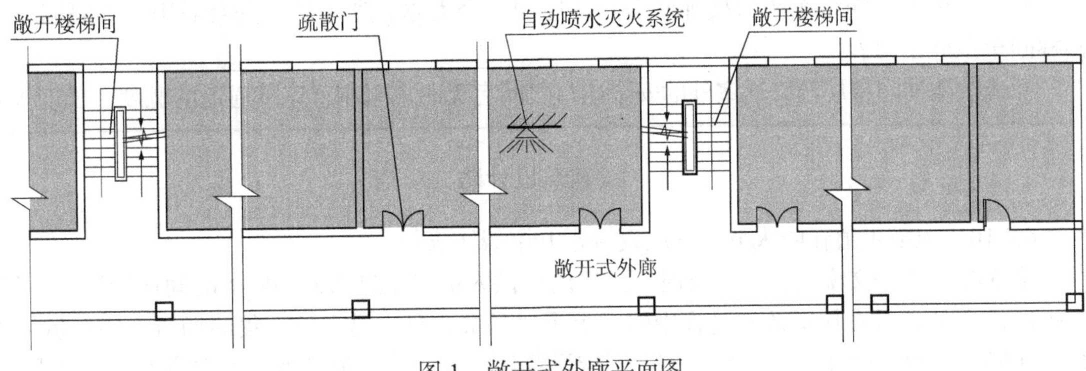

图 1　敞开式外廊平面图

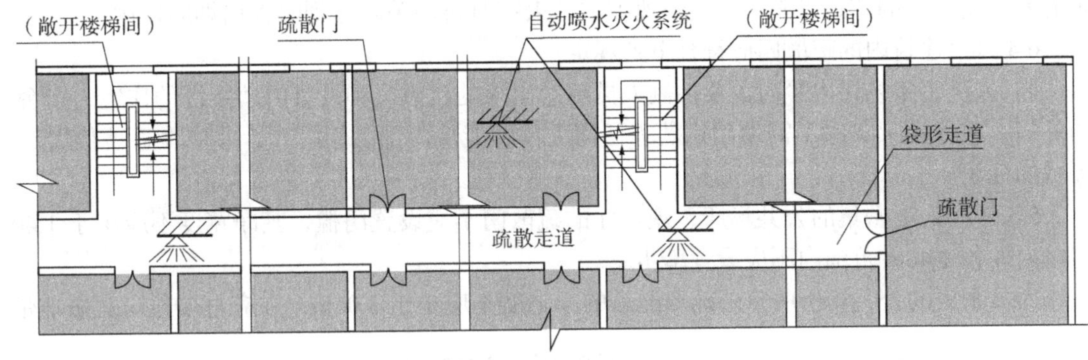

图 2　内走廊平面图

相关标准

《建筑设计防火规范》

5.5.17　公共建筑的安全疏散距离应符合下列规定：……。

注：1　建筑内开向敞开式外廊的房间疏散门至最近安全出口的直线距离可按本表的规定增加 5m。

2　直通疏散走道的房间疏散门至最近敞开楼梯间的直线距离，当房间位于两个楼梯间之间时，应按本表的规定减少 5m；当房间位于袋形走道两侧或尽端时，应按本表的规定减少 2m。

3　建筑物内全部设置自动喷水灭火系统时，其安全疏散距离可按本表的规定增加 25%。

第 5.5.17 条条文说明：本表的注是针对各种情况对表中规定值的调整，对于一座全部设置自动喷水灭火系统的建筑，且符合注 1 或注 2 的要求时，其疏散距离是按照注 3 的规定增加后，再进行增减。如一设有敞开式外廊的多层办公楼，当未设置自动喷水灭火系统时，其位于两个安全出口之间的房间疏散门至最近安全出口的疏散距离为 40＋5＝45（m）；当设有自动喷水灭火系统时，该疏散距离可为 40×（1＋25%）＋5＝55（m）。

问题解析

1. 应按先乘除后加减的计算原则。在图 1 中，疏散门到敞开式外廊、敞开楼梯间的直线距离不应大于 20m×1.25（有自动喷水灭火系统）＋5m（敞开式外廊）－2m（敞开楼梯间）＝28m。在《〈建规〉图示》5.5.17 图示 3 附注中的计算没有减 2m，可理解为该外廊已能防止敞开楼梯间进烟。

2. 在图 2 中，内廊的疏散距离不应大于 22m×1.25（有自动喷水灭火系统）－2m（敞开楼梯间）＝25.5m。两个安全出口之间的房间疏散门至最近敞开楼梯间的直线距离不应大于 40m×1.25（有自动喷水灭火系统）－5m（敞开楼梯间）＝45m。

<table>
<tr><th colspan="2">第五章　民用建筑</th><th>第二节　防火分区、安全疏散</th></tr>
<tr><td>问题描述</td><td colspan="2">问题 7　疏散走道及首层门厅的疏散设计
1. 建筑内的疏散走道上可否设置门、卷帘或门禁？疏散走道（含首层门厅）区域内可否设置前台、茶水、咖啡座等休闲、等候、展示空间？
2. 高层公共建筑多个疏散楼梯间需经首层同一个大堂直通室外，是否需用防火隔墙分隔每个疏散楼梯间至室外出口？
3. 疏散楼梯间首层至直通室外的安全出口之间有无距离限制？室外通道的宽度、长度等有无限制？</td></tr>
<tr><td>相关标准</td><td colspan="2">《建筑设计防火规范》
6.4.10　疏散走道在防火分区处应设置常开甲级防火门。
第 6.4.10 条条文说明：在火灾时，建筑内可供人员安全进入楼梯间的时间比较短，一般为几分钟。而疏散走道是人员在楼层疏散过程中的一个重要环节，且也是人员汇集的场所，要尽量使人员的疏散行动通畅不受阻。因此，在疏散走道上不应设置卷帘、门等其他设施，但在防火分区处设置的防火门，则需要采用常开的方式以满足人员快速疏散、火灾时自动关闭起到阻火挡烟的作用。
6.4.11　建筑内的疏散门应符合下列规定：
4　人员密集场所内平时需要控制人员随意出入的疏散门和设置门禁系统的住宅、宿舍、公寓建筑的外门，应保证火灾时不需使用钥匙等任何工具即能从内部易于打开，并应在显著位置设置具有使用提示的标识。
5.5.19　人员密集的公共场所、观众厅的疏散门不应设置门槛，其净宽度不应小于 1.40m，且紧靠门口内外各 1.40m 范围内不应设置踏步。
人员密集的公共场所的室外疏散通道的净宽度不应小于 3.00m，并应直接通向宽敞地带。
公津建字〔2015〕27 号
“关于消防电梯与楼梯间直通室外问题的复函”
有以下规定：
“二、楼梯间……，当受条件限制直通室外的安全出口的行走距离较长时，可采用避难走道通至室外。”
建规字〔2020〕1 号
“关于疏散楼梯首层疏散走道宽度问题的复函”
有以下规定：
“第二条，当地下部分与地上部分的疏散楼梯共用疏散楼梯间并在首层通过同一条疏散走道直通室外时，该疏散走道的净宽度不应小于连通至该走道的地下部分和地上部分的疏散楼梯的总净宽度；”</td></tr>
<tr><td>问题解析</td><td colspan="2">1. 疏散走道（含首层门厅）不应设有大量可燃物的功能空间，不应被家具、卷帘、带锁的门等阻挡。需要设置管理门和门禁时，门的净宽不应影响疏散走道的有效疏散净宽，并明确门禁有火灾断电释放和两侧手动操作打开的功能及使用提示标识。
2. 多个疏散楼梯间共用一个直通室外的扩大前室时，应保证直通室外的共用门厅大堂的外门总宽度不小于楼梯间宽度之和，且外门出口个数不少于 2 个，并朝向不同方向。各疏散路径之间不交叉、最小间距不应小于 5m，至首层外门疏散距离不超 30m。
3. 未设置为扩大楼梯间或前室时，不应超过 15m；有扩大楼梯间或前室时，应不超过 30m，待发布《防火通用规范》及现行《建规》修订稿已有明确。确有困难时可设置避难走道，注意避难走道及外门总净宽应不小于其连通的疏散楼梯总净宽度（见《关于疏散楼梯首层疏散走道宽度问题的复函》）。礼堂、体育、影剧院、教学楼、大中型商场等人员密集的建筑室外走道净宽不应小于 3m。注意凹入建筑物内深度过大的“室外凹廊”，当其不具有合适的自然通风条件时应按室内走廊设计。</td></tr>
</table>

问题描述

问题 8　办公房间的使用人数与疏散计算

1. 某办公建筑内的会议室，面积为 $83m^2$，未注明最大使用人数，两樘疏散门均朝向房间内开启，是否符合规定？

2. 办公建筑标准层的疏散人数和安全出口疏散宽度如何合理确定？

3. 见图 1、图 2，房间疏散门开向相邻防火分区，是否符合规定？

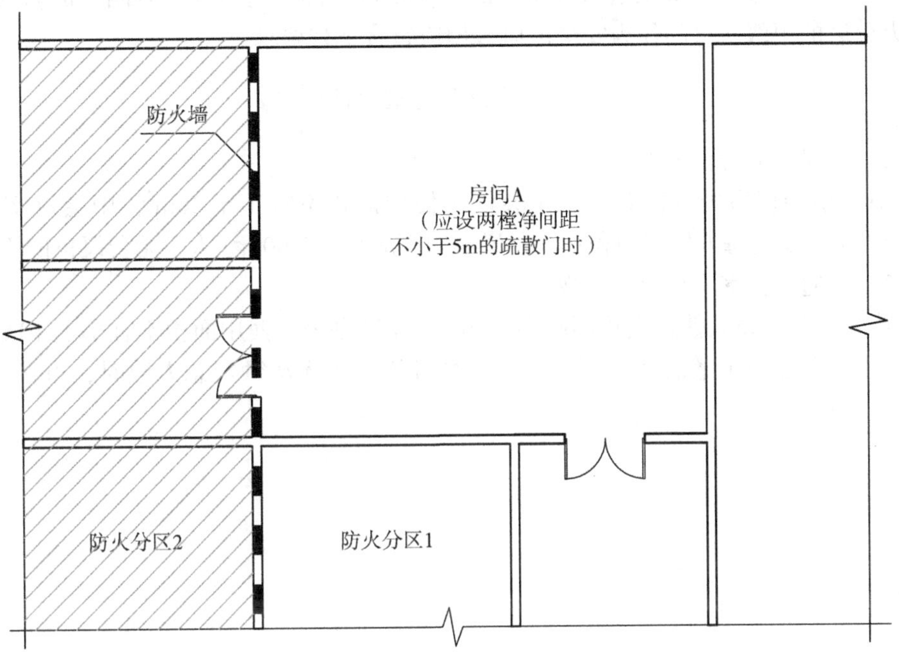

图 1　房间 A 疏散门跨防火分区

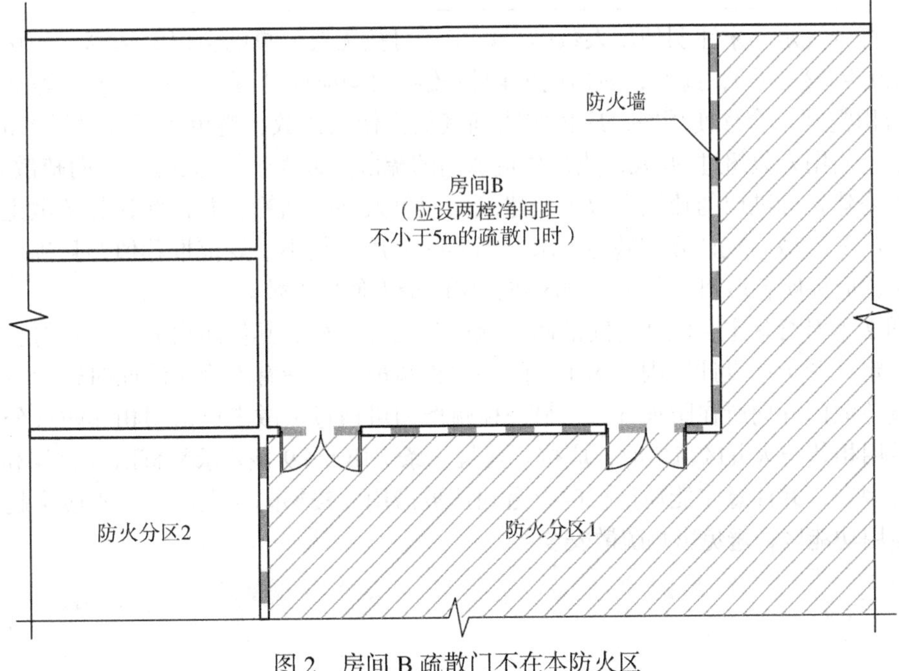

图 2　房间 B 疏散门不在本防火区

相关标准	**《建筑设计防火规范》** 6.4.11　建筑内的疏散门应符合下列规定： 1　民用建筑和厂房的疏散门，应采用向疏散方向开启的平开门，不应采用推拉门、卷帘门、吊门、转门和折叠门。除甲、乙类生产车间外，人数不超过 60 人且每樘门的平均疏散人数不超过 30 人的房间，其疏散门的开启方向不限。 5.5.9　一、二级耐火等级公共建筑内的安全出口全部直通室外确有困难的防火分区，可利用通向相邻防火分区的甲级防火门作为安全出口，但应符合下列要求： **《办公建筑设计标准》** 4.3.2　会议室应符合下列规定： 2　中、小会议室可分散布置。小会议室使用面积不宜小于 $30m^2$，中会议室使用面积不宜小于 $60m^2$。中、小会议室每人使用面积：有会议桌的不应小于 $2.00m^2$/人，无会议桌的不应小于 $1.00m^2$/人。 4.2.3　普通办公室应符合下列规定： 6　普通办公室每人使用面积不应小于 $6m^2$，单间办公室使用面积不宜小于 $10m^2$。 5.0.3　办公建筑疏散总净宽度应按总人数计算，当无法额定总人数时，可按其建筑面积 $9m^2$/人计算。
问题解析	1. 不符合规定。未注明使用人数的会议室，可按无会议桌的会议室估算，该房间的最大使用人数为 83÷1.0 = 83（人），此时，该房间的两樘疏散门均应向外开启。办公会议等空间未合理布置桌椅或有大面积空间未合理使用时，应核实明确其最大使用人数，避免违反《建规》条文第 6.4.11 条第 1 款的规定：使用人数超过 60 人，或每樘疏散门的疏散人数大于 30 人时，应向疏散方向开启。 2. 办公建筑标准层的疏散人数可按建筑面积每人 $9m^2$ 估算，并据此核算疏散走道、安全出口、楼梯间疏散门等疏散净宽计算均满足要求。当实际使用人数小于规范推荐值，且确需按实际使用人数设计疏散时，应标明各房间、各防火分区和各层的最大使用人数。 3. 图 2 不符合规定。图 2 房间的两樘疏散门均开向相邻其他防火分区，不符合安全出口、防火分区等术语定义和疏散设计原则。图 1 房间的两樘疏散门，确有困难无法同时开向本防火分区时，应至少有一樘疏散门开向所在防火分区，另一樘疏散门可通过疏散走道借用相邻防火分区楼梯间安全出口疏散。借用相邻防火分区疏散时，应按《建规》条文第 5.5.9 条要求复核防火分隔和疏散净宽要求，并使之符合规定，并注意应能通过疏散走道到达被借用的楼梯间安全出口，不应穿越有大量可燃物、障碍物的使用功能区，避免影响疏散安全。

问题描述	**问题 1　储油间的储量、门槛，特殊房间不计入防火分区面积的问题** 1. 布置在民用建筑内的柴油发电机房储油间，其总储存量需要大于 $1m^3$，怎么办？ 2. 民用建筑锅炉房等的储油间，是否必须设置门槛？ 3. 哪些特殊房间可以不计入防火分区面积？可以依据《人民防空工程设计防火规范》等其他规范执行吗？
相关标准	**《建筑设计防火规范》** 5.4.13　布置在民用建筑内的柴油发电机房应符合下列规定： 4　机房内设置储油间时，其总储存量不应大于 $1m^3$，储油间应采用耐火极限不低于 3.00h 的防火隔墙与发电机间分隔；确需在防火隔墙上开门时，应设置甲级防火门。 5.4.15　设置在建筑内的锅炉、柴油发电机，其燃料供给管道应符合下列规定： 2　储油间的油箱应密闭且应设置通向室外的通气管，通气管应设置带阻火器的呼吸阀，油箱的下部应设置防止油品流散的设施； 附录 A.0.2　建筑层数应按建筑的自然层数计算，下列空间可不计入建筑层数： 2　设置在建筑底部且室内高度不大于 2.2m 的自行车库、储藏室、敞开空间； **《人民防空工程设计防火规范》** 4.2.4　下列场所应采用耐火极限不低于2h的隔墙和1.5h的楼板与其他场所隔开，并应符合下列规定： 2　柴油发电机房的储油间，墙上应设置常闭的甲级防火门，并应设置高 150mm 的不燃烧、不渗漏的门槛，地面不得设置地漏； 4.1.1　人防工程内应采用防火墙划分防火分区，当采用防火墙确有困难时，可采用防火卷帘等防火分隔设施分隔，防火分区划分应符合下列要求： 2　水泵房、污水泵房、水池、厕所、盥洗间等无可燃物的房间，其面积可不计入防火分区的面积之内； 4.1.3　商业营业厅、展览厅、电影院和礼堂的观众厅、溜冰馆、游泳馆、射击馆、保龄球馆等防火分区划分应符合下列规定： 3　溜冰馆的冰场、游泳馆的游泳池、射击馆的靶道区、保龄球馆的球道区等，其面积可不计入溜冰馆、游泳馆、射击馆、保龄球馆的防火分区面积内。溜冰馆的冰场、游泳馆的游泳池、射击馆的靶道区等，其装修材料应采用 A 级。 **公津建字〔2016〕18 号《关于规范第 5.4.13 条问题的复函》** 有如下规定： 本规范第 5.4.13 条第 3 款对设置在民用建筑内的柴油发电机房储存量及防火分隔要求做了规定。其中“总储存量不应大于 $1m^3$”是指单个储油间内的总储存量，本规范对于建筑内允许设置的储油间数量未作规定。
问题解析	1. 每间储油间储量应不大于 $1m^3$，建筑内所有储油间储量之和不大于 $5m^3$。不满足规定时，应在室外设储油装置，通过管道向发电机组供应燃油，参见《〈建规〉实施指南》第 224 页相关内容。 2.《建规》条文第 5.4.13 条有防油品流散要求，包括但不限于设置门槛。《人民防空工程设计防火规范》对储油间门槛的设置有明确的做法规定。民用建筑储油间设置土建坑槽或成品油盘等类似防流散设施时，需注明设置方式和具体做法。 3. 层高不足 2.2m 且无人停留的管道层，可不计入建筑面积及防火分区面积。人防工程平时功能的消防设计可依据《人民防空工程设计防火规范》条文第 4.1.1 条、第 4.1.3 条规定执行。《〈建筑设计防火规范〉局部修订条文》（征求意见稿）条文第 5.3.1 条已补充明确：建筑中游泳池、消防水池的水面面积、溜冰场的冰面面积、滑雪场的雪面面积，可不计入防火分区的建筑面积，待标准正式颁布后可作为设计依据。

问题描述

问题 2　办公功能区上空与中庭的防火分隔

1. 如图 1 和图 2 所示，高层公共建筑内的开敞办公区，首层、二层全为办公区，二层有局部挑空，首层、二层为不同防火分区的办公空间。首层、二层办公功能区之间的防火分隔，可否按“中庭”设置无宽度限制的防火卷帘？

2. 图 3 为高层办公建筑中贯通多层的中庭上空平面图，走道和办公空间应如何考虑防火分隔设计？如何理解《建规》条文第 5.3.2 条、第 6.5.3 条第 1 款的中庭和非中庭防火墙的防火分隔要求？

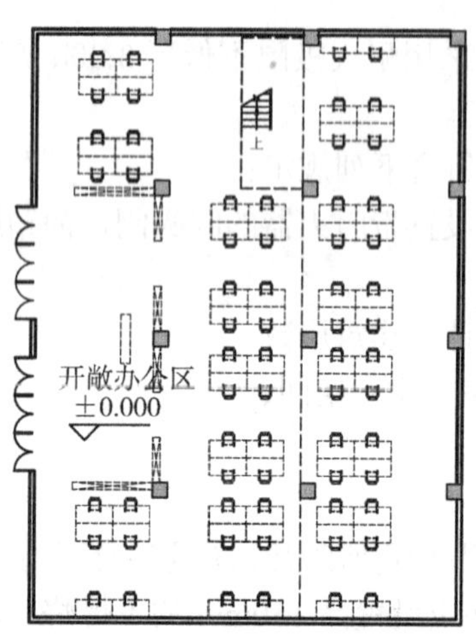

图 1　开敞办公区办公平面下层

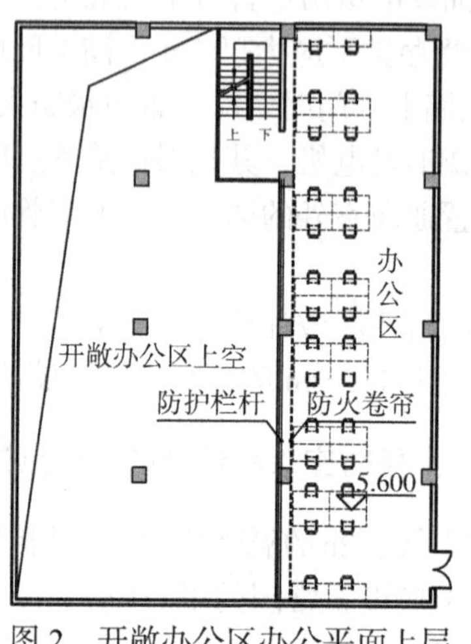

图 2　开敞办公区办公平面上层

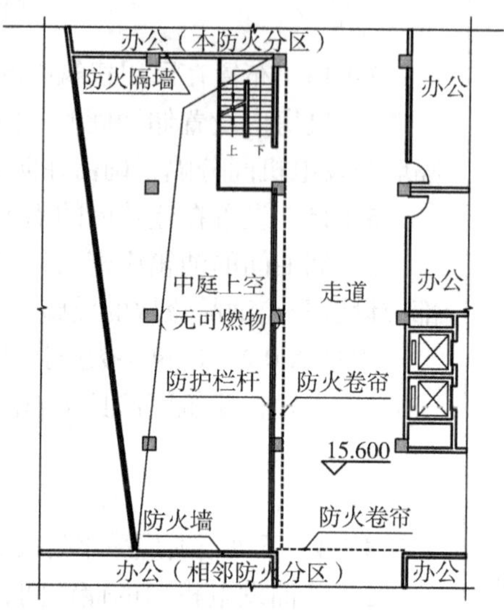

图 3　高层办公建筑标准层中庭上空平面图

相关标准

《民用建筑设计术语标准》

2.5.23　中庭　atrium

建筑中贯通多层的室内大厅。

《建筑设计防火规范》

5.3.2　建筑内设置自动扶梯、敞开楼梯等上、下层相连通的开口时，其防火分区的建筑面积应按上、下层相连通的建筑面积叠加计算；当叠加计算后的建筑面积大于本规范第 5.3.1 条的规定时，应划分防火分区。

建筑内设置中庭时，其防火分区的建筑面积应按上、下层相连通的建筑面积叠加计算；当叠加计算后的建筑面积大于本规范第 5.3.1 条的规定时，应符合下列规定：

1　与周围连通空间应进行防火分隔：采用防火隔墙时，其耐火极限不应低于 1.00h；采用防火玻璃墙时，其耐火隔热性和耐火完整性不应低于 1.00h。采用耐火完整性不低于 1.00h 的非隔热性防火玻璃墙时，应设置自动喷水灭火系统进行保护；采用防火卷帘时，其耐火极限不应低于 3.00h，并应符合本规范第 6.5.3 条的规定；与中庭相连通的门、窗，应采用火灾时能自行关闭的甲级防火门、窗；

2　高层建筑内的中庭回廊应设置自动喷水灭火系统和火灾自动报警系统；

3　中庭应设置排烟设施；

4　中庭内不应布置可燃物。

5.3.3　防火分区之间应采用防火墙分隔，确有困难时，可采用防火卷帘等防火分隔设施分隔。采用防火卷帘分隔时，应符合本规范第 6.5.3 条的规定。

6.5.3　防火分隔部位设置防火卷帘时，应符合下列规定：

1　除中庭外，当防火分隔部位的宽度不大于 30m 时，防火卷帘的宽度不应大于 10m；当防火分隔部位的宽度大于 30m 时，防火卷帘的宽度不应大于该部位宽度的 1/3，且不应大于 20m。

<table>
<tr>
<td>相关标准</td>
<td>
第 6.5.3 条条文说明：防火卷帘主要用于需要进行防火分隔的墙体，特别是防火墙、防火隔墙上因生产、使用等需要开设较大开口而又无法设置防火门时的防火分隔。在实际使用过程中，防火卷帘存在着防烟效果差、可靠性低等问题以及在部分工程中存在大面积使用防火卷帘的现象，导致建筑内的防火分隔可靠性差，易造成火灾蔓延扩大。
6.1.5　防火墙上不应开设门、窗、洞口，确需开设时，应设置不可开启或火灾时能自动关闭的甲级防火门、窗。
第 6.1.5 条条文说明：用于防火分区或建筑内其他防火分隔用途的防火墙，如因工艺或使用等要求必须在防火墙上开口时，须严格控制开口大小并采取在开口部位设置防火门窗等能有效防止火灾蔓延的防火措施。
《建筑防烟排烟系统技术标准》
4.1.3　建筑的中庭、与中庭相连通的回廊及周围场所的排烟系统的设计应符合下列规定：
5　中庭及其周围场所和回廊的排烟设计计算应符合本标准第 4.6.5 条的规定。
《建筑防排烟技术规程》DGJ 08-88-2006（已被废止的上海市地方规程，未见有新标准替代）
2.1.7　中庭　atrium
三层或三层以上、对边最小净距离不小于 6m，且连通空间的最小投影面积大于 100m² 的大容积空间。
</td>
</tr>
<tr>
<td>问题解析</td>
<td>
1.《民用建筑设计术语标准》对中庭的定义非常简单，但在《建规》和《防排烟标准》等规范中，对中庭都有严格的消防技术措施等设计要求，其空间使用性质和消防设计措施与疏散走道类似。图 1、图 2 办公功能空间，上空未设置疏散走道及隔墙等分隔措施时，不宜被定性为中庭，首层及上空投影范围内布置大量桌椅等可燃物，与二层其他有大量可燃物的功能防火分区之间应用防火墙分隔，不应设置宽度超过《建规》条文第 6.5.3 条规定的防火卷帘。否则，导致通过该上空空间连通的总面积大于一个防火分区面积，该空间首层四周无分隔措施，不符合《建规》条文第 5.3.2 条规定；该空间的防排烟等消防设计也可能不符合《建规》《防排烟标准》等标准“中庭”的相关规定。
2. 需根据中庭周边空间的使用功能、设置范围，及与其他防火分区的防火分隔措施确定防火分隔设计。建筑内上空常见两种消防设计情况：一是按中庭防火单元的要求进行消防设计。见图 3，中庭防火单元是比防火分区小的防火防烟分隔单元，含中庭所在楼地面和上空空间，四周还可能有本层和其他层公共走道。该空间有单独的防火防烟等消防措施，与商业等有可燃物使用功能区防火单元（或防火分区）之间，可采用《建规》条文第 5.3.2 条第 1 款规定的防火隔墙、防火卷帘等防火分隔措施，但当（采用非防火墙分隔的）连通面积超过防火分区面积规定时，应满足《建规》条文第 5.3.2 条第 4 款不应布置可燃物的规定，并应符合《建规》条文第 5.3.2 条第 2 款和第 3 款及《防排烟标准》关于中庭的相关规定，此“中庭防火单元”基本等同于疏散走道空间。二是按带上空的使用功能区防火单元的要求进行消防设计，例如，当图 1 和图 2 办公区总面积不超过一个防火分区面积时，该使用功能防火单元的上空与有桌椅等可燃物功能区之间可以无防火分隔；此防火单元可独立或与其他防火单元组成非中庭防火分区，该防火分区面积不得超过《建规》条文第 5.3.1 条规定，该防火分区与其他防火分区之间应按《建规》条文第 6.1.5 条规定设置防火分区之间的防火墙，防火墙上设有防火卷帘时应满足《建规》条文第 6.5.3 条宽度要求等全部规定。
</td>
</tr>
</table>

问题描述

问题3 商业建筑中庭的防火分隔与安全疏散

1. 如图1、图2所示，某商业建筑内设置相互连通的多个大中庭，是否符合规定？如何理解《建规》条文第5.3.2条防火分区面积上下层叠加后大于第5.3.1条条文规定的面积？用仅设置超长防火卷帘分隔的中庭，连通十多万m^2的商业空间，这种做法可行吗？

2. 中庭与周围连通空间应进行防火分隔，这个分隔范围包括首层吗？首层店铺疏散走道两侧设有耐火极限1.0h的防火墙，其上可否不设置甲级防火门？

3. 需要考虑首层中庭内的人员疏散吗？疏散距离如何计算？如何计算中庭疏散人数？中庭上空少量局部仅用防火卷帘围合的小空间，可否采用防火卷帘两步降的疏散方式？

4. 中庭所在楼地面是否必须是首层？可否设置在地下室，贯通地上地下建筑？

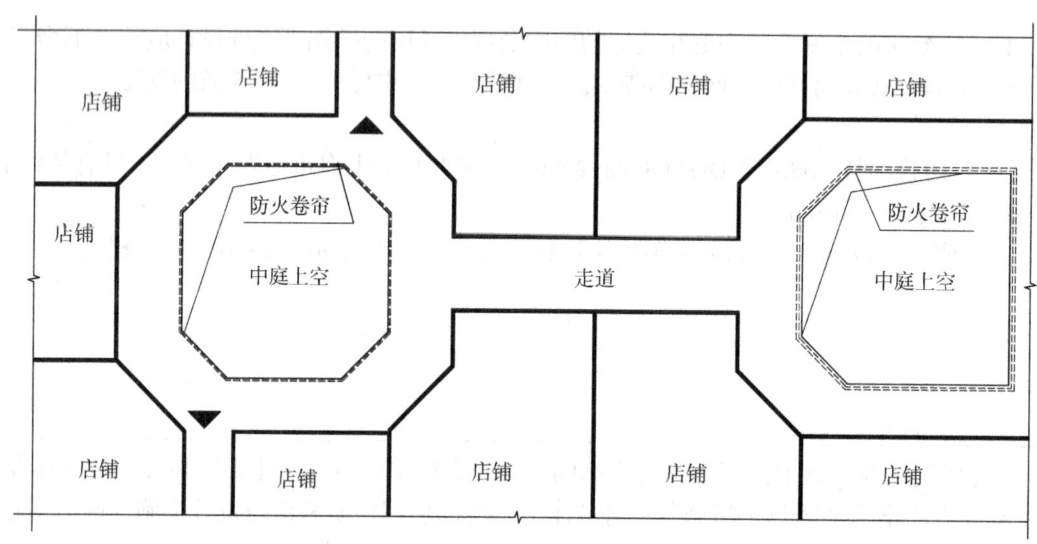

图1 商业建筑中庭示意图

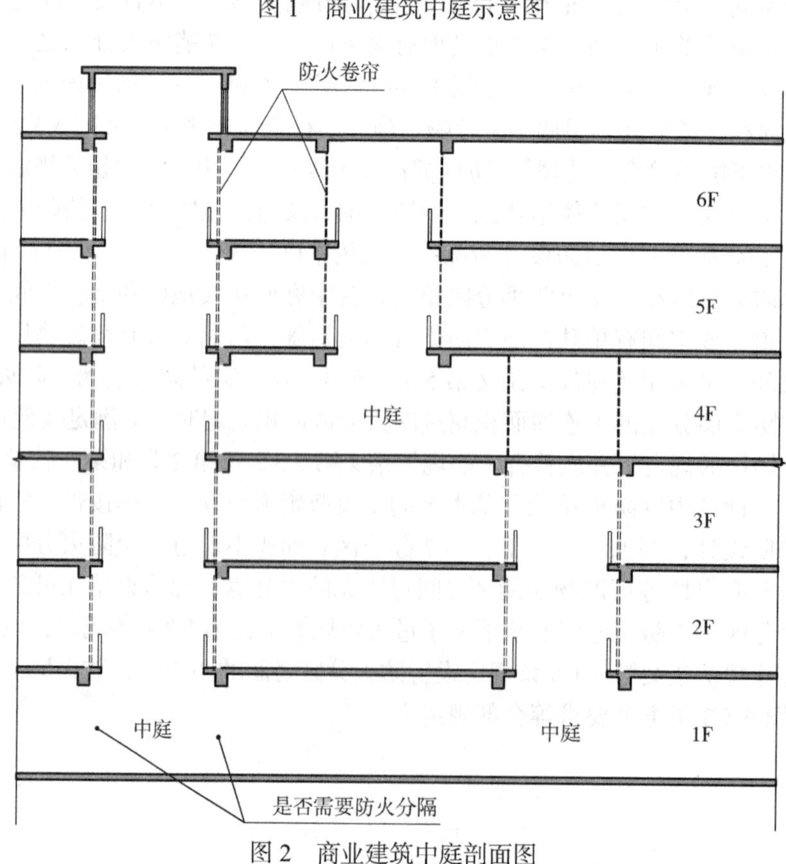

图2 商业建筑中庭剖面图

<table>
<tr><td>相关标准</td><td>

《防火卷帘》

6.4.6　两步关闭性能

安装在疏散通道处的防火卷帘应具有两步关闭性能。即控制箱接收到报警信号后，控制防火卷帘自动关闭至中位处停止，延时5s～60s后继续关闭至全闭；或控制箱接第一次报警信号后，控制防火卷帘自动关闭至中位处停止，接第二次报警信号后继续关闭至全闭。

</td></tr>
<tr><td>问题解析</td><td>

1.《建规》未准确定义“中庭”的含义及适用范围。依据本书第五章第三节问题2的解析内容，结合施工图设计审查经验，本书编者将《建规》中的“中庭”理解为：贯通多个楼层、以疏散（含短暂停留）功能为主的室内共享空间。而《建规》条文第5.3.2条第2段的内容也说明“防火分区建筑面积应按上下层相连通叠加计算”，是指采取符合《建规》条文第6.1.5条规定的防火墙分隔区域范围内的面积叠加（此区域之间的防火墙上不应设置过宽的防火卷帘）。因此，当中庭所在区域的防火分区面积超出《建规》条文第5.3.1条面积规定时，需采用《建规》条文第5.3.2条用分号列出的四种防火分隔方式。其中，前两种（1.0h耐火极限的防火隔墙、防火玻璃墙）防火分隔方式是类似走道隔墙的防火分隔措施，第三种防火分隔方式是设置不限宽度的3.0h耐火极限的防火卷帘，第四种防火分隔方式是在防火墙和防火隔墙上设置甲级防火门，因此，这四种方式均为中庭所在防火分区（区域）内部的防火分隔方式，在中庭防火单元（含上空及周边未分隔的疏散走道）与其他有大量可燃物的功能区的分隔时使用。因防火卷帘防烟效果差、可靠性低，采用不满足《建规》条文第6.5.3条第1款宽度规定的防火卷帘分隔的中庭防火单元，也应满足《建规》条文第5.3.2条第4款规定，在中庭内不应布置可燃物。在图1中，通过错位布置或设置多个中庭，几乎将整个建筑连通成一个“中庭防火分区”，因防火卷帘可靠性差、连通面积过大，火灾安全隐患大，不符合《建规》防火分区设计原则。对于仅以防火卷帘分隔的中庭最多可连通多少面积，经咨询规范编制组得知，《建规》中没有明确条文规定，宜根据项目设计具体情况合理确定，建议叠加后总面积不宜超过《建规》中条文第5.3.1条规定的防火分区面积的三倍，不宜超过2万m^2，尤其对商业等人员密集场所，应采取能控制住火灾风险和影响范围的防火分隔措施。

2. 应考虑首层防火分隔措施。当中庭连通区面积大于《建规》条文第5.3.1条防火分区面积时，中庭空间与首层店铺功能区之间应设防火分隔，可采用1.0h防火隔墙、防火玻璃墙。当无可燃物的中庭空间（非上空）和所在层（通常为首层）的店铺面积之和，仍超过第5.3.1条条文的防火分区面积规定时，中庭空间与首层店铺间的防火墙、防火隔墙、防火玻璃墙上，应设甲级防火门。若中庭防火分区的总连通面积不大，中庭防火单元和其他层有可燃物功能区之间采用3.0h防火卷帘分隔，中庭防火单元和所在层店铺面积之和不超过《建规》条文第5.3.1条的规定，且采取了耐火极限不低于1.0h的防火隔墙、防火玻璃墙的分隔方式，其上确无法设置甲级防火门时，可设置普通门和挡烟垂壁分隔（无可燃物的）中庭和其他功能空间。《〈建规〉实施指南》第186页、第187页有类似的解答内容。中庭概念和使用场景较复杂，具体项目确有争议或安全隐患时，宜咨询规范编制组，以规范编制组的意见为准。

3. 应考虑首层中庭内人员疏散要求，应设置不少于两个直通室外的安全出口，其疏散距离应符合《建规》条文第5.5.17条的规定。商业中庭（含各层通道）为无可燃物的疏散走道时，其疏散距离可按《建规》条文第5.5.17条第1款核算最不利点至疏散楼梯间安全出口不大于40×1.25＝50（m）。商业中庭疏散人数计算应符合《建规》条文第5.5.21条第7款营业厅人员密度计算要求。中庭上空连通的走道空间未设置疏散楼梯间时，应采用甲级防火门连通和疏散至相邻防火分区安全出口。面积极小且无人员停留的中庭上层空间，采用防火卷帘两步降方式解决疏散问题时，也应注意设置标识清楚、操作简便的手动开启措施。

4. 不宜设置在其他层，但规范确无明确禁止的规定。当中庭楼地面位于地下楼层，注意防火分区面积、疏散宽度计算等需按地下建筑等相关规定执行，且除应符合《建规》条文第5.3.2条规定外，尚应注意《建规》条文第5.3.5条及其他相关法规的规定，参见《〈建规〉实施指南》P190页的内容。公消〔2016〕113号文《关于加强超大城市综合体消防安全工作的指导意见》有以下规定：步行街首层与地下层之间不应设置中庭、自动扶梯等上下连通的开口。

</td></tr>
</table>

<table>
<tr><td colspan="2">第五章　民用建筑</td><td>第三节　民用建筑特殊场所</td></tr>
<tr><td>问题描述</td><td colspan="2">问题 4　步行街的防火分隔与安全疏散
1. 步行街可以被设置在地下吗？如果被设置在地下，如何进行防火分隔和安全疏散设计？
2. 在既有建筑内部项目装修改造时，可以打开店铺之间的分隔墙，把两个以上店铺连通吗？</td></tr>
<tr><td>相关标准</td><td colspan="2">《建筑设计防火规范》
5.3.6　餐饮、商店等商业设施通过有顶棚的步行街连接，且步行街两侧的建筑需利用步行街进行安全疏散时，应符合下列规定：
2　步行街两侧建筑相对面的最近距离均不应小于本规范对相应高度建筑的防火间距要求且不应小于 9m。步行街的端部在各层均不宜封闭，确需封闭时，应在外墙上设置可开启的门窗，且可开启门窗的面积不应小于该部位外墙面积的一半。步行街的长度不宜大于 300m。
3　步行街两侧建筑的商铺之间应设置耐火极限不低于 2.00h 的防火隔墙，每间商铺的建筑面积不宜大于 300m²。
4　步行街两侧建筑的商铺，其面向步行街一侧的围护构件的耐火极限不应低于 1.00h，并宜采用实体墙，其门、窗应采用乙级防火门、窗；当采用防火玻璃墙（包括门、窗）时，其耐火隔热性和耐火完整性不应低于 1.00h；当采用耐火完整性不低于 1.00h 的非隔热性防火玻璃墙（包括门、窗）时，应设置闭式自动喷水灭火系统进行保护。相邻商铺之间面向步行街一侧应设置宽度不小于 1.0m、耐火极限不低于 1.00h 的实体墙。
当步行街两侧的建筑为多个楼层时，每层面向步行街一侧的商铺均应设置防止火灾竖向蔓延的措施，并应符合本规范第 6.2.5 条的规定；设置回廊或挑檐时，其出挑宽度不应小于 1.2m；步行街两侧的商铺在上部各层需设置回廊和连接天桥时，应保证步行街上部各层楼板的开口面积不应小于步行街地面面积的 37%，且开口宜均匀布置。
5　步行街两侧建筑内的疏散楼梯应靠外墙设置并宜直通室外，确有困难时，可在首层直接通至步行街；首层商铺的疏散门可直接通至步行街，步行街内任一点到达最近室外安全地点的步行距离不应大于 60m。步行街两侧建筑二层及以上各层商铺的疏散门至该层最近疏散楼梯口或其他安全出口的直线距离不应大于 37.5m。
6　步行街的顶棚材料应采用不燃或难燃材料，其承重结构的耐火极限不应低于 1.00h。步行街内不应布置可燃物。
7　步行街的顶棚下檐距地面的高度不应小于 6.0m，顶棚应设置自然排烟设施并宜采用常开式的排烟口，且自然排烟口的有效面积不应小于步行街地面面积的 25%。常闭式自然排烟设施应能在火灾时手动和自动开启。
第 5.3.6 条条文说明：有顶棚的商业步行街与商业建筑内中庭的主要区别在于，步行街如果没有顶棚，则步行街两侧的建筑就成为相对独立的多座不同建筑，而中庭则不能。</td></tr>
<tr><td>问题解析</td><td colspan="2">1. 原则上不可以。《建规》条文第 5.3.6 条规定步行街两侧为多座不同建筑且需通过步行街进行安全疏散，结合该条步行街的长度、通风疏散条件等规定，该有顶棚步行街应为半室外的安全疏散空间，首层应能直通室外安全区（消防车道可达地坪处）。特殊项目确需设在地下时，应结合上述原则进行特殊消防设计，并论证安全合规后方可采用。
2.《建规》条文第 5.3.6 条规定，步行街内店铺建筑面积不宜大于 300m²，面积大的主力店宜有独立安全出口并直通室外安全区。有顶步行街为半室外安全区，因此有建筑材料、店铺规模、自然采光通风、防火分隔、疏散距离、消防扑救等具体要求，在既有项目装修改造时，应满足《建规》条文第 5.3.6 条规定。</td></tr>
</table>

问题描述

问题 5　舞台升降设备层防火分区与安全出口

如图 1 和图 2 所示，某剧院设置在地下一层的升降舞台等设备用房，有少量工作人员，可否通过地下一层其他防火分区的楼梯间疏散？该升降舞台设备区面积是否应被计入首层舞台防火分区面积内？计入后，防火分区面积超过相关规定，怎么处理？

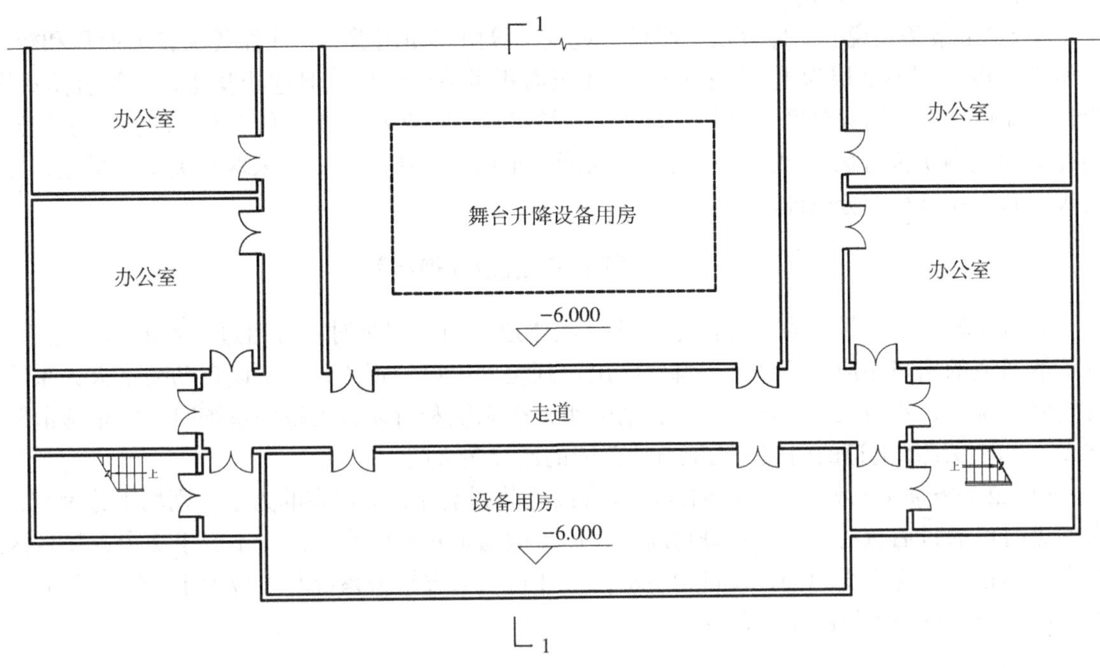

图 1　剧院地下一层平面图

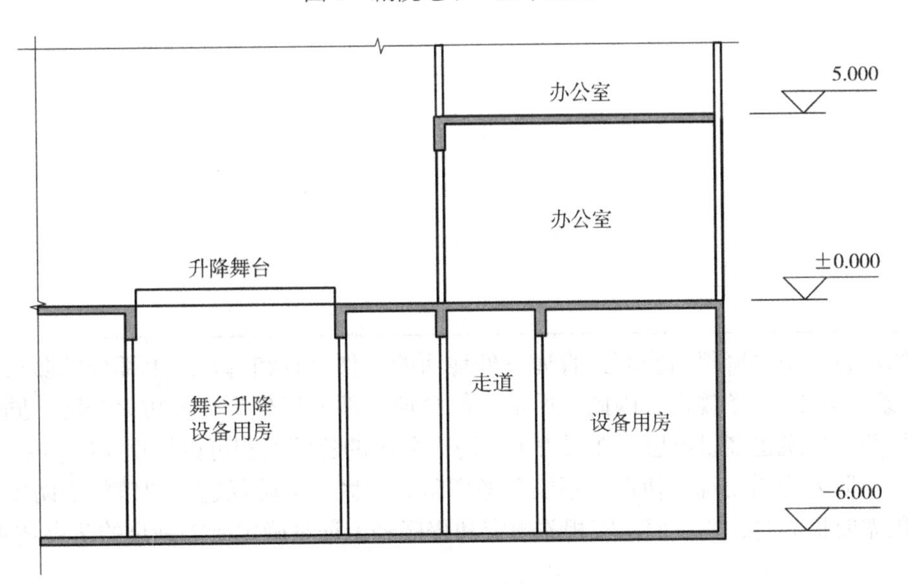

图 2　剧院 1-1 剖面图

<table>
<tr><td>相关标准</td><td>

《建筑设计防火规范》

5.5.8　公共建筑内每个防火分区或一个防火分区的每个楼层，其安全出口的数量应经计算确定，且不应少于 2 个。

5.3.1　除本规范另有规定外，不同耐火等级建筑的允许建筑高度或层数、防火分区最大允许建筑面积应符合表 5.3.1 的规定。

第 5.3.1 条条文说明：体育馆、剧场的观众厅等由于使用需要，往往要求较大面积和较高的空间，建筑也多以单层或 2 层为主，防火分区的建筑面积可适当增加。但这涉及建筑的综合防火设计问题，设计不能单纯考虑防火分区。因此，为确保这类建筑的防火安全最大限度地提高建筑的消防安全水平，当此类建筑内防火分区的建筑面积为满足功能要求而需要扩大时，要采取相关防火措施，按照国家相关规定和程序进行充分论证。

《剧场建筑设计规范》

8.2.7　舞台区宜设有直接通向室外的疏散通道，当有困难时，可通过后台的疏散通道进行疏散，且疏散通道的出口不应少于 2 个。舞台区出口到室外出口的距离，当未设自动喷水灭火系统和自动火灾报警系统时，不应大于 30m，当设自动喷水灭火系统和自动火灾报警系统时，安全疏散距离可增加 25%。开向该疏散通道的门应采用能自行关闭的乙级防火门。

第 8.2.7 条条文说明：舞台区内人员应直接疏散到室外，对现在的大中型剧场十分困难，因此，确有困难时可通过后台的疏散通道进行疏散，但疏散通道对外的直接出口不少于 2 个，舞台区出口到室外出口的距离不应大于 30m，设自动喷水灭火和自动火灾报警系统时不应大于 45m，开向该疏散通道的门应采用自行关闭的乙级防火门。

</td></tr>
<tr><td>问题解析</td><td>

剧场舞台地下升降舞台空间无直通室外地面的条件，且和舞台地上部分的防火分隔措施很难满足《建规》条文第 5.1.2 条规定，因此，通常和舞台地上部分划分为一个防火分区。同时，剧场舞台空间面积较复杂，建筑也多以单层或 2 层为主，防火分区的建筑面积可以根据实际使用功能需要适当增加，但建筑的消防安全需要综合协调，不能只考虑防火分区。为确保这类建筑的消防安全，当防火分区的建筑面积需要扩大时，要按照国家相关规定和程序经论证来确定所需满足的防火技术要求。

</td></tr>
</table>

问题描述

问题 6 避难走道、避难层设计

1. 建筑首层或地下层，有房间至安全出口的疏散距离不足，可否设置避难走道？

2. 如图 1 所示，某高层住宅建筑的避难层按规定完成避难设计面积计算后，确有多余面积时，可否设置非设备用房的住宅居室等其他功能区？

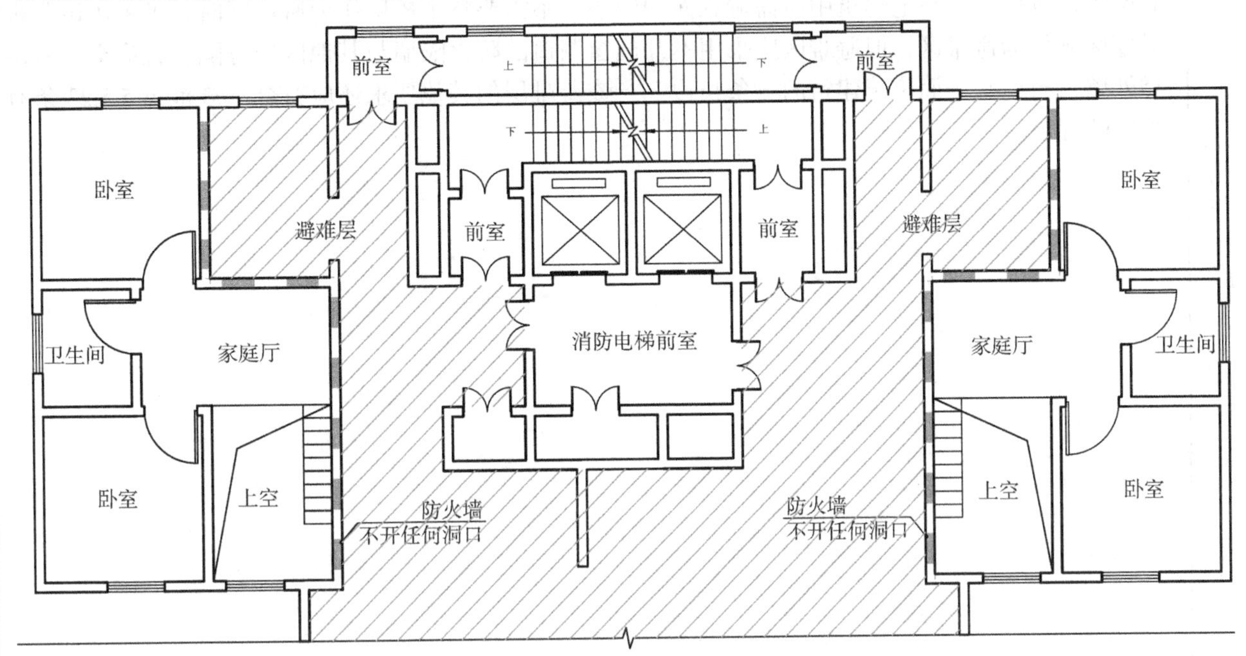

图 1 某住宅建筑避难层平面图

相关标准

《建筑设计防火规范》

5.5.23 建筑高度大于 100m 的公共建筑，应设置避难层（间）。避难层（间）应符合下列规定：

3 避难层（间）的净面积应能满足设计避难人数避难的要求，并宜按 5.0 人 /m^2 计算。

4 避难层可兼作设备层。设备管道宜集中布置，其中的易燃、可燃液体或气体管道应集中布置，设备管道区应采用耐火极限不低于 3.00h 的防火隔墙与避难区分隔。管道井和设备间应采用耐火极限不低于 2.00h 的防火隔墙与避难区分隔，管道井和设备间的门不应直接开向避难区；确需直接开向避难区时，与避难层区出入口的距离不应小于 5m，且应采用甲级防火门。

避难间内不应设置易燃、可燃液体或气体管道，不应开设除外窗、疏散门之外的其他开口。

6.4.14 避难走道的设置应符合下列规定：

1 避难走道防火隔墙的耐火极限不应低于 3.00h，楼板的耐火极限不应低于 1.50h。

2 避难走道直通地面的出口不应少于 2 个，并应设置在不同方向；当避难走道仅与一个防火分区相通且该防火分区至少有 1 个直通室外的安全出口时，可设置 1 个直通地面的出口。任一防火分区通向避难走道的门至该避难走道最近直通地面的出口的距离不应大于 60m。

3 避难走道的净宽度不应小于任一防火分区通向该避难走道的设计疏散总净宽度。

4 避难走道内部装修材料的燃烧性能应为 A 级。

5 防火分区至避难走道入口处应设置防烟前室，前室的使用面积不应小于 6.0m^2，开向前室的门应采用甲级防火门，前室开向避难走道的门应采用乙级防火门。

6 避难走道内应设置消火栓、消防应急照明、应急广播和消防专线电话。

<table>
<tr><td>相关标准</td><td>

建规字〔2018〕6号

《关于超高层住宅建筑避难层设置问题的复函》

有以下规定：

现行国家标准《建筑设计防火规范》GB 50016—2014 第 5.5.31 条规定建筑高度大于 100m 的住宅应设置避难层。当住宅建筑中所需避难面积较小，不需要整个楼层作为避难区时，可采用该避难层的局部区域作为避难区，但避难区应采用不开门窗洞口的防火隔墙与其他区域分隔，且应至少有两个面靠外墙，至少有一面位于建筑的一条长边上。该避难层的其他要求还应符合本规范第 5.5.23 条有关避难层的规定。

</td></tr>
<tr><td>问题解析</td><td>

1. 可以设置避难走道。确需设置时，应采用满足《建规》条文第 6.4.14 规定的避难走道。并注意核实避难走道的有效疏散净宽，除采用经特殊消防设计论证安全的措施外，原则上仍应符合《建规》条文第 5.5.21 条规定。

2.《建规》条文第 5.5.23 条第 4 款规定，避难层不宜设置设备管道区以外的其他功能；避难区不应开设除外窗、疏散门之外的其他开口。避难层在满足避难区面积（需扣除疏散通道等人员无法停留区面积）计算要求前提下，确有多余面积设置为其他功能时，可按建规字〔2018〕6 号文规定执行。图 1 避难区与住宅等其他区域采用无门窗洞口的防火墙完全分隔，住宅层其他功能区不通过避难空间疏散，且无设备管线等穿越完全分隔的耐火极限不低于 3.00h 的防火隔墙，图 1 避难空间内住宅设备间（含管道井等）也采用了甲级防火门和防火隔间等较安全的防火分隔措施，此时，多余面积可以设置住宅居室等其他功能。

</td></tr>
</table>

问题描述	**问题 7 公共建筑剪刀楼梯间的设置要求** 1. 如图 1 所示，商业裙房中的剪刀楼梯间安全出口，是否必须按《建规》条文第 5.5.10 条规定设置防烟楼梯间及前室？ 2. 不大于 32m 的商业等二类高层公共建筑的剪刀楼梯间，可以作为封闭楼梯间吗？ 3. 执行《建规》条文第 5.5.10 条任一疏散门至最近剪刀疏散楼梯间入口距离应≤ 10m 的规定，设有自动灭火系统时，可增加 25% 的该距离吗？ 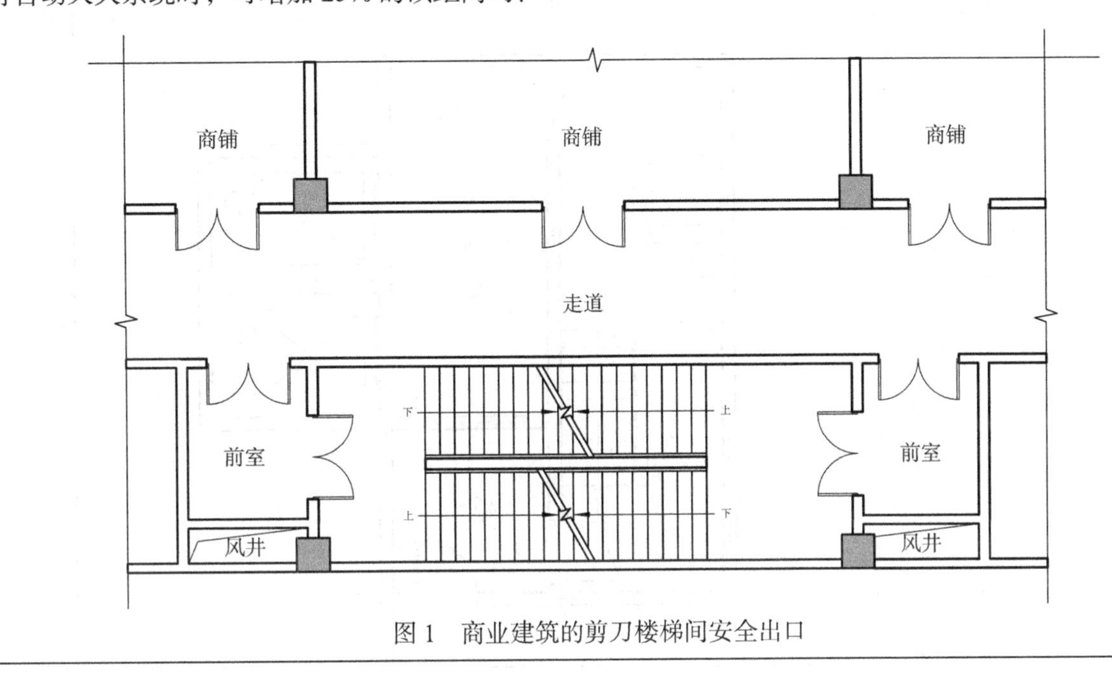 图 1 商业建筑的剪刀楼梯间安全出口
相关标准	**《建筑设计防火规范》** 5.5.12 一类高层公共建筑和建筑高度大于 32m 的二类高层公共建筑，其疏散楼梯应采用防烟楼梯间。 裙房和建筑高度不大于 32m 的二类高层公共建筑，其疏散楼梯应采用封闭楼梯间。 注：当裙房与高层建筑主体之间设置防火墙时，裙房的疏散楼梯可按本规范有关单、多层建筑的要求确定。 5.5.10 高层公共建筑的疏散楼梯，当分散设置确有困难且从任一疏散门至最近疏散楼梯间入口的距离不大于 10m 时，可采用剪刀楼梯间，但应符合下列规定： 1 楼梯间应为防烟楼梯间； 3 楼梯间的前室应分别设置。
问题解析	1.《建规》条文第 5.5.12 条附注规定，裙房和高层主体间设有防火墙（仅含必要的甲级防火门窗）时，裙房疏散楼梯可按单多层建筑采用封闭楼梯间，甚至敞开楼梯间。当未设置防火墙或防火墙上设有防火卷帘、防火水幕时，该裙房应按建筑整体高度设封闭或防烟楼梯间。故，图 1 中一组剪刀楼梯间被视为所在防火分区的一个封闭楼梯间安全出口时，可不按《建规》条文第 5.5.10 条设置为防烟楼梯间。 2. 可以作为封闭楼梯间。当一组剪刀楼梯间按一部疏散楼梯使用时（不是该防火分区仅有的 2 个安全出口，而作为一个疏散宽度加倍的安全出口使用时），可按《建规》条文第 5.5.12 条规定设置封闭楼梯间。但当一组剪刀楼梯间作为公共建筑一个防火分区仅有的 2 个安全出口时，应执行《建规》条文第 5.5.10 条全部规定：设置各自防烟楼梯间及防烟前室，任一房间疏散门到楼梯间安全出口不超过 10m，两个楼梯间前室门净距离不小于 5m 等。 3. 规范未明确许可要求。无论是否设有自动灭火系统，任一房间的疏散门至最近楼梯间防烟前室门（安全入口）的疏散距离，均应符合不大于 10m 的规定。

问题描述

问题 8　在地下建筑设置剪刀楼梯间的问题

1. 一组剪刀楼梯间可否作为地下建筑一个防火分区仅有的 2 个安全出口？

2. 如图 1 所示，某地下室的剪刀楼梯间作为 2 个安全出口分别被划入到不同的防火分区；在图 2 中，将剪刀楼梯间划入到其中 1 个防火分区内，并计入该防火分区的面积，哪个符合规定？

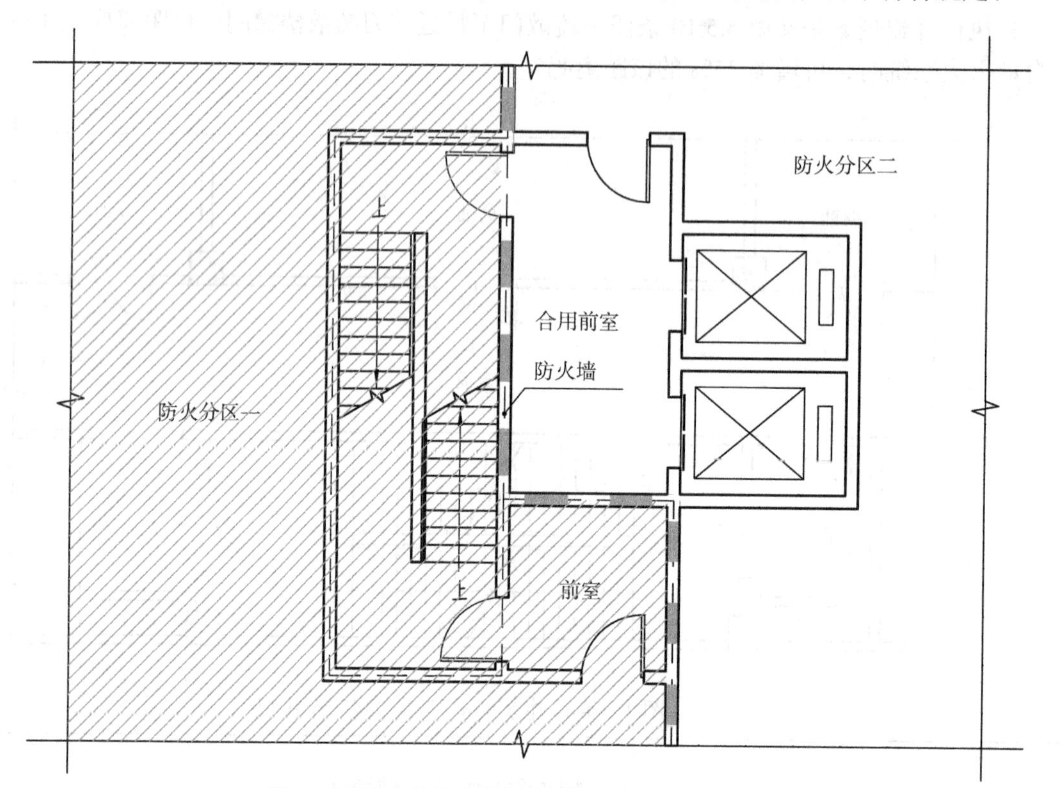

图 1　地下建筑中的剪刀楼梯间（防火分区一）

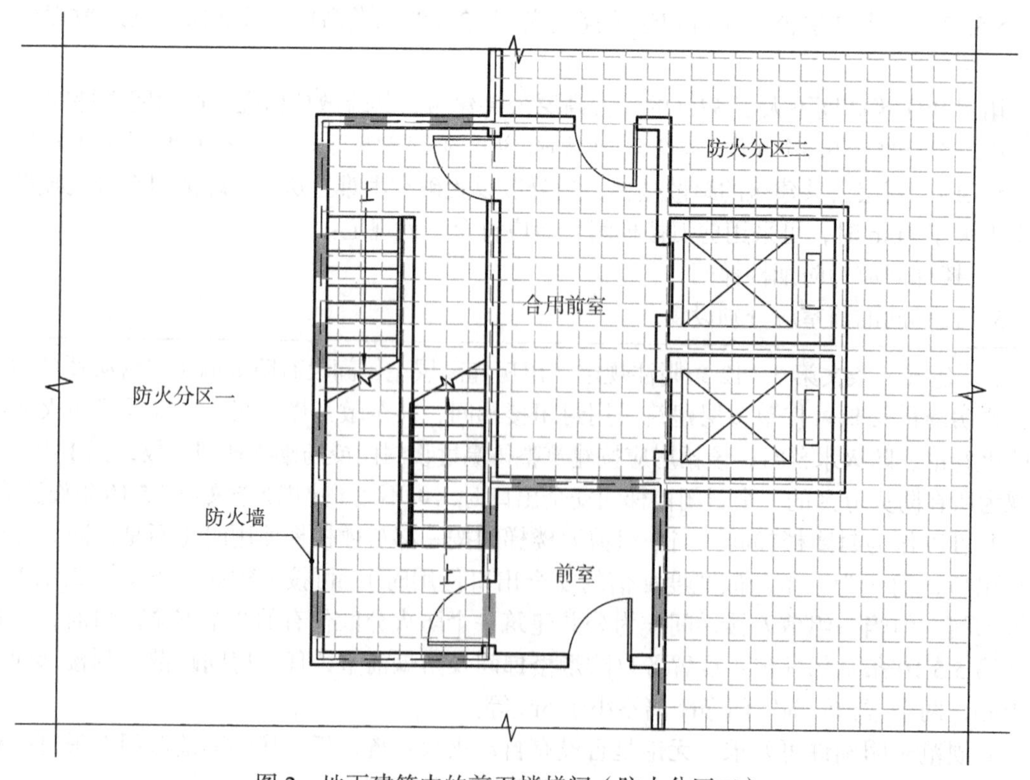

图 2　地下建筑中的剪刀楼梯间（防火分区二）

<table>
<tr><td>相关标准</td><td>

《建筑设计防火规范》

5.3.1　除本规范另有规定外，不同耐火等级建筑的允许建筑高度或层数、防火分区最大允许建筑面积应符合表 5.3.1 的规定。

第 5.3.1 条条文说明：防火分区的建筑面积包括各类楼梯间的建筑面积。

5.5.10　高层公共建筑的疏散楼梯，当分散设置确有困难且从任一疏散门至最近疏散楼梯间入口的距离不大于 10m 时，可采用剪刀楼梯间，但应符合下列规定：

1　楼梯间应为防烟楼梯间；

2　梯段之间应设置耐火极限不低于 1.00h 的防火隔墙；

3　楼梯间的前室应分别设置。

6.1.1　防火墙应直接设置在建筑的基础或框架、梁等承重结构上，框架、梁等承重结构的耐火极限不应低于防火墙的耐火极限。

6.1.7　防火墙的构造应能在防火墙任意一侧的屋架、梁、楼板等受到火灾的影响而破坏时，不会导致防火墙倒塌。

</td></tr>
<tr><td>问题解析</td><td>

1. 一组剪刀楼梯间不可以作为地下建筑一个防火分区仅有的 2 个安全出口。《建规》条文第 5.5.10 条规定了高层公共建筑一组剪刀楼梯间作为一个防火分区 2 个安全出口的消防措施。火灾危险性小、疏散和救援难度低的多层公共建筑可以参照执行，多、高层公共建筑均应在“确有困难”无法设置两个独立安全出口时，才能将一组剪刀楼梯间设计为一个防火分区仅有的 2 个安全出口，且需满足《建规》条文第 5.5.10 条规定的全部措施的要求。消防安全要求较高的地下建筑不可以简单参照执行。

2. 均不符合规定。如图 2 所示，楼梯间应被分别计入所在防火分区面积。如图 1 所示，各自独立（有各自前室和独立加压送风系统）的剪刀楼梯间作为不同防火分区安全出口时，应注意分隔墙体和楼板需满足不同防火分区间防火分隔要求。例如，防火墙耐火极限应不低于 3.0h，并应设在耐火极限不低于 3.0h 的梁柱墙等承重结构上，确保符合《建规》第 5.3.1 条、第 6.1.1 条、第 6.1.7 条条文规定。

</td></tr>
</table>

问题描述

问题 9　开敞阳台、外廊的防火分区与疏散距离

1. 如图 1 所示，疏散距离是否需要从室外阳台最远点算至楼梯间疏散门？是否需将室外阳台计入防火分区面积？

2. 图 2 中的建筑是采用敞开式外廊的商业建筑，划分防火分区时，开敞外廊位置是否需采取防火卷帘等防火分隔措施？

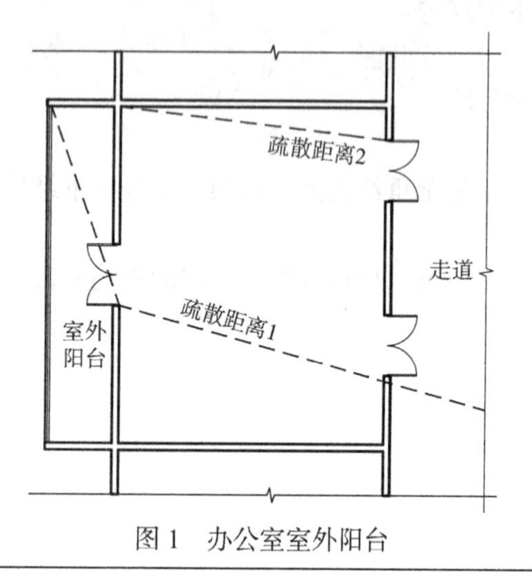

图 1　办公室室外阳台

防火卷帘　室内　防火墙　商铺　商铺　商铺　无需设置防火卷帘　开敞外廊　≥2m

图 2　商业建筑防火分区及外廊处防火分隔

相关标准

《建筑设计防火规范》

2.1.22　防火分区　fire compartment

在建筑内部采用防火墙、楼板及其他防火分隔设施分隔而成，能在一定时间内防止火灾向同一建筑的其余部分蔓延的局部空间。

5.5.17　公共建筑的安全疏散距离应符合下列规定：

4　一、二级耐火等级建筑内疏散门或安全出口不少于 2 个的观众厅、展览厅、多功能厅、餐厅、营业厅等，其室内任一点至最近疏散门或安全出口的直线距离不应大于 30m；当疏散门不能直通室外地面或疏散楼梯间时，应采用长度不大于 10m 的疏散走道通至最近的安全出口。

6.1.3　建筑外墙为难燃性或可燃性墙体时，防火墙应凸出墙的外表面 0.4m 以上，且防火墙两侧的外墙均应为宽度均不小于 2.0m 的不燃性墙体，其耐火极限不应低于外墙的耐火极限。

建筑外墙为不燃性墙体时，防火墙可不凸出墙的外表面，紧靠防火墙两侧的门、窗、洞口之间最近边缘的水平距离不应小于 2.0m；采取设置乙级防火窗等防止火灾水平蔓延的措施时，该距离不限。

第 6.1.3 条条文说明：对于难燃或可燃外墙，为阻止火势通过外墙横向蔓延，要求防火墙凸出外墙一定宽度，且应在防火墙两侧每侧各不小于 2.0m 范围内的外墙和屋面采用不燃性的墙体，并不得开设孔洞。不燃性外墙具有一定耐火极限且不会被引燃，允许防火墙不凸出外墙。

防火墙两侧的门窗洞口最近的水平距离规定不应小于 2.0m。根据火场调查，2.0m 的间距能在一定程度上阻止火势蔓延，但也存在个别蔓延现象。

问题解析

1.《建规》条文和安全疏散原则要求，均考虑室内任一点至安全出口的直线疏散距离。不设置可燃物和具体使用功能的室外阳台，可不被计入防火分区面积。图 1 中的有自然采光通风条件、无可燃物（无火灾危险性），且人少无功能（不增加室内疏散宽度）的不连续室外阳台空间，可不被计算疏散距离、不计入分区面积。

2. 不需要。外廊有疏散通道功能，不应设置防火卷帘。图 2 中的敞开式外廊防火分区分界处，不需设置防火卷帘、甲级防火门等分隔措施；需按《建规》条文第 6.1.3 条要求核实外廊的不燃性材料构造，注明防火墙两侧门窗洞口间距不小于 2.0m；不能满足时，应设置乙级防火门窗。

问题描述

问题1　公寓、宿舍建筑及疏散楼梯的设计

1. 执行《建规》时，如何确定居住型（居家型）公寓的消防设计依据及内容？

2. 5层及以下宿舍是否可以设置敞开楼梯间？

3. 公寓疏散楼梯间的首层，是否需设置扩大楼梯间或防烟前室？

相关标准

《建筑设计防火规范》

5.5.13　下列多层公共建筑的疏散楼梯，除与敞开式外廊直接相连的楼梯间外，均应采用封闭楼梯间：

1　医疗建筑、旅馆及类似使用功能的建筑；

5.1.1　注2除本规范另有规定外，宿舍、公寓等非住宅类居住建筑的防火要求，应符合本规范有关公共建筑的规定。

第5.1.1条条文说明：宿舍、公寓不同于住宅建筑，其防火设计要按照公共建筑的要求确定。具体设计时，要根据建筑的实际用途来确定其是按照本规范有关公共建筑的一般要求，还是按照有关旅馆建筑的要求进行防火设计。比如，用作宿舍的学生公寓或职工公寓，就可以按照公共建筑的一般要求确定其防火设计要求；而酒店式公寓的用途及其火灾危险性与旅馆建筑类似，其防火要求就需要根据本规范有关旅馆建筑的要求确定。

《宿舍建筑设计规范》

5.2.1　除与敞开式外廊直接相连的楼梯间外，宿舍建筑应采用封闭楼梯间。当建筑高度大于32m时应采用防烟楼梯间。

《公寓建筑设计标准》T/CECS 768—2020，自2021年4月1日起施行

5.1.5　公寓建筑的防火设计应符合现行国家标准《建筑设计防火规范》GB 50016有关公共建筑的有关规定。

8.4.4　既有建筑改造的防火设计应符合现行国家标准《建筑设计防火规范》GB 50016的有关规定。

问题解析

1.《建规》规定的公寓是指宿舍或旅馆类的公共建筑，不含20位及以上老年人居住生活使用的老年人照料设施类养老公寓（其见本书第二章第一节问题12）。确有供家庭成员使用的居家型公寓，需按住宅建筑相关规定执行时，应明确每套居住空间使用对象为家庭成员，户均使用人数不宜超过3人。并采取合理的补偿措施。公津建字〔2015〕59号文“关于设备管井检查门设置问题的复函”，对居住型公寓有以下规定：公寓为居住建筑，其防火应符合公共建筑的要求。但当设备管井布置在疏散楼梯间的合用前室外确有困难时，根据本规范第6.4.3条的有关防火目标要求，应符合下列要求：一、设备管井应敷设无火灾危险性的管道，如上下水金属管道和供暖金属管道、内敷矿物绝缘类不燃性电缆的电缆井；二、设备管井的检查门应采用甲级防火门；三、设备管井应在每层楼板处采用不低于楼板耐火极限的不燃材料或防火封堵材料封堵；四、设备管井不应影响人员安全疏散。

2. 除敞开外廊式布局，宿舍建筑内不应设敞开楼梯间。宿舍建筑尚需除《建规》外，按《宿舍建筑设计规范》相关规定设封闭楼梯间。

3. 旅馆类公寓的疏散楼梯间应按《建规》条文第5.5.13条要求设置封闭或防烟楼梯间；宿舍类公寓按《宿舍设计规范》条文第5.2.1条规定，也应设置封闭或防烟楼梯间。除敞开式外廊布局和不超过4层并将封闭楼梯间门通过不超过15m疏散通道直通室外的情况外（见《建规》条文第5.5.17条第2款规定），公寓疏散楼梯间首层应按《建规》条文第6.4.2条第4款或第6.4.3条第6款规定，设置扩大的封闭楼梯间或防烟楼梯间前室。

问题描述

问题 2　养老托幼等建筑内的疏散走道尽端房间设置的问题

如图 1 所示，某幼儿园建筑的二层设有尽端走道，走道尽端处设有只开 1 个疏散门的多个附属办公用房，是否符合规定？

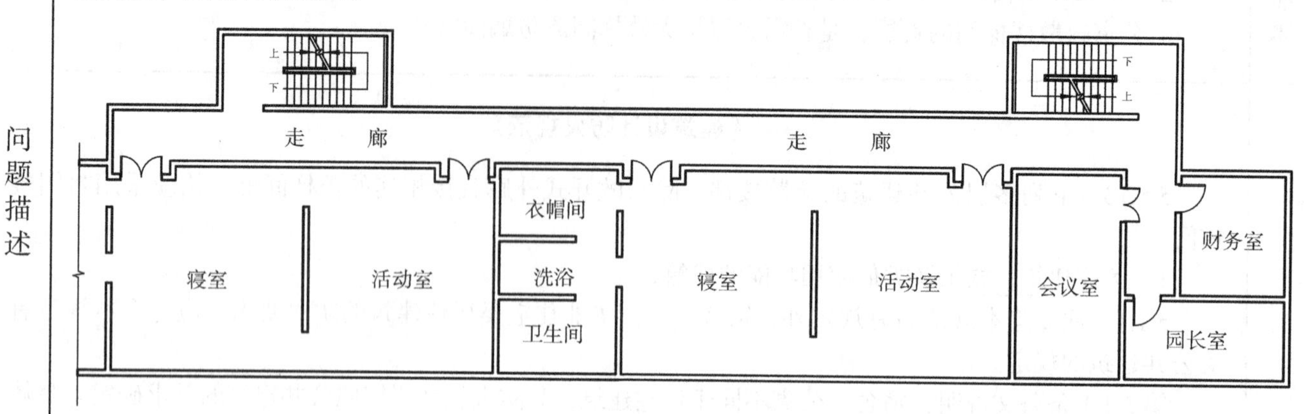

图 1　幼儿园建筑疏散走道尽端办公用房

相关标准

《建筑设计防火规范》

5.5.15　公共建筑内房间的疏散门数量应经计算确定且不应少于 2 个。除托儿所、幼儿园、老年人照料设施、医疗建筑、教学建筑内位于走道尽端的房间外，符合下列条件之一的房间可设置 1 个疏散门：

1　位于两个安全出口之间或袋形走道两侧的房间，对于托儿所、幼儿园、老年人照料设施，建筑面积不大于 $50m^2$；对于医疗建筑、教学建筑，建筑面积不大于 $75m^2$；对于其他建筑或场所，建筑面积不大于 $120m^2$。

2　位于走道尽端的房间，建筑面积小于 $50m^2$ 且疏散门的净宽度不小于 0.90m，或由房间内任一点至疏散门的直线距离不大于 15m、建筑面积不大于 $200m^2$ 且疏散门的净宽度不小于 1.40m。

3　歌舞娱乐放映游艺场所内建筑面积不大于 $50m^2$ 且经常停留人数不超过 15 人的厅、室。

第 5.5.15 条条文说明：袋形走道，是只有一个疏散方向的走道，因而位于袋形走道两侧的房间，不利于人员的安全疏散，但与位于走道尽端的房间仍有所区别。对于歌舞娱乐放映游艺场所，无论位于袋形走道或两个安全出口之间还是位于走道尽端，不符合本条规定条件的房间均需设置 2 个及以上的疏散门。对于托儿所、幼儿园、老年人照料设施、医疗建筑、教学建筑内位于走道尽端的房间，需要设置 2 个及以上疏散门；当不能满足此要求时，不能将此类用途的房间布置在走道的尽端。

问题解析

不符合规定。《建规》条文第 5.5.15 条，先明确公共建筑内房间应有两个疏散门；之后明确“托儿所、幼儿园、老年人照料设施、医疗建筑、教学建筑”（以下简称老幼医教建筑）这 4 类建筑的走道尽端房间除外，符合条件的其他建筑内房间可设置 1 个疏散门。规范编制组给出的建议是：“托儿所、幼儿园、老年人照料设施、医疗建筑、教学建筑内不宜设置尽端走道”。对老幼医教建筑内的弱势群体日常使用和安全疏散时可能到达的疏散走道，确需布置尽端走道时，应尽量布置有外窗的走道，避免火灾时的烟气弥漫，导致疏散视线差，增加了安全疏散隐患。因此，《建规》规定在老幼医教建筑内，确需设置位于走道尽端的房间时，必须有 2 个以上间距不小于 5m 的疏散门。老幼医教建筑内布置的办公室等附属用房，也应避免设置采光通风和排烟公共疏散走道，影响走道的疏散安全。图 1 可在附属用房的尽端走道入口处设置门或门禁、疏散标识等，避免火灾疏散时幼儿误入。

问题描述

问题3　与社区托老所、养老公寓有关的问题

1. 社区托老所是否应按老年人照料设施定性和执行相关消防规范？

2. 见图1，养老公寓未按《建规》条文第5.5.15条规定设置两个户门，是否符合规定？

3. 图2～图4的老年人照料设施电梯或消防电梯是否符合规定？消防电梯前室可否结合老年人公共活动区设置？如何理解对《建规》条文第5.5.14条非消防电梯的防烟措施的规定？

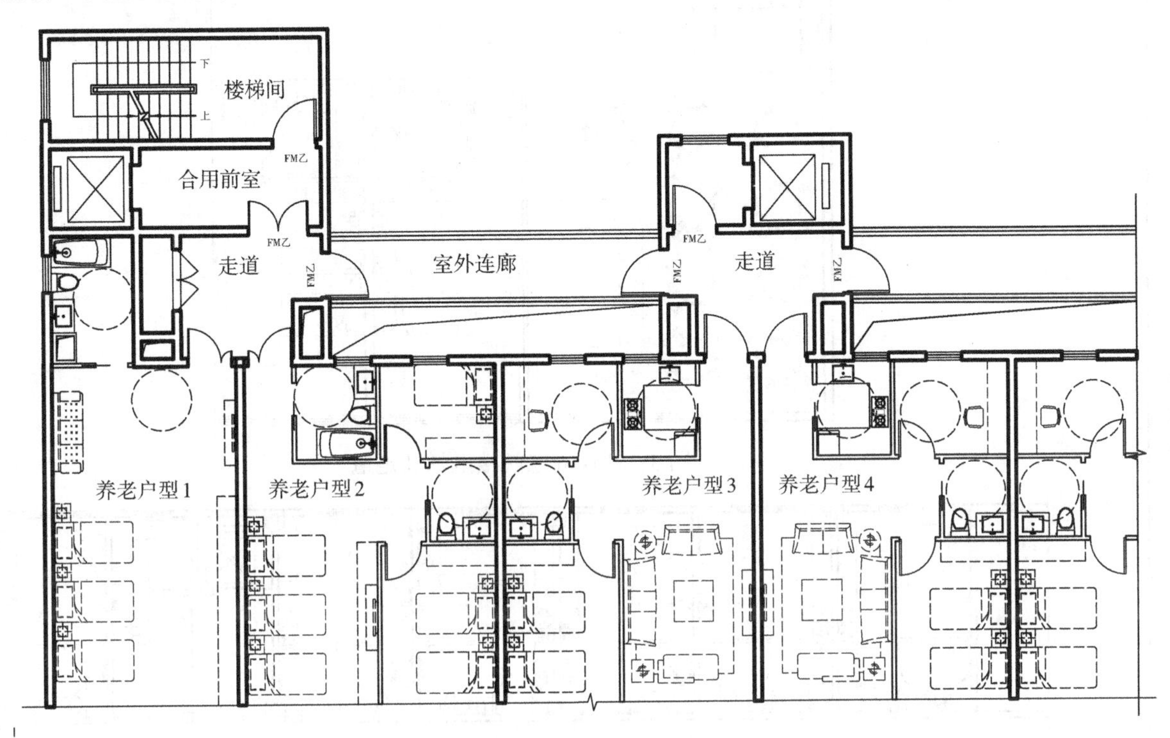

图1　高层有外廊的养老公寓平面局部图

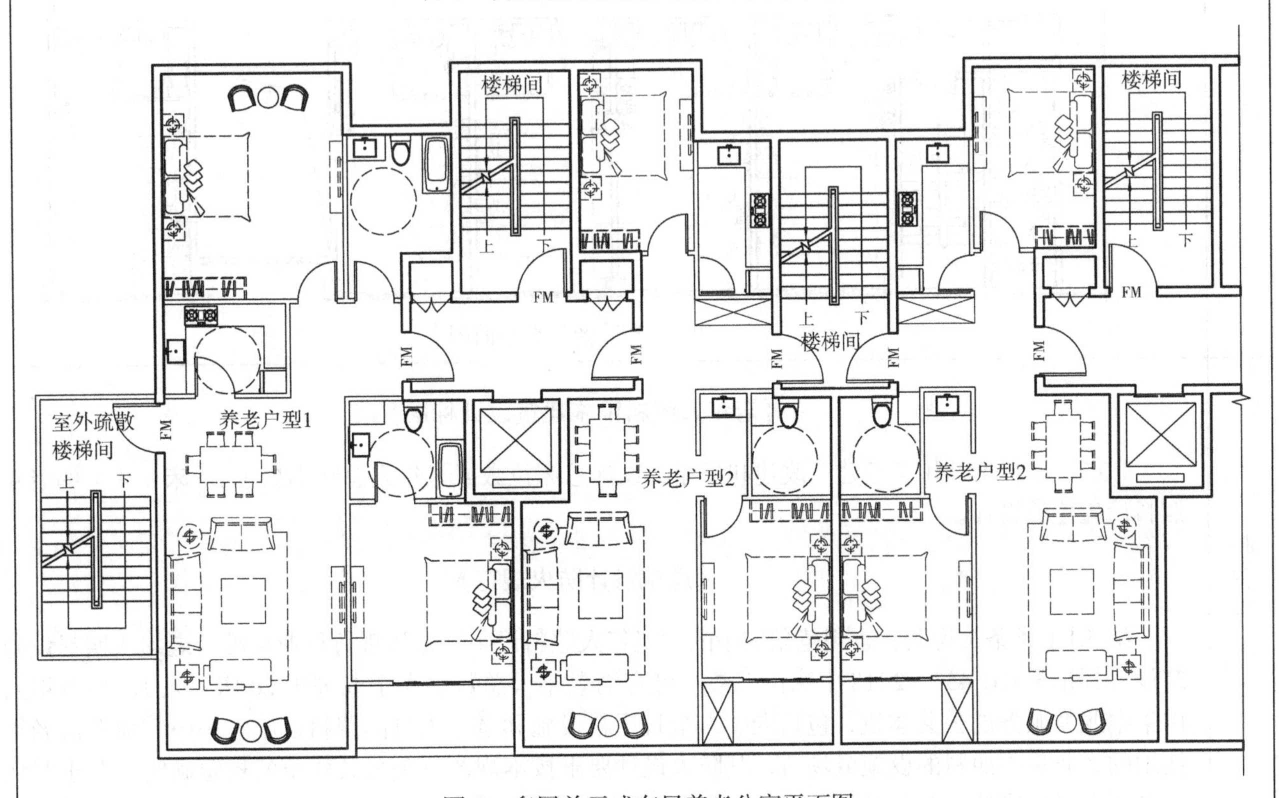

图2　多层单元式布局养老公寓平面图

问题描述

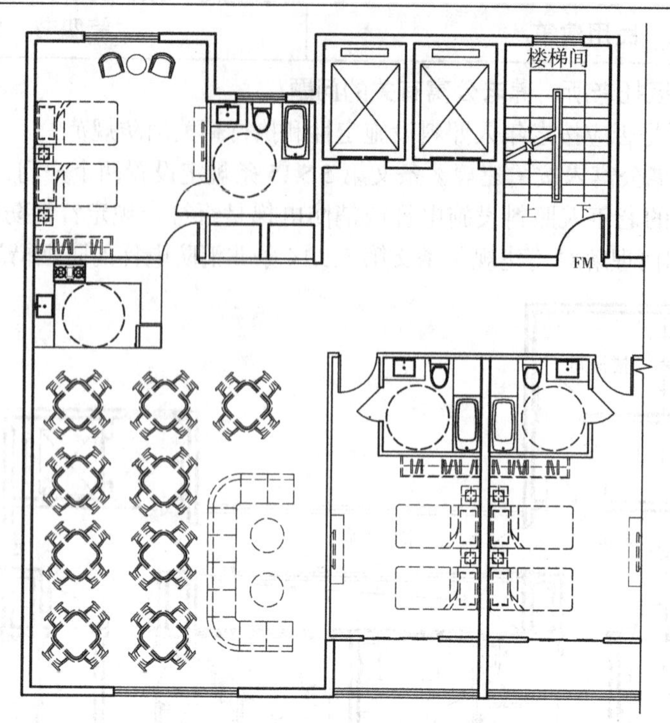

图 3　四层养老院楼电梯及走道

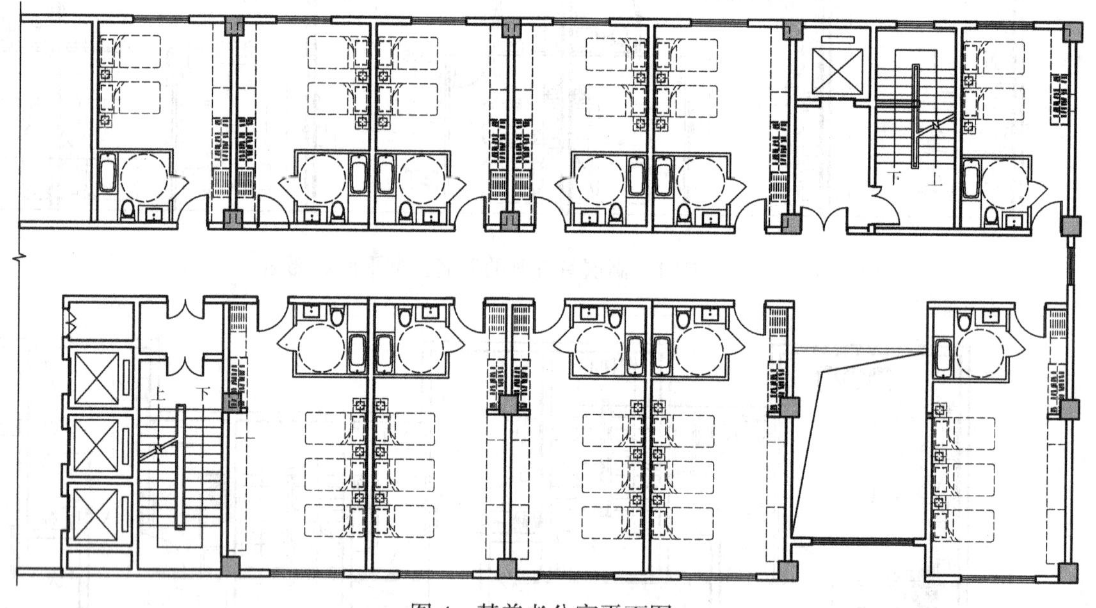

图 4　某养老公寓平面图

相关标准

《老年人照料设施建筑设计标准》

1.0.2　本标准适用于新建、改建和扩建的设计总床位数或老年人总数不少于 20 床（人）的老年人照料设施建筑设计。

《建筑设计防火规范》

第 5.1.1 条条文说明：本规范条文中的“老年人照料设施”是指现行行业标准《老年人照料设施建筑设计标准》JGJ 450—2018 中床位总数（可容纳老年人总数）大于或等于 20 床（人），为老年人提供集中照料服务的公共建筑，包括老年人全日照料设施和老年人日间照料设施。……其他专供老年人使用的、非集中照料的设施或场所，其防火设计要求按本规范有关公共建筑的规定确定；对于非住宅类老年人居住建筑，按本规范有关老年人照料设施的规定确定。

相关标准	5.5.15 公共建筑内房间的疏散门数量应经计算确定且不应少于2个。除托儿所、幼儿园、老年人照料设施、医疗建筑、教学建筑内位于走道尽端的房间外，符合下列条件之一的房间可设置1个疏散门： 1 位于两个安全出口之间或袋形走道两侧的房间，对于托儿所、幼儿园、老年人照料设施，建筑面积不大于50m^2；对于医疗建筑、教学建筑，建筑面积不大于75m^2；对于其他建筑或场所，建筑面积不大于120m^2。 5.5.14 公共建筑内的客、货电梯宜设置电梯候梯厅，不宜直接设置在营业厅、展览厅、多功能厅等场所内。老年人照料设施内的非消防电梯应采取防烟措施，当火灾情况下需用于辅助人员疏散时，该电梯及其设置应符合本规范有关消防电梯及其设置的要求。 7.3.1 下列建筑应设置消防电梯： 2 一类高层公共建筑和建筑高度大于32m的二类高层公共建筑、5层及以上且总建筑面积大于3000m^2（包括设置在其他建筑内五层及以上楼层）的老年人照料设施； 7.3.5 除设置在仓库连廊、冷库穿堂或谷物筒仓工作塔内的消防电梯外，消防电梯应设置前室，并应符合下列规定： 3 除前室的出入口、前室内设置的正压送风口和本规范第5.5.27条规定的户门外，前室内不应开设其他门、窗、洞口； 7.3.8 消防电梯应符合下列规定： 1 应能每层停靠； 2 电梯的载重量不应小于800kg； 3 电梯从首层至顶层的运行时间不宜大于60s； 4 电梯的动力与控制电缆、电线、控制面板应采取防水措施； 5 在首层的消防电梯入口处应设置供消防队员专用的操作按钮； 6 电梯轿厢的内部装修应采用不燃材料； 7 电梯轿厢内部应设置专用消防对讲电话。
问题解析	1. 20床（人）及以上的社区内托老所，应按《老年人照料设施建筑设计标准》和《建规》中涉及老年人照料设施相关条文规定执行。少于20床（人）的社区内托老所、老年人活动中心，可不在必须执行的范围。若有其他地方相关标准，具体项目可合理参照执行。 2. 不符合规定。为老年人提供集中照料服务的养老公寓，应执行《建规》老年人照料设施所有相关条文的要求。图1是老年人集中居住的建筑，虽然平面布局与单元式住宅相似，仍应定性为非住宅的公共建筑，各居住单位应执行《建规》条文第5.5.15条规定设置2个疏散门。 3. 图4基本符合规定。图2的楼（电）梯前室内有管井、房间门，不符合《建规》条文第7.3.5～7.3.8条消防电梯设置的规定；图3电梯厅连通的疏散走道内有大量房间门，不符合《建规》条文第5.5.14条非消防电梯的防烟要求。消防电梯前室不宜结合老年人（有大量可燃物障碍物的）公共活动区设置。老年人照料设施应先判断是否应设置消防电梯。建筑高度大于24m或建筑层数不少于5层、总建筑面积大于3000m^{2}的老年人照料设施，应设置消防电梯；消防电梯前室内（除疏散用乙级防火门外）不应有其他门、窗、洞口。消防电梯前室结合老年人平时活动功能区设置时，需同时结合避难间设置，应预留足够的避难面积，避难间内不应设置大量影响安全疏散的可燃物和障碍物。设有不需辅助疏散的非消防电梯时，也应执行《建规》第5.5.14条条文规定。注意老年人照料设施公共疏散通道区的防烟措施，包括：设置候梯厅，采用防火隔墙和乙级防火门与其他部分分隔；在电梯厅入口设置挡烟风幕；设置防烟前室等，参见《〈建规〉实施指南》第247页内容。

问题描述

问题 4　公共建筑内有桑拿房、汗蒸房的场所，按歌舞娱乐场所相关条文规定执行的问题

1. 如图 1 所示，有桑拿房、汗蒸房的休闲中心，其足浴休息室、客房是否应按《建规》条文第 5.4.9 条歌舞娱乐场所的要求执行？可否采用《建规》条文第 5.5.17 条第 4 款的大空间疏散方式？

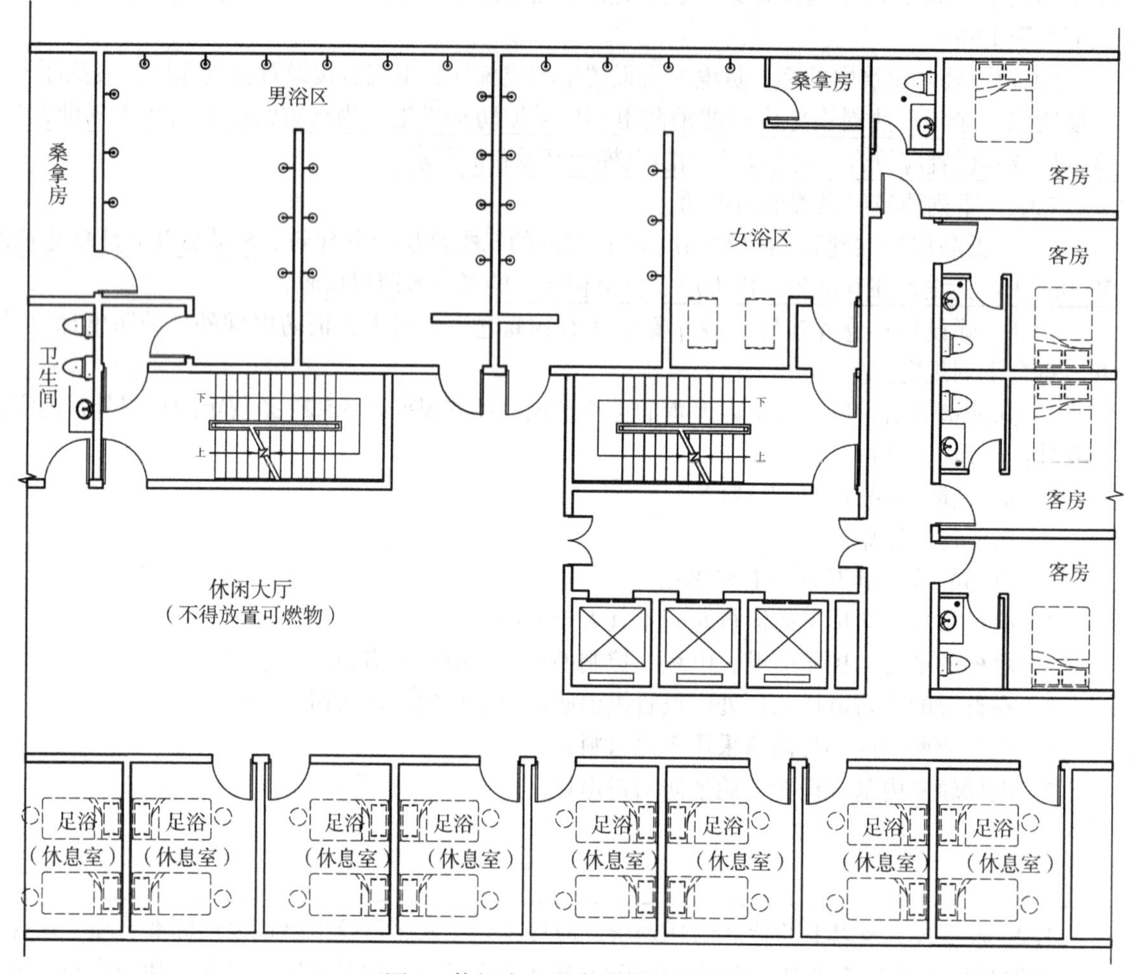

图 1　休闲中心桑拿房首层平面图

2. 图 2 是某酒店总统套房内的桑拿房；图 3 为办公商业综合体内游泳池淋浴区的桑拿房，哪些区域需按歌舞娱乐场所执行？

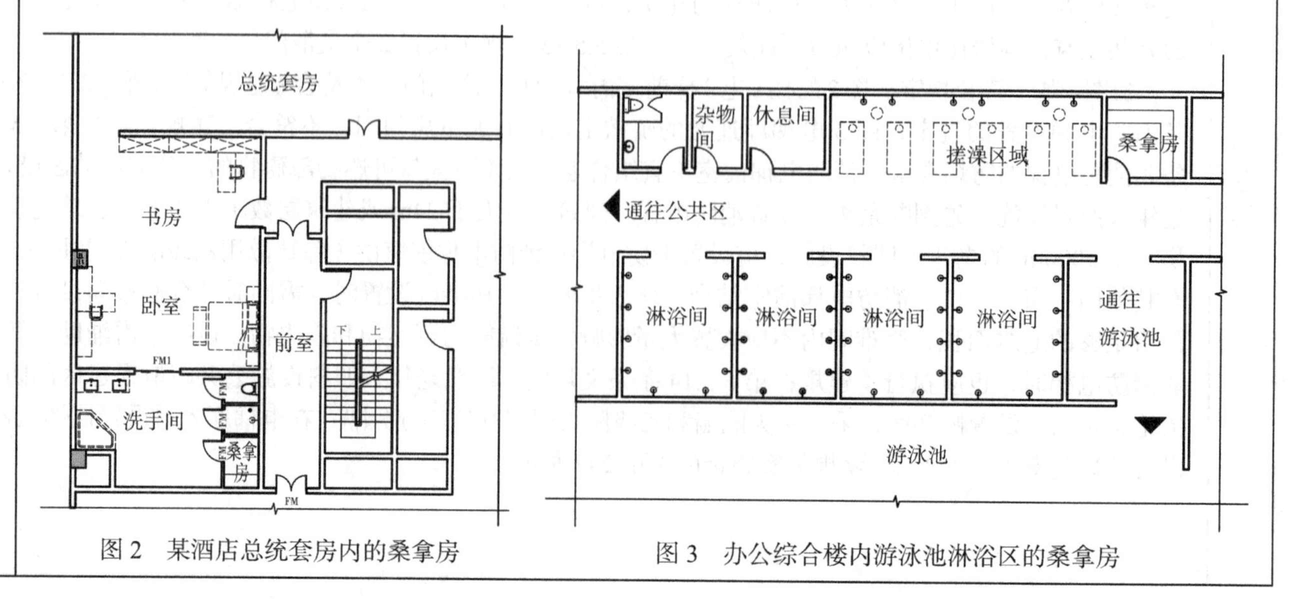

图 2　某酒店总统套房内的桑拿房

图 3　办公综合楼内游泳池淋浴区的桑拿房

问题描述

3. 如图 4 和图 5 所示，美容美发店内设置 SPA、按摩等小包间，是按歌舞娱乐游艺放映场所，还是可按公共娱乐场所设计疏散通道？

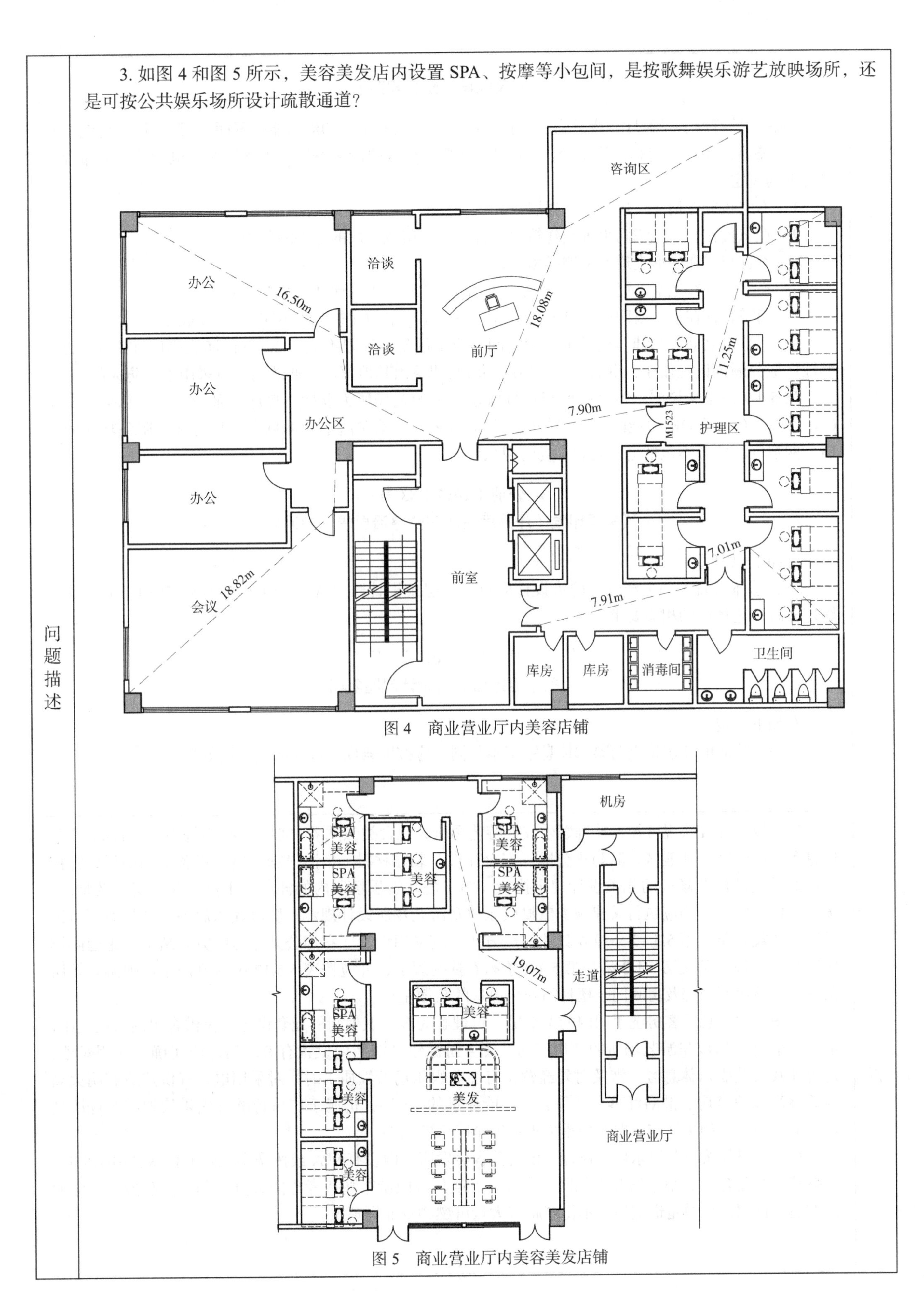

图 4　商业营业厅内美容店铺

图 5　商业营业厅内美容美发店铺

<table>
<tr><td>相关标准</td><td>

《建筑设计防火规范》

5.4.9　歌舞厅、录像厅、夜总会、卡拉OK厅（含具有卡拉OK功能的餐厅）、游艺厅（含电子游艺厅）、桑拿浴室（不包括洗浴部分）、网吧等歌舞娱乐放映游艺场所（不含剧场、电影院）的布置应符合下列规定：
1　不应布置在地下二层及以下楼层；
2　宜布置在一、二级耐火等级建筑内的首层、二层或三层的靠外墙部位；
3　不宜布置在袋形走道的两侧或尽端；
4　确需布置在地下一层时，地下一层的地面与室外出入口地坪的高差不应大于10m；
5　确需布置在地下或四层及以上楼层时，一个厅、室的建筑面积不应大于200m^2；
6　厅、室之间及与建筑的其他部位之间，应采用耐火极限不低于2.00h的防火隔墙和1.00h的不燃性楼板分隔，设置在厅、室墙上的门和该场所与建筑内其他部位相通的门均应采用乙级防火门。
第5.4.9条条文说明：本规范所指歌舞娱乐放映游艺场所为歌厅、舞厅、录像厅、夜总会、卡拉OK厅和具有卡拉OK功能的餐厅或包房、各类游艺厅、桑拿浴室的休息室和具有桑拿服务功能的客房、网吧等场所，不包括电影院和剧场的观众厅。

公消〔2017〕83号：
《关于印发〈汗蒸房消防安全整治要求〉的通知》

有如下规定：
一、总体设置（一）汗蒸房防火设计应符合《建筑设计防火规范》（GB 50016—2014）关于歌舞娱乐放映游艺场所的相关要求。

建规字〔2019〕1号
《关于足疗店消防设计问题复函》

有如下规定：
……足疗店的业态特点与桑拿休息室基本相同，应按歌舞娱乐放映游艺场所处理。
</td></tr>
<tr><td>问题解析</td><td>
1. 由以上标准法规可知，歌舞娱乐放映游艺场所，包含类似洗浴中心、足疗店等内部设置的按摩、休息等（能睡眠）功能区，其防火分隔、安全疏散、装修材料、消防设施、电气设备等消防设计需按歌舞娱乐放映游艺场所的相关设计规定执行。图1公共娱乐场所内的汗蒸、干蒸、桑拿房，及足浴、按摩、休息间等，均应执行《建规》歌舞娱乐放映游艺场所设计规定。歌舞娱乐放映游艺场所不可以采用《建规》条文第5.5.17条第4款的疏散方式，应采用设置厅室加公共走道的方式疏散；走道隔墙应满足《建规》条文第5.1.2条和第5.4.9条第6款的规定，并应按表5.5.17中歌舞娱乐放映游艺场所条目，复核房间内部及房间门至楼梯间安全出口的疏散距离。
2. 图2酒店总统客房洗手间内的桑拿房，可理解为客房卫生间的配套设施，仅供客房内人员使用，不属于歌舞娱乐放映游艺场所的使用空间。图4游泳馆淋浴间内设置有桑拿房，应明确其使用对象，是否涉及公共娱乐休息区。涉及对外经营（有商业娱乐场所性质）时，对采用电、气供热或有明火高温的淋浴间桑拿房、淋浴汗蒸房（易着火、能休息的空间），仍属于应执行歌舞娱乐放映游艺场所规定的范围，需按相关规定采取避免重大火灾安全隐患的措施。
3. 不可以仅按公共娱乐场所执行。该类美容美发店铺内设有SPA或按摩小包间（有休息用床）时，业态特点与足疗店、桑拿房基本相同，应按歌舞娱乐放映游艺场所考虑防火分隔和安全疏散，且应通过直通楼梯间的疏散走道疏散，不得穿越有大量可燃物营业厅疏散。
</td></tr>
</table>

问题描述	**问题 5　《建规》条文第 5.4.4 条儿童活动场所的设计范围问题** 1. 某商业建筑内，有儿童服装、儿童用品等专卖店，是否要按《建规》条文第 5.4.4 条儿童活动场所相关规定进行设计？其防火分区面积、防火分隔等消防设计依据是什么？ 2. 某高层商业综合体内，能否设置儿童乐园等儿童运动游戏场地？能否设置教育培训学校？其防火设计可否按商业营业厅的设计要求执行？ 3. 在新建及改造项目中，如何明确儿童活动场所使用对象的年龄？
相关标准	**《建筑设计防火规范》** 5.4.4　托儿所、幼儿园的儿童用房和儿童游乐厅等儿童活动场所宜设置在独立的建筑内，且不应设置在地下或半地下；当采用一、二级耐火等级的建筑时，不应超过 3 层；采用三级耐火等级的建筑时，不应超过 2 层；采用四级耐火等级的建筑时，应为单层；确需设置在其他民用建筑内时，应符合下列规定： 1　设置在一、二级耐火等级的建筑内时，应布置在首层、二层或三层； 2　设置在三级耐火等级的建筑内时，应布置在首层或二层； 3　设置在四级耐火等级的建筑内时，应布置在首层； 4　设置在高层建筑内时，应设置独立的安全出口和疏散楼梯； 5　设置在单、多层建筑内时，宜设置独立的安全出口和疏散楼梯。 第 5.4.4 条条文说明：本条规定中的“儿童活动场所”主要指设置在建筑内的儿童游乐厅、儿童乐园、儿童培训班、早教中心等类似用途的场所。这些场所与其他功能的场所混合建造时，不利于火灾时儿童疏散和灭火救援，应严格控制。托儿所、幼儿园或老年人活动场所等设置在高层建筑内时，一旦发生火灾，疏散更加困难，要进一步提高疏散的可靠性，避免与其他楼层和场所的疏散人员混合，故规范要求这些场所的安全出口和疏散楼梯要完全独立于其他场所，不与其他场所内的疏散人员共用，而仅供托儿所、幼儿园等的人员疏散用。 **《〈建筑设计防火规范〉局部修订条文》** **（征求意见稿）** 第 5.4.4 条有以下规定： ……其他儿童活动场所……：5　设置在单、多层建筑内时，应至少设置 1 个独立的安全出口和疏散楼梯。小学校的教学用房的布置要求应符合现行国家标准《中小学校设计规范》GB 50099 的规定。托儿所、幼儿园的儿童用房的布置要求应符合国家现行标准《托儿所、幼儿园建筑设计标准》JGJ 39 的规定。该条条文说明明确：指用于 12 周岁及以下儿童游艺、非学制教育和培训等活动的场所。
问题解析	1. 销售儿童服装商业店铺，购买行为的对象主要是成年人，因此不改变商业营业厅建筑性质，其防火分区防火设计可仍按商业营业厅相关规范执行。 2. 可以，面积、分隔措施等见《建规》条文第 5.4.4 条规定。商业等公共建筑内儿童游乐厅、儿童乐园、儿童培训班、早教中心等类似用途的场所，无论是否有成年人陪同，该场所的主要使用对象是 0～14 岁以下儿童（社会学常用概念范畴，联合国《儿童权利公约》为 0～18 岁）。宜按《建规》第 1.0.4 条条文要求对与商业营业厅使用功能有差异的儿童活动场所进行防火分隔；其所在商业防火分区面积应符合《建规》条文第 5.3.1 条表中“其他”列的规定；多层建筑宜有（高层建筑应有）儿童活动场所独立使用的疏散楼梯；商业建筑内培训教室等功能区的安全疏散距离，应满足《建规》条文第 5.5.17 条第 1、3 款规定。 3.《〈建筑设计防火规范〉局部修订条文》（征求意见稿）已明确为 12 周岁及以下儿童游艺、非学制教育和培训等活动的场所可参照执行。注意，宜同时执行该标准其他相关条文要求，如，在多层建筑内应至少设置 1 个独立安全出口。

问题描述

问题 6 中小学建筑的疏散总净宽度计算

1.《建规》和专项规范疏散计算条文要求不一致，对于一、二级耐火等级的中小学教学楼，如何计算各层疏散人数和楼梯间最小疏散总净宽度？

2. 教学楼首至三层为学生教室，四层无学生使用空间，仅有教师使用的少量教研办公空间。可否设置门禁，让学生使用部分按 3 层教学楼建筑计算学生楼梯疏散总净宽度？

相关标准

《建筑设计防火规范》

5.5.21 除剧场、电影院、礼堂、体育馆外的其他公共建筑，其房间疏散门、安全出口、疏散走道和疏散楼梯的各自总净宽度，应符合下列规定：

1 每层的房间疏散门、安全出口、疏散走道和疏散楼梯的各自总净宽度，应根据疏散人数按每 100 人的最小疏散净宽度不小于表 5.5.21-1 的规定计算确定。

表 5.5.21-1 疏散门、安全出口、走道、楼梯 100 人最小疏散净宽度（m/ 百人）

建筑层数		建筑的耐火等级		
		一、二级	三级	四级
地上楼层	1～2 层	0.65	0.75	1.00
	3 层	0.75	1.00	—
	≥ 4 层	1.00	1.25	—

《中小学校设计规范》

8.2.3 中小学校建筑的安全出口、疏散走道、疏散楼梯和房间疏散门等处每 100 人的净宽度应按表 8.2.3 计算。同时，教学用房的内走道净宽度不应小于 2.40m，单侧走道及外廊的净宽度不应小于 1.80m。

表 8.2.3 安全出口、疏散走道、疏散楼梯和房间疏散门每 100 人的净宽度（m）

所在楼层位置	耐火等级		
	一、二级	三级	四级
地上一、二层	0.70	0.80	1.05
地上三层	0.80	1.05	—
地上四、五层	1.05	1.30	—
地下一、二层	0.80	—	—

《宿舍建筑设计规范》

5.2.4 宿舍建筑内安全出口、疏散通道和疏散楼梯的宽度应符合下列规定：

1 每层安全出口、疏散楼梯的净宽应按通过人数每 100 人不小于 1.00m 计算，当各层人数不等时，疏散楼梯的总宽度可分层计算，下层楼梯的总宽度应按本层及以上楼层疏散人数最多一层的人数计算，梯段净宽不应小于 1.20m；

问题解析

1. 教学楼的疏散人数应以实际最大使用人数确定。应满足《建规》和《中小学校设计规范》的规定，疏散计算应依据新标准的要求，严格执行。《建规》条文第 5.5.21 条以阿拉伯数字表述建筑总楼层，4 层教学楼的各层均应满足每百人最小疏散净宽 1.0m 的规定。《中小学校设计规范》条文第 8.2.3 条以中文数字表述所在楼层，4 层教学楼的第四层百人计算指标应满足 1.05m（大于《建规》1.0m 的规定）；一至三层百人计算指标应执行《建规》1.0m 的规定（大于《中小学校设计规范》规定）。同理，宿舍建筑物无论层数均应按每百人不小于 1.0m 计算，见《宿舍建筑设计规范》条文第 5.2.4 条第 1 款的规定。

2. 宜按实际建筑层数 4 层进行疏散计算。公共建筑楼梯间宜通过屋顶连通。当 4 层局部面积不大于 200m²，最大使用人数不超过 50 人，屋面有满足疏散避难条件的室外安全区时，可参照《建规》条文第 5.5.11 条的规定执行。

问题描述

问题 1　住宅建筑相邻单元外窗防火间距

1. 住宅建筑相邻户间外窗的防火间距是多少？

2. 单元式住宅建筑相邻单元相对的外墙间有无防火间距的要求？若有，依据的条文是什么？

3. 见图 1，住宅建筑单元与单元之间凹槽设计，与图 2《〈建规〉图示》的表示要求不一致，是否违反《建规》强制性条文的相关要求？

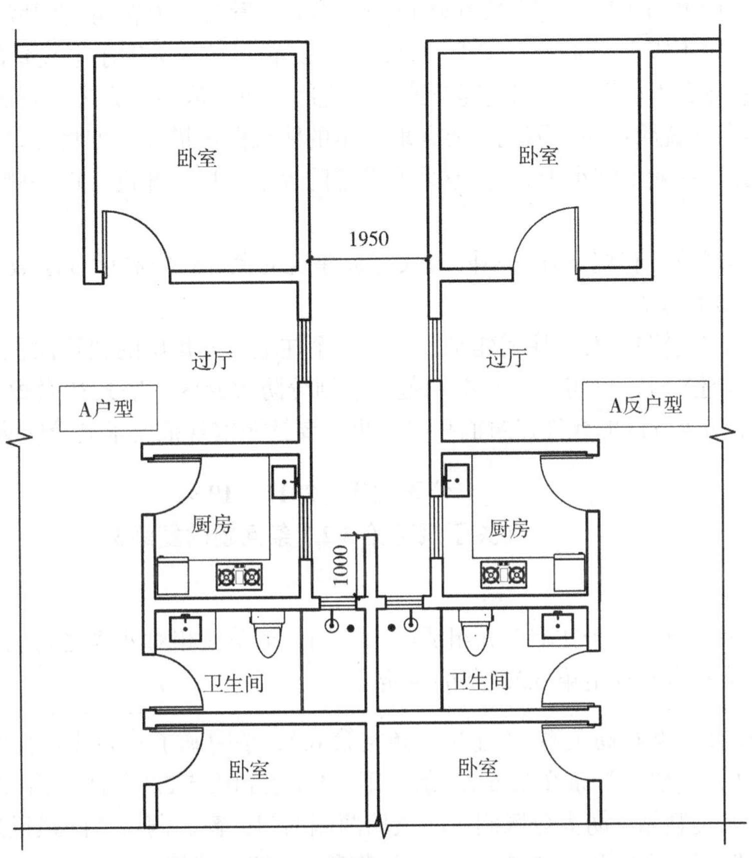

图 1　高层住宅单元外墙上相对外窗防火间距

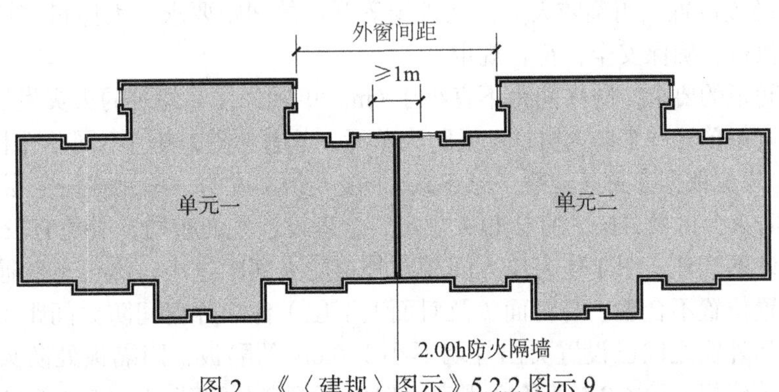

图 2　《〈建规〉图示》5.2.2 图示 9

相关标准

《建筑设计防火规范》

5.2.2　民用建筑之间的防火间距不应小于表 5.2.2 的规定，与其他建筑的防火间距，除应符合本节规定外，尚应符合本规范其他章的有关规定。

注：6　相邻建筑通过连廊、天桥或底部的建筑物等连接时，其间距不应小于本表的规定。

<table>
<tr><td>相关标准</td><td>
第 5.2.2 条条文说明：……对于回字形、U 型、L 型建筑等，两个不同防火分区的相对外墙之间也要有一定的间距，一般不小于 6m，以防止火灾蔓延到不同分区内。
6.2.5　……住宅建筑外墙上相邻户开口之间的墙体宽度不应小于 1.0m；小于 1.0m 时，应在开口之间设置突出外墙不小于 0.6m 的隔板。
6.1.3　……建筑外墙为不燃性墙体时，防火墙可不凸出墙的外表面，紧靠防火墙两侧的门、窗、洞口之间最近边缘的水平距离不应小于 2.0m；采取设置乙级防火窗等防止火灾水平蔓延的措施时，该距离不限。
6.1.4　建筑内的防火墙不宜设置在转角处，确需设置时，内转角两侧墙上的门、窗、洞口之间最近边缘的水平距离不应小于 4.0m；采取设置乙级防火窗等防止火灾水平蔓延的措施时，该距离不限。
6.3.7　建筑屋顶上的开口与邻近建筑或设施之间，应采取防止火灾蔓延的措施。
第 6.3.7 条条文说明：……因此，要采取一定的防火保护措施，如将开口布置在距离建筑高度较高部分较远的地方，一般不宜小于 6m，或采取设置防火采光顶、邻近开口一侧的建筑外墙采用防火墙等措施。
5.3.1　除本规范另有规定外，不同耐火等级建筑的允许建筑高度或层数、防火分区最大允许建筑面积应符合表 5.3.1 的规定。
第 5.3.1 条条文说明：对于住宅建筑，一般每个住宅单元每层的建筑面积不大于一个防火分区的允许建筑面积，当超过时，仍需要按照本规范要求划分防火分区。塔式和通廊式住宅建筑，当每层的建筑面积大于一个防火分区的允许建筑面积时，也需要按照本规范要求划分防火分区。
公津建字〔2016〕19 号
《关于规范第 5.2.2 条问题的复函》
有以下规定：
“当一座住宅建筑由多个住宅单元组成时，不同住宅单元相对外墙之间也要有一定的间距，一般不应小于 6m，并应符合本规范第 6.2.5 条的规定。”
</td></tr>
<tr><td>问题解析</td><td>
1. 看外窗所在户型布局关系。《建规》条文第 6.2.5 条明确了不同住户窗间墙、窗槛墙防火分隔要求。此外尚需注意《建规》条文第 6.1.3 条、第 6.1.4 条和第 5.2.2 条注 6 条文说明等规定，《建规》条文第 6.1.3 条已明确紧靠（防火分区间）防火墙两侧的门、窗、洞口之间最近边缘的水平距离不应小于 2.0m。非单元式、层面积超过 1500m^2 的住宅建筑，应按《建规》条文第 5.3.1 条明确每层防火分区面积和防火分隔设置位置，明确防火分区间外窗等开口的间距要求；大体量多塔多单元住宅要根据具体设计情况合理执行，确保安全，符合规定。
2. 有防火间距的要求，防火间距不宜小于 6m。单元式住宅建筑的火灾发展和安全疏散主要在竖向范围进行，宜按每单元一个防火分区（或防火单元）考虑。图 2 表达不同单元相对外墙的防火间距，要求不小于 6m，规范依据参见《建规》第 5.2.2 条注 6 条文说明。单元式住宅层建筑面积小，《建规》未要求按层设置防火分区及分隔，宜按相关规定，合理设计平面布局，避免有较大火灾隐患的设计方案。
3. 图 1 设计不合理，图 1 住宅单元间相对外窗防火间距过小、深，自然通风条件较差，厨房、过道、书房的设置位置不合理，与对面（及对面上下层）住户外窗间防火间距不足，有较大的火灾安全隐患。图 1 户间外窗之间已设置突出外墙不小于 0.6m 的隔板，因隔板处防火间距过小、排烟效果太差，虽未违反《建规》第 6.2.5 条条文规定，但仍不符合公津建字〔2016〕19 号文规定。同时任一户型发生火灾时，着火户型的上层两侧多户仍有较大安全隐患。《建规》虽未有明确的强制性条文规定，但《建规》第 5.2.2 条条文说明有较严格的安全要求，有条件时应尽可能满足；确有困难时，应采取可靠的消防安全保障措施。宜参考《建规》条文第 6.3.7 条采取防止火灾蔓延的有效措施。例如，错开相对外墙窗口的设置位置，使外窗防火间距不小于 6m；两侧相对外窗设置（火灾时能自动关闭的）甲级防火窗等。《建筑防火通用规范》（征求意见稿）明确了消防设计基本原则：建筑应具备与其使用性质及火灾危险性相适应的消防安全水平。
</td></tr>
</table>

问题描述

问题 2　设置住宅电梯时应注意的问题

1. 如图 1 所示，某 7 层 20.8m 高的住宅，设有电梯，户门没有采用防火门，是否符合规定？

2. 规范规定，电梯不应贴邻卧室布置，图 1 电梯与卧室之间设置双层墙是否符合规定？如果相邻房间是活动室或书房，设置双层墙是否符合规定？

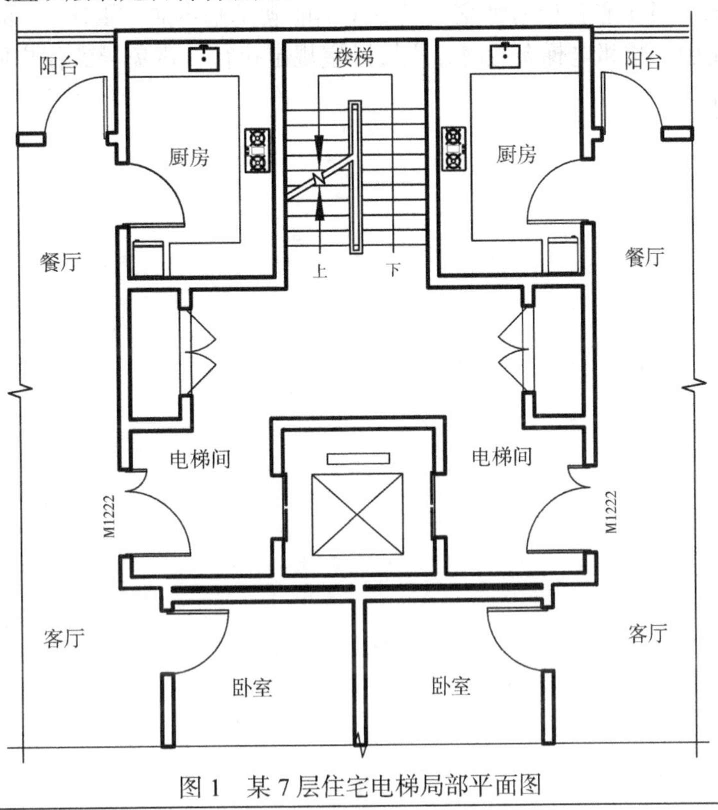

图 1　某 7 层住宅电梯局部平面图

相关标准

《建筑设计防火规范》

5.5.27　住宅建筑的疏散楼梯设置应符合下列规定：

1　建筑高度不大于 21m 的住宅建筑可采用敞开楼梯间；与电梯井相邻布置的疏散楼梯应采用封闭楼梯间，当户门采用乙级防火门时，仍可采用敞开楼梯间。

第 5.5.27 条条文说明：电梯井是烟火竖向蔓延的通道，火灾和高温烟气可借助该竖井蔓延到建筑中的其他楼层，会给人员安全疏散和火灾的控制与扑救带来更大困难。对于建筑高度低于 33m 的住宅建筑，考虑到其竖向疏散距离较短，如每层每户通向楼梯间的门具有一定的耐火性能，能一定程度降低烟火进入楼梯间的危险，因此，可以不设封闭楼梯间。

《住宅设计规范》

6.4.7　电梯不应紧邻卧室布置。当受条件限制，电梯不得不紧邻兼起居的卧室布置时，应采取隔声、减振的构造措施。

7.3.1　卧室、起居室（厅）内噪声级，应符合下列规定：

1　昼间卧室内的等效连续 A 声级不应大于 45dB；

2　夜间卧室内的等效连续 A 声级不应大于 37dB；

3　起居室（厅）的等效连续 A 声级不应大于 45dB。

7.3.2　分户墙和分户楼板的空气声隔声性能应符合下列规定：……。

7.3.5　起居室（厅）不宜紧邻电梯布置。受条件限制起居室（厅）紧邻电梯布置时，必须采取有效的隔声和减振措施。

问题解析	1. 不符合规定。根据《建规》条文第 5.5.27 条规定，户门应采用乙级防火门。设置封闭楼梯间时，户门方可采用普通门。 2. 不符合规定。电梯贴临卧室布置，违反《住宅设计规范》第 6.4.7 条强制性条文规定。设置支撑结构未断开的双层墙，或未设置合理使用功能和空间隔开时，仍应视为电梯紧邻卧室布置。电梯贴临客厅布置时，应明确其实际隔声减振措施及隔声量、噪声声级等设计情况，并符合《住宅设计规范》等相关标准要求。当住宅套型内卧室数量少（不能满足基本居住要求），活动室或书房的空间大概率会需兼做卧室使用，紧邻电梯布置时，应按卧室规定执行，避免导致住户使用上的不合理不方便，并导致纠纷、投诉。

问题描述

问题3　高层（多层）住宅户门及首层门厅防火

1. 见图1，33～54m的高层住宅，户型3和户型4通过小过道进入合用前室，南侧两户门是否可以不做乙级防火门？图1布局是否违反《建规》第5.5.27条第3款规定？

2. 图2为超过4层的住宅建筑，地上敞开楼梯间首层不能直通室外时，可否不设置扩大封闭楼梯间？图2的住宅地下2层设置封闭楼梯间，当地上4层敞开楼梯间通过门厅直通室外时，仅地下楼梯间首层设置乙级防火门，这样的设置是否符合规定？

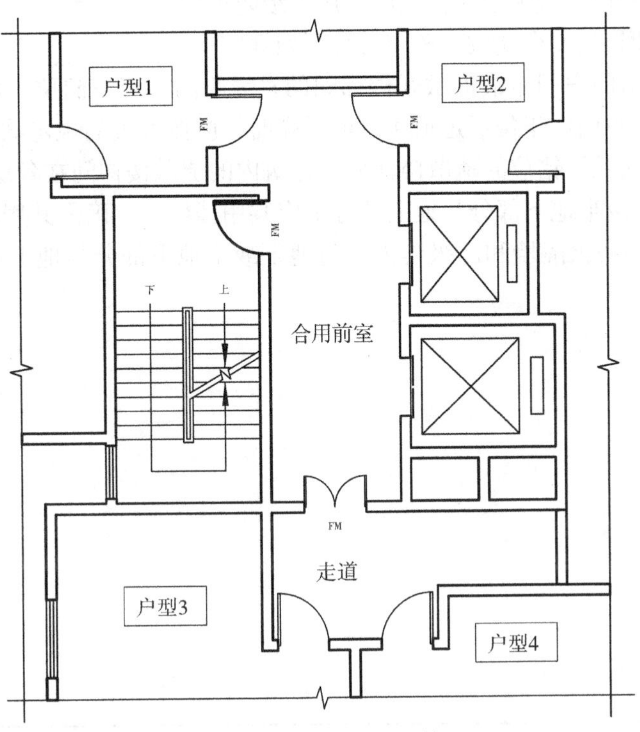

图1　高层住宅核心筒

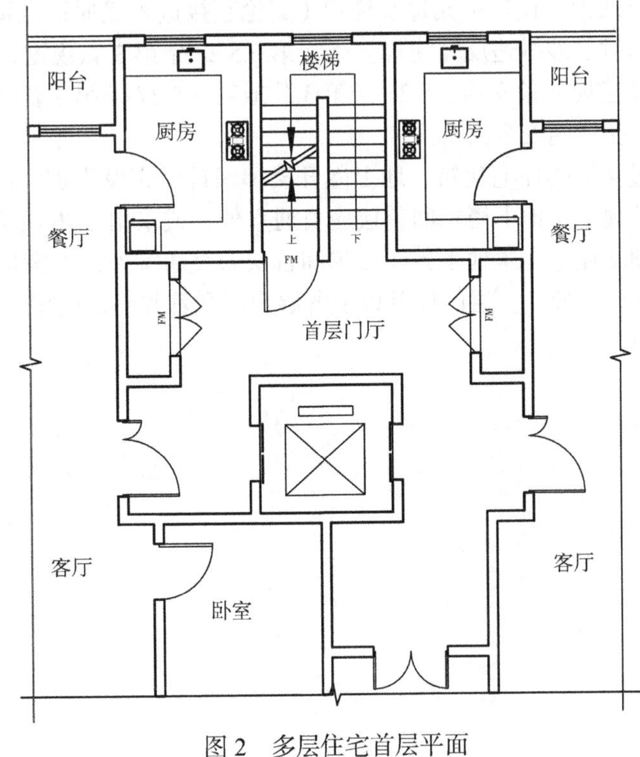

图2　多层住宅首层平面

相关标准	**《建筑设计防火规范》** 5.5.26　建筑高度大于27m，但不大于54m的住宅建筑，每个单元设置一座疏散楼梯时，疏散楼梯应通至屋面，且单元之间的疏散楼梯应能通过屋面连通，户门应采用乙级防火门。当不能通至屋面或不能通过屋面连通时，应设置2个安全出口。 5.5.27　住宅建筑的疏散楼梯设置应符合下列规定： 3　建筑高度大于33m的住宅建筑应采用防烟楼梯间。户门不宜直接开向前室，确有困难时，每层开向同一前室的户门不应大于3樘且应采用乙级防火门。 5.5.29　住宅建筑的安全疏散距离应符合下列规定： 2 直通疏散走道的户门至最近敞开楼梯间的直线距离，当户门位于两个楼梯间之间时，应按本表的规定减少5m；当户门位于袋形走道两侧或尽端时，应按本表的规定减少2m。 6.4.4　除通向避难层错位的疏散楼梯外，建筑内的疏散楼梯间在各层的平面位置不应改变。 3　建筑的地下或半地下部分与地上部分不应共用楼梯间，确需共用楼梯间时，应在首层采用耐火极限不低于2.00h的防火隔墙和乙级防火门将地下或半地下部分与地上部分的连通部位完全分隔，并应设置明显的标志。
问题解析	1. 南侧两户户门应为乙级防火门，见《建规》条文第5.5.26条规定。图1布局确有争议，有规范编制或消防审查人员认为，住宅单元每层住户（无论直接进入或通过走道）进入同一楼梯间前室疏散的户门总数大于3樘时，涉嫌违反《建规》条文第5.5.27条第3款规定，图1案例若为54m以上高层住宅，则涉嫌违反《建规》条文第5.5.25条第3款或第5.5.27条第3款规定。图1案例的建筑总高不大于54m，可设一个楼梯间安全出口。 2. 不合规。超过4层的住宅建筑，地上敞开楼梯间首层应设为扩大的封闭楼梯间，见《建规》条文第5.5.29条第2款规定。地下楼梯间首层应直通室外，或采用2.0h防火隔墙和乙级防火门与地上连通部分完全分隔。图2住宅建筑地下封闭楼梯间首层未直通室外，不满足《建规》条文第6.4.4条第2款规定，地上开敞楼梯间处，首层门厅及以上各层户门和管井门，应按《建规》条文第6.4.4条第3款规定设置乙级防火门。

问题描述

问题 4　高层住宅楼梯间通顶或连通设计

1. 按《建规》第 5.5.26 条规定通过屋面连通的住宅建筑单元楼梯间能算两个安全出口吗？

2. 图 1 建筑高度大于 27，小于 54m 的高层住宅坡屋顶建筑只有一个单元，可否只设置一部疏散楼梯？如何理解《建规》第 5.5.26 条“当不能通至屋面或不能通过屋面连通时”这句话？

3. 高层住宅有 3 个和 3 个以上的单元，其中，一个多层单元高度不足 27m，与其他单元屋面高差大，可否不连通？如何连通？

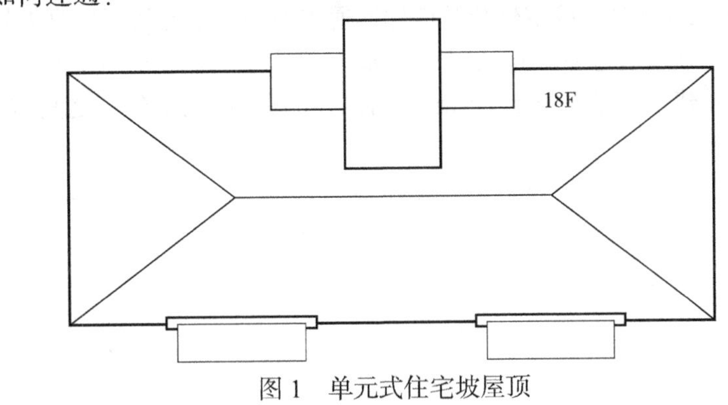

图 1　单元式住宅坡屋顶

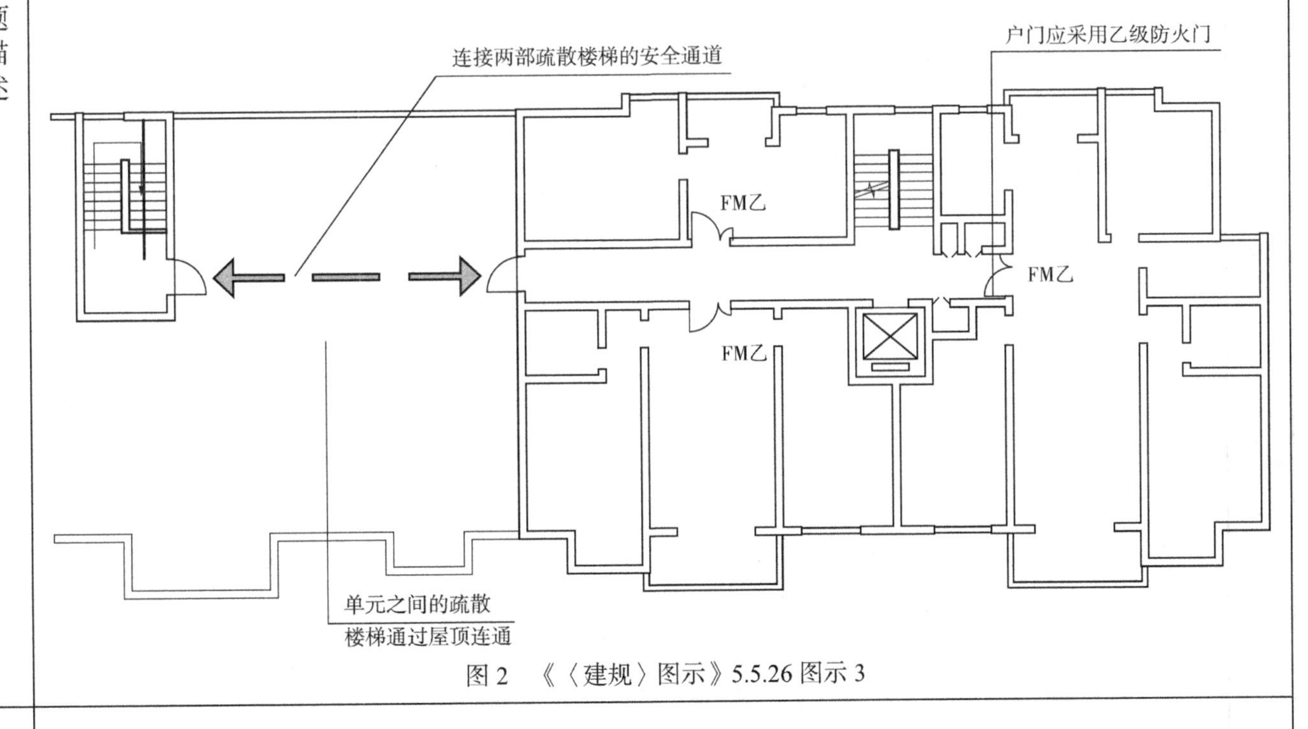

图 2　《〈建规〉图示》5.5.26 图示 3

相关标准

《建筑设计防火规范》

5.5.26　建筑高度大于 27m，但不大于 54m 的住宅建筑，每个单元设置一座疏散楼梯时，疏散楼梯应通至屋面，且单元之间的疏散楼梯应能通过屋面连通，户门应采用乙级防火门。当不能通至屋面或不能通过屋面连通时，应设置 2 个安全出口。

第 5.5.26 条条文说明：设置 1 个安全出口时，可以通过将楼梯间通至屋面并在屋面将各单元连通来满足 2 个不同疏散方向的要求，便于人员疏散；对于只有 1 个单元的住宅建筑，可将疏散楼梯仅通至屋顶。此外，由于此类建筑高度较高，即使疏散楼梯能通至屋顶，也不等同于 2 部疏散楼梯。

5.5.27　住宅建筑的疏散楼梯设置应符合下列规定：

3　建筑高度大于 33m 的住宅建筑应采用防烟楼梯间。户门不宜直接开向前室，确有困难时，每层开向同一前室的户门不应大于 3 樘且应采用乙级防火门。

问题解析	1. 不算两个安全出口。《建规》条文第 5.5.26 条规定了可设置一部疏散楼梯的条件。 2. 可只设置一部疏散楼梯，但必须将疏散楼梯通至屋面。图 1 坡屋面应设置能满足该住宅一半总使用人员临时避难要求的屋顶室外平台（避难面积可按照《建规》条文第 5.5.23 条第 3 款 5 人 /m^2 指标计算确定）。不能满足时，应属于《建规》条文第 5.5.26 条“不能通至屋面”的规定执行，需设置 2 个疏散楼梯间安全出口。有 2 个及以上单元时，每个单元的疏散楼梯间应均能满足屋面连通要求。 3. 有条件时应连通，做法见图 2《〈建规〉图示》5.5.26 图示 3。在较低单元屋面设疏散走廊通至较高单元疏散楼梯间，较高单元的楼梯间应仍通至屋面，住宅单元间宜通过屋面同层连通；当不同屋面高差层数少（宜≤2层）时，设室外疏散楼梯连通较安全；单元间屋面高差较大时，宜参考图2设置。2 单元高差较大确实难以通过屋面连通时，比如，高层与多层单元不连通，可确定为多层和高层住宅贴邻建造，需满足《建规》条文第 5.2.2 条（含附注）规定的两个建筑之间防火间距的要求。

问题描述

问题 5　高层住宅多个楼梯电梯共用前室的问题

图 1，某高度大于 54m 的高层住宅建筑，设置两部独立的防烟楼梯间，共用前室与消防电梯前室共同组成“三合一前室”，是否符合规定？为什么图 1 中两个用于安全疏散的楼梯间不能共用防烟前室？

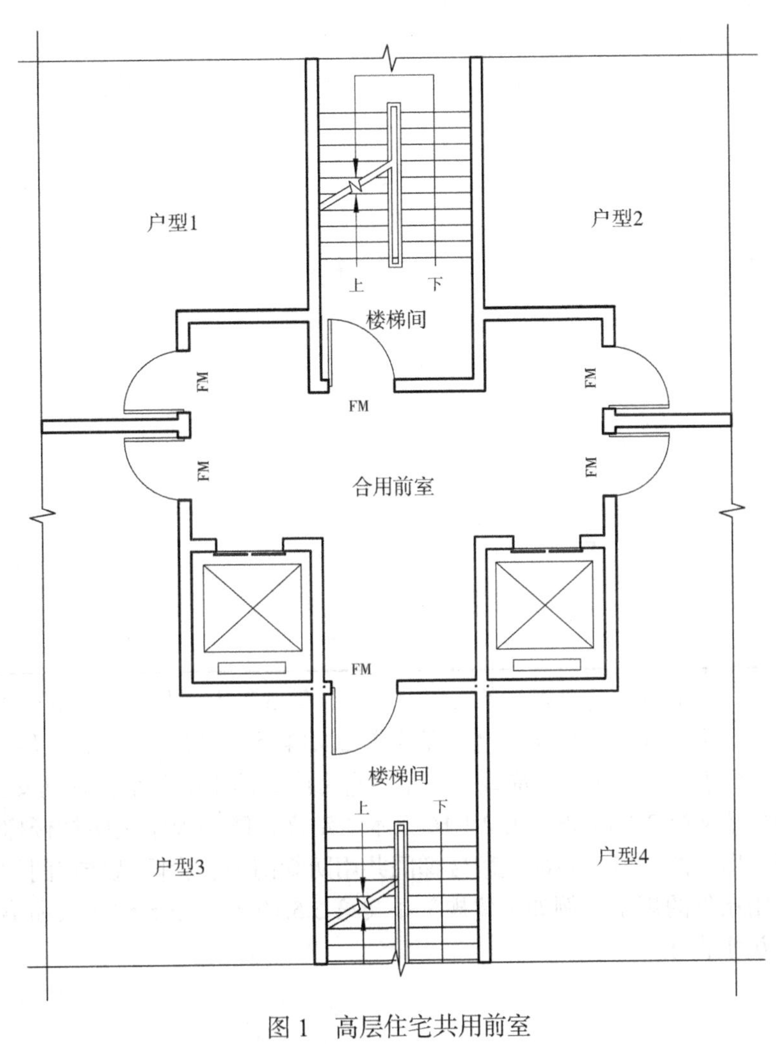

图 1　高层住宅共用前室

相关标准

《建筑设计防火规范》

2.1.16　防烟楼梯间　smoke-proof staircase

在楼梯间入口处设置防烟的前室、开敞式阳台或凹廊（统称前室）等设施，且通向前室和楼梯间的门均为防火门，以防止火灾的烟和热气进入的楼梯间。

5.5.27　住宅建筑的疏散楼梯设置应符合下列规定：

3　建筑高度大于 33m 的住宅建筑应采用防烟楼梯间。户门不宜直接开向前室，确有困难时，每层开向同一前室的户门不应大于 3 樘且应采用乙级防火门。

第 5.5.27 条条文说明：楼梯间是火灾时人员在建筑内竖向疏散的唯一通道，不具备防火性能的户门不应直接开向楼梯间，特别是高层住宅建筑的户门不应直接开向楼梯间前室。

5.5.28　住宅单元的疏散楼梯，当分散设置确有困难且任一户门至最近疏散楼梯间入口的距离不大于 10m 时，可采用剪刀楼梯间，但应符合下列规定：

4　楼梯间的前室或共用前室不宜与消防电梯的前室合用；楼梯间的共用前室与消防电梯的前室合用时，合用前室的使用面积不应小于 $12.0m^2$，且短边不应小于 2.4m。

相关标准	第 5.5.28 条条文说明：有关说明参见本规范第 5.5.10 条的说明。楼梯间的防烟前室，要尽可能分别设置，以提高其防火安全性。 5.5.10 高层公共建筑的疏散楼梯，当分散设置确有困难且从任一疏散门至最近疏散楼梯间入口的距离不大于 10m 时，可采用剪刀楼梯间，但应符合下列规定： 3 楼梯间的前室应分别设置。
问题解析	不符合规定。图 1 违反《建规》条文第 5.5.27 条第 3 款开向同一前室的户门不应大于 3 樘的规定。图 1 平面单元户数多于 3 户，按《建规》条文第 2.1.14 条安全出口定义，及第 5.5.25 条 3 款每单元每层安全出口不应少于 2 个的规定，应设置两个各自有防烟前室的防烟楼梯间安全出口。 按《建规》条文第 2.1.14 条、第 2.1.16 条术语定义，防烟前室是防烟楼梯间组成部分，防烟前室门是楼梯间安全出口的入口。多部疏散楼梯间共用防烟前室，会降低楼梯间的安全性，因此相关规范中有限制其使用条件的规定，例如《建规》条文第 5.5.10 条、第 5.5.27 条和第 5.5.28 条等规定，应满足相关条件后方可采用。

问题描述

问题 6 住宅剪刀楼梯间首层疏散宽度

1. 一组高层住宅剪刀楼梯间在首层可否通过同一樘外门进行疏散？

2. 住宅剪刀楼梯间首层疏散外门及通道的总宽度是否应按两部楼梯净宽之和计算？

相关标准

《建筑设计防火规范》

5.5.28 住宅单元的疏散楼梯，当分散设置确有困难且任一户门至最近疏散楼梯间入口的距离不大于 10m 时，可采用剪刀楼梯间。

第 5.5.28 条条文说明：当两部剪刀楼梯间共用前室时，进入剪刀楼梯间前室的入口应该位于不同方位，不能通过同一个入口进入共用前室，入口之间的距离仍要不小于 5m；在首层的对外出口，要尽量分开设置在不同方向。当首层的公共区无可燃物且首层的户门不直接开向前室时，剪刀梯在首层的对外出口可以共用，但宽度需满足人员疏散的要求。

5.5.30 住宅建筑的户门、安全出口、疏散走道和疏散楼梯的各自总净宽度应经计算确定，且户门和安全出口的净宽度不应小于 0.90m，疏散走道、疏散楼梯和首层疏散外门的净宽度不应小于 1.10m。建筑高度不大于 18m 的住宅中一边设置栏杆的疏散楼梯，其净宽度不应小于 1.0m。

建规字〔2020〕1 号“关于疏散楼梯首层疏散走道宽度问题的复函”

有以下规定：

第二条 当地下部分与地上部分的疏散楼梯共用疏散楼梯间并在首层通过同一条疏散走道直通室外时，该疏散走道的净宽度不应小于连通至该走道的地下部分和地上部分的疏散楼梯的总净宽度；

问题解析

1. 可以，见图 1 和图 2。原则上不宜，确需采用时，应注意同时需满足《〈建规〉图示》5.5.28 图示明确的“距离、宽度、直通室外”等相关要求。

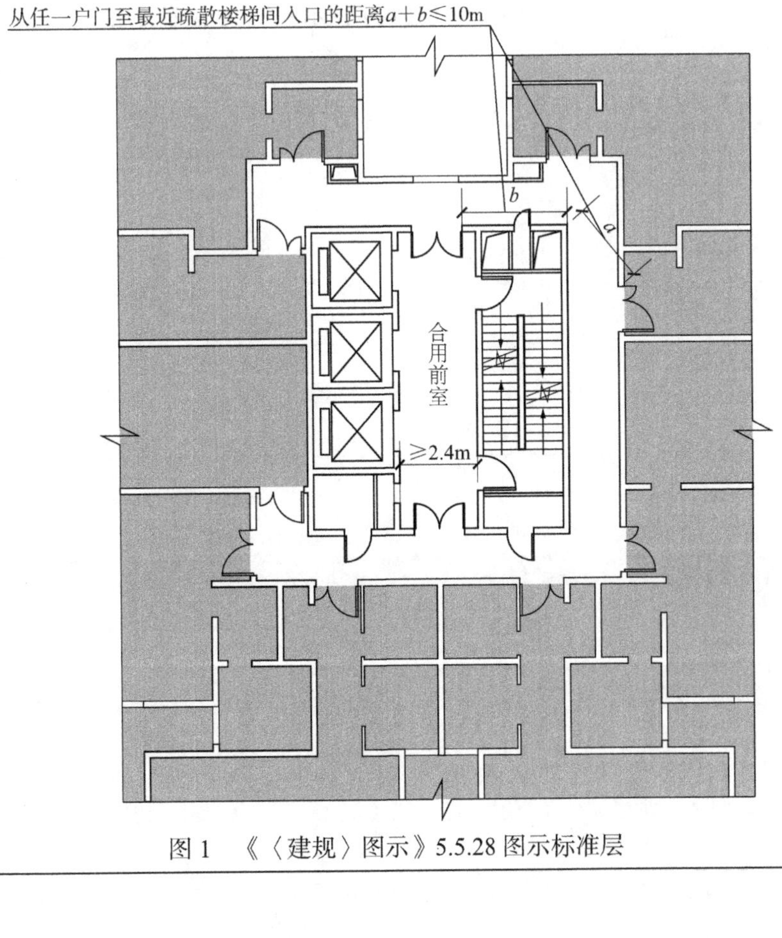

图 1 《〈建规〉图示》5.5.28 图示标准层

2. 有条件时宜满足。原则上，住宅建筑楼梯间（含剪刀楼梯间）首层疏散外门及通道的总宽度应满足两部楼梯疏散净宽之和的要求。《建规》条文第 5.5.28 条、第 5.5.30 条明确疏散净宽应通过疏散计算确定。住宅建筑层数（总疏散人数）多时，应注意计算首层通往室外的疏散通道及外门净宽满足使用人员的疏散需要，避免窄门洞和过长走道等不合理设计。

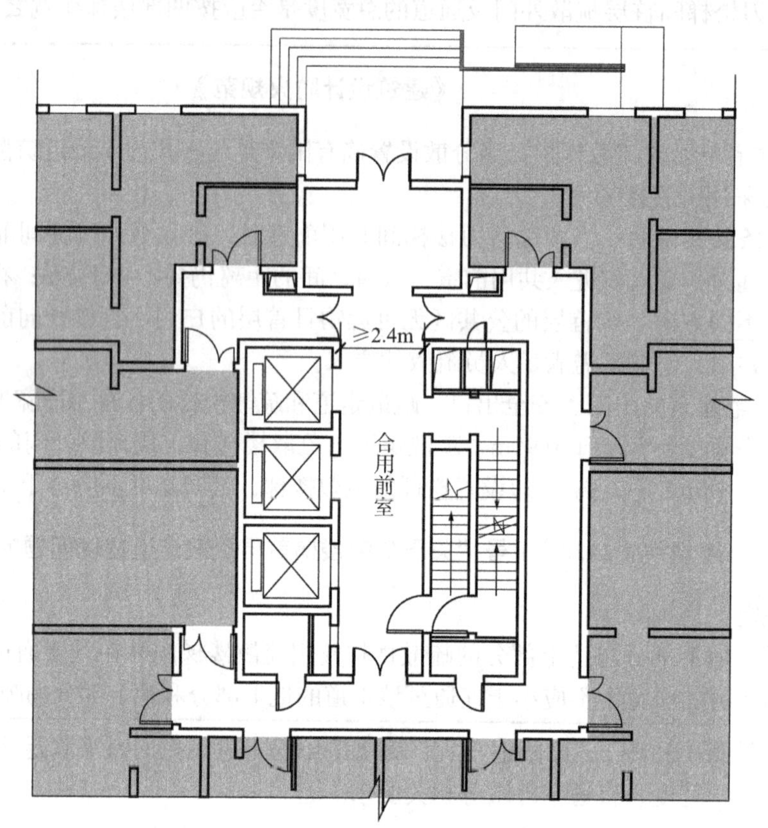

图 2 《〈建规〉图示》5.5.28 图示首层

问题解析

问题描述

问题 7　高层住宅外廊安全出口

1. 见图 1，建筑高度大于 54m 的住宅建筑，其外廊可否作为剪刀楼梯间共用前室？室内通往外廊入口处是否应设置乙级防火门？

2. 见图 1，在建筑高度大于 54m 的住宅建筑设置剪刀梯通过外廊连通 6 户的高层单元平面，是否违反《建规》条文 5.5.27 条 3 款每层开向同一前室的户门不应大于 3 樘的规定？

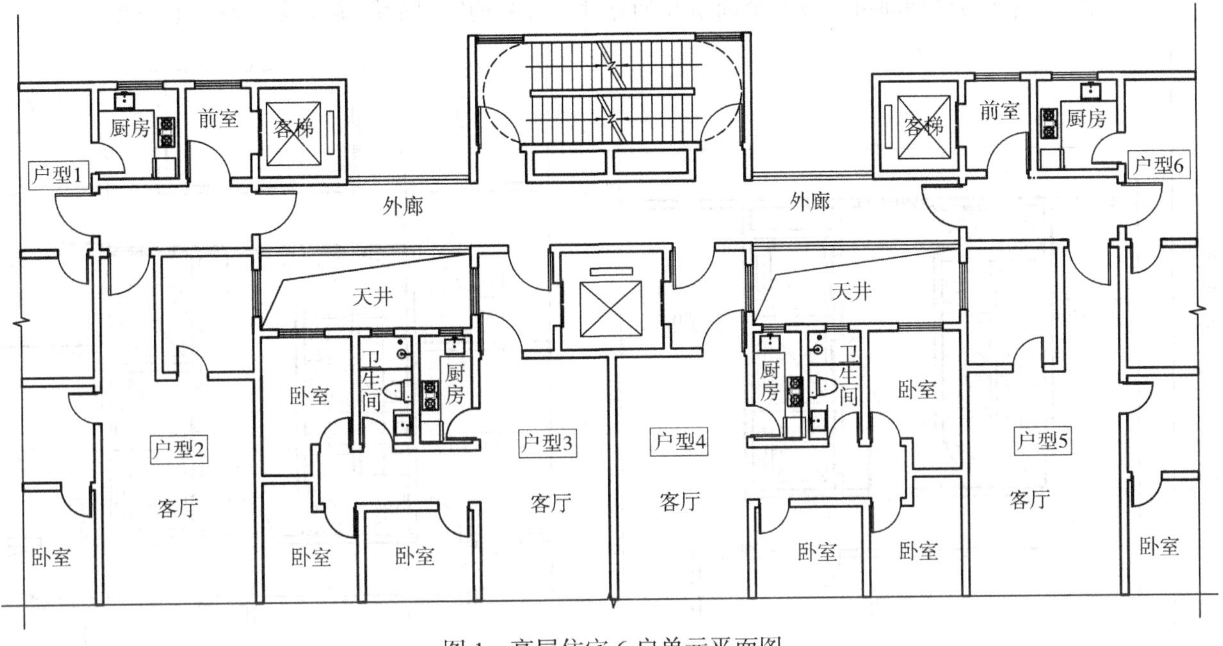

图 1　高层住宅 6 户单元平面图

相关标准

《建筑设计防火规范》

5.5.27　住宅建筑的疏散楼梯设置应符合下列规定：

3　建筑高度大于 33m 的住宅建筑应采用防烟楼梯间。户门不宜直接开向前室，确有困难时，每层开向同一前室的户门不应大于 3 樘且应采用乙级防火门。

5.5.28　住宅单元的疏散楼梯，当分散设置确有困难且任一户门至最近疏散楼梯间入口的距离不大于 10m 时，可采用剪刀楼梯间，但应符合下列规定：

1　应采用防烟楼梯间。

6.4.1　疏散楼梯间应符合下列规定：

1　楼梯间应能天然采光和自然通风，并宜靠外墙设置。靠外墙设置时，楼梯间、前室及合用前室外墙上的窗口与两侧门、窗、洞口最近边缘的水平距离不应小于 1.0m。

6.4.5　室外疏散楼梯应符合下列规定：

5　除疏散门外，楼梯周围 2m 内的墙面上不应设置门、窗、洞口。疏散门不应正对梯段。

问题解析

1. 可以作为共用前室。图 1 的外廊通风条件好，作为疏散楼梯间防烟前室时，需符合对防烟楼梯间共用前室的要求，外廊（前室）入口处应设乙级防火门。注意外廊和相邻侧面对面（有可燃物的）室内空间外窗处的防火间距，宜符合《建规》条文第 6.4.1 条第 1 款和第 6.4.5 条第 5 款不小于 1.0m、2.0m 的规定，防止建筑室内火灾影响楼梯间疏散通道的疏散安全。

2. 图 1 中有 6 户通过同一前室疏散，涉嫌违反《建规》条文第 5.5.27 条第 3 款每层开向同一前室的户门不应大于 3 樘的规定。严格执行规范条文规定时，图 1 不符合规定。但图 1 外廊自然采光通风条件好，户门和通往外廊（共用前室）的门为乙级防火门，此时，平面布局安全隐患较小，可进行性能化补偿设计或按地方政策文件意见执行。

问题描述

问题8　住宅三合一前室安全出口及疏散方向

1. 如图1所示，建筑高度大于54m一梯三户的高层住宅建筑，剪刀防烟楼梯间与消防电梯组成三合一前室，前室与走道设1道乙级防火门，是否违反住户应从不同方向进入前室的规定？

2. 如图2所示，建筑高度大于54m一梯十户高层住宅，三合一前室的设置符合《建规》条文第5.5.28条规定，且各住户从不同方向进入前室，该平面布置是否符合规定？

3. 住宅剪刀楼梯间可否设两个前室并列穿套，穿套前室可能涉嫌违反哪条规范条文？

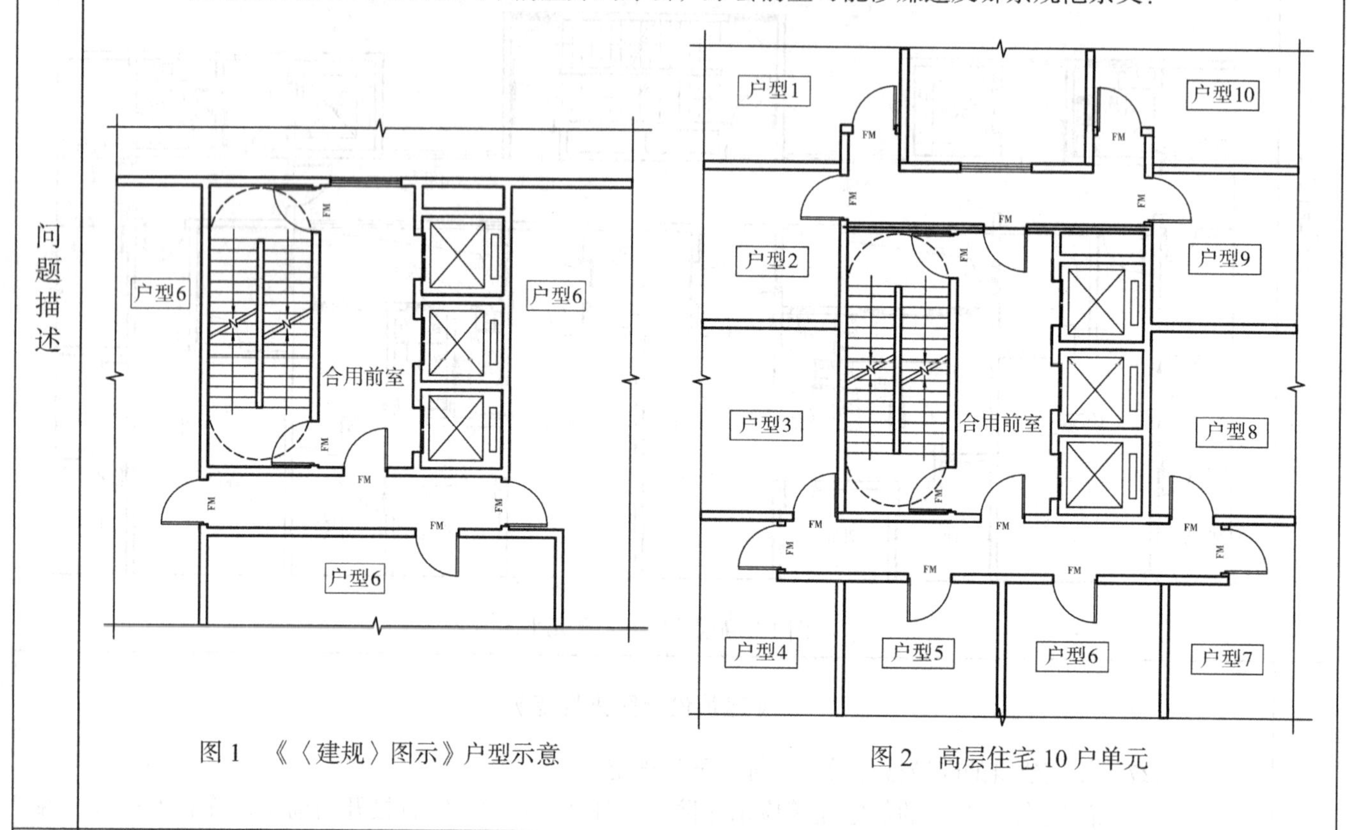

图1　《〈建规〉图示》户型示意　　图2　高层住宅10户单元

相关标准

《建筑设计防火规范》

5.5.27　住宅建筑的疏散楼梯设置应符合下列规定：

3　建筑高度大于33m的住宅建筑应采用防烟楼梯间。户门不宜直接开向前室，确有困难时，每层开向同一前室的户门不应大于3樘且应采用乙级防火门。

第5.5.27条条文说明：楼梯间是火灾时人员在建筑内竖向疏散的唯一通道，不具备防火性能的户门不应直接开向楼梯间，特别是高层住宅建筑的户门不应直接开向楼梯间的前室。

5.5.25　住宅建筑安全出口的设置应符合下列规定：

3　建筑高度大于54m的建筑，每个单元每层的安全出口不应少于2个。

2.1.14　安全出口　safety exit

供人员安全疏散用的楼梯间和室外楼梯的出入口或直通室内外安全区域的出口。

5.5.28　住宅单元的疏散楼梯，当分散设置确有困难且任一户门至最近疏散楼梯间入口的距离不大于10m时，可采用剪刀楼梯间，但应符合下列规定：

1　应采用防烟楼梯间。

第5.5.28条条文说明：当两部剪刀楼梯间共用前室时，进入剪刀楼梯间前室的入口应该位于不同方位，不能通过同一个入口进入共用前室，入口之间的距离仍要不小于5m；

问题解析

1. 不违反规范规定。通过防烟楼梯间前室疏散的总户数未超过 3 户，不违反《建规》第 5.5.27 条第 3 款、第 5.5.28 条等消防条文规定。户门已为（且应为）乙级防火门，疏散走道和合用前室间可不设门或设非防火门。图 1 前室和走道之间增设乙级防火门，不影响三合一前室的疏散安全和防排烟效果。同理，图 3～图 6 每单元仅有两三户时，不违规。图 3 应注意前室门开启不应减少楼梯间门的有效净宽；图 5、图 6 尚应注意节能设计和规划面积计算的问题。

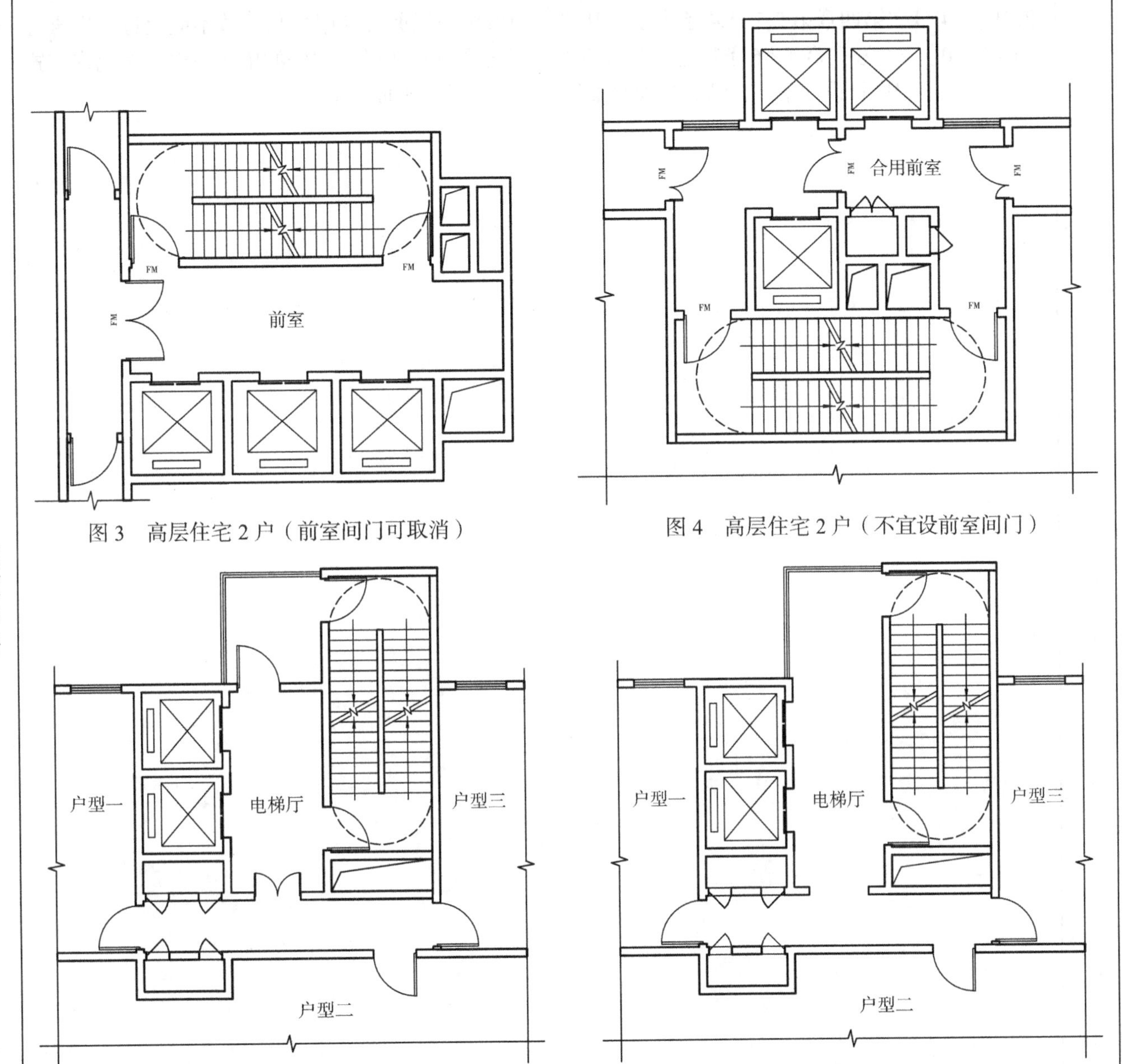

图 3　高层住宅 2 户（前室间门可取消）

图 4　高层住宅 2 户（不宜设前室间门）

图 5　高层住宅 2 户示意外廊

图 6　高层住宅 2 户示意无门

2. 不符合规定。图 2 一组剪刀梯对应 10 户住户，按《建规》防烟楼梯间和安全出口定义，防烟楼梯间前室门为安全出口，因此，每户只有一个安全出口，图 2 涉嫌违反《建规》条文第 5.5.25 条第 3 款规定：“每个单元每层（每户）的安全出口不应少于 2 个”。只有当满足《建规》条文第 5.5.27 条“不大于 3 樘户门”及 5.5.28 条全部规定时，剪刀楼梯间及前室才可视为满足两个安全出口的规定。也有设计人员错误理解《建规》条文第 5.5.27 条 3 款，认为前室直接连通的户门个数小于 3 就合规，此理解是错误的，如图 2 所示，图 2 三合一前室内没有一个户门，所有住户仅能通往一个防烟前室疏散门，违反了《建规》条文第 5.5.25 条第 3 款规定。图 2 应参照《〈建规〉图示》第 150 页的规定，在核心筒周围设环形疏散走道，让每户均能直通两个（防烟楼梯间前室门）安全出口。

问题解析	3. 不宜设并列穿套前室。剪刀楼梯间前室穿套问题争论由来已久，经咨询《建规》国家编制组得知，防火设计疏散原则为，住宅户门应直通或经公共疏散走道进入防烟前室门到疏散楼梯间，不可再穿行或逆行前室门到达另一个楼梯间安全出口。据此理解，《建规》条文第 5.5.25 条第 3 款、第 5.5.27 条第 3 款和第 5.5.28 条同时满足的结果是：一组剪刀楼梯间最多疏散户数不超过每层 3 户。《建规》条文第 5.5.27 条第 3 款，通过控制剪刀楼梯间三合一前室服务总户数，确保三合一前室和防烟楼梯间安全。对于具体项目的实际困难，也有地方政策明确了适当放宽的规定及补偿措施，如穗勘设协字〔2019〕14 号文第四章第 2.5.15.4 条表示，某些户型可按一组剪刀梯服务总户数不应超过 6 户执行；浙消〔2020〕166 号文第 4.2.6 条规定了几种方案，对走廊自然通风条件好的单元，也最多允许布置 6 户住户。请根据项目设计条件，结合当地政策规定，合理设计平面布局。

问题描述

问题 9　高层住宅核心筒常见案例及问题

1. 下列建筑高度大于 54m 的高层住宅核心筒楼梯间疏散设计方案中（图 1～图 16），哪些可能违规？违反哪些规范条文？

2. 目前施工图第三方服务机构审图变得越来越严格？为什么？

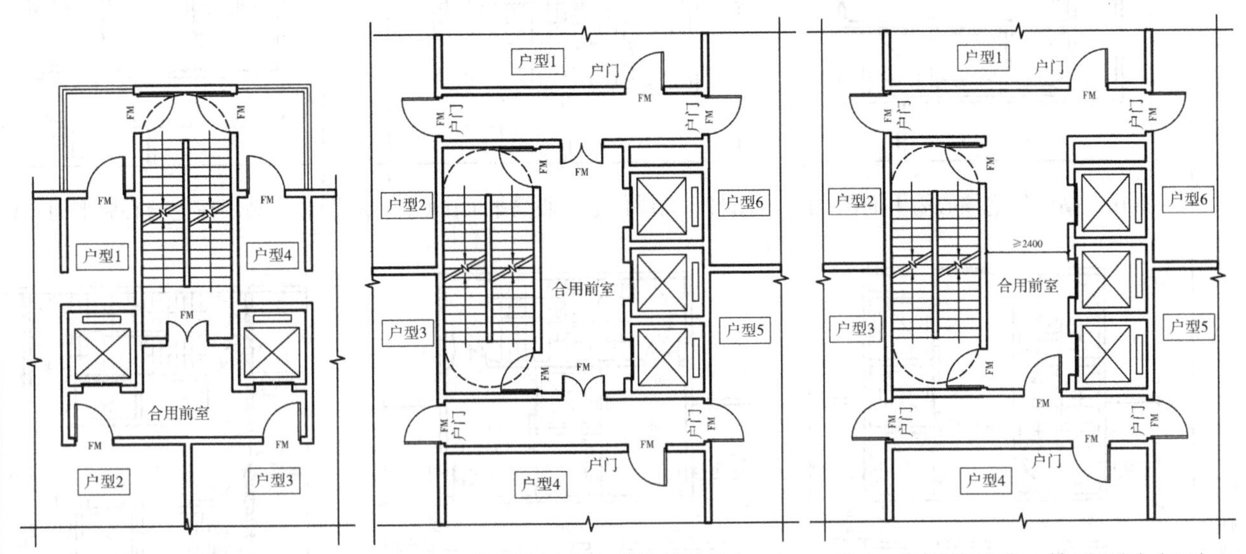

图 1　高层住宅核心筒平面图（一）　图 2　高层住宅核心筒平面图（二）　图 3　高层住宅核心筒平面图（三）

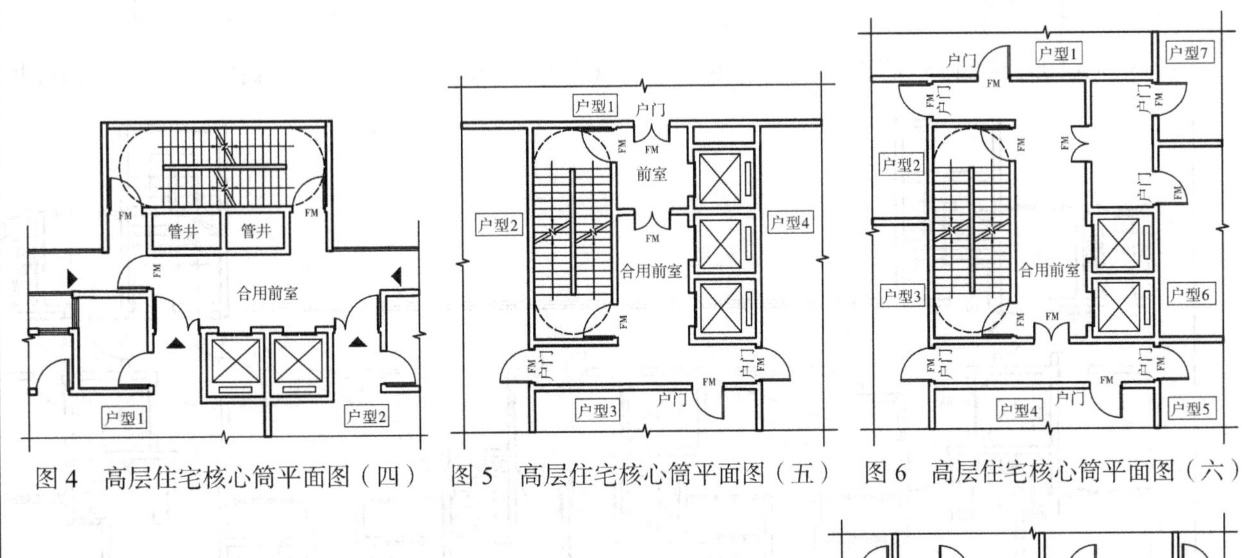

图 4　高层住宅核心筒平面图（四）　图 5　高层住宅核心筒平面图（五）　图 6　高层住宅核心筒平面图（六）

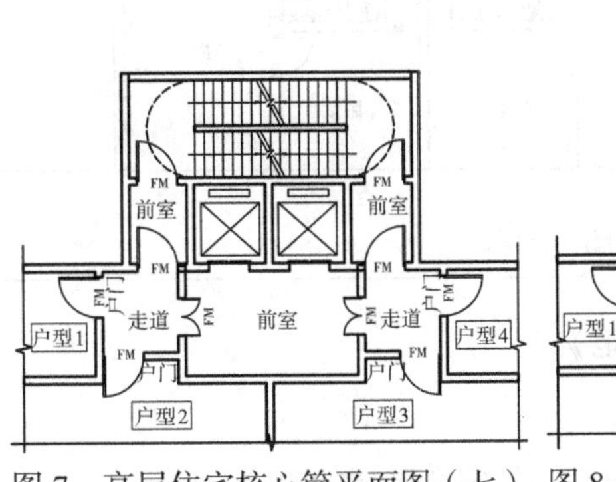

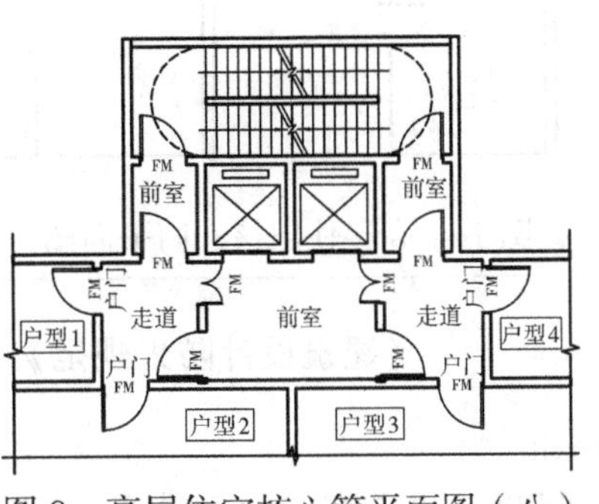

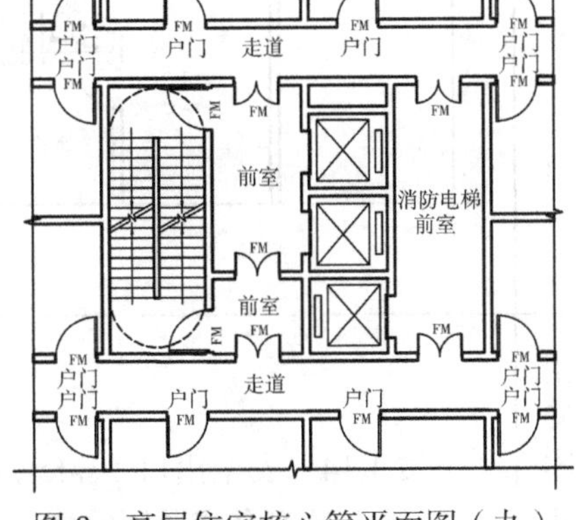

图 7　高层住宅核心筒平面图（七）　图 8　高层住宅核心筒平面图（八）　图 9　高层住宅核心筒平面图（九）

问题描述

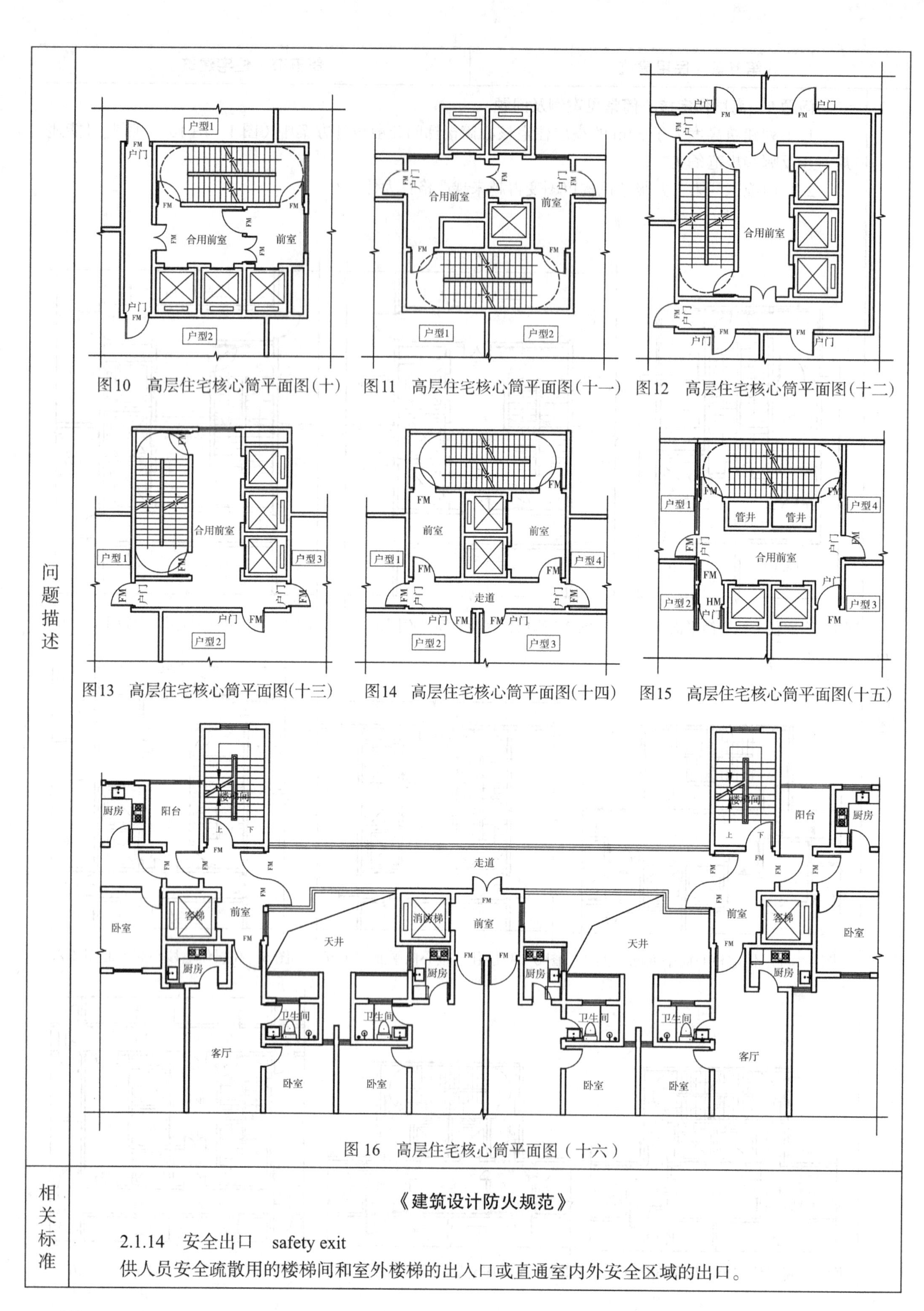

图10　高层住宅核心筒平面图（十）　图11　高层住宅核心筒平面图（十一）　图12　高层住宅核心筒平面图（十二）

图13　高层住宅核心筒平面图（十三）　图14　高层住宅核心筒平面图（十四）　图15　高层住宅核心筒平面图（十五）

图16　高层住宅核心筒平面图（十六）

相关标准

《建筑设计防火规范》

2.1.14　安全出口　safety exit

供人员安全疏散用的楼梯间和室外楼梯的出入口或直通室内外安全区域的出口。

相关标准	5.5.25　住宅建筑安全出口的设置应符合下列规定： 3　建筑高度大于 54m 的建筑，每个单元每层的安全出口不应少于 2 个。 5.5.27　住宅建筑的疏散楼梯设置应符合下列规定： 3　建筑高度大于 33m 的住宅建筑应采用防烟楼梯间。户门不宜直接开向前室，确有困难时，每层开向同一前室的户门不应大于 3 樘且应采用乙级防火门。 6.4.11　建筑内的疏散门应符合下列规定： 1　民用建筑和厂房的疏散门，应采用向疏散方向开启的平开门，不应采用推拉门、卷帘门、吊门、转门和折叠门。除甲、乙类生产车间外，人数不超过 60 人且每樘门的平均疏散人数不超过 30 人的房间，其疏散门的开启方向不限。 **中国人民武装警察部队消防局** **《关于对住宅建筑安全疏散问题的答复意见》** 有以下规定： “现行国家标准《建筑设计防火规范》第 5.5.2 条规定安全出口应分散布置，目的是使人员在建筑火灾发生时能有多个不同方向的疏散路线可供选择，以避免相邻两个出口因距离太近或不同出口之间不能相互利用而导致在火灾中实际只能起到一个出口的作用。因此，当建筑因楼层平面布局受限，难以分散设置安全出口或疏散楼梯间而需采用一部剪刀楼梯的两个相互分隔的楼梯间作为两个安全出口时，这两个安全出口在同一楼层上应能通过公共区自由转换；对于住宅建筑，不应通过住宅的套内空间进行转换。”
问题解析	1. 图 7、图 8、图 10、图 11、图 12、图 13、图 14、图 16 的住宅核心筒平面布局比较常见，基本符合规定，无明显违反强制性规范条文的问题。对图 1～图 16 的规范执行情况，分析如下： 图 1 违反中国人民武装警察部队消防局文关于“每层各户门应能通过（非套内）公共空间进行转换”的规定。 图 2～图 6、图 15，均存在因开向（疏散通过）一组剪刀梯共用前室的户门大于 3 樘，涉嫌前室穿套，或违反《建规》条文第 5.5.25 条第 3 款或第 5.5.27 条第 3 款（详见本书第五章第五节问题 7、8）的规定。其中，图 4 设有外廊，消防设计相对较安全。 图 7～图 9、图 12 有疏散通道，不穿楼梯间前室，两个楼梯间的安全出口基本合规。 图 7～图 9 有走道穿过消防电梯前室，走道上门的位置对消防电梯救援工作略有影响，图 7、图 8 服务户数少，需穿过消防电梯前室门每层不超过 10 人，不违反规范相关要求。 图 9 疏散户数较多，疏散人数较多时，不宜采用图 9 穿套消防电梯前室的布局方式，避免违反《建规》条文第 6.4.11 条第 1 款规定，消防电梯前室乙级防火门应向疏散方向开启。 图 8 消防电梯前室两侧短隔墙上设两樘不同方向的防火门，缺点有：短墙过小，防火门安装不便；门若常闭使用时，经常开关、耐久性差；公摊面积大，经济性差等问题。图 16 楼梯前室门同理，难以满足密闭防烟要求。 图 10、图 11、图 13 因三合一前室服务不超过三户，符合规定。注意户门应为乙级防火门，见《建规》条文第 5.5.27 条第 3 款、第 6.4.3 条第 4 款的要求。 图 16 为一梯六户外廊式住宅单元，注意：外廊入口处单框双扇双向防火门应有密闭和防烟性能可靠的合规产品证明。另外，也有人认为中间两户室内入口连廊处，不应设消防电梯，编者认为仅有 2 户且设乙级防火门开向消防电梯前室，相对安全，未明显违反规范要求。 2. 审查要点有变化，《中华人民共和国消防法》修订后，消防审查责任主体有变化。建设工程相关设计标准有更新，条文体系有变化，因此，发现问题多，复审尺度严。 消防设计审查验收主管单位有变化，不同的消防设计审查验收检查人，对规范条文理解会略有不同。因此，施工图设计文件应表达清楚、准确，采取相对严格、合理、安全的消防方案或设施措施，避免项目后期（包括验收、火灾事故调查追责）相关执行人员提出异议，导致项目返工或延误。

问题描述

问题 1　执行《建规》条文第 5.5.9 条借用相邻防火分区疏散时，对防火墙的要求

1. 如图 1 所示，某建筑中一个防火分区疏散宽度不满足要求，需要向相邻防火分区借用疏散宽度时，防火分区之间是否可设置防火卷帘？仅借用疏散距离时，可以设置卷帘吗？

2. 被借用防火分区疏散总净宽是否应为设计净宽加上借给相邻防火分区的疏散净宽？

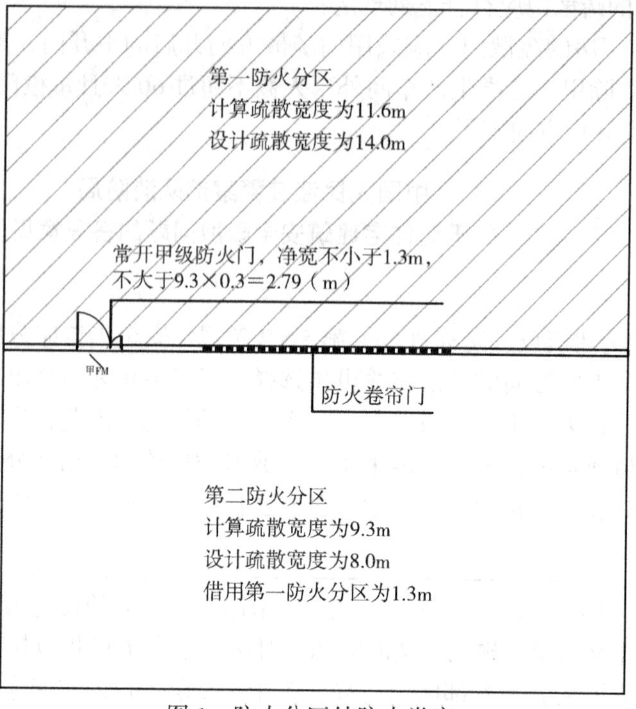

图 1　防火分区处防火卷帘

相关标准

《建筑设计防火规范》

2.1.12　防火墙　fire wall

防止火灾蔓延至相邻建筑或相邻水平防火分区且耐火极限不低于 3.00h 的不燃性墙体。

5.5.9　一、二级耐火等级公共建筑内的安全出口全部直通室外确有困难的防火分区，可利用通向相邻防火分区的甲级防火门作为安全出口，但应符合下列要求：

1　利用通向相邻防火分区的甲级防火门作为安全出口时，应采用防火墙与相邻防火分区进行分隔；

3　该防火分区通向相邻防火分区的疏散净宽度不应大于其按本规范第 5.5.21 条规定计算所需疏散总净宽度的 30%，建筑各层直通室外的安全出口总净宽度不应小于按照本规范第 5.5.21 条规定计算所需疏散总净宽度。

第 5.5.9 条条文说明：因此，当人员需要通过相邻防火分区疏散时，相邻两个防火分区之间要严格采用防火墙分隔，不能采用防火卷帘、防火分隔水幕等措施替代。

6.1.5　防火墙上不应开设门、窗、洞口，确需开设时，应设置不可开启或火灾时能自动关闭的甲级防火门、窗。

6.4.10　疏散走道在防火分区处应设置常开甲级防火门。

6.5.1　防火门的设置应符合下列规定：

1　设置在建筑内经常有人通行处的防火门宜采用常开防火门。常开防火门应能在火灾时自行关闭，并应具有信号反馈的功能。

4　除本规范第 6.4.11 条第 4 款的规定外，防火门应能在其内外两侧手动开启。

7　甲、乙、丙级防火门应符合现行国家标准《防火门》GB 12955 的规定。

问题解析	1. 均不可以设置防火卷帘（见《建规》第 5.5.9 条条文说明规定）。借用相邻防火分区疏散时，应在疏散通道处仅设常开甲级防火门，该门应采用具有火灾时自行关闭及信号反馈等功能的合规产品，见《建规》条文第 5.5.18 条、第 6.4.10 条、第 6.5.1 条等规定。仅借疏散距离时（可理解为防火分区自有安全出口个数和疏散宽度合规），可不按尽端走道核算疏散距离，疏散距离符合《建规》条文第 5.5.17 条第 1 款两个安全出口之间规定。此时，例如图 1 所示防火分区处确需设防火卷帘时，应在一侧防火墙上设置净宽不小于 1.10m 的甲级防火门，用来连通防火墙两侧防火分区的楼梯间安全出口及疏散通道。 2. 是不小于本防火分区设计所需净宽加上借给相邻防火分区疏散净宽之和。应按《建规》条文第 5.5.9 条第 3 款和第 5.5.21 条规定进行整层核算，应计算各防火分区自有和借用安全出口的位置和疏散宽度，确保借用宽度不超过本防火分区计算宽度的 30%。被借用防火分区应有被借余力，避免互相借用或跨防火分区借用疏散宽度的情况发生。

问题描述

问题 2　自行车坡道外墙上的开窗

1. 室外疏散楼梯周围 2m 以内的外墙墙面可否设置乙级防火窗或甲级防火窗？

2. 如图 1 所示，疏散时需要使用的自行车坡道外墙上可否开窗？直通首层的室外梯特别宽大，约 8m，一侧外墙可以设置外窗或玻璃幕墙吗？

3. 如图 2 所示，室外梯下部首层的门与室外梯设置是否符合规定？

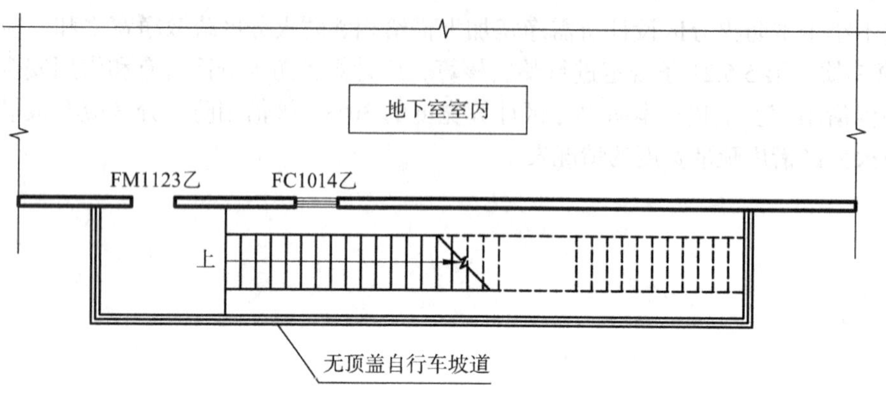

图 1　下沉庭院处自行车坡道

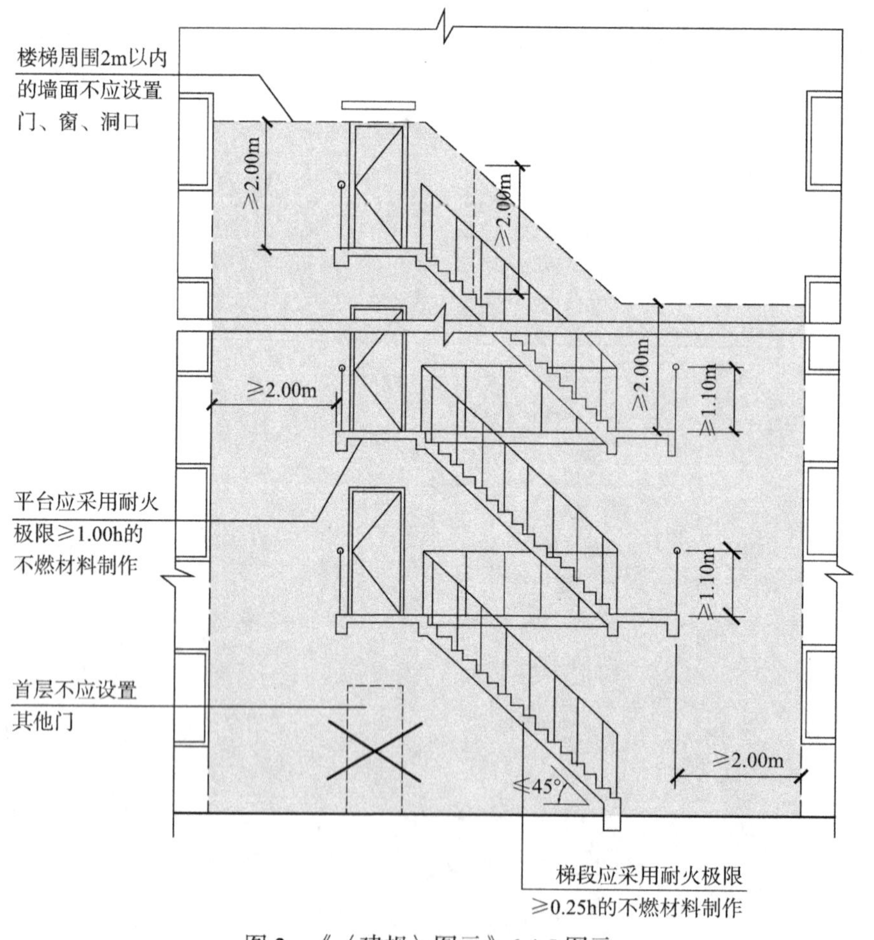

图 2　《〈建规〉图示》6.4.5 图示

相关标准	《建筑设计防火规范》 6.1.1　防火墙应直接设置在建筑的基础或框架、梁等承重结构上，框架、梁等承重结构的耐火极限不应低于防火墙的耐火极限。 6.1.3　建筑外墙为难燃性或可燃性墙体时，防火墙应凸出墙的外表面 0.4m 以上，且防火墙两侧的外墙均应为宽度均不小于 2.0m 的不燃性墙体，其耐火极限不应低于外墙的耐火极限。 建筑外墙为不燃性墙体时，防火墙可不凸出墙的外表面，紧靠防火墙两侧的门、窗、洞口之间最近边缘的水平距离不应小于 2.0m；采取设置乙级防火窗等防止火灾水平蔓延的措施时，该距离不限。 6.4.5　室外疏散楼梯应符合下列规定： 5　除疏散门外，楼梯周围 2m 内的墙面上不应设置门、窗、洞口。疏散门不应正对梯段。 第 6.4.5 条条文说明：防止火焰从门内窜出而将楼梯烧坏，影响人员疏散。室外楼梯可作为防烟楼梯间或封闭楼梯间使用，但主要还是辅助用于人员的应急逃生和消防员直接从室外进入建筑物，到达着火层进行灭火救援。对于某些建筑，由于楼层使用面积紧张，也可采用室外疏散楼梯进行疏散。 在布置室外楼梯平台时，要避免疏散门开启后，因门扇占用楼梯平台而减少其有效疏散宽度。也不应将疏散门正对梯段开设，以避免疏散时人员发生意外，影响疏散。同时，要避免建筑外墙在疏散楼梯的平台、梯段的附近开设外窗。
问题解析	1. 不应设置。《建规》第 6.4.5 条条文明确规定室外疏散楼梯周围 2m 范围内不得设置门窗洞口。室外疏散楼梯构件耐火性能低于室内构件要求，防火窗的耐火性能及测试要求也不同于不燃性实体外墙构件，见《建规》第 5.1.2 条条文及相关验收标准的规定。确需设置防火固定窗时，应明确外窗处构件整体耐火极限不低于外墙整体耐火极限要求，参见《〈建规〉实施指南》第 329 页的规定。 2. 不应开窗。《建规》第 6.4.5 条条文说明明确，室外楼梯周围 2m 内应指包括平台疏散范围内的整个楼梯，不仅指梯段。图 1 自行车坡道作为防火分区安全出口时，除乙级防火疏散门外，梯段及平台周围 2m 外墙上不应设其他门窗洞口。宽大的室外梯需作为安全疏散使用时，贴邻建筑外墙上除疏散门外不宜设其他门窗洞口；确需设置时，临近外墙外窗周围 2m 应不计入有效疏散宽度，例如，8m 可按 6m 计入。 3. 需根据首层平面布局确定。图 2 为《〈建规〉图示》，解释《建规》条文第 6.4.5 条第 5 款要求，除乙级防火疏散门外，楼梯周边 2m 内的墙面上不应设置其他门窗洞口。当首层平面不是疏散走道布局，首层对外的门，不是疏散走道和直通室外的乙级防火疏散门。而是（有大量可燃物的）功能房间的门，则不应设在室外梯周围 2m 投影范围内，避免房间内火灾及烟气对室外梯疏散安全的影响。

问题描述

问题 3　250m 以上的超高层建筑外墙窗槛墙可否用玻璃幕墙替代

1. 高层建筑，建筑外墙能否采用总高度为 1500mm，耐火极限不低于 1.00h 的双层硅钙板夹岩棉作为窗槛墙？

2. 超过 250m 的高层建筑，能否采用玻璃幕墙或防火玻璃墙替代实体墙？

相关标准

《建筑设计防火规范》

2.1.10　耐火极限　fire resistance rating

在标准耐火试验条件下，建筑构件、配件或结构从受到火的作用时起，至失去承载能力、完整性或隔热性时止所用时间，用小时表示。

第 2.1.10 条条文说明：本条术语解释中的“标准耐火试验条件”是指符合国家标准规定的耐火试验条件。对于升温条件，不同使用性质和功能的建筑，……需要根据实际的火灾类型确定不同标准的升温条件。……对于不同类型的建筑构件，耐火极限的判定标准也不一样，……。

《〈建筑设计防火规范〉局部修订条文》（征求意见稿）

有以下规定：

6.2.5A 条：建筑高度大于 250m 的民用建筑，在建筑外墙上、下层开口之间应设置高度不小于 1.5m 的不燃性实体墙，且在楼板上的高度不应小于 0.6m；当采用防火挑檐替代时，防火挑檐的出挑宽度不应小于 1.0m、长度不应小于开口的宽度两侧各延长 0.5m。该条条文说明明确：本条是在综合分析国内外规范及国内部分超高层建筑层间防火措施的基础上作出的规定。

5.5.23 条：建筑高度大于 250m 的建筑，避难区对应的外墙不应设置幕墙。当在避难区对应位置的外墙设置玻璃幕墙时，应采取防止火灾和烟气进入避难区的措施，且不应影响灭火救援行动。该条条文说明明确：建筑高度大于 250m 的建筑，当在避难区对应位置的外墙设置玻璃幕墙时，其内部要设置耐火极限不低于 1.00h 的实体墙。

公消〔2018〕57 号《关于印发〈建筑高度大于 250 米民用建筑设计防火设计加强性技术要求（试行）〉的通知》第九条条文说明：国内部分建筑高度大于 250m 的建筑中也都采取了较为严格的层间防火措施，如：山东省部分建筑工程采取在外墙上、下层开口之间设置高度不小于 1.2m 且耐火极限不低于 1.50h 的墙体作为竖向防火分隔；江苏省采取在外墙上、下层开口之间设置高度 1.2m 的实体墙，且楼板以上的墙体高度不低于 800mm、耐火极限不低于 1.00h；湖北省采取在楼板以上设置高度不小于 800mm 的实体墙；四川省采取在外墙上、下层开口之间设置高度不低于 1.2m、耐火极限不低于 2.00h 的防火隔墙；重庆市采取在外墙上、下层开口之间的楼板上设置高度不低于 800mm 的实体墙等。

问题解析

1. 可以采用。1500mm 窗槛墙高度满足不小于 1200mm 的要求；注意整体检测实体窗槛墙构件做法，应符合《建规》第 5.1.2 条条文非承重外墙耐火极限不小于 1.00h 的规定。

2. 不可以。玻璃幕墙、玻璃墙和实体墙的耐火性能及检测要求不同。《〈建筑设计防火规范〉局部修订条文》（征求意见稿）第 6.2.5A 条条文，已完善外墙上可设置防火玻璃墙的设置范围。因此，超高层建筑立面有玻璃幕墙或玻璃墙外墙时，应设防火挑檐；或在内侧设置耐火极限不低于 1.00h 的实体墙，参见《〈建筑设计防火规范〉局部修订条文》（征求意见稿）第 5.5.23 条条文新增强制性条文的规定。

问题描述

问题1　地上地下楼梯间外窗处防火分隔

见图1～3，建筑地下地上楼梯的外窗处，可否设置950mm高的岩棉夹芯板作为防火分隔？可否设置防火玻璃墙？如果设置，应设置多高？应注意哪些问题？

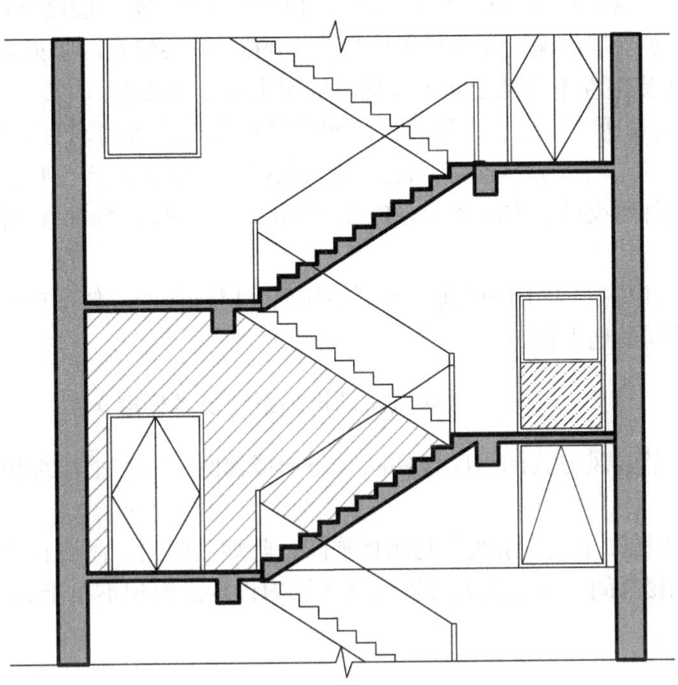

图1　地上地下楼梯间分隔处剖面图

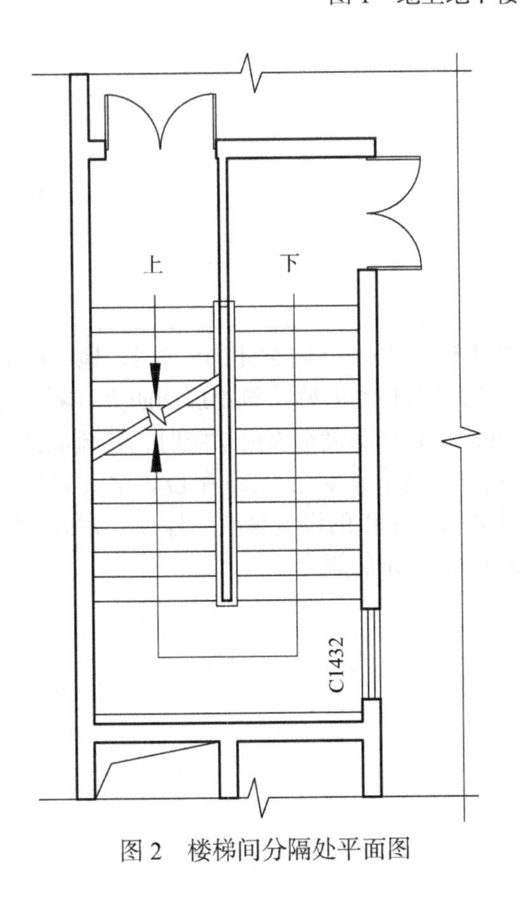

图2　楼梯间分隔处平面图

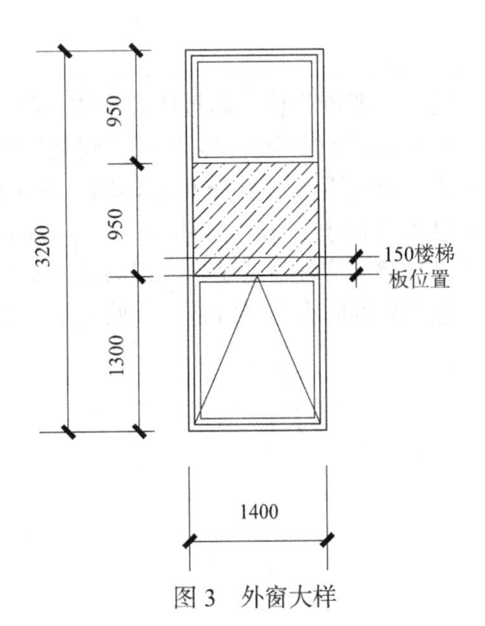

图3　外窗大样

相关标准	《建筑设计防火规范》 6.2.5　除本规范另有规定外，建筑外墙上、下层开口之间应设置高度不小于1.2m的实体墙或挑出宽度不小于1.0m、长度不小于开口宽度的防火挑檐；当室内设置自动喷水灭火系统时，上、下层开口之间的实体墙高度不应小于0.8m。当上、下层开口之间设置实体墙确有困难时，可设置防火玻璃墙，但高层建筑的防火玻璃墙的耐火完整性不应低于1.00h，多层建筑的防火玻璃墙的耐火完整性不应低于0.50h。外窗的耐火完整性不应低于防火玻璃墙的耐火完整性要求。 第6.2.5条条文说明：当上、下层开口之间的墙体采用实体墙确有困难时，允许采用防火玻璃墙，但防火玻璃墙和外窗的耐火完整性都要能达到规范规定的耐火完整性要求，其耐火完整性按照现行国家标准《镶玻璃构件耐火试验方法》GB/T 12513中对非隔热性镶玻璃构件的试验方法和判定标准进行测定。 第6.4.4条条文说明：对于楼梯间在地下层与地上层连接处，如不进行有效分隔，容易造成地下楼层的火灾蔓延到建筑的地上部分。 《建筑防烟排烟系统技术标准》 3.2.1　采用自然通风方式的封闭楼梯间、防烟楼梯间，应在最高部位设置面积不小于1.0m^2的可开启外窗或开口。 3.3.11　设置机械加压送风系统的封闭楼梯间、防烟楼梯间，尚应在其顶部设置不小于1m^2的固定窗。靠外墙的防烟楼梯间，尚应在其外墙上每5层内设置总面积不小于2m^2的固定窗。
问题解析	需核实明确岩棉夹芯板构件整体的耐火性能不低于1h（外墙对此的要求）。地下地上楼梯间属于两个防火区域的安全出口，应按《建规》条文第6.2.5条核实明确建筑物层间防火分隔（含开窗间距）的要求，应设不低于1.2m的实体墙，所在建筑整体设有自动喷水灭火系统时，其疏散楼梯间外窗窗槛墙高度可不低于0.8m。实体墙高度不足时，需按《建规》条文第6.2.5条设置耐火完整性检测合规的防火玻璃墙，应注意清楚、准确表达防火玻璃墙或其他墙板的设置位置、厚度、耐火性能，及其与楼板、隔墙处的防火封堵措施，参见《建规》条文第6.2.6条的规定。

问题描述

问题 2　疏散外廊或走廊防火分区面积、防火间距

1. 见图 1，民用建筑由不燃材料制作的疏散外廊、楼梯应否计入防火间距范围？

2. 在图 1、图 2 中，外廊或走廊可否作为防火挑檐？可否将它们的面积计入防火分区的面积？

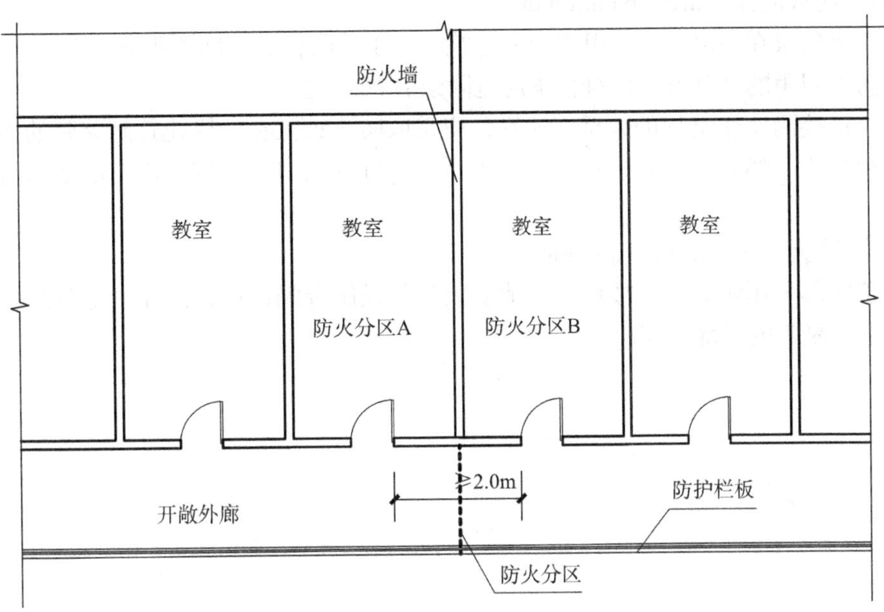

图 1　教学建筑疏散外廊

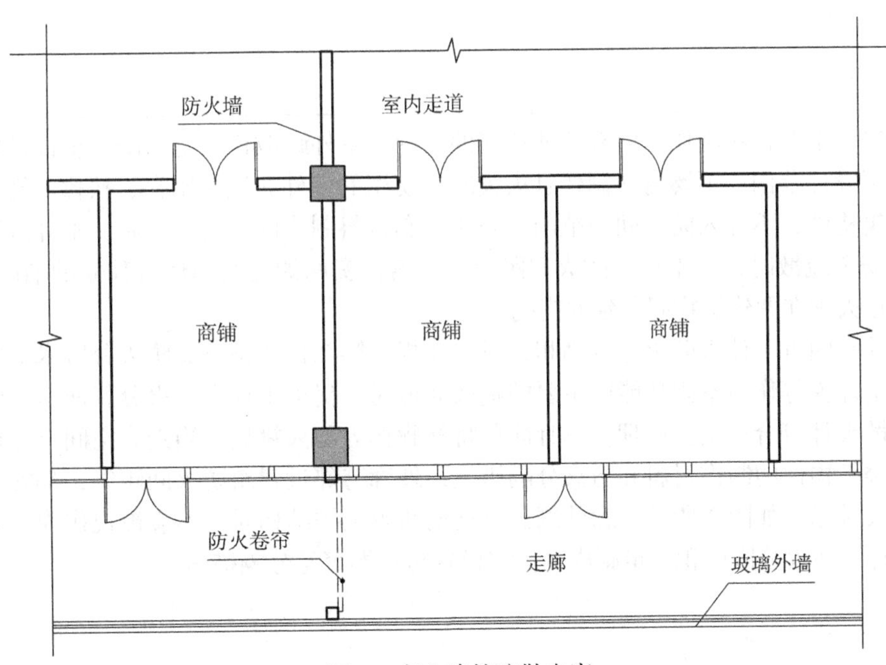

图 2　商业建筑疏散走廊

相关标准	《建筑设计防火规范》 B.0.1　建筑物之间的防火间距应按相邻建筑外墙的最近水平距离计算，当外墙有凸出的可燃或难燃构件时，应从其凸出部分外缘算起。 2.1.21　防火间距　fire separation distance 防止着火建筑在一定时间内引燃相邻建筑，便于消防扑救的间隔距离。 注：防火间距的计算方法应符合本规范附录 B 的规定。 6.6.4　连接两座建筑物的天桥、连廊，应采取防止火灾在两座建筑间蔓延的措施。当仅供通行的天桥、连廊采用不燃材料，且建筑物通向天桥、连廊的出口符合安全出口的要求时，该出口可作为安全出口。 2.1.22　防火分区　fire compartment 在建筑内部采用防火墙、楼板及其他防火分隔设施分隔而成，能在一定时间内防止火灾向同一建筑的其余部分蔓延的局部空间。
问题解析	1. 虽然由不燃材料制作，但有疏散功能的外廊、室外疏散梯等是消防安全设计的组成部分，应计入防火间距设计范围；不燃材料制作且火灾时不使用的室外非连续阳台、扶梯、楼梯等，方可视为室外不燃建筑构件，不计入防火间距范围。采用不燃材料制作的天桥、连廊，不计入防火面积且不涉及借用区域安全疏散时，可不计入防火间距范围，需核实两侧建筑单体有独立的消防设计系统及设施，并采取防止火灾在两建筑物间蔓延的措施。 2. 室外空间可不计入防火分区面积，见《建规》第 2.1.22 条条文防火分区术语定义。图 1 中当疏散外廊、室外梯等作为室内功能区主要的疏散通道时，仍可不计入防火分区面积，但需考虑防火分隔和安全疏散设计符合规定。同理，不宜简单将外廊作为防火挑檐。当走廊空间自然通风条件良好，外墙墙体、楼板构件的制作材料和防火分隔措施，外廊与邻近建筑防火间距等，都安全符合规定时，方可作为防火挑檐。如图 2 所示走廊外侧仍有玻璃墙等围护结构时，不应被视作为走廊，应按室内空间将其面积计入防火分区面积，走廊内侧仍需设置防火卷帘等分隔措施。

问题描述

问题3　天窗、屋顶开口与邻近建筑的防火间距和防火分隔措施

1. 如图1所示，某综合楼屋面裙房玻璃采光顶，如何考虑它与高层建筑幕墙的防火间距和分隔措施？

2. 可否利用该裙房屋面作为疏散、避难场所？

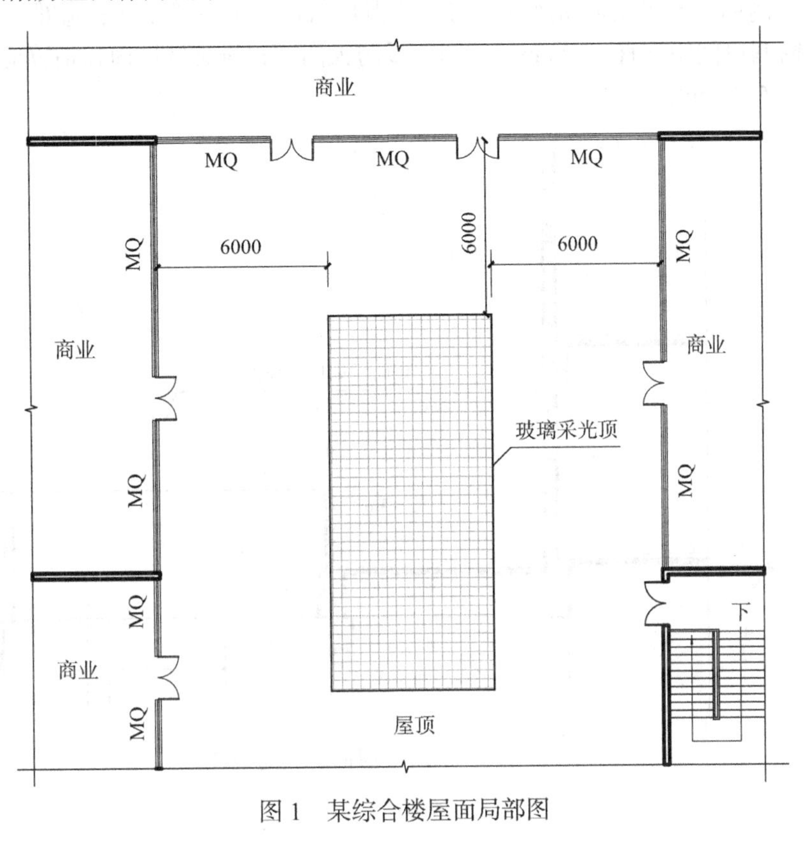

图1　某综合楼屋面局部图

相关标准

《建筑设计防火规范》

6.3.7　建筑屋顶上的开口与邻近建筑或设施之间，应采取防止火灾蔓延的措施。

第6.3.7条条文说明：本条规定主要是为防止通过屋顶开口造成火灾蔓延。当建筑的辅助建筑屋顶有开口时，如果该开口与主体之间距离过小，火灾就能通过该开口蔓延至上部建筑。因此，要采取一定的防火保护措施，如将开口布置在距离建筑高度较高部分较远的地方，一般不宜小于6m，或采取设置防火采光顶、邻近开口一侧的建筑外墙采用防火墙等措施。

《商业建筑设计规范》

5.2.5　大型商店的营业厅设置在五层及以上时，应设置不少于2个直通屋顶平台的疏散楼梯间。屋顶平台上无障碍物的避难面积不宜小于最大营业层建筑面积的50%。

浙消〔2020〕166号《关于印发〈浙江省消防技术规范难点问题操作技术指南（2020版）〉的通知》

有以下规定：

2.3.2　建筑屋顶和地下室顶板上开设消防排烟口、采光、通风等开口时，该开口与上部建筑开口之间的直线距离不应小于6m（且水平距离不应小于4m）。

2.3.3　当建筑屋顶和地下室顶板上开设消防排烟口、采光、通风等开口采取防火分隔措施时或开口背向建筑物时，开口与上部建筑的距离可不限。

问题解析

1. 防火距离不应小于6m，见图2。不足时可参照《建规》条文第6.3.7条等相关规定采取防止火灾蔓延的措施（如设置乙级防火固定窗），也可参照浙消〔2020〕166号文第2.3.3条采用“将开口背向建筑物”等较安全合理的平面布局设计。

2. 不宜。确需借用时，应满足使用人员安全疏散、避难计算等相关设计要求。参照室外梯、避难走道等要求，考虑安全疏散走道及避难区的位置情况，表达防火分隔措施等相关消防设计内容，并符合相关规定。例如，不得贴近易燃易爆房间或泄爆口设置临时避难区；避难区距（有可燃物的）室内空间外墙门窗洞口间距不宜小于6m，否则应设防火门窗；避难区域面积估算应合理，其避难人数计算指标不宜小于5人/m^2。

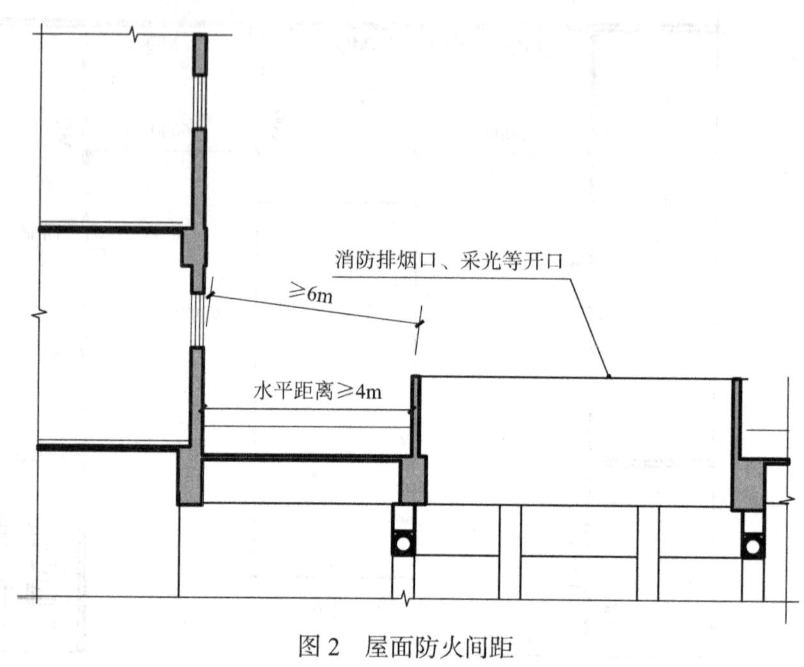

图2 屋面防火间距

问题描述

问题4　凸窗处的防火间距及封堵

图1和图2是某住宅外窗与阳台的平面图和立面图。住宅外墙的凸窗、封闭阳台外窗上下错层布置，它们之间的竖向距离不足1.2m，是否符合规定？

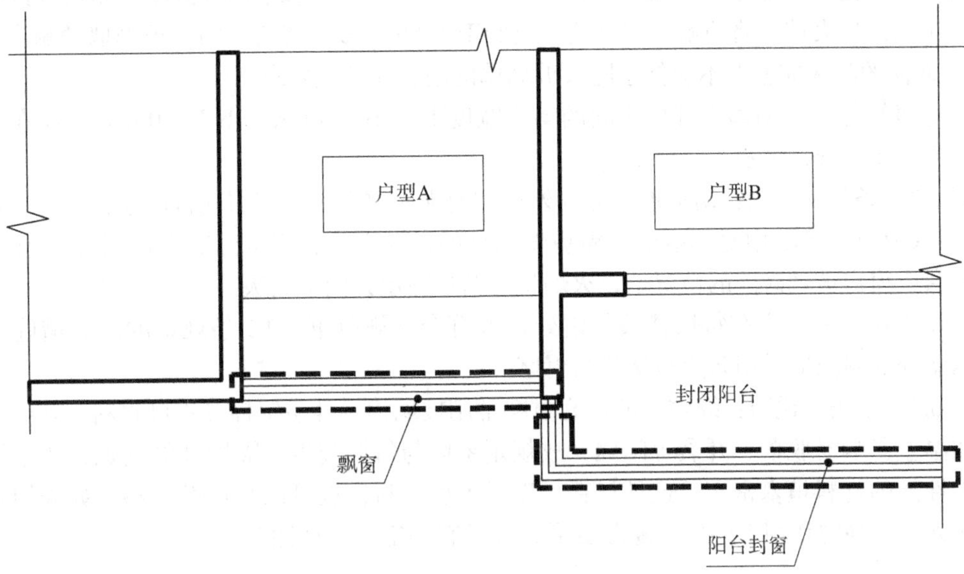

图1　某住宅外窗与阳台平面图

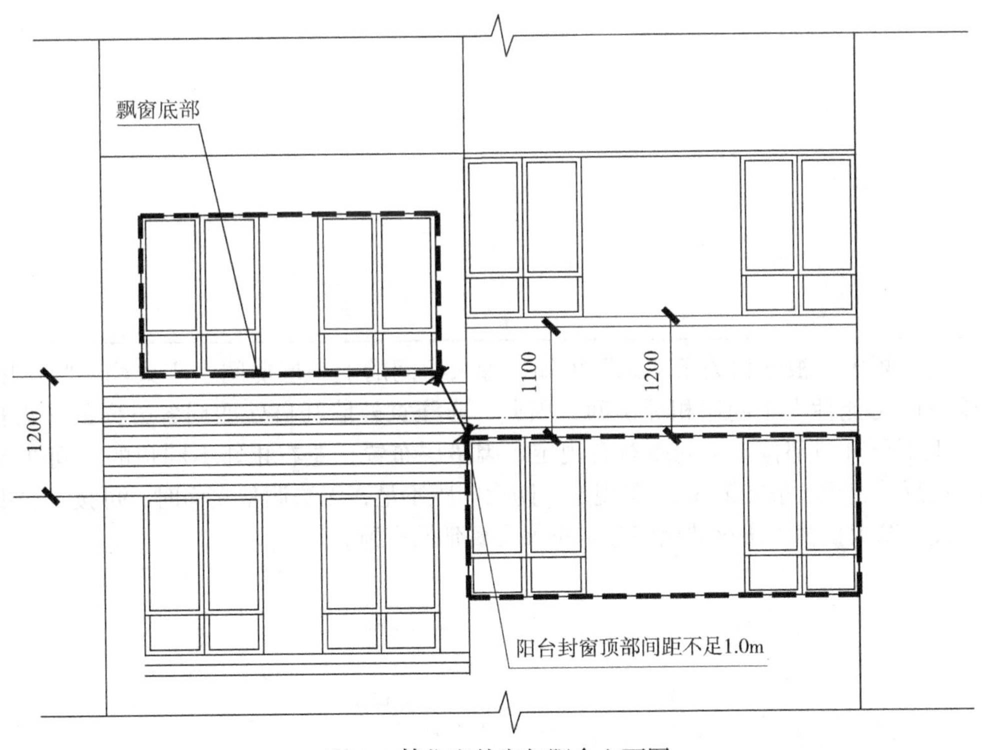

图2　某住宅外窗与阳台立面图

相关标准	《建筑设计防火规范》 6.2.5 除本规范另有规定外，建筑外墙上、下层开口之间应设置高度不小于1.2m的实体墙或挑出宽度不小于1.0m、长度不小于开口宽度的防火挑檐；当室内设置自动喷水灭火系统时，上、下层开口之间的实体墙高度不应小于0.8m。当上、下层开口之间设置实体墙确有困难时，可设置防火玻璃墙，但高层建筑的防火玻璃墙的耐火完整性不应低于1.00h，多层建筑的防火玻璃墙的耐火完整性不应低于0.50h。外窗的耐火完整性不应低于防火玻璃墙的耐火完整性要求。 住宅建筑外墙上相邻户开口之间的墙体宽度不应小于1.0m；小于1.0m时，应在开口之间设置突出外墙不小于0.6m的隔板。 第6.2.5条条文说明：防火玻璃墙和外窗的耐火完整性……按照现行国家标准《镶玻璃构件耐火试验方法》GB/T 12513中对非隔热性镶玻璃构件的试验方法和判定标准进行测定。住宅内着火后，在窗户开启或窗户玻璃破碎的情况下，火焰将从窗户蔓出并向上卷吸。 6.2.6 建筑幕墙应在每层楼板外沿处采取符合本规范第6.2.5条规定的防火措施，幕墙与每层楼板、隔墙处的缝隙应采用防火封堵材料封堵。 第6.2.6条条文说明：缝隙等的填充材料常用玻璃棉、硅酸铝棉等不燃材料。实际工程中，存在受震动和温差影响易脱落、开裂等问题，故规定幕墙与每层楼板、隔墙处的缝隙，要采用具有一定弹性和防火性能的材料填塞密实。这种材料可以是不燃材料，也可以是难燃材料。如采用难燃材料，应保证其在火焰或高温作用下能发生膨胀变形，并具有一定的耐火性能。
问题解析	不符合规定。根据相关条文说明可知，着火房间的上一层房间由于火焰卷吸作用会受到较大影响，受影响可能性大于同层相邻房间，因此，应注意外墙开口处四周各方向的防火构造措施。图2中住宅上下层开口部位上下间距符合规定，因错层布置，左右相邻不同户的户间外墙开口间距不足1.2m，违反《建规》条文第6.2.5条规定。防火间距不足，无法调整立面时，可按《建规》条文第6.2.5条要求设置防火挑檐、防火玻璃墙等防止火灾蔓延的措施。

问题描述

问题 5　住宅分户墙处外窗的防火间距

1. 住宅建筑不同住户相邻分户外墙外窗间距，见图 1，图 1 中应计算 $a+b+d\geqslant 1\text{m}$，还是计算 $c+d\geqslant 1\text{m}$？

2. 防火分区之间外窗间距，可否如图 2 所示，计算 $e+f+l\geqslant 2\text{m}$？

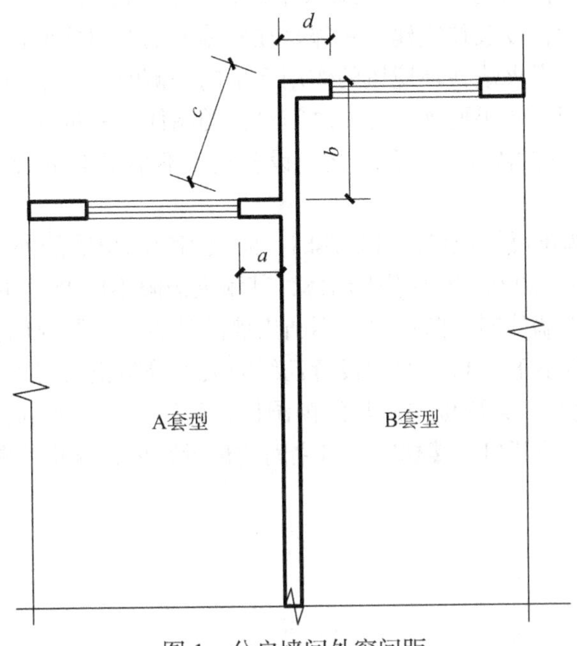

图 1　分户墙间外窗间距

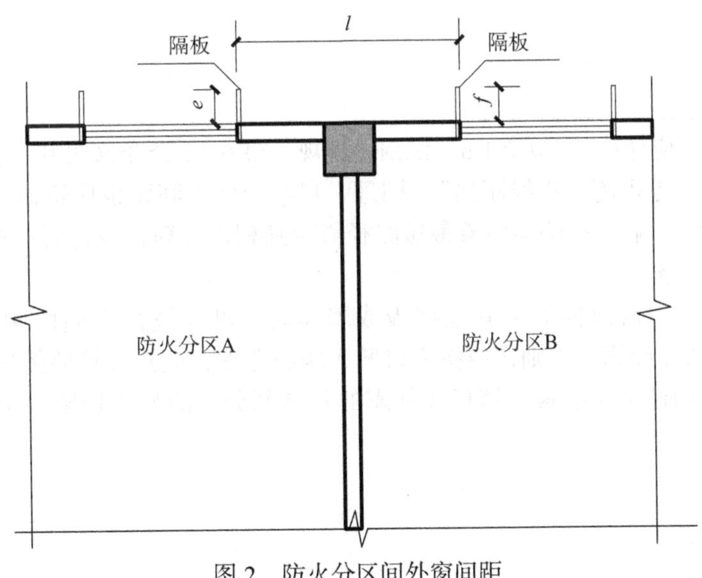

图 2　防火分区间外窗间距

相关标准	**《建筑设计防火规范》** 6.2.5　住宅建筑外墙上相邻户开口之间的墙体宽度不应小于 1.0m；小于 1.0m 时，应在开口之间设置突出外墙不小于 0.6m 的隔板。 实体墙、防火挑檐和隔板的耐火极限和燃烧性能，均不应低于相应耐火等级建筑外墙的要求。 第 6.2.5 条条文说明：本条结合有关火灾案例，规定了建筑外墙上在上、下层开口之间的墙体高度或防火挑檐的挑出宽度，以及住宅建筑相邻套在外墙上的开口之间的墙体的水平宽度，以防止火势通过建筑外窗蔓延。……当火焰在环境风的作用下偏向一侧时，住宅户与户之间突出外墙的隔板可以起到很好的阻火隔热作用，效果要优于外窗之间设置的墙体。根据火灾模拟分析，当住宅户与户之间设置突出外墙不小于 0.6m 的隔板或在外窗之间设置宽度不小于 1.0m 的不燃性墙体时，能够阻止火势向相邻住户蔓延。 6.1.3　建筑外墙为难燃性或可燃性墙体时，防火墙应凸出墙的外表面 0.4m 以上，且防火墙两侧的外墙均应为宽度均不小于 2.0m 的不燃性墙体，其耐火极限不应低于外墙的耐火极限。 建筑外墙为不燃性墙体时，防火墙可不凸出墙的外表面，紧靠防火墙两侧的门、窗、洞口之间最近边缘的水平距离不应小于 2.0m；采取设置乙级防火窗等防止火灾水平蔓延的措施时，该距离不限。 第 6.4.1 条条文说明：无论楼梯间与门窗洞口是处于同一立面位置还是处于转角处等不同立面位置，该距离都是外墙上的开口与楼梯间开口之间的最近距离，含折线距离。
问题解析	1. 在图 1 中，应计算 $c+d \geqslant 1$m。根据《建规》第 6.4.1 条条文可知，楼梯间外窗与相邻外窗间距的设计原则是“最近距离、折线距离”。同理，户与户外窗间距也应遵循这一原则。受火焰卷吸及在环境风的作用下的影响，火焰会沿着最短路径影响到相邻外窗，设计时应按最近路径（含最短折线）计算，满足规范要求。 2. 在图 2 中，当窗口四周无其他挡板或墙体时，可以按窗间墙两侧垂直加中间水平距离之和（$e+f+l$）大于 2m 计算。否则，应按窗口凹入墙面考虑，应只计算墙体外侧水平距离（l）大于 2m。并注意窗口四周构件（含隔板、挡板及外露的封堵部分）的耐火极限要求不低于外墙不燃性墙体的要求。

问题描述

问题 6　天桥连廊的防火分隔及疏散计算

1. 见图 1，左侧 3 号楼计算疏散宽度为 10.8m，楼梯间设计疏散总宽度为 8.0m，不足的 2.8m 需通过连廊借用右侧 4 号楼的疏散宽度。被借用疏散的建筑，设计总宽度是否应在自身疏散宽度要求外，多保留 2.8m 供其他建筑借用？

2. 图 1 借用安全宽度疏散时，还应注意哪些问题？

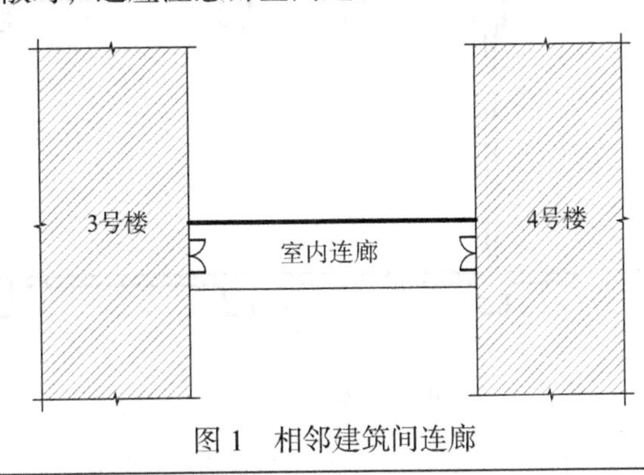

图 1　相邻建筑间连廊

相关标准

《建筑设计防火规范》

6.6.4　连接两座建筑物的天桥、连廊，应采取防止火灾在两座建筑间蔓延的措施。当仅供通行的天桥、连廊采用不燃材料，且建筑物通向天桥、连廊的出口符合安全出口的要求时，该出口可作为安全出口。第 6.4.4 条条文说明：采用天桥、连廊将几座建筑物连接起来，以方便使用。采用这种方式连接的建筑，一般仍需分别按独立的建筑考虑，有关要求见本规范表 5.2.2 注 6。这种连接方式虽方便了相邻建筑间的联系和交通，但也可能成为火灾蔓延的通道，因此需要采取必要的防火措施，以防止火灾蔓延和保证用于疏散时的安全。此外，用于安全疏散的天桥、连廊等，不应用于其他使用用途，也不应设置可燃物，只能用于人员通行等。设计需注意研究天桥、连廊周围是否有危及其安全的情况，如位于天桥、连廊下方相邻部位开设的门窗洞口，应积极采取相应的防护措施，同时应考虑天桥两端门的开启方向和能够计入疏散总宽度的门宽。

5.2.2 注 6 相邻建筑通过连廊、天桥或底部的建筑物等连接时，其间距不应小于本表的规定。

第 5.2.2 条条文说明：对于通过裙房、连廊或天桥连接的建筑物，需将该相邻建筑视为不同的建筑来确定防火间距。

2.1.14　安全出口　safety exit

供人员安全疏散用的楼梯间和室外楼梯的出入口或直通室内外安全区域的出口。

问题解析

1. 依据《建规》条文第 6.6.4 条条文字面意思，以及相邻不同建筑单体只考虑一次火灾的消防设计原理，通过天桥、连廊合规地借用相邻建筑物的疏散宽度，可被两个建筑物重复利用。图 1 相邻两个建筑防火间距符合规定，3 号楼通过符合《建规》条文第 6.6.4 条规定的室内连廊，向 4 号楼借用疏散宽度时，4 号楼可仅满足自身各层疏散净宽；该连廊处朝向 4 号楼的 2.8m，可计入 3 号楼的安全出口宽度。注意，该连廊连接不同建筑单体，与《建规》条文第 5.5.9 条同一栋建筑内向相邻不同防火分区借用疏散宽度要求不同，建筑内某防火分区发生火灾时，该建筑整层甚至整楼的使用人员均需被疏散，因此，《建规》条文第 5.5.9 条等疏散设计计算对象为建筑整体、各层、各防火分区。

2. 不是相同使用对象、类似使用功能、相同使用时间的建筑物之间，不宜通过廊桥借用相邻建筑疏散，应确保借用疏散设计真实可行，应有确保天桥、连廊及相邻建筑被借用部分疏散通道安全可靠的措施。如：廊桥应由不燃材料制作、两侧入口应有防火分隔措施；天桥、连廊及借用疏散通道上不应有其他使用功能；两建筑物的使用时间应一致；被借用的疏散通道（直至首层对外）不应穿过有大量可燃物的室内功能区等；并注意不应有锁或设闭锁门禁等妨碍借用通道疏散安全的做法。

问题描述

问题1　消防水泵房防火门与挡水门槛设置

1. 消防水泵房开向疏散走道的门，应设置甲级防火门还是乙级防火门？

2. 如图1所示，消防水泵房内已有潜水泵等排水措施，是否还应设置挡水门槛等防水淹措施？

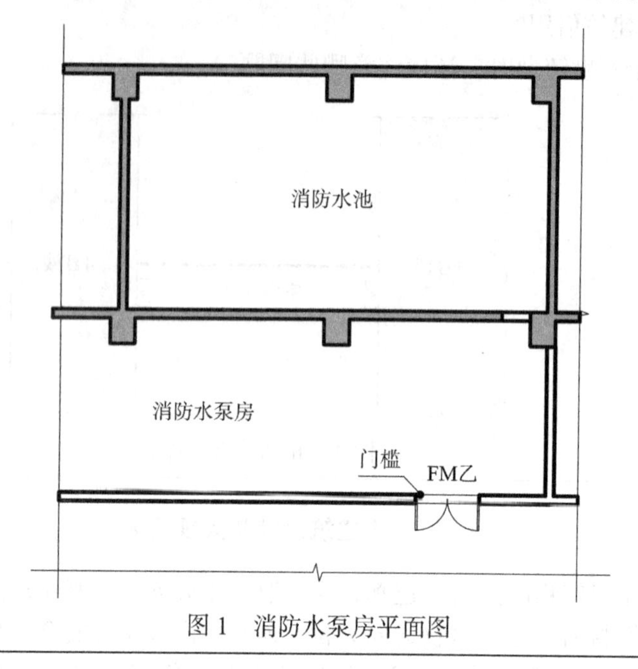

图1　消防水泵房平面图

相关标准

《建筑设计防火规范》

6.2.7　通风、空气调节机房和变配电室开向建筑内的门应采用甲级防火门，消防控制室和其他设备房开向建筑内的门应采用乙级防火门。

8.1.8　消防水泵房和消防控制室应采取防水淹的技术措施。

第8.1.8条条文说明：在实际火灾中，有不少消防水泵房和消防控制室因被淹或进水而无法使用，严重影响自动消防设施的灭火、控火效果，影响灭火救援行动。因此，既要通过合理确定这些房间的布置楼层和位置，也要采取门槛、排水措施等方法防止灭火或自动喷水等灭火设施动作后的水积聚而致消防控制设备或消防水泵、消防电源与配电装置等被淹。

《消防给水及消火栓系统技术规范》

5.5.12　消防水泵房应符合下列规定：

3　附设在建筑物内的消防水泵房，应采用耐火极限不低于2.0h的隔墙和1.50h的楼板与其他部位隔开，其疏散门应直通安全出口，且开向疏散走道的门应采用甲级防火门。

问题解析

1. 消防水泵房应设置甲级防火门。国家建设工程标准中强制性条文的要求，都必须满足。现行有效规范强制性条文要求不一致时，应按较严格的条文要求执行。

2. 应设置。通常在消防水泵房内设置排水泵是为了水泵房地面冲洗，排除溢水、漏水等日常排水使用。设置高度不小于150mm的挡门槛等防水淹措施，是为了防止自动喷水等灭火设施动作后短时间产生大量的水积聚，影响消防水泵房的安全使用。不设置门槛时，应明确所采用的其他排水措施，如抬高地面、门外设置排水沟等防水淹措施。确需采用室内排水泵排除灭火设施聚集水时，应计算注明水泵房排水泵功率选型，确保能有效排出灭火设施动作后产生的最大聚集水量，避免消防水泵、消防电源与配电装置等消控设备被淹或无法正常使用。

问题描述

问题 2　防火墙两侧是否需设置乙级防火门窗

见图 1～图 3 为《〈建规〉图示》，防火墙两侧设置了乙级防火门窗，这种设置表达准确吗？在实际建筑工程，只在防火墙一侧设置乙级防火门窗是否符合规定？

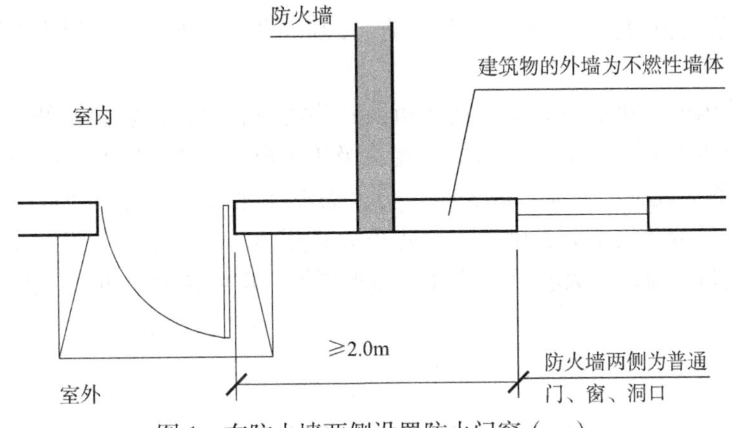

图 1　在防火墙两侧设置防火门窗（一）

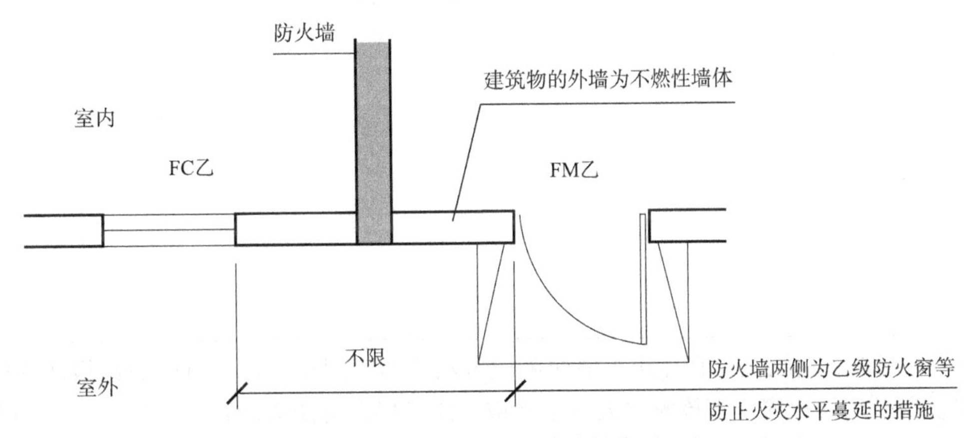

图 2　在防火墙两侧设置防火门窗（二）

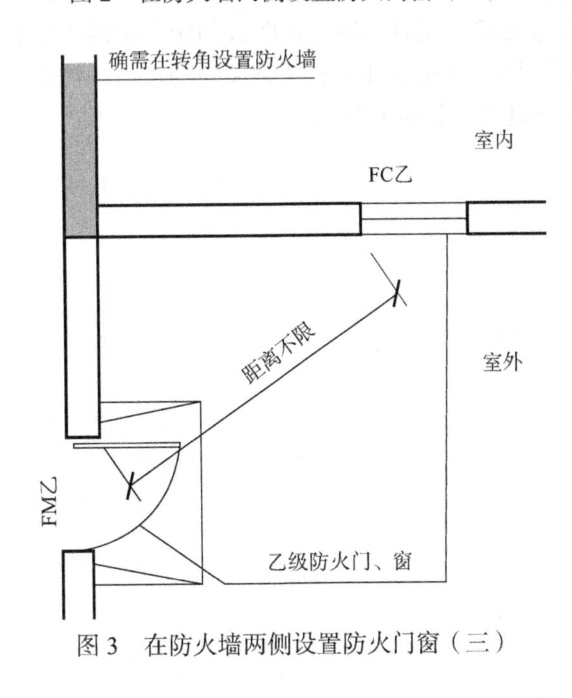

图 3　在防火墙两侧设置防火门窗（三）

相关标准	**《建筑设计防火规范》** 6.1.3　建筑外墙为不燃性墙体时，防火墙可不凸出墙的外表面，紧靠防火墙两侧的门、窗、洞口之间最近边缘的水平距离不应小于2.0m；采取设置乙级防火窗等防止火灾水平蔓延的措施时，该距离不限。 第6.1.3条条文说明：……根据火场调查，2.0m的间距能在一定程度上阻止火势蔓延，但也存在个别蔓延现象。 6.1.4　建筑内的防火墙不宜设置在转角处，确需设置时，内转角两侧墙上的门、窗、洞口之间最近边缘的水平距离不应小于4.0m；采取设置乙级防火窗等防止火灾水平蔓延的措施时，该距离不限。 第6.1.4条条文说明：火灾事故表明，防火墙设在建筑物的转角处且防火墙两侧开设门窗等洞口时，如门窗洞口采取防火措施，则能有效防止火势蔓延。设置不可开启窗扇的乙级防火窗、火灾时可自动关闭的乙级防火窗、防火卷帘或防火分隔水幕等，均可视为能防止火灾水平蔓延的措施。
问题解析	图1～图3表达无误，宜在防火墙两侧设置乙级防火门窗。仅一侧标注乙级防火门窗，另一侧未设或仅设可开启防火窗，若该侧火灾时不能被关闭，仍会有防火间距不足的风险。确有困难无法在两侧设置乙级防火门窗时，可在防火墙一侧设置乙级固定窗，确保防火墙任一侧发生火灾时，门窗洞口处防火间距均能满足规范要求。同时，注意该防火间距范围内不应有通风排烟窗、百叶窗等开口，避免火灾时防火墙一侧的火焰、烟气通过不能及时关闭的、另一侧的可开启门窗洞口（含需要保持开启状态的通风百叶窗等）蔓延至相邻防火分区。

问题描述

问题 3　防火门开启方向、楼梯间防火门开启方式

1. 住宅建筑地下两个附属库房防火分区各设置一部楼梯（图 1），中间防火墙上的甲级防火门应向哪个方向开启？是否必须设置向两个方向开启的两樘甲级防火门？

2. 上述疏散走道处没有条件设置两个甲级防火门时，能采用单框双扇双向防火门吗？

3. 疏散楼梯间的防火门应常开还是常闭？

图 1　相邻防火分区间的甲级防火门

相关标准

《建筑设计防火规范》

6.5.1　防火门的设置应符合下列规定：

1　设置在建筑内经常有人通行处的防火门宜采用常开防火门。常开防火门应能在火灾时自行关闭，并应具有信号反馈的功能。

2　除允许设置常开防火门的位置外，其他位置的防火门均应采用常闭防火门。常闭防火门应在其明显位置设置“保持防火门关闭”等提示标识。

3　除管井检修门和住宅的户门外，防火门应具有自行关闭功能。双扇防火门应具有按顺序自行关闭的功能。

4　除本规范第 6.4.11 条第 4 款的规定外，防火门应能在其内外两侧手动开启。

6　防火门关闭后应具有防烟性能。

7　甲、乙、丙级防火门应符合现行国家标准《防火门》GB 12955 的规定。

相关标准	6.4.2 封闭楼梯间除应符合本规范第 6.4.1 条的规定外，尚应符合下列规定： 3 高层建筑、人员密集的公共建筑、人员密集的多层丙类厂房、甲、乙类厂房，其封闭楼梯间的门应采用乙级防火门，并应向疏散方向开启；其他建筑，可采用双向弹簧门。 第 6.4.2 条条文说明：通向封闭楼梯间的门，正常情况下需采用乙级防火门。在实际使用过程中，楼梯间出入口的门常因采用常闭防火门而致闭门器经常损坏，使门无法在火灾时自动关闭。因此，对于有人员经常出入的楼梯间门，要尽量采用常开防火门。 6.4.11 建筑内的疏散门应符合下列规定： 1 民用建筑和厂房的疏散门，应采用向疏散方向开启的平开门，不应采用推拉门、卷帘门、吊门、转门和折叠门。除甲、乙类生产车间外，人数不超过 60 人且每樘门的平均疏散人数不超过 30 人的房间，其疏散门的开启方向不限。 第 6.4.11 条条文说明：为避免在着火时由于人群惊慌、拥挤而压紧内开门扇，使门无法开启，要求疏散门应向疏散方向开启。对于使用人员较少且人员对环境及门的开启形式熟悉的场所，疏散门的开启方向可以不限。
问题解析	1. 民用建筑和厂房的疏散门应向疏散方向开启。若有条件，在住宅地下附属库房防火分区防火墙上，宜设置向各自疏散方向开启的两樘甲级防火门；确有困难，且一侧防火分区疏散计算小于 30 人时，可设置一樘防火门，向人数多的一侧开启。 2. 因为单框双扇双向防火门关闭后的防烟性能差，所以不宜采用单框双扇双向防火门。确需采用时，应采用符合《建规》条文第 6.5.1 条及现行国家标准《防火门》规定的合格产品。 3. 疏散楼梯间门通常为常闭防火门。人员使用频繁的楼梯间门（如疏散人流量较大的人员密集场所疏散通道），可采用常开防火门。设置常开防火门时，应按《建规》条文第 6.5.1 条规定，设有火灾时自动关闭的信号反馈的功能，并注意与楼宇报警系统联动等设计内容一致。

问题描述

问题 4　楼梯间直通首层室外、屋面疏散门

1. 见图 1，防烟楼梯间屋顶平面图，防烟楼梯间可否不设置前室，而经过走道通往室外？

2. 楼梯间直通首层室外地坪或直通室外屋面的乙级防火门可否为普通门？在什么情况下应设置防火门？

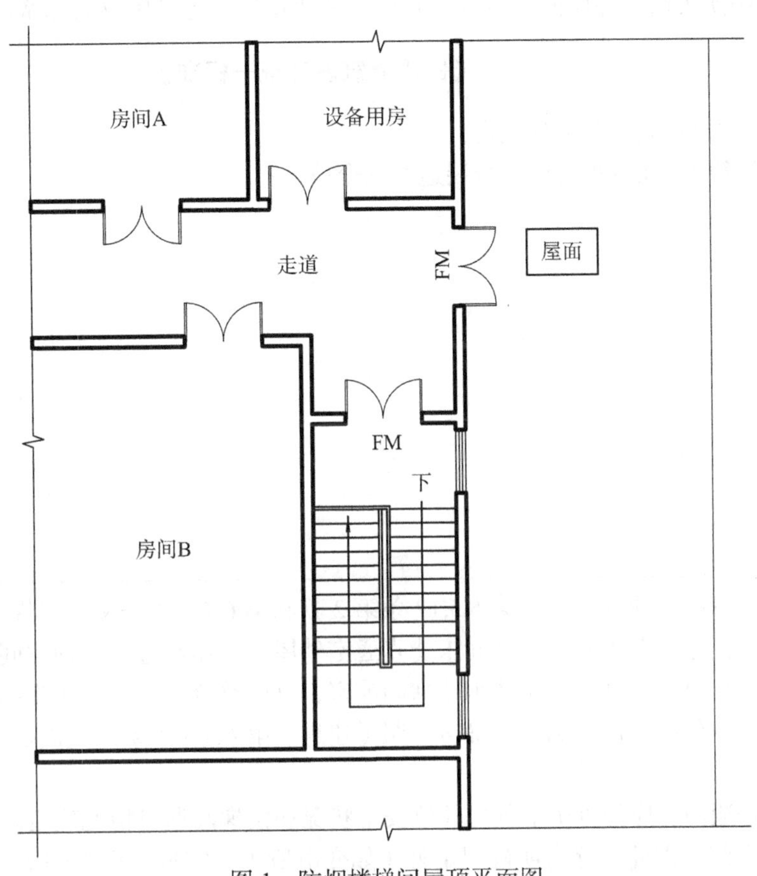

图 1　防烟楼梯间屋顶平面图

相关标准

《建筑设计防火规范》

2.1.16　防烟楼梯间　smoke-proof staircase

在楼梯间入口处设置防烟的前室、开敞式阳台或凹廊（统称前室）等设施，且通向前室和楼梯间的门均为防火门，以防止火灾的烟和热气进入的楼梯间。

5.5.17　公共建筑的安全疏散距离应符合下列规定：

2　楼梯间应在首层直通室外，确有困难时，……。

6.4.3　防烟楼梯间除应符合本规范第 6.4.1 条的规定外，尚应符合下列规定：

5　除住宅建筑的楼梯间前室外，防烟楼梯间和前室内的墙上不应开设除疏散门和送风口外的其他门、窗、洞口。

<table>
<tr><td>相关标准</td><td>
第 6.4.3 条条文说明：防烟楼梯间是具有防烟前室等防烟设施的楼梯间。前室可靠的防烟性能，使防烟楼梯间具有比封闭楼梯间更好的防烟、防火能力。防烟楼梯间在首层直通室外时，其首层可不设置前室。
6.4.2　封闭楼梯间除应符合本规范第 6.4.1 条的规定外，尚应符合下列规定：
3　高层建筑、人员密集的公共建筑、人员密集的多层丙类厂房、甲、乙类厂房，其封闭楼梯间的门应采用乙级防火门，并应向疏散方向开启；其他建筑，可采用双向弹簧门。
《民用建筑设计统一标准》
6.11.9　门的设置应符合下列规定：
3　双面弹簧门应在可视高度部分装透明安全玻璃；
</td></tr>
<tr><td>问题解析</td><td>
1. 不可以。依据《建规》条文第 5.5.17 条第 2 款和第 6.4.3 条条文说明规定，防烟楼梯间能直通室外时可不设防烟前室。图 1 防烟楼梯间未能直通室外屋面，需经过与其他房间门共用的走道通往室外，当防烟楼梯间不能直通室外，应设防烟楼梯间前室，且应符合《建规》条文第 6.4.3 条第 5 款规定，前室墙上不应开设其他门、窗、洞口。确需参照《建规》第 6.4.3 条第 6 款设扩大前室时，应明确其合理的分隔措施。
2. 不宜为普通门。应根据疏散外门外侧安全状况和楼梯间通风情况确定。《建规》通常考虑建筑外墙外侧为安全空间，因此，除有明确规定外（如变电所等火灾危险性大的房间外门、防火墙两侧外门窗），建筑外门窗均可为普通门窗。但当首层门外有进排风井、广告灯柱、人防出入口，屋顶室外有设备机房、机组等，且楼梯间疏散外门与有安全隐患的建构筑物之间的防火间距不足时，应仍为乙级防火门。有正压要求的楼梯间或防烟前室外门，应仍为常闭防火门，确保能及时自动关闭、维持正压。因此，施工图设计文件应清楚表达相关设计内容，明确选用防火门的性能等级、常开或常闭、自动关闭、信号反馈等要求。
</td></tr>
</table>

问题描述

问题 5　可否采用自带疏散小门的防火卷帘

1. 某中庭局部空间四周由防火卷帘围合，可否采用自带帘中门的防火卷帘作为安全疏散措施？

2. 建筑中庭，可否采用电动水平滑动关闭的异型卷帘？

相关标准

《建筑设计防火规范》

5.3.2　……建筑内设置中庭时，其防火分区的建筑面积应按上、下层相连通的建筑面积叠加计算；当叠加计算后的建筑面积大于本规范第 5.3.1 条的规定时，应符合下列规定：

1　与周围连通空间应进行防火分隔：采用防火隔墙时，其耐火极限不应低于 1.00h；采用防火玻璃墙时，其耐火隔热性和耐火完整性不应低于 1.00h。采用耐火完整性不低于 1.00h 的非隔热性防火玻璃墙时，应设置自动喷水灭火系统进行保护；采用防火卷帘时，其耐火极限不应低于 3.00h，并应符合本规范第 6.5.3 条的规定；与中庭相连通的门、窗，应采用火灾时能自行关闭的甲级防火门、窗；

第 5.5.9 条条文说明：当人员需要通过相邻防火分区疏散时，相邻两个防火分区之间要严格采用防火墙分隔，不能采用防火卷帘、防火分隔水幕等措施替代。

6.2.3　建筑内的下列部位应采用耐火极限不低于 2.00h 的防火隔墙与其他部位分隔，墙上的门、窗应采用乙级防火门、窗，确有困难时，可采用防火卷帘，但应符合本规范第 6.5.3 条的规定：

6.5.3　防火分隔部位设置防火卷帘时，应符合下列规定：

1　除中庭外，当防火分隔部位的宽度不大于 30m 时，防火卷帘的宽度不应大于 10m；当防火分隔部位的宽度大于 30m 时，防火卷帘的宽度不应大于该部位宽度的 1／3，且不应大于 20m。

2　防火卷帘应具有火灾时靠自重自动关闭功能。

3　除本规范另有规定外，防火卷帘的耐火极限……。

4　防火卷帘应具有防烟性能，与楼板、梁、墙、柱之间的空隙应采用防火封堵材料封堵。

5　需在火灾时自动降落的防火卷帘，应具有信号反馈的功能。

6　其他要求，应符合现行国家标准《防火卷帘》GB 14102 的规定。

6.4.11　建筑内的疏散门应符合下列规定：

4　人员密集场所内平时需要控制人员随意出入的疏散门和设置门禁系统的住宅、宿舍、公寓建筑的外门，应保证火灾时不需使用钥匙等任何工具即能从内部易于打开，并应在显著位置设置具有使用提示的标识。

第 6.4.11 条条文说明：采用平开门。侧拉门、卷帘门、旋转门或电动门，包括帘中门，在人群紧急疏散情况下无法保证安全、快速疏散，不允许作为疏散门。

问题解析

1. 不可以。防火卷帘不具备安全疏散功能，作为防火分隔措施时《建规》对防火卷帘的使用范围仍有较多限制。在实际使用中，虽然防火卷帘耐火极限可满足防火要求，但卷帘密闭性、防烟效果不理想，加之联动设施、固定槽或卷轴电动机等部件如果不能正常发挥作用，容易出现卷帘被卡住、降落不顺畅等问题，帘中门更易发生变形、失效的情况，难以确保降落顺利和打开逃生门，所以不能把帘中门当作安全出口。被防火卷帘四面围合的中庭应有甲级防火门供其疏散使用。确有困难，对面积极小、人极少的局部小空间，采用防火卷帘两步降辅助疏散时，需按《建规》条文第 6.4.11 条第 4 款规定设置手动开启措施和使用提示标识。

2. 不可以。用于防火分隔的防火卷帘，应按《建规》条文第 6.5.3 条规定选用具有靠自重自动关闭功能，并按现行国家标准《防火卷帘》等要求通过检测的产品。

问题描述

问题 6　电控自动（平移）门、旋转门、推拉门

1. 如图 1 所示，酒店、办公楼可否采用旋转门作为疏散外门？对疏散外门有什么要求？

2. 医药洁净用房、科研实验室、医院手术室等特殊功能房间可否采用电控自动（平移）门作为房间疏散门？

3. 仅一个蹲位的无障碍卫生间，确实无法合理设置平开门，可以设置推拉门吗？

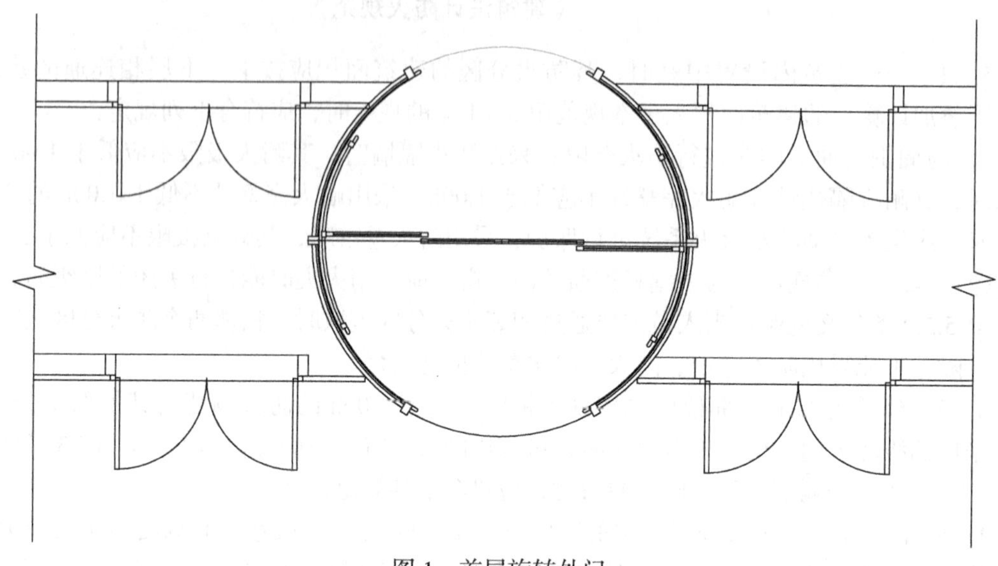

图 1　首层旋转外门

相关标准

《建筑设计防火规范》

6.4.11　建筑内的疏散门应符合下列规定：

1　民用建筑和厂房的疏散门，应采用向疏散方向开启的平开门，不应采用推拉门、卷帘门、吊门、转门和折叠门。除甲、乙类生产车间外，人数不超过 60 人且每樘门的平均疏散人数不超过 30 人的房间，其疏散门的开启方向不限。

第 6.4.11 条条文说明：疏散楼梯间、电梯间或防烟楼梯间的前室或合用前室的门，应采用平开门。侧拉门、卷帘门、旋转门或电动门，包括帘中门，在人群紧急疏散情况下无法保证安全、快速疏散，不允许作为疏散门。

<table>
<tr><td>相关标准</td><td>

《综合医院建筑设计规范》

1.0.3 医疗工艺应根据医院的建设规模、管理模式和科室设置等确定。医院建筑设计应满足医疗工艺要求。

《洁净厂房设计规范》

5.2.9 洁净区与非洁净区、洁净区与室外相通的安全疏散门应向疏散方向开启，并应加闭门器。安全疏散门不应采用吊门、转门、侧拉门、卷帘门以及电控自动门。

</td></tr>
<tr><td>问题解析</td><td>

1. 火灾时由于非应急电源关闭等原因，会导致旋转门、电控自动（平移）疏散门无法顺利平推完全开启，影响疏散安全，因此工业、民用公共建筑的各疏散门、疏散外门均应采用平开疏散门，见《建规》条文第 6.4.11 条第 1 款及相关条文说明。图 1 外门两侧应设平开疏散门，其疏散净宽应不小于《建规》条文第 5.5.18 条最小值规定，并满足疏散净宽设计计算要求。

2. 可以。科研实验用房、医院手术室、CT、核磁、X 光检查室等特殊功能用房，因特殊工艺需要且使用人数极少，确需采用电控自动（平移）疏散门时，应选用检测合格的合规产品，确保火灾报警断电后能满足手动开启要求。洁净厂房中的特殊洁净用房，因疏散距离不足的原因，确需采用固定玻璃安全门时，应有清楚明确的疏散路径指示，并设置紧急情况时可手动（破碎）打开的操作方式及提示标识。

3. 可以设置推拉门。无障碍专用卫生间，可采用净宽不小于 800mm、便于无障碍人士手动开启操作的推拉门。

</td></tr>
</table>

问题描述

问题1　楼梯间开启时有效宽度

1. 对于建筑疏散楼梯间，是否要求楼梯间的门在开启过程中不能对梯段疏散造成影响？可否采用如图1所示的180°开启的疏散门？门开启半径和人员疏散轨迹线能交叉吗？

2. 如图2所示，某住宅建筑地下自行车库向首层开设的疏散门，因为使用人少，可否视为满足完全开启时不减少楼梯平台有效宽度的要求？

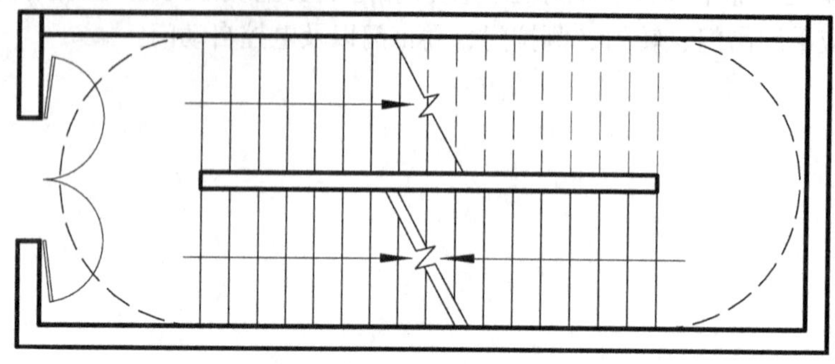

图1　多层商业封闭楼梯间

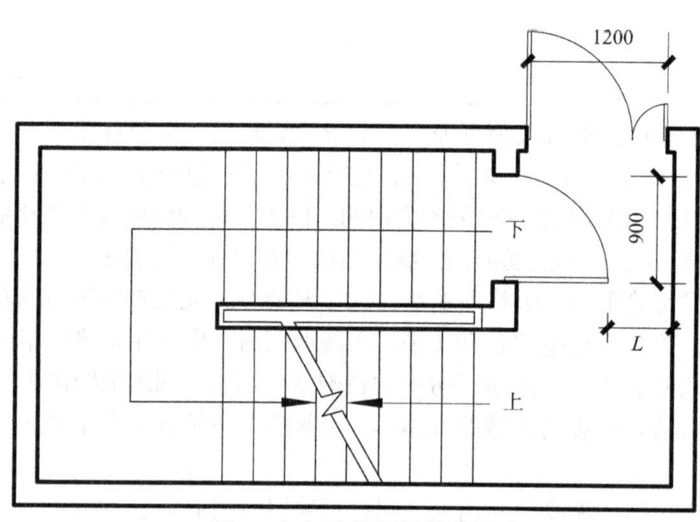

图2　住宅防烟楼梯间首层

相关标准

《建筑设计防火规范》

6.4.11　建筑内的疏散门应符合下列规定：

3　开向疏散楼梯或疏散楼梯间的门，当其完全开启时，不应减少楼梯平台的有效宽度。

6.5.1　防火门的设置应符合下列规定：

2　除允许设置常开防火门的位置外，其他位置的防火门均应采用常闭防火门。常闭防火门应在其明显位置设置“保持防火门关闭”等提示标识。

<table>
<tr><td>相关标准</td><td>3　除管井检修门和住宅的户门外，防火门应具有自行关闭功能。双扇防火门应具有按顺序自行关闭的功能。
4　除本规范第 6.4.11 条第 4 款的规定外，防火门应能在其内外两侧手动开启。
6　防火门关闭后应具有防烟性能。
7　甲、乙、丙级防火门应符合现行国家标准《防火门》GB 12955 的规定。
第 6.5.1 条条文说明：防火门在平时要尽量保持关闭状态；为方便平时经常有人通行而需要保持常开的防火门，要采取措施使之能在着火时以及人员疏散后能自行关闭，如设置与报警系统联动的控制装置和闭门器等。

《民用建筑设计统一标准》

6.11.9　门的设置应符合下列规定：
5　开向疏散走道及楼梯间的门扇开足后，不应影响走道及楼梯平台的疏散宽度；</td></tr>
<tr><td>问题解析</td><td>1. 不应采用 180° 开启的防火门。如图 1 所示，防火门难满足火灾时自行关闭功能，闭合行程长，闭合后防烟性能差。《建规》条文第 6.4.11 条第 3 款没有规定门开启半径和人员疏散轨迹线不能交叉，但对人流量多的人员密集场所，宜考虑楼梯间门开启过程中对疏散安全影响，合理增加楼梯间平台宽度。
2. 虽然住宅地下自行车库疏散人员少，图 2 中的地下楼梯间疏散门打开概率较小，当该门作为建筑地下疏散楼梯间安全出口，火灾时，仍会有疏散通行和开启的可能性，应按《建规》条文第 6.4.11 条第 3 款的要求，确保不减少地上楼梯间的有效疏散净宽。</td></tr>
</table>

问题描述

问题 2　楼梯间首层外门的防火分隔与挑檐

1. 如图 1 和图 2 所示，高层建筑的两个封闭（或扩大）楼梯间首层外门之间，最近边缘的水平距离是否符合规定？首层外门与两侧其他门窗洞口之间是否有距离要求？另，图 1 还有其他不符合规定的问题吗？

2. 见图 2，高层住宅封闭楼梯间首层外门是否需按《建规》条文第 6.2.5 条规定设置耐火性能不低于相应耐火等级建筑外墙要求的防火挑檐？多层建筑和高层裙房是否需设置防火挑檐？

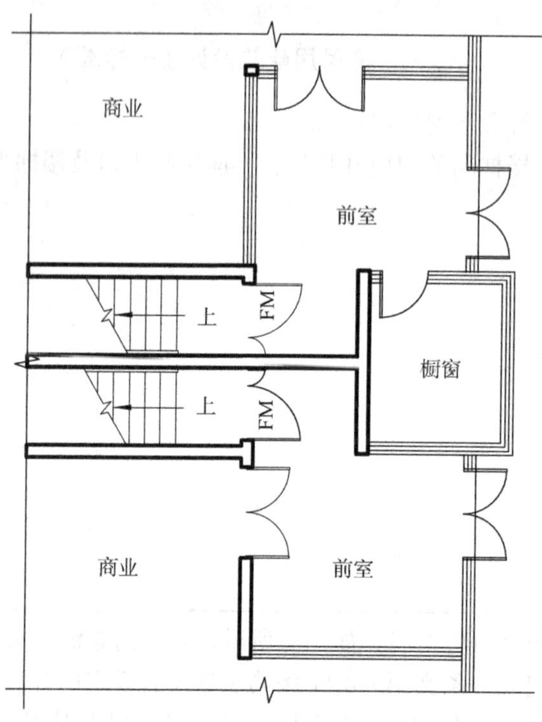

图 1　商业封闭楼梯间首层平面

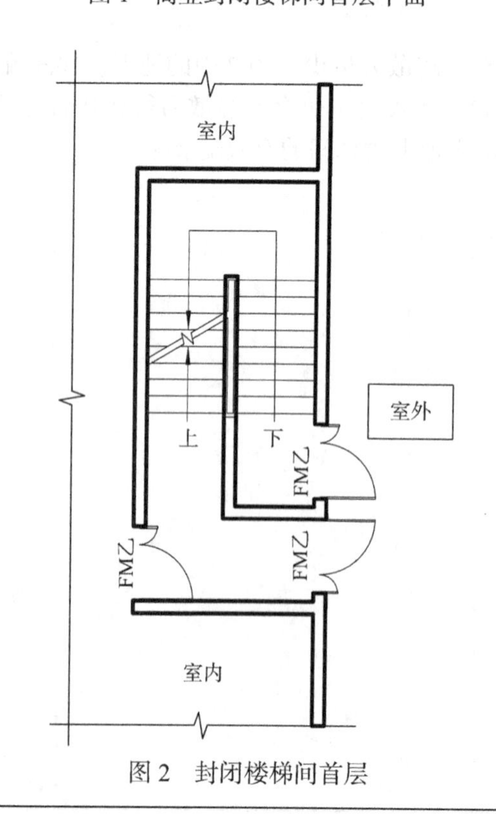

图 2　封闭楼梯间首层

相关标准	《建筑设计防火规范》 6.4.1 疏散楼梯间应符合下列规定： 1 楼梯间应能天然采光和自然通风，并宜靠外墙设置。靠外墙设置时，楼梯间、前室及合用前室外墙上的窗口与两侧门、窗、洞口最近边缘的水平距离不应小于1.0m。 6.4.2 封闭楼梯间除应符合本规范第6.4.1条的规定外，尚应符合下列规定： 4 楼梯间的首层可将走道和门厅等包括在楼梯间内形成扩大的封闭楼梯间，但应采用乙级防火门等与其他走道和房间分隔。 5.5.7 高层建筑直通室外的安全出口上方，应设置挑出宽度不小于1.0m的防护挑檐。 6.2.5 实体墙、防火挑檐和隔板的耐火极限和燃烧性能，均不应低于相应耐火等级建筑外墙的要求。
问题解析	1.《建规》条文第6.4.1条第1款未要求楼梯间首层直通室外的疏散门与两侧门窗洞口的距离。图2符合规定，图1不符合规定。图1楼梯间首层不能直通室外，门斗处应为扩大封闭楼梯间。图1设置了外窗，与两侧其他功能区的门窗洞口应有不小于1.0m的防火间距，规范没有明确“设有防火窗时距离可不限”的规定，因此，不可以采用乙级防火门窗宽度代替外墙间距。 图1扩大封闭楼梯间内不应有橱窗、门，扩大封闭楼梯间与橱窗及两侧商铺之间，未设置耐火极限不低于2.0h防火隔墙和乙级防火门分隔，不符合《建规》条文第6.4.2条第4款的要求。图1首层门斗处疏散外门的有效疏散净宽应满足二层楼梯间和本层商业人流所需疏散净宽之和。 2. 如图2所示，高层建筑直通室外的安全出口上方，应设置宽度不小于1m的防护挑檐；多层建筑和高层建筑裙房不需设置防火挑檐。《建规》条文第6.2.5条未要求多层建筑和高层建筑裙房楼梯间安全出口处设置防火挑檐，高层建筑应按《建规》条文第5.5.7条要求设置宽度不小于1.0m的防护挑檐，条文说明明确了防护挑檐可不具备防火挑檐的耐火性能要求。

问题描述

问题 3　楼梯间首层外门疏散宽度与《建规》条文第 5.5.21 条的规定

1. 某商业建筑地上一至四层、地下一层均为商业营业厅，见图 1，首层两组 4 部地上地下防烟楼梯间可否共用防烟前室?

2. 见图 1，地上地下楼梯间共用前室时，未考虑地上地下及首层商业营业厅疏散宽度叠加，是否符合《建规》条文第 5.5.21 条的规定?

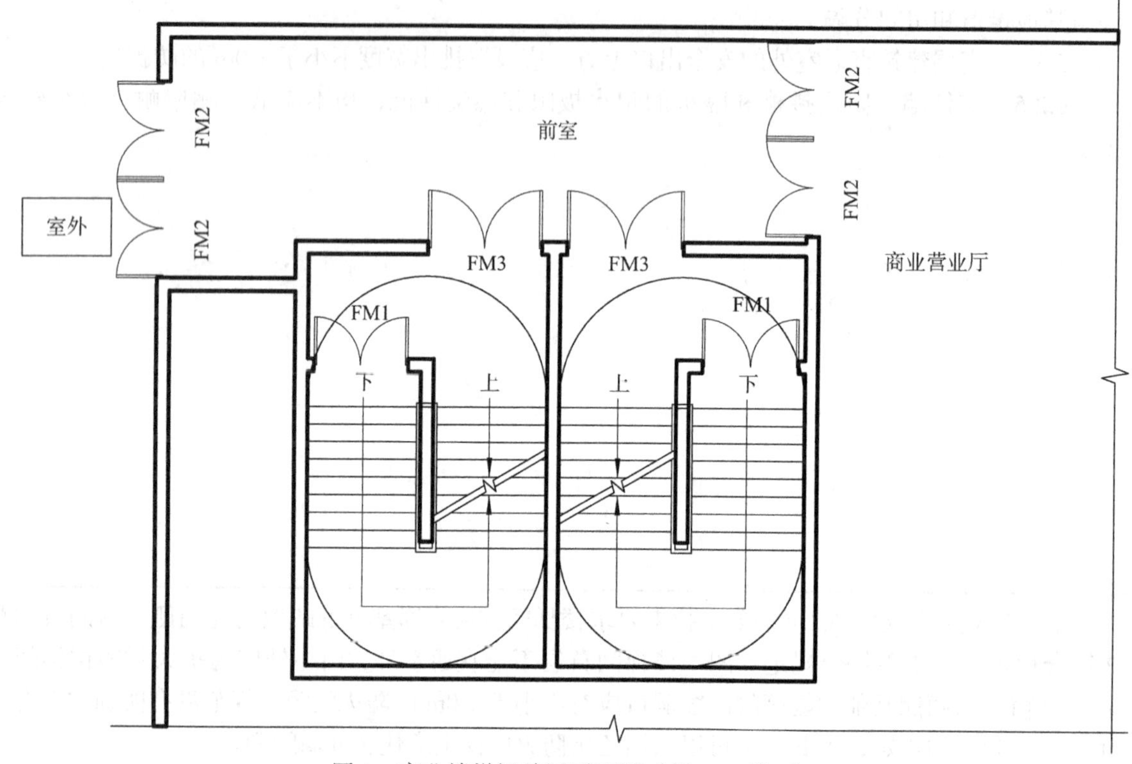

图 1　商业楼梯间首层平面图（梯 1 ～梯 4）

相关标准

《建筑设计防火规范》

5.5.21　除剧场、电影院、礼堂、体育馆外的其他公共建筑，其房间疏散门、安全出口、疏散走道和疏散楼梯的各自总净宽度，应符合下列规定：

1　每层的房间疏散门、安全出口、疏散走道和疏散楼梯的各自总净宽度，应根据疏散人数按每 100 人的最小疏散净宽度不小于表 5.5.21-1 的规定计算确定。

相关标准	**《民用建筑设计统一标准》** 6.1.3 多功能用途的公共建筑中，各种场所有可能同时使用同一出口时，在水平方向应按各部分使用人数叠加计算安全疏散出口和疏散楼梯的宽度；……。 **建规字〔2020〕1号《关于疏散楼梯首层疏散走道宽度问题的复函》** 有以下规定： 疏散楼梯在首层直通室外的疏散走道宽度计算方法建议按下列规定执行： 一、当地下部分和地上部分的疏散楼梯分别通过不同的疏散走道直通室外时，疏散走道的净宽度不应小于各自所连接的疏散楼梯的总净宽度； 二、当地下部分与地上部分的疏散楼梯共用疏散楼梯间并在首层通过同一条疏散走道直通室外时，该疏散走道的净宽度不应小于连通至该走道的地下部分和地上部分的疏散楼梯的总净宽度； 三、当地下部分与地上部分的疏散楼梯不共用疏散楼梯间并在首层通过同一条疏散走道直通室外时，该疏散走道的净宽度不应小于地下部分连通至该走道的疏散楼梯总净宽度与地上部分连通至该走道的疏散楼梯总净宽度两者中的较大值。
问题解析	1. 不宜共用防烟前室。《建规》条文第6.4.4条规定，地上地下楼梯间应各自疏散直通室外。确需共用时，尚应注意不要违反该条及《建规》条文第5.5.8条、第5.5.2条安全出口的个数和间距的要求。 2. 不符合《建规》条文第5.5.21条规定。尤其对人员密集的商业等功能区，前室及外门等安全出口的疏散宽度应能满足地下地上楼梯间疏散宽度叠加使用的需要。建规字〔2020〕1号文补充说明规定：通过共用的楼梯间和扩大前室时，各楼梯间门、前室门和疏散走道的设置应满足不减少各楼梯间安全出口有效疏散宽度的要求。图1共用楼梯间首层疏散门小于地上地下楼梯间疏散净宽之和；合用前室、通道和疏散外门净宽小于其连通的地上地下两组4部楼梯间疏散净宽之和，不符合规定。首层商业营业厅疏散门直接开向防烟前室，计算时，应明确并计入商业人流需穿行（同时疏散时会占用）该前室的疏散宽度。

问题描述

问题 4　高层裙房楼梯间设置的问题

1. 如图 1 所示，某高层旅馆裙房层数不大于 4 层，其封闭楼梯间首层未设置扩大封闭楼梯间，封闭楼梯间门距外门 13m，是否符合规定？

2. 若高层建筑主体为住宅建筑，在商业裙房与住宅间设置防火墙分隔，商业裙房内可否封闭楼梯间？裙房附设的办公室可否设敞开楼梯间？该敞开楼梯间直通室外的疏散走道设置有何要求？

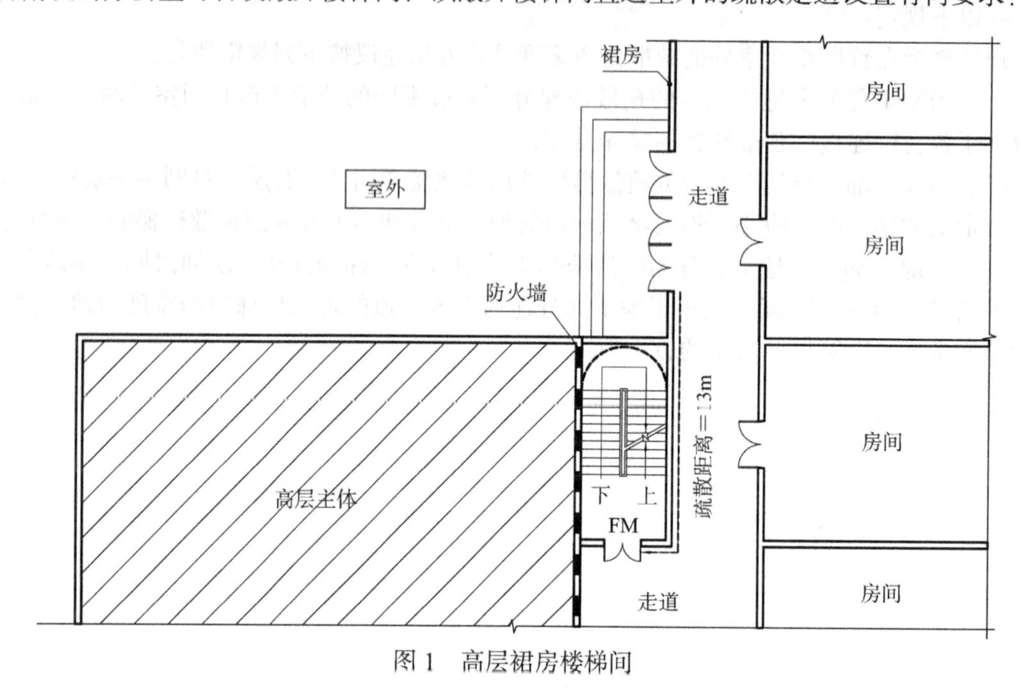

图 1　高层裙房楼梯间

相关标准

《建筑设计防火规范》

5.5.17　公共建筑的安全疏散距离应符合下列规定：

2　楼梯间应在首层直通室外，确有困难时，可在首层采用扩大的封闭楼梯间或防烟楼梯间前室。当层数不超过 4 层且未采用扩大的封闭楼梯间或防烟楼梯间前室时，可将直通室外的门设置在离楼梯间不大于 15m 处。

第 5.5.17 条条文说明：建筑首层为火灾危险性小的大厅，该大厅与周围办公、辅助商业等其他区域进行了防火分隔时，可以在首层将该大厅扩大为楼梯间的一部分。考虑到建筑层数不大于 4 层的建筑内部垂直疏散距离相对较短，当楼层数不大于 4 层时，楼梯间到达首层后可通过 15m 的疏散走道到达直通室外的安全出口。

相关标准	6.4.2　封闭楼梯间除应符合本规范第 6.4.1 条的规定外，尚应符合下列规定： 4　楼梯间的首层可将走道和门厅等包括在楼梯间内形成扩大的封闭楼梯间，但应采用乙级防火门等与其他走道和房间分隔。 5.1.1 条注 3：除本规范另有规定外，裙房的防火要求应符合本规范有关高层民用建筑的规定。 5.5.12 条注：当裙房与高层建筑主体之间设置防火墙时，裙房的疏散楼梯可按本规范有关单、多层建筑的要求确定。 5.4.10　除商业服务网点外，住宅建筑与其他使用功能的建筑合建时，应符合下列规定： 3　住宅部分和非住宅部分的安全疏散、防火分区和室内消防设施配置，可根据各自的建筑高度分别按照本规范有关住宅建筑和公共建筑的规定执行；该建筑的其他防火设计应根据建筑的总高度和建筑规模按本规范有关公共建筑的规定执行。
问题解析	1. 要根据裙房和主体的防火分隔情况确定。《建规》条文第 5.5.17 条第 2 款规定的层数应指总建筑层数。当裙房和建筑主体间功能连通处采用仅有甲级防火门的防火墙分隔时，裙房楼梯间可按单多层建筑要求确定，依据裙房自身高度规模设置封闭或开敞楼梯间，见《建规》条文 5.5.12 条注释的内容。此时，若裙房总高度不大于 4 层，其封闭楼梯间通过疏散距离不超过 15m 的疏散走道通往室外，符合规范规定。否则，裙房楼梯间的设置应按高层建筑执行，楼梯间门至外门处应为扩大封闭楼梯间或防烟前室，应设耐火极限不低于 2.0h 防火隔墙和乙级防火门与其他功能区隔开。此时，图 1 布局不符合规定。 2. 可以。商业裙房与高层住宅符合《建规》条文第 5.4.10 条组合建造的规定，设置无门窗洞口防火墙分隔和独立疏散楼梯安全出口时，裙房商业处可设置封闭楼梯间。附设物业办公室可设置敞开楼梯间；总层数 4 层以下的裙房，可按《建规》条文第 5.5.17 条第 2 款规定在首层设“不超过 15m 直通室外的疏散走道”通往室外。注意此时疏散走道两侧隔墙应符合《建规》第 5.1.2 条规定，为耐火极限不低于 1.0h 的隔墙，两侧墙体上可设普通门及少量合理的无门门洞，但不应设置有大量可燃物、障碍物的功能区，影响疏散走道的消防疏散安全。

问题描述

问题 5　敞开楼梯间自然通风采光的设置

1. 如图 1 所示，某建筑高度不大于 33m 的住宅建筑，其敞开疏散楼梯间未靠外墙设置，可以吗？

2. 中小学教学楼、幼儿园建筑内设置敞开楼梯间是否符合规定？

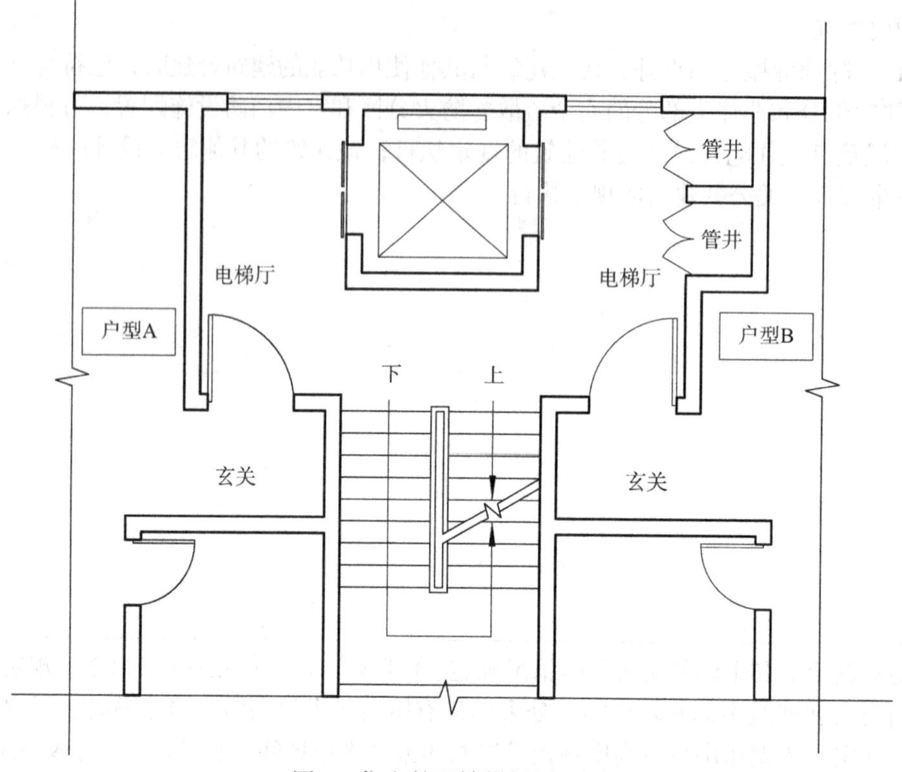

图 1　住宅敞开楼梯间平面图

相关标准

《建筑设计防火规范》

6.4.1　疏散楼梯间应符合下列规定：

1　楼梯间应能天然采光和自然通风，并宜靠外墙设置。

第 6.4.1 条条文说明：疏散楼梯间要尽量采用自然通风，以提高排除进入楼梯间内烟气的可靠性，确保楼梯间的安全。楼梯间靠外墙设置，有利于楼梯间直接天然采光和自然通风。不能利用天然采光和自然通风的疏散楼梯间，需按本规范第 6.4.2 条、第 6.4.3 条的要求设置封闭楼梯间或防烟楼梯间，并采取防烟措施。

<table>
<tr><td>相关标准</td><td>5.5.27　住宅建筑的疏散楼梯设置应符合下列规定：
1　建筑高度不大于 21m 的住宅建筑可采用敞开楼梯间；与电梯井相邻布置的疏散楼梯应采用封闭楼梯间，当户门采用乙级防火门时，仍可采用敞开楼梯间。
2　建筑高度大于 21m、不大于 33m 的住宅建筑应采用封闭楼梯间；当户门采用乙级防火门时，可采用敞开楼梯间。
5.5.13　下列多层公共建筑的疏散楼梯，除与敞开式外廊直接相连的楼梯间外，均应采用封闭楼梯间：
1　医疗建筑、旅馆及类似使用功能的建筑；
2　设置歌舞娱乐放映游艺场所的建筑；
3　商店、图书馆、展览建筑、会议中心及类似使用功能的建筑；
4　6 层及以上的其他建筑。
《中小学校设计规范》
8.7.9　教学用房的楼梯间应有天然采光和自然通风。
《托儿所、幼儿园建筑设计规范》
4.1.11　楼梯、扶手和踏步等应符合下列规定：
1　楼梯间应有直接的天然采光和自然通风。</td></tr>
<tr><td>问题解析</td><td>1. 可以。疏散楼梯间应按《建规》条文第 6.4.1 条第 1 款规定，靠外墙设置。图 1 楼梯间梯段虽未靠外墙设置，但在电梯厅两侧有外窗，自然通风条件较好，楼梯间的整体设置情况可基本符合敞开楼梯间设置的要求。注意各住宅户门，应按《建规》条文第 5.5.27 条规定设置为乙级防火门。
2. 符合规定。现行《建规》相关条文内容已有修改，中小学、幼儿园等建筑层数通常不大于 5 层，不属于现行《建规》条文第 5.5.13 条要求的范畴；注意中小学、幼儿园建筑在设置敞开楼梯间时，应有直接天然采光和自然通风，靠近疏散外门出入口，需同时满足相关专项规范的要求。</td></tr>
</table>

问题描述

问题 6 楼梯间外窗处防火措施

1. 如图 1 所示，别墅套内楼梯间外窗与相邻房间外窗间距不足 1.0m，是否符合规定？

2. 防烟楼梯间与前室之间，是否应满足外窗间距不小于 1.0m 的规定？楼梯间和前室上下层外窗之间是否应满足 1.0m 间距的规定？

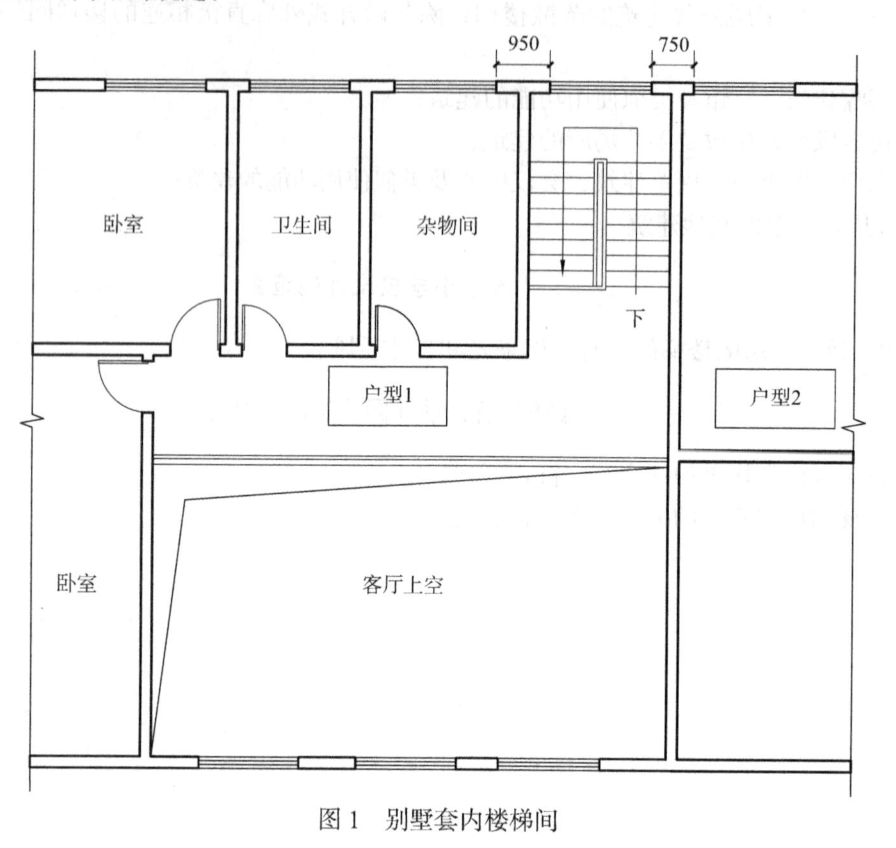

图 1 别墅套内楼梯间

相关标准

《建筑设计防火规范》

6.4.1 疏散楼梯间应符合下列规定：

1 楼梯间应能天然采光和自然通风，并宜靠外墙设置。

第 6.4.1 条条文说明：建筑发生火灾后，楼梯间任一侧的火灾及其烟气可能会通过楼梯间外墙上的开口蔓延至楼梯间内。本款要求楼梯间窗口（包括楼梯间的前室或合用前室外墙上的开口）与两侧的门窗洞口之间要保持必要的距离，主要为确保疏散楼梯间内不被烟火侵袭。无论楼梯间与门窗洞口是处于同一立面位置还是处于转角处等不同立面位置，该距离都是外墙上的开口与楼梯间开口之间的最近距离，含折线距离。

<table>
<tr>
<td>相关标准</td>
<td>

5.5.29　住宅建筑的安全疏散距离应符合下列规定：

3　户内任一点至直通疏散走道的户门的直线距离不应大于表 5.5.29 规定的袋形走道两侧或尽端的疏散门至最近安全出口的最大直线距离。

注：跃层式住宅，户内楼梯的距离可按其梯段水平投影长度的 1.50 倍计算。

6.2.5　除本规范另有规定外，建筑外墙上、下层开口之间应设置高度不小于 1.2m 的实体墙或挑出宽度不小于 1.0m、长度不小于开口宽度的防火挑檐；……。

住宅建筑外墙上相邻户开口之间的墙体宽度不应小于 1.0m；小于 1.0m 时，应在开口之间设置突出外墙不小于 0.6m 的隔板。

</td>
</tr>
<tr>
<td>问题解析</td>
<td>

1. 图 1 别墅套内楼梯间左侧外窗间距符合规定，右侧外窗间距不符合规定。图 1 别墅户内楼梯属于住宅户内疏散通道，不作为安全出口的疏散楼梯间，可不执行《建规》条文第 6.4.1 条第 1 款疏散楼梯间外窗间距的规定。图 1 楼梯右侧与相邻户外墙开口处，应满足《建规》条文第 6.2.5 条住宅户间外窗间距不小于 1.0m 的规定。注意户内任一点至户门的直线疏散距离，应按《建规》条文第 5.5.29 条附注“1.5 倍”的要求计入户内梯段水平投影长度。

2. 规范未作明确规定，参见图 2 防烟楼梯间。因防烟楼梯间和前室有防火分隔要求，安全级别有差异，故，有条件时宜满足，或采取其他有效安全措施。同一疏散楼梯间的上下层间为同一空间，不需防火分隔；不同层的防烟前室为不同功能空间，上下层间应满足《建规》条文第 6.2.5 条上下层开口防火分隔的规定。

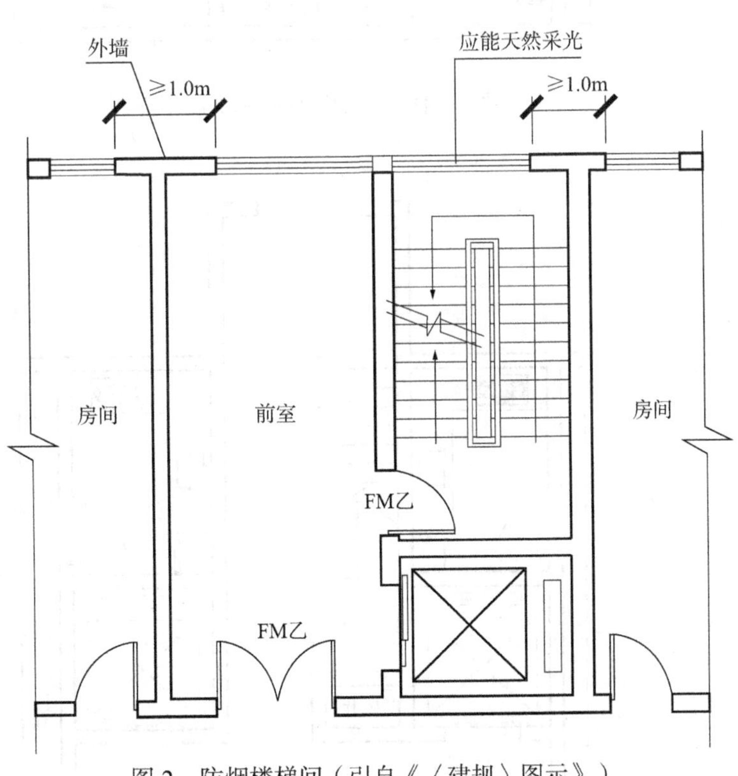

图 2　防烟楼梯间（引自《〈建规〉图示》）

</td>
</tr>
</table>

问题描述

问题 7　楼梯间内可否设置设备管井门

1. 图 1、图 2 为住宅防烟楼梯间标准层和首层平面图，水暖管井可否设置在楼梯间内，可否设置在防烟前室或设置在有消防电梯的合用前室内？

2. 公共建筑水暖管井可否设置在首层扩大封闭楼梯间或扩大前室内？能否为满足前室无其他门窗洞口规定，取消管井防火门、暴露管井内设备管线？

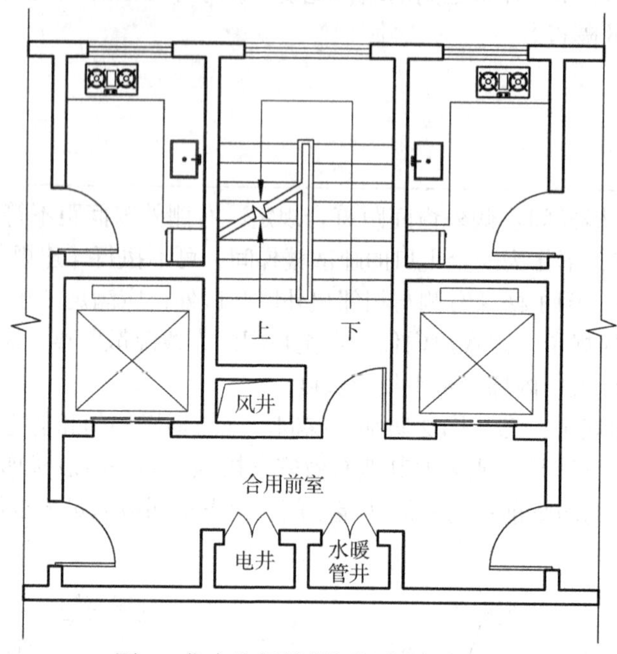

图 1　住宅防烟楼梯间标准层平面图

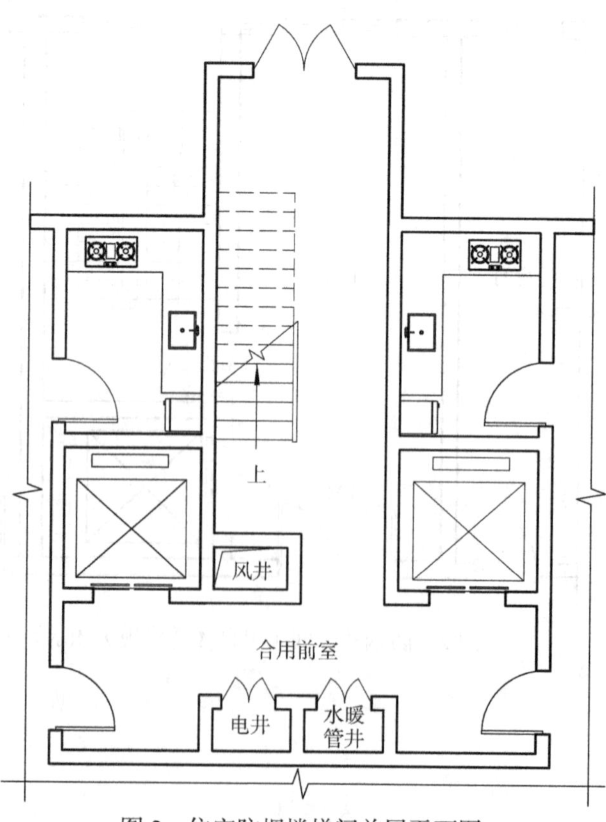

图 2　住宅防烟楼梯间首层平面图

<table>
<tr><td>相关标准</td><td>

《建筑设计防火规范》

6.4.2 封闭楼梯间除应符合本规范第 6.4.1 条的规定外，尚应符合下列规定：

2 除楼梯间的出入口和外窗外，楼梯间的墙上不应开设其他门、窗、洞口。

4 楼梯间的首层可将走道和门厅等包括在楼梯间内形成扩大的封闭楼梯间，但应采用乙级防火门等与其他走道和房间分隔。

第 6.4.2 条条文说明：在采用扩大封闭楼梯间时，要注意扩大区域与周围空间采取防火措施分隔。垃圾道、管道井等的检查门等，不能直接开向楼梯间内。

6.4.3 防烟楼梯间除应符合本规范第 6.4.1 条的规定外，尚应符合下列规定：

5 除住宅建筑的楼梯间前室外，防烟楼梯间和前室内的墙上不应开设除疏散门和送风口外的其他门、窗、洞口。

6 楼梯间的首层可将走道和门厅等包括在楼梯间前室内形成扩大的前室，但应采用乙级防火门等与其他走道和房间分隔。

第 6.4.3 条条文说明：住宅建筑，由于平面布置难以将电缆井和管道井的检查门开设在其他位置时，可以设置在前室或合用前室内，但检查门应采用丙级防火门。其他建筑的防烟楼梯间的前室或合用前室内，不允许开设除疏散门以外的其他开口和管道井的检查门。

7.3.5 除设置在仓库连廊、冷库穿堂或谷物筒仓工作塔内的消防电梯外，消防电梯应设置前室，并应符合下列规定：

3 除前室的出入口、前室内设置的正压送风口和本规范第 5.5.27 条规定的户门外，前室内不应开设其他门、窗、洞口；

</td></tr>
<tr><td>问题解析</td><td>

1. 不可以将水暖管井设置在楼梯间内，否则会导致火灾烟气影响防烟楼梯间疏散安全。《建规》条文第 6.4.2 条第 2 款、第 6.4.3 条第 5 款规定，（含住宅）建筑的封闭或防烟楼梯间内不可设置管井及检查门。《建规》第 6.4.3 条条文说明明确，在住宅建筑防烟前室、合用前室内，可设置电缆井、管井及丙级防火检查门。在消防电梯和防烟楼梯间的合用前室设置管井时，会与《建规》条文第 7.3.5 条第 3 款规定有矛盾和争议，因此，在住宅建筑相关部位宜不设置管井，非住宅建筑的相关部位不应设置管井。

2. 管井及检修门不得设置在公共建筑的封闭或防烟楼梯间内。设置在首层封闭楼梯间或防烟前室的扩大区域时，应按《建规》条文第 6.4.2 条第 4 款、第 6.4.3 条第 6 款规定设有乙级防火门。不应采取取消管井防火门和隔墙、暴露管道管线设备的做法，避免产生降低防火分隔作用、影响使用安全的问题。

</td></tr>
</table>

问题描述

问题 8　地下疏散楼梯间在首层的防火分隔

1. 如图 1 所示，某公共建筑地下地上共用楼梯间时，可否将两者之间的乙级防火门设置在地下楼梯间半层平台处？若图 1 为既有建筑改造项目，不符合相关规定时，必须改动它的结构设计吗？

2. 图 2 为扩大封闭楼梯间首层平面图，可以直接向连通地下楼梯的扩大封闭楼梯间的走道开设店铺疏散门吗？

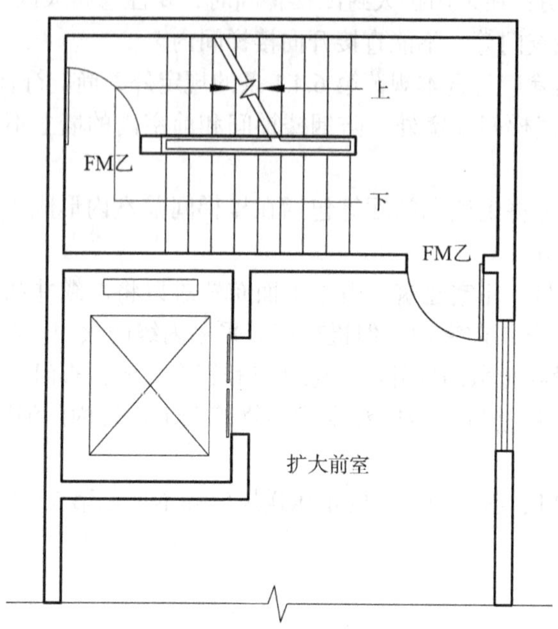

图 1　地上地下楼梯间首层平面图

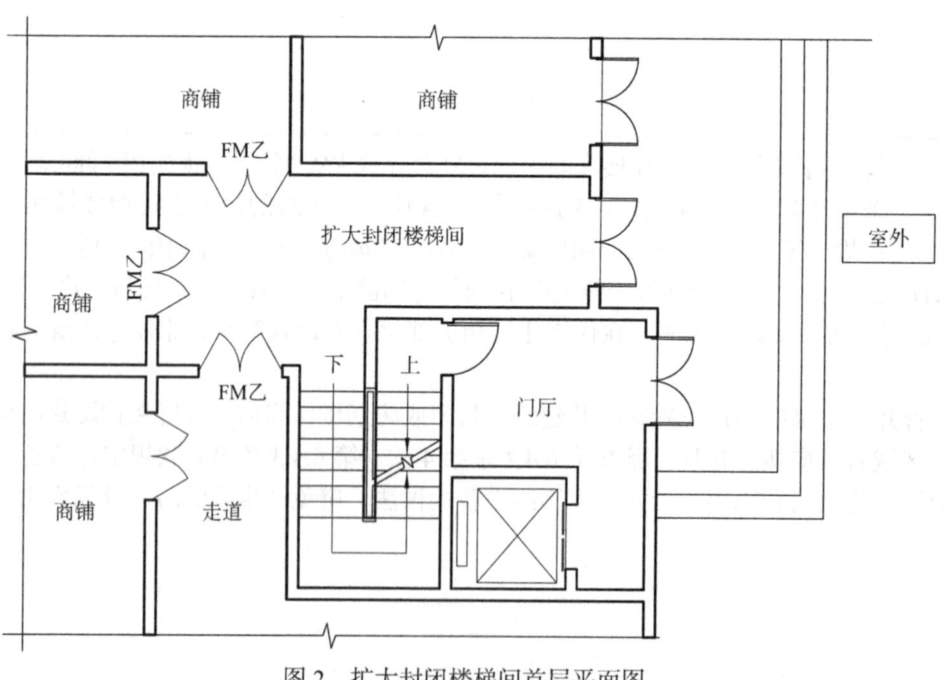

图 2　扩大封闭楼梯间首层平面图

<table>
<tr><td>相关标准</td><td>

《建筑设计防火规范》

6.4.2 封闭楼梯间除应符合本规范第 6.4.1 条的规定外，尚应符合下列规定：

4 楼梯间的首层可将走道和门厅等包括在楼梯间内形成扩大的封闭楼梯间，但应采用乙级防火门等与其他走道和房间分隔。

第 6.4.2 条条文说明：对于楼梯间在地下层与地上层连接处，如不进行有效分隔，容易造成地下楼层的火灾蔓延到建筑的地上部分。因此，为防止烟气和火焰蔓延到建筑的上部楼层，同时避免建筑上部的疏散人员误入地下楼层，要求在首层楼梯间通向地下室、半地下室的入口处采用防火分隔构件将地上部分的疏散楼梯与地下、半地下部分的疏散楼梯分隔开，并设置明显的疏散指示标志。当地上、地下楼梯间确因条件限制难以直通室外时，可以在首层通过与地上疏散楼梯共用的门厅直通室外。

6.4.4 除住宅建筑套内的自用楼梯外，地下或半地下建筑（室）的疏散楼梯间，应符合下列规定：

2 应在首层采用耐火极限不低于 2.00h 的防火隔墙与其他部位分隔并应直通室外，确需在隔墙上开门时，应采用乙级防火门。

3 建筑的地下或半地下部分与地上部分不应共用楼梯间，确需共用楼梯间时，应在首层采用耐火极限不低于 2.00h 的防火隔墙和乙级防火门将地下或半地下部分与地上部分的连通部位完全分隔，并应设置明显的标志。

</td></tr>
<tr><td>问题解析</td><td>

1. 不可以将两者之间的乙级防火门设置在地下楼梯间半层平台处。为了避免上部疏散人员在火灾慌乱中误入地下楼层，图 1 应按《建规》条文第 6.4.4 条第 2 款规定，将乙级防火门等分隔措施设在首层 ±0.00 标高处，并有明显标识。若图 1 为既有建筑改造项目，若确实很难改动结构设计，以符合现行规范的要求时，宜在不新增安全隐患的前提下，采取增加提示标识等合理可行的设计措施提升相关功能。

2. 图 2 地下疏散楼梯间应直通室外，首层商铺等功能房间的疏散门不应开向地下楼梯间空间内，应防止商铺火灾烟气影响地下楼梯间疏散安全，并防止商铺疏散人员误入地下空间。首层商铺确需通过与地下封闭楼梯间共用的扩大部分疏散时，应保留地下楼梯间的乙级防火门，设防烟前室或门厅；商铺空间与地下封闭楼梯间及其直通室外的共用走道门厅之间，应采用耐火极限不低于 2.00h 的防火隔墙和乙级防火门完全分隔，同时，注意共用疏散通道及外门的有效净宽不小于地下楼梯间和首层商铺所需疏散宽度之和。

</td></tr>
</table>

问题描述

问题 9　借用（共用）疏散楼梯间

1. 如图 1 所示，相邻防火分区之间的疏散楼梯间，可否共用？地下汽车库可依据沪消汽字〔2013〕第 03 号文要求，设置共用疏散楼梯间吗？

2. 图 1 为某地下一层开敞办公防火分区的共用（或借用）楼梯间，可否依据《建规》条文第 5.5.17 条第 4 款规定，在楼梯间两侧设置甲级或乙级防火门直通被共用的封闭楼梯间？

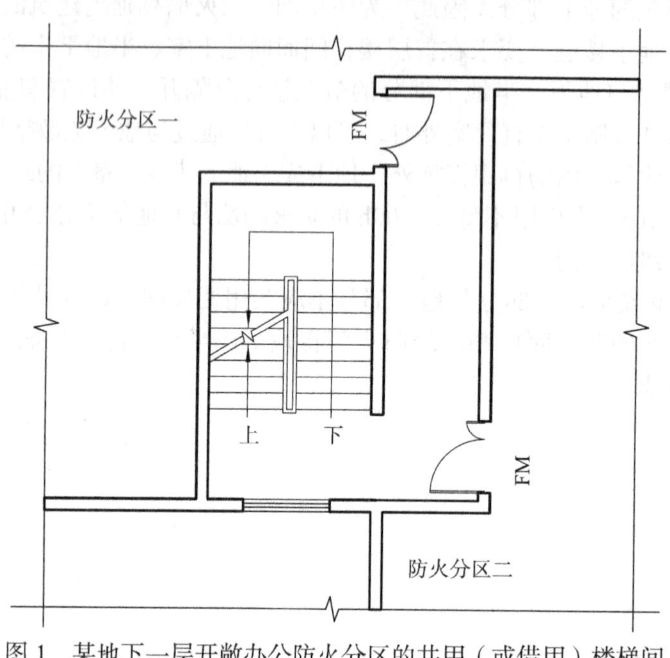

图 1　某地下一层开敞办公防火分区的共用（或借用）楼梯间

相关标准

《建筑设计防火规范》

5.5.9　一、二级耐火等级公共建筑内的安全出口全部直通室外确有困难的防火分区，可利用通向相邻防火分区的甲级防火门作为安全出口，但应符合下列要求：

1　利用通向相邻防火分区的甲级防火门作为安全出口时，应采用防火墙与相邻防火分区进行分隔；

2　建筑面积大于 $1000m^2$ 的防火分区，直通室外的安全出口不应少于 2 个；建筑面积不大于 $1000m^2$ 的防火分区，直通室外的安全出口不应少于 1 个；

3　该防火分区通向相邻防火分区的疏散净宽度不应大于其按本规范第 5.5.21 条规定计算所需疏散总净宽度的 30%，建筑各层直通室外的安全出口总净宽度不应小于按照本规范第 5.5.21 条规定计算所需疏散总净宽度。

第 5.5.9 条条文说明：……当其中一个防火分区发生火灾时，不致快速蔓延至更大的区域，使得非着火的防火分区在某种程度上能起到临时安全区的作用。因此，当人员需要通过相邻防火分区疏散时，相邻两个防火分区之间要严格采用防火墙分隔，不能采用防火卷帘、防火分隔水幕等措施替代。

<table>
<tr><td>相关标准</td><td>

《汽车库、修车库、停车场设计防火规范》

6.0.2　除室内无车道且无人员停留的机械式汽车库外，汽车库、修车库内每个防火分区的人员安全出口不应少于 2 个，Ⅳ类汽车库和Ⅲ、Ⅳ类修车库可设置 1 个。

第 6.0.2 条条文说明：人员安全出口的设置是按照防火分区考虑的，即每个防火分区应设置 2 个人员安全出口。安全出口的定义，按照现行国家标准《建筑设计防火规范》GB 50016 的规定，是指供人员安全疏散用的楼梯间、室外楼梯的出入口或直通室内外安全区域的出口。鉴于汽车库的防火分区面积、疏散距离等指标均比现行国家标准《建筑设计防火规范》GB 50016 相应的防火分区面积、疏散距离等指标放大，故对于汽车库来讲，防火墙上通向相邻防火分区的甲级防火门，不得作为第二安全出口。

5.5.17　公共建筑的安全疏散距离应符合下列规定：

4　一、二级耐火等级建筑内疏散门或安全出口不少于 2 个的观众厅、展览厅、多功能厅、餐厅、营业厅等，其室内任一点至最近疏散门或安全出口的直线距离不应大于 30m；当疏散门不能直通室外地面或疏散楼梯间时，应采用长度不大于 10m 的疏散走道通至最近的安全出口。当该场所设置自动喷水灭火系统时，室内任一点至最近安全出口的安全疏散距离可分别增加 25%。

第 5.5.17 条条文说明：本条中的“观众厅、展览厅、多功能厅、餐厅、营业厅等”场所，包括开敞式办公区、会议报告厅、宴会厅、观演建筑的序厅、体育建筑的入场等候与休息厅等，不包括用作舞厅和娱乐场所的多功能厅。

</td></tr>
<tr><td>问题解析</td><td>

1. 原则上不可以共用相邻防火分区之间的疏散楼梯间，因为规范没有相关做法、措施。每个疏散楼梯，应归属一个防火分区，并满足所在防火分区的安全疏散要求。确需借用相邻防火分区疏散时，应按《建规》条文第 3.7.3 条、第 3.8.3 条、第 5.5.9 条规定执行。明确共用楼梯间设置措施的沪消汽字〔2013〕第 03 号文，在《建规》《汽车防火规》实施后，已失效。图 1 楼梯间应合理归在一个防火分区内，另一防火分区应设置疏散通道（符合规定的被借用），避免违反《建规》第 6.4.2 条第 2 款等“楼梯间墙上不应开设其他门窗洞口”的规定。

2. 不符合规定，《建规》第 5.5.17 条第 4 款条文中未含开敞办公，该条提及的“观众厅、展览厅、多功能厅、餐厅、营业厅等”场所的共同特征见本书第五章第一节问题 8，安全疏散方式建议见本书第五章第二节问题 5。开敞办公未设置走道或前室的楼梯间，人员疏散时烟气蔓延容易进入楼梯间，造成楼梯间出口的安全隐患。因对该内容理解有困难和争议，建议对未设置走道或前室直通楼梯间的开敞办公区，应清楚表达其中疏散走道的设置位置，走道区域不得设置影响安全疏散的可燃物、障碍物，确保该疏散通道及共用楼梯间的安全疏散可行性。不同单位权属或不同使用对象的开敞办公区，共用或借用同一个楼梯间安全出口时，应分别通过采用耐火极限不小于 1.0h 走道隔墙分隔的疏散走道进入，具体做法可参见图 2 穗勘设协字〔2019〕14 号文第四章第 2.3.4.1 条及附图。

</td></tr>
</table>

2.3.4.1 相邻防火分区之间的疏散楼梯间，是否可以共用？

答：原则上每个防火分区平面应各自具有独立的疏散楼梯。确有必要共用疏散楼梯时，应满足以下条件：

1. 每层疏散楼梯的总数量应大于每层总防火分区的数量，且每层平面疏散楼梯的总宽度不应小于整层建筑的疏散总宽度；

2. 一把疏散楼梯最多两个相邻防火分区共用；

3. 共用封闭楼梯间时，应分别以疏散走道接入，见图2（a）；若共用防烟楼梯间，应分别设置防烟前室，见图2（b）；

4. 楼梯间计入各自防火分区的安全出口宽度应按楼梯间梯段的1/2净宽度、楼梯间门的1/2净宽度和各分区需要分摊的净宽度中的最小者计算，且不应小于0.6m。

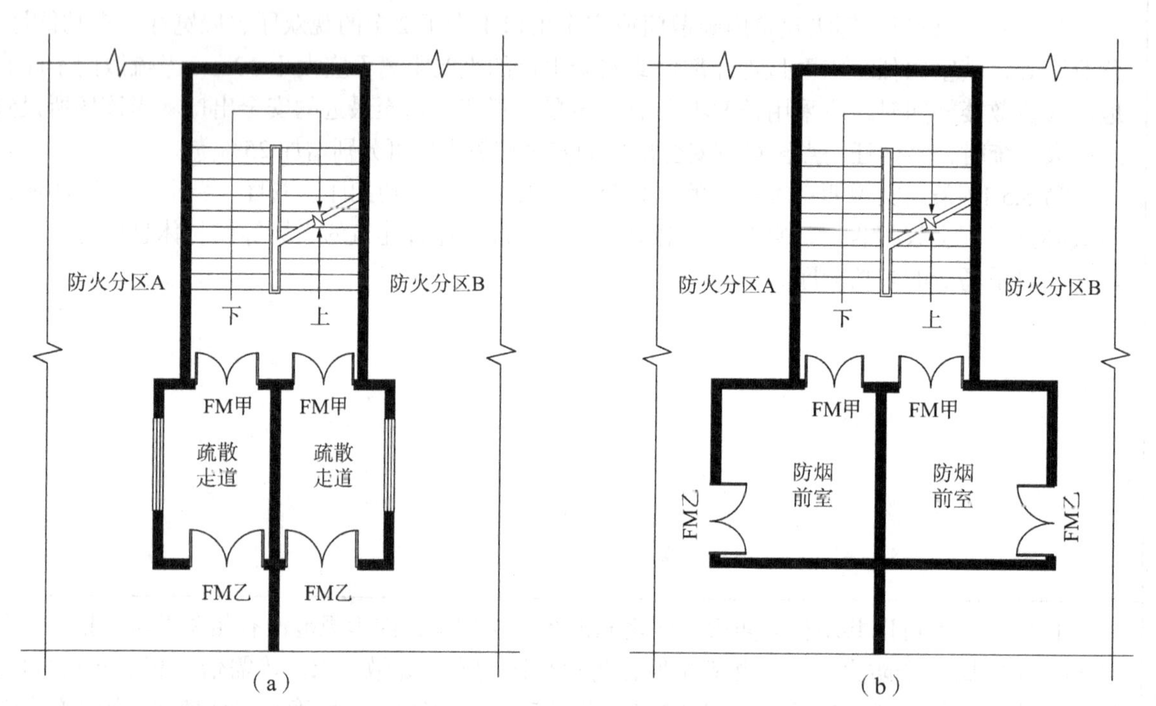

图2　穗勘设协字〔2019〕14号文第四章第2.3.4.1条及附图

问题解析

问题描述

问题 1 消防电梯的设置要求

1. 如何理解图 1、图 2（引自《〈建规〉图示》6.4.3 图示）中“普通电梯应按消防电梯的要求设置”的引注内容？

2. 对独立设置的消防电梯前室门有无开启方向要求？

3. 通道式轿厢的电梯可否设置为消防电梯？是否需要在通道式轿厢的两侧均设置消防电梯前室？

4. 消防电梯首层若直通室外，应如何设置？

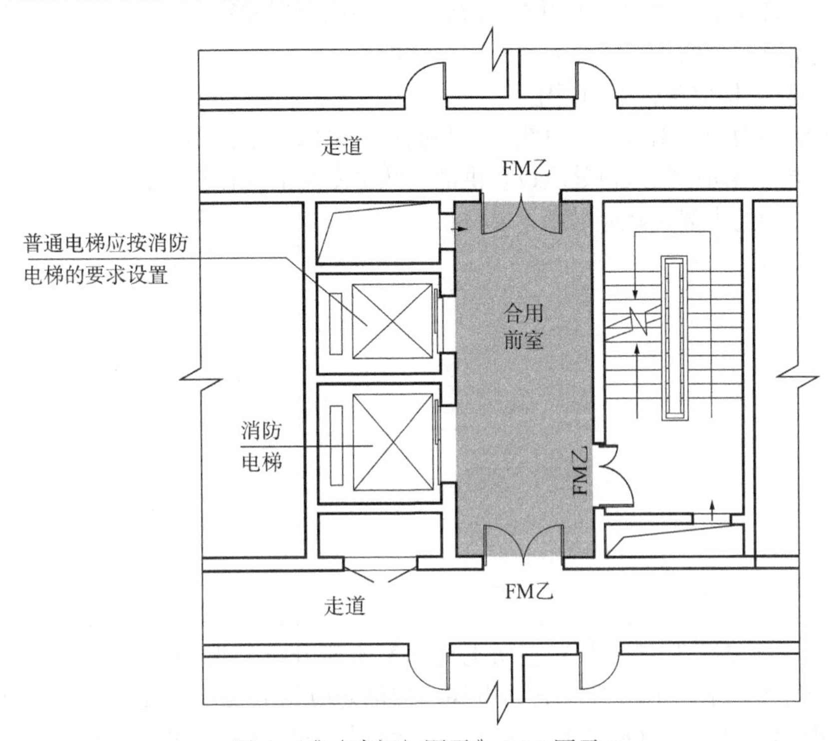

图 1 《〈建规〉图示》6.4.3 图示 3

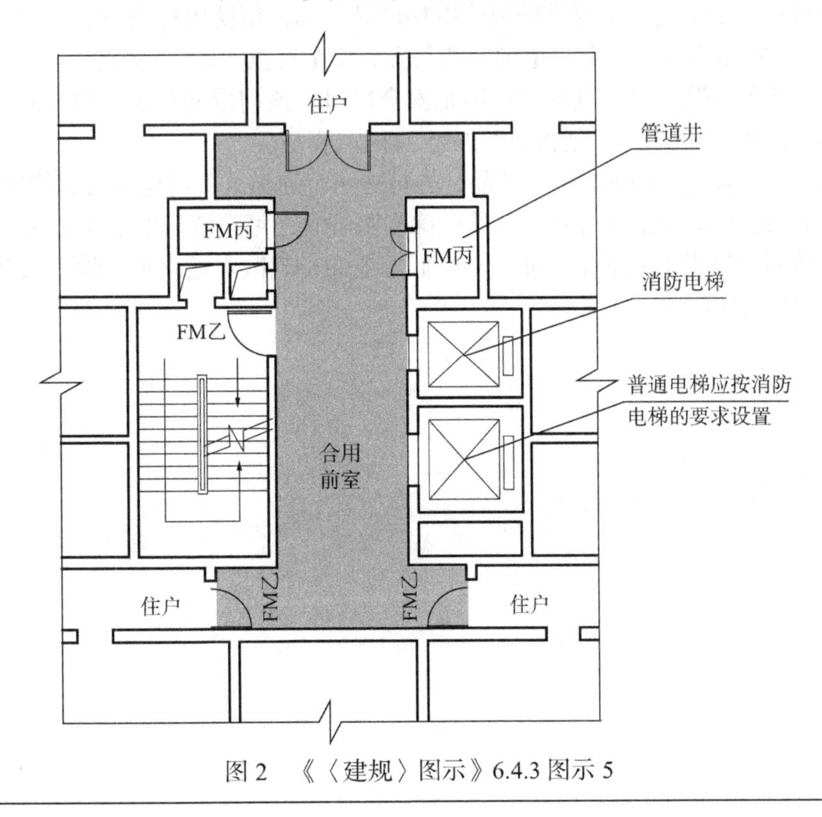

图 2 《〈建规〉图示》6.4.3 图示 5

<table>
<tr><td>相关标准</td><td>
《建筑设计防火规范》
7.3.5　除设置在仓库连廊、冷库穿堂或谷物筒仓工作塔内的消防电梯外，消防电梯应设置前室，并应符合下列规定：
1　前室宜靠外墙设置，并应在首层直通室外或经过长度不大于 30m 的通道通向室外；
3　除前室的出入口、前室内设置的正压送风口和本规范第 5.5.27 条规定的户门外，前室内不应开设其他门、窗、洞口；
4　前室或合用前室的门应采用乙级防火门，不应设置卷帘。
第 7.3.5 条条文说明：该通道要具有防烟性能。
7.3.8　消防电梯应符合下列规定：
4　电梯的动力与控制电缆、电线、控制面板应采取防水措施；
5　在首层的消防电梯入口处应设置供消防队员专用的操作按钮；
6　电梯轿厢的内部装修应采用不燃材料；
</td></tr>
<tr><td>问题解析</td><td>
1.《建规》条文第 7.3.5 条规定消防电梯前室不应开设其他门窗洞口，可理解为消防电梯前室不应设有非消防电梯及门。图 1 中“普通电梯应按消防电梯的要求设置”可理解为，因已设有火灾时能运行的消防电梯，另一部电梯可不考虑火灾时运行救援的要求，如不需设置集水坑等，但应选用满足不燃性装修材料、防水电缆等要求的消防电梯产品，确保消防电梯前室、井道、机房的消防安全，见《建规》条文第 7.3.8 条及《消防员电梯制造与安装安全规范》相关内容。
2. 独立设置的消防电梯，其前室门不是安全出口，该门应向外（疏散方向）开启，参见《建规》条文第 6.4.11 条及《〈建规〉实施指南》P375 页的内容。
3. 需确保有符合规定的消防电梯产品，方可选用。通道式消防电梯两侧均应设置前室。
4. 消防电梯首层应设前室并直通室外；确有困难时，可设置长度不大于 30m 的疏散走道。走道两侧隔墙构件的耐火极限不宜低于 2.0h，不应低于 1.0h；疏散走道内不应设置或穿过有影响安全疏散可燃物、障碍物的功能区。
</td></tr>
</table>

问题描述	**问题 2　消防电梯的层层停靠和每个防火分区的设置要求** 1. 某建筑地下商业及配套车库共四层，总埋深为 17m，地下一二层每层有 11 个商业、设备的防火分区，每个防火分区设有 1 台消防电梯。地下三四层车库防火分区需要设置消防电梯吗？公共建筑配套车库与独立地下汽车库有什么区别？ 2. 上述案例中，地下一二层的 11 部消防电梯，都需要按《建规》条文第 7.3.8 条规定层层停至地下三四层车库吗？ 3. 某 45m 高层办公楼，高层部分每层只有一个防火分区；裙房三层为 23m，每层有 4 个防火分区；地下二层埋深 9.8m，有 10 个防火分区。裙房及地下部分需每个防火分区设置消防电梯吗？
相关标准	**《建筑设计防火规范》** 7.3.1　下列建筑应设置消防电梯： 1　建筑高度大于 33m 的住宅建筑； 2　一类高层公共建筑和建筑高度大于 32m 的二类高层公共建筑、5 层及以上且总建筑面积大于 $3000m^2$（包括设置在其他建筑内五层及以上楼层）的老年人照料设施； 3　设置消防电梯的建筑的地下或半地下室，埋深大于 10m 且总建筑面积大于 $3000m^2$ 的其他地下或半地下建筑（室）。 第 7.3.1 条条文说明：对于地下建筑，由于排烟、通风条件很差，受当前装备的限制，消防员通过楼梯进入地下的困难较大，设置消防电梯，有利于满足灭火作战和火场救援的需要。本条第 3 款中“设置消防电梯的建筑的地下或半地下室”应设置消防电梯，主要指当建筑的上部设置了消防电梯且建筑有地下室时，该消防电梯应延伸到地下部分；除此之外，地下部分是否设置消防电梯应根据其埋深和总建筑面积来确定。 7.3.2　消防电梯应分别设置在不同防火分区内，且每个防火分区不应少于 1 台。 7.3.8　消防电梯应符合下列规定： 1　应能每层停靠； 5.3.1 注：2 裙房与高层建筑主体之间设置防火墙时，裙房的防火分区可按单、多层建筑的要求确定。 5.5.12 注：当裙房与高层建筑主体之间设置防火墙时，裙房的疏散楼梯可按本规范有关单、多层建筑的要求确定。
问题解析	1. 商业建筑含与其无法“完全分隔”的配套地下汽车库，应按《建规》条文第 7.3.1 条、第 7.3.2 条执行，每个防火分区设置消防电梯。独立地下汽车库建筑可不设消防电梯的分析，见本书第四章第二节问题 5。编者认为，地下汽车库所在建筑的整体定性分类不同、火灾影响范围不同，执行规范依据不同，设计审查执行尺度应有差异，汽车库部分应优先执行专项规范，例如汽车库内甲级防火门设置范围和防火卷帘设置长度，应按汽车库功能使用特性，执行《汽车防火规》条文第 5.2.6 条、第 5.2.7 条规定，可不执行《建规》条文第 6.5.3 条第 1 款卷帘长度的规定。当需从综合建筑整体定性考虑时，宜两者都满足，如消防电梯的设置要求（待发《建筑防火通用规范》征求意见稿，已有类似规定）。 2. 建规字〔2017〕5 号文《关于超高层建筑地下区域消防电梯设置问题的复函》明确，设置消防电梯目的是方便消防人员快速实施救援。因此，该项目无需 11 部消防电梯都停至地下最底层，能满足地下每个防火分区有一部消防电梯，即可。《建规》第 7.3.8 条第 1 款为非强制性条文规定，设计人员宜避免僵化地理解规范，避免将所有电梯都通至地下汽车库各层，影响停车效率和安全的不合理设计。 3. 裙房及地下不需要每个防火分区设置消防电梯，仅高层部分设置的消防电梯，需层层停至地下二层。《建规》第 7.3.1 条条文说明，可理解为“应设消防电梯的建筑防火分区范围”内，每个防火分区消防电梯不少于 1 台。当裙房和高层主体之间设置仅含甲级防火门的防火墙时，裙房防火分区可不设置消防电梯；埋深不足 10.0m 的建筑地下，亦无需增设其他防火分区的消防电梯。

问题描述

问题 3　与共用消防电梯有关的问题

1. 相邻防火分区可否共用消防电梯？

2. 如何共用消防电梯？

相关标准

《建筑设计防火规范》

7.3.1　下列建筑应设置消防电梯：

3　设置消防电梯的建筑的地下或半地下室，埋深大于 10m 且总建筑面积大于 3000m^2 的其他地下或半地下建筑（室）。

7.3.2　消防电梯应分别设置在不同防火分区内，且每个防火分区不应少于 1 台。

《汽车库、修车库、停车场设计防火规范》

6.0.4　除室内无车道且无人员停留的机械式汽车库外，建筑高度大于 32m 的汽车库应设置消防电梯。消防电梯的设置应符合现行国家标准《建筑设计防火规范》GB 50016 的有关规定。

公津建字〔2015〕27 号《关于消防电梯与楼梯间直通室外问题的复函》

有以下内容：

一、规范规定“消防电梯应分别设置在不同防火分区内，且每个防火分区不应少于 1 台”，主要是为了给灭火救援提供有利的条件，消防队员可以通过消防电梯直接进入着火的防火分区接近火源实施灭火救援等行动，对于设置在地下的设备用房、非机动车车库等防火分区，当受首层建筑平面布置等因素限制，分别设置消防电梯有困难时，可与相邻防火分区共用 1 台消防电梯，但应分别设置前室。

建规字〔2017〕20 号《关于疏散楼梯和消防电梯设置问题的复函》

有以下内容：

来函所述的地下车库与其他建筑合建。汽车库与其他使用功能场所之间采用防火墙和耐火极限不低于 2.00h 的不燃性楼板完全分隔。有关汽车库与其他使用功能场所的疏散楼梯和消防电梯的设置要求，可分别根据各自区域的建筑埋深和现行国家标准《汽车库、修车库、停车场设计防火规范》《建筑设计防火规范》的规定确定。

问题解析	1. 相邻防火分区不宜共用消防电梯（因有强制性条文规定，慎用），若确有困难且防火分区面积极小时，应按照公津建字〔2015〕27号文规定，分别设置前室。 2. 共用消防电梯应满足以下条件：（1）共用消防电梯（含通道式消防电梯）时，防火分区数量不应超过2个，且应分别独立设置前室。（2）采用防烟楼梯间和消防电梯合用前室时，应在两侧各增设一个前室。图1为共用楼梯间示意图，该图引自穗勘设协字〔2019〕14号文第四章第2.3.4.2条。 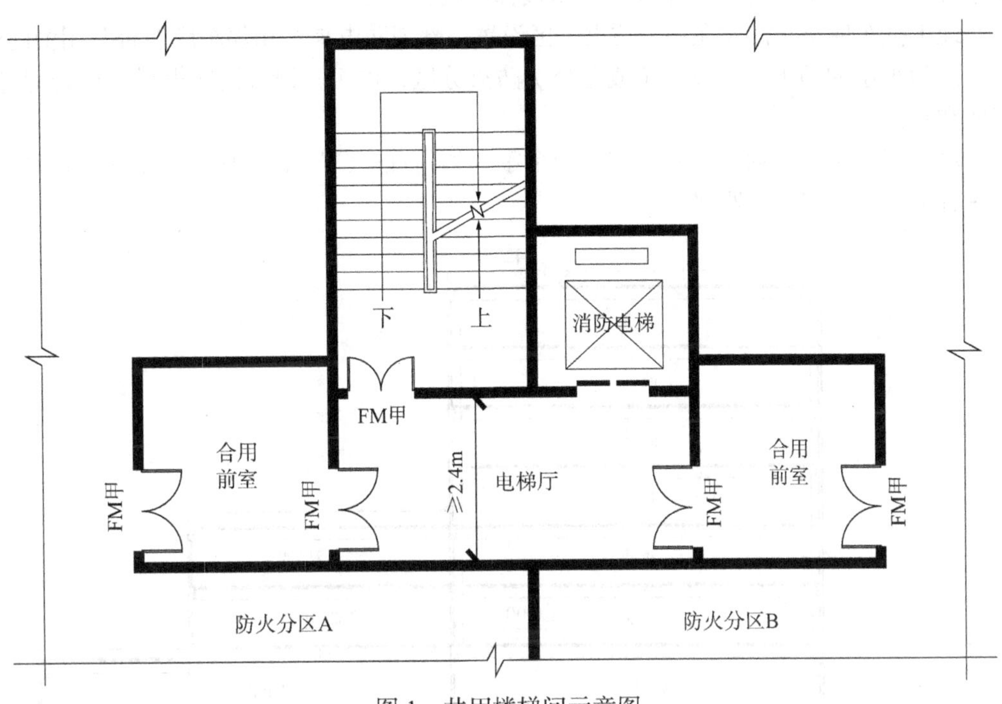 图1　共用楼梯间示意图

问题描述

问题 4　含地下汽车库的综合建筑，其疏散楼梯和消防电梯设置

1. 图 1 为含地下汽车库的综合建筑剖面示意图，地上及地下一二层为商业，地下三至五层为大底盘汽车库。地上疏散楼梯为防烟楼梯间，地下商业部分的埋深不超过 10m，地下商业可按自身埋深，依据建规字［2017］20 号文要求设置封闭楼梯间吗？

2. 地下汽车库是否需要在每个防火分区设置一部消防电梯？相邻车库能否共用消防电梯？

3. 面积很小的地下一层设备（或办公）防火分区，可否不设置消防电梯？可否通过下沉庭院对人员疏散和救援？

4. 对于规范条文中的“确有困难”四个字，如何理解？施工图消防设计审查和验收人员对规范条文理解有争议时，应如何处理？

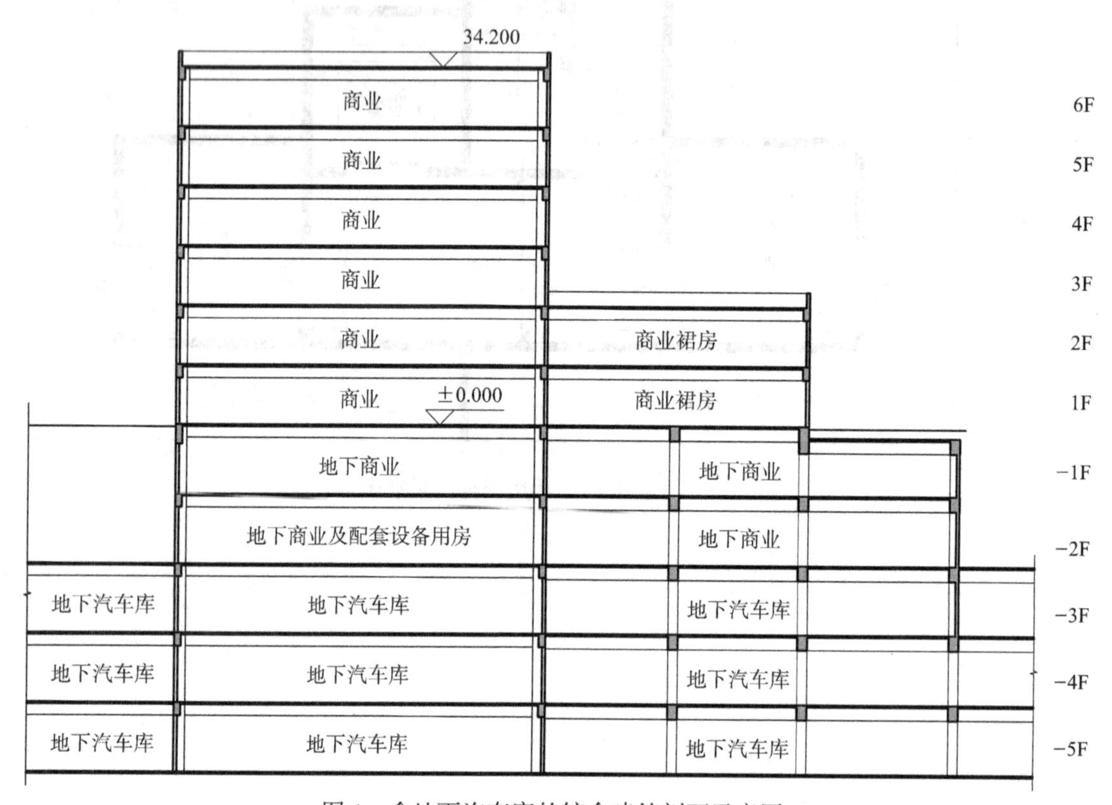

图 1　含地下汽车库的综合建筑剖面示意图

相关标准

《建筑设计防火规范》

6.4.4　除通向避难层错位的疏散楼梯外，建筑内的疏散楼梯间在各层的平面位置不应改变。

除住宅建筑套内的自用楼梯外，地下或半地下建筑（室）的疏散楼梯间，应符合下列规定：

1　室内地面与室外出入口地坪高差大于 10m 或 3 层及以上的地下、半地下建筑（室），其疏散楼梯应采用防烟楼梯间；其他地下或半地下建筑（室），其疏散楼梯应采用封闭楼梯间。

相关标准	7.3.1　下列建筑应设置消防电梯： 3　设置消防电梯的建筑的地下或半地下室，埋深大于10m且总建筑面积大于3000m^{2}的其他地下或半地下建筑（室）。 7.3.2　消防电梯应分别设置在不同防火分区内，且每个防火分区不应少于1台。 5.4.10　除商业服务网点外，住宅建筑与其他使用功能的建筑合建时，应符合下列规定： 1　住宅部分与非住宅部分之间，应采用耐火极限不低于2.00h且无门、窗、洞口的防火隔墙和1.50h的不燃性楼板完全分隔；当为高层建筑时，应采用无门、窗、洞口的防火墙和耐火极限不低于2.00h的不燃性楼板完全分隔。建筑外墙上、下层开口之间的防火措施应符合本规范第6.2.5条的规定。 2　住宅部分与非住宅部分的安全出口和疏散楼梯应分别独立设置；为住宅部分服务的地上车库应设置独立的疏散楼梯或安全出口，地下车库的疏散楼梯应按本规范第6.4.4条的规定进行分隔。 3　住宅部分和非住宅部分的安全疏散、防火分区和室内消防设施配置，可根据各自的建筑高度分别按照本规范有关住宅建筑和公共建筑的规定执行；该建筑的其他防火设计应根据建筑的总高度和建筑规模按本规范有关公共建筑的规定执行。 5.3.5　相邻区域确需局部连通时，应采用下沉式广场等室外开敞空间、防火隔间、避难走道、防烟楼梯间等方式进行连通，并应符合下列规定： 1　下沉式广场等室外开敞空间应能防止相邻区域的火灾蔓延和便于安全疏散，并应符合本规范第6.4.12条的规定； 2　防火隔间的墙应为耐火极限不低于3.00h的防火隔墙，并应符合本规范第6.4.13条的规定； 4　防烟楼梯间的门应采用甲级防火门。 **《汽车库、修车库、停车场设计防火规范》** 6.0.3　汽车库、修车库的疏散楼梯应符合下列规定： 1　建筑高度大于32m的高层汽车库、室内地面与室外出入口地坪的高差大于10m的地下汽车库应采用防烟楼梯间，其他汽车库、修车库应采用封闭楼梯间； 6.0.4　除室内无车道且无人员停留的机械式汽车库外，建筑高度大于32m的汽车库应设置消防电梯。消防电梯的设置应符合现行国家标准《建筑设计防火规范》GB 50016的有关规定。 第6.0.4条条文说明：由于建设用地的紧张，而汽车库的停车数量有较大的上升，在城市中，汽车库有向上和向深发展的趋势，与现行国家标准《建筑设计防火规范》GB 50016一致，增加消防电梯设置的要求。

问题解析	1. 不宜设置封闭楼梯间，需根据地下商业和汽车库之间的防火分隔情况确定。地下疏散楼梯间设置形式与地下建筑总规模和埋深有关，见《建规》条文第 6.4.4 条、第 5.3.5 条规定及安全出口的定义。本书编者对《建规》及建规字〔2017〕20 号文内容的理解是：当地下汽车库与其他使用功能场所之间采用接近无门窗洞口防火墙和耐火极限不低于 2.00h 的不燃性楼板完全分隔时，类似《建规》条文第 5.3.5 条建筑地下不同防火区域或《建规》条文第 5.4.10 条两个不同功能建筑的组合建造的情况，其疏散楼梯和消防电梯可根据各自建筑埋深，分别执行《汽车防火规》和《建规》的相关规定，否则，应按一个建筑整体考虑消防设计。图 1 中的地下建筑由面积较大的地下汽车库和地下商业建筑两部分组成，未采用相当于《建规》条文第 5.4.10 条、第 5.3.5 条要求设置有甲级防火门的防火隔间、避难走道、防烟前室等较安全的完全防火分隔措施时，地下疏散楼梯不宜共用，确需共用时，应是有安全保证的设甲级防火门的防烟楼梯间。不通往地下汽车库，与之采取完全分隔措施的地下商业区的疏散楼梯，方可按商业自身埋深（不大于 10m）的要求，设置为封闭楼梯间。 2. 不能满足上述完全防火分隔措施的地下汽车库，应在每个防火分区设置一部消防电梯。能满足“完全分隔”要求，与商业等其他功能组合建造的地下汽车库，方可依据《汽车防火规》第 6.0.4 条规定不设置消防电梯（见本书第四章第二节问题 5 的相关内容）。地下汽车库防火分区面积较大，相邻防火分区之间不应共用消防电梯，确需共用时，应分别设置前室（参见本书第六章第五节问题 3 的内容）。 3. 面积很小的地下一层设备（或办公）等防火分区，无法独立设置消防电梯时，可通过下沉式庭院等满足安全疏散条件的室内外安全区救援（见第六章第六节问题 1 的内容）。确需与相邻防火分区共用消防电梯时，应分别设置前室（见本书第六章第五节问题 3 的内容）。 4. 编者理解“确有困难”是指涉及功能布局、结构安全等规定，但不符合常理或争议明显的设计内容。因此，对可能涉及违反强制性条文的情况，《建规》条文中予以放宽或未明确禁止，可采取相对合理安全、无大的安全隐患的设计方案。施工图消防设计审查和验收人员对规范条文理解有争议或难以判断时，应考虑正常情况下，可能发生危险的概率，表达清楚不能符合规范条文的具体原因和安全合理的补偿措施，避免消防设计不符合规定、不能通过消防审查验收，以及不必要的拆改浪费。

问题描述

问题 1　下沉庭院（下沉式广场）的防火分隔和安全疏散

1. 见图 1～图 3，是否所有下沉庭院都应符合《建规》条文第 6.4.12 条规定？《建规》条文第 6.4.12 条规定的下沉式广场与其他下沉庭院有何不同？

2. 图 3 的商业建筑下沉庭院的通风条件已符合《建规》条文第 6.4.12 条第 3 款规定，是否仍要按条文第 5.5.21 条要求进行整层商业营业厅的疏散宽度计算？应如何合理设计安全疏散？

3. 图 4、图 5，某学校教学楼的地下一层内天井式下沉庭院活动场地，听众坐立的大台阶坡道可以计入疏散宽度吗？对下沉式广场内的疏散楼梯有什么要求？

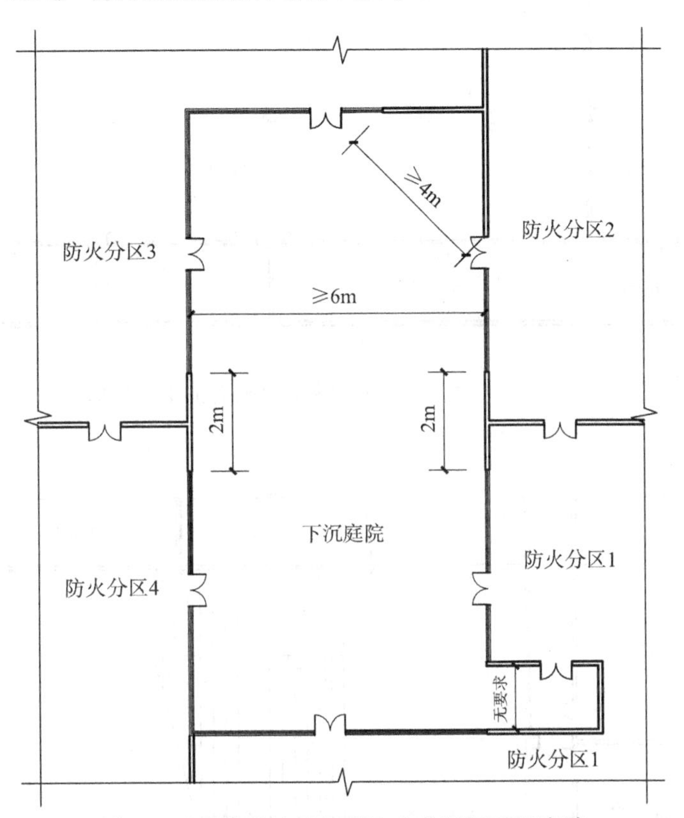

图 1　医疗建筑地下相邻防火分区间下沉庭院

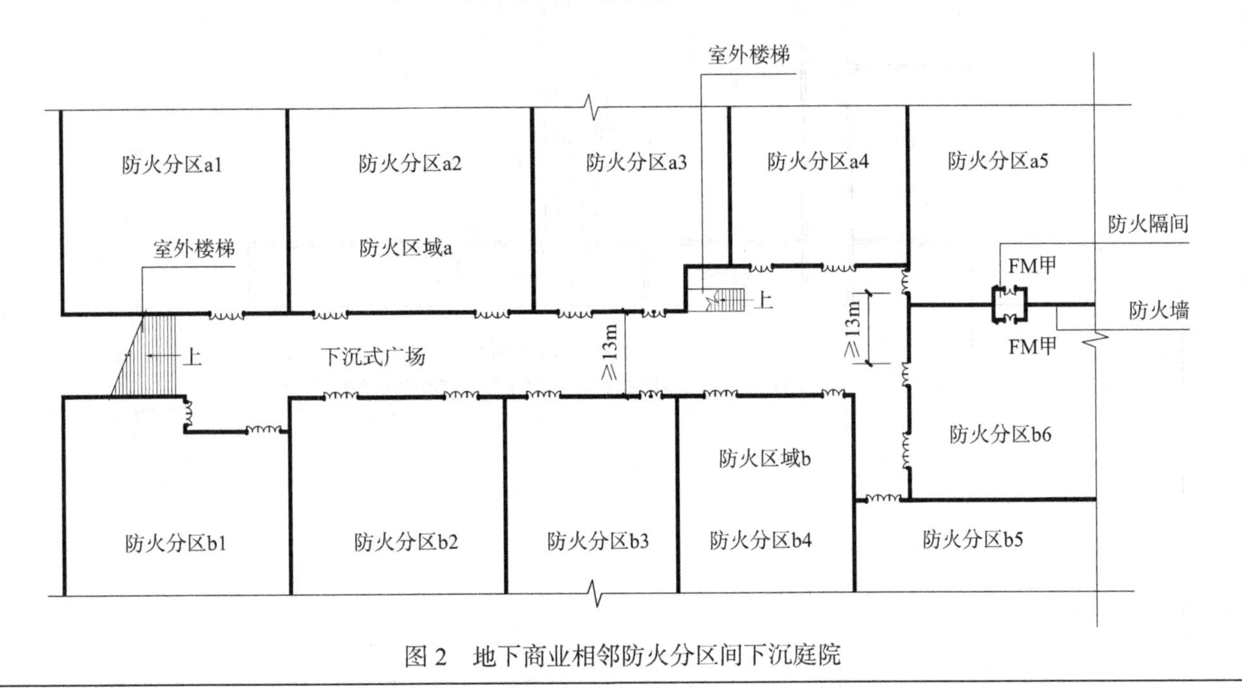

图 2　地下商业相邻防火分区间下沉庭院

问题描述

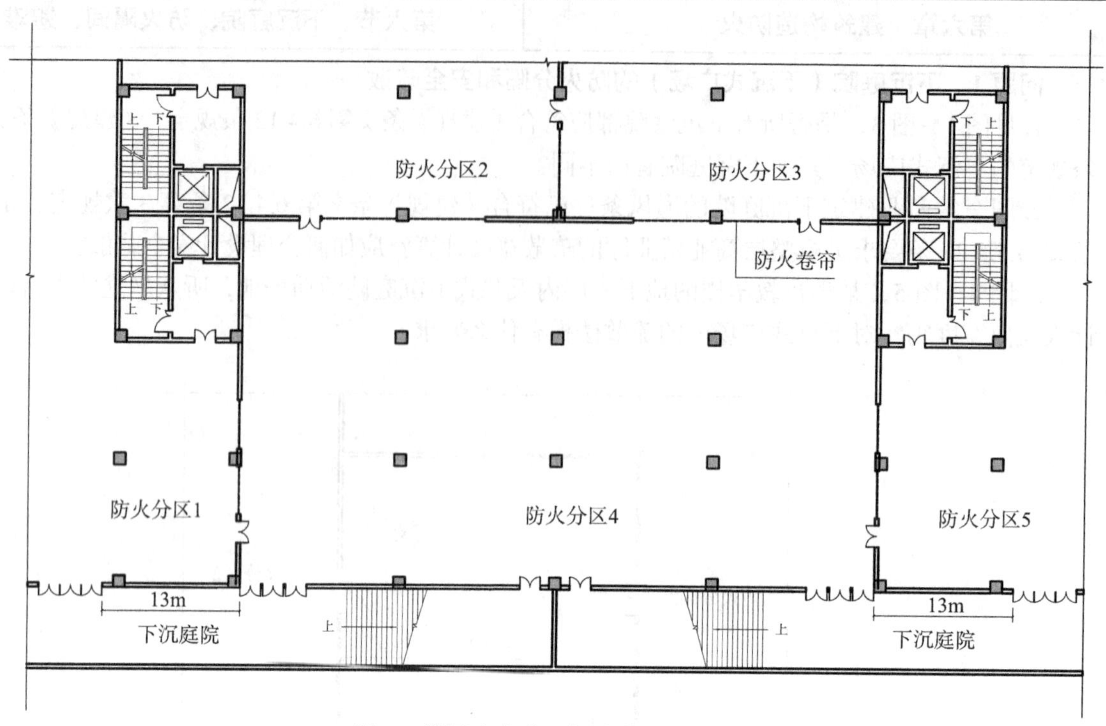

图3　错用防火分区概念的下沉庭院

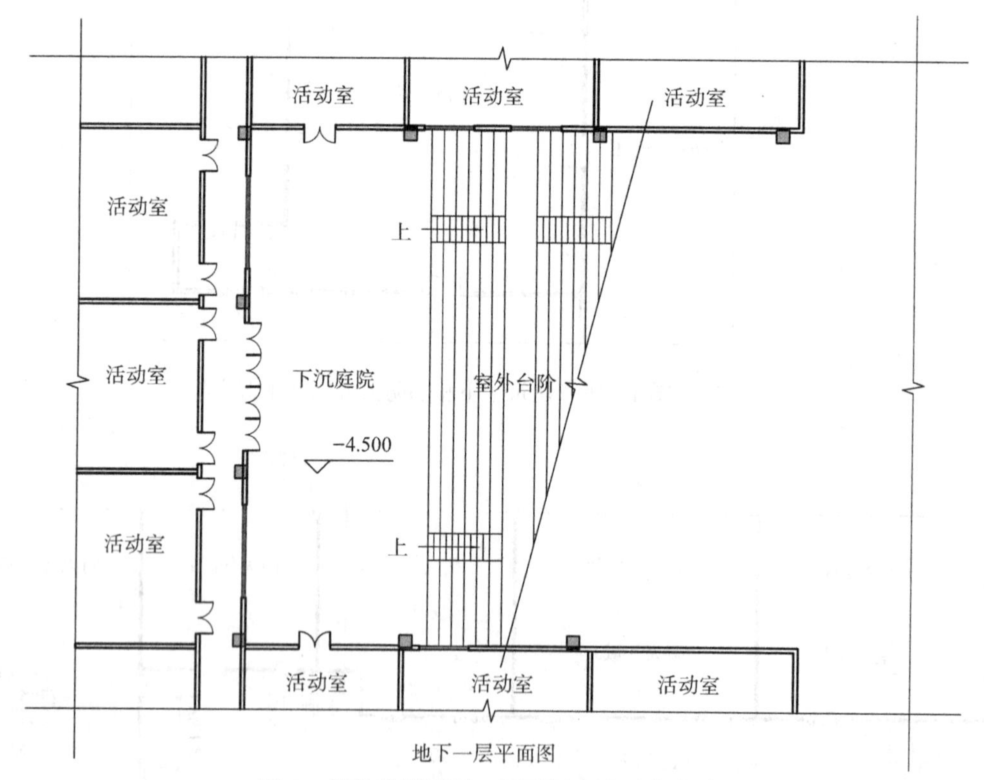

图4　教学建筑地下一层下沉庭院及大台阶

<table>
<tr><td>问题描述</td><td>
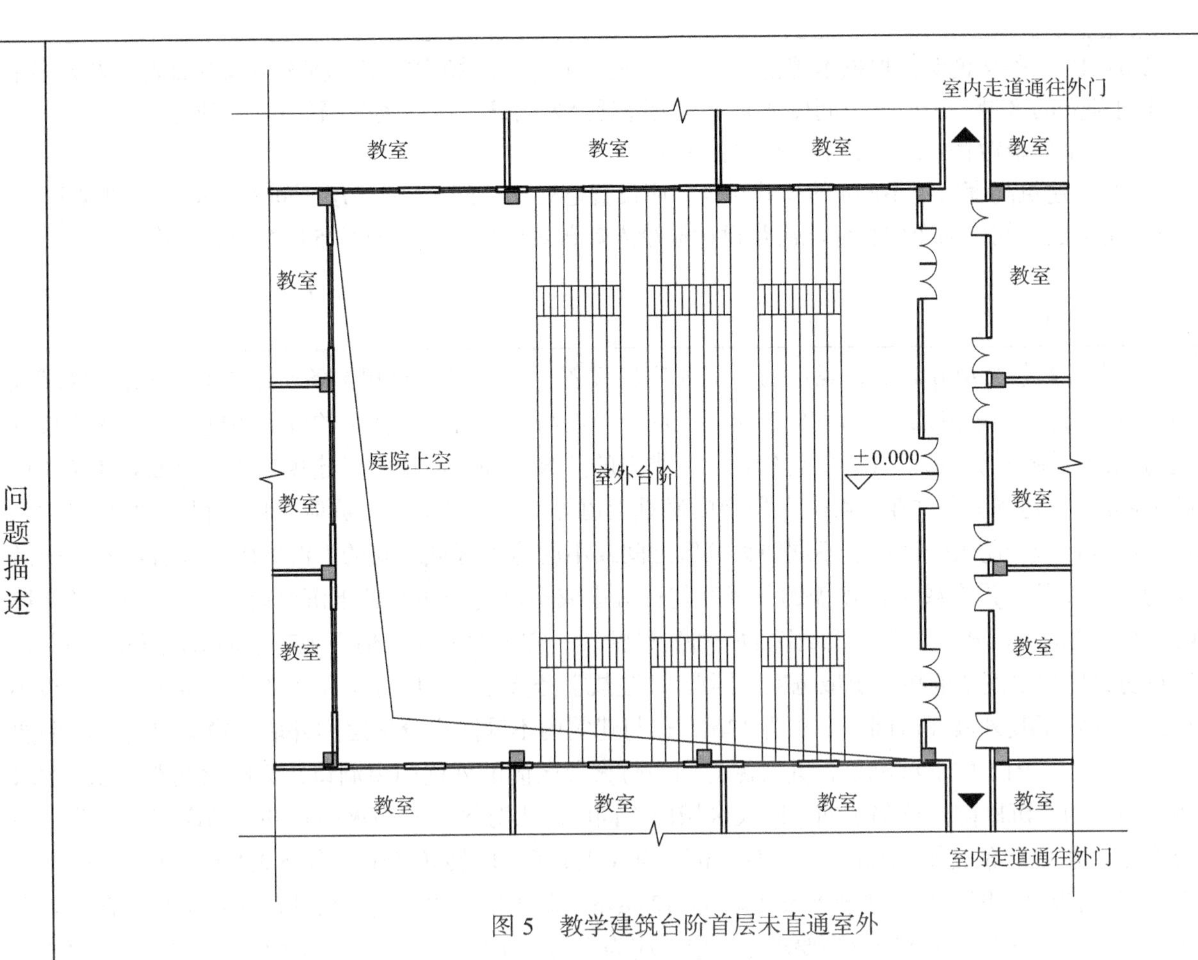

图 5　教学建筑台阶首层未直通室外
</td></tr>
<tr><td>相关标准</td><td>

《建筑设计防火规范》

5.3.5　总建筑面积大于 20000m² 的地下或半地下商店，应采用无门、窗、洞口的防火墙、耐火极限不低于 2.00h 的楼板分隔为多个建筑面积不大于 20000m² 的区域。相邻区域确需局部连通时，应采用下沉式广场等室外开敞空间、防火隔间、避难走道、防烟楼梯间等方式进行连通，并应符合下列规定：
1　下沉式广场等室外开敞空间应能防止相邻区域的火灾蔓延和便于安全疏散，并应符合本规范第 6.4.12 条的规定；
6.4.12　用于防火分隔的下沉式广场等室外开敞空间，应符合下列规定：
1　分隔后的不同区域通向下沉式广场等室外开敞空间的开口最近边缘之间的水平距离不应小于 13m。室外开敞空间除用于人员疏散外不得用于其他商业或可能导致火灾蔓延的用途，其中用于疏散的净面积不应小于 169m²。
2　下沉式广场等室外开敞空间内应设置不少于 1 部直通地面的疏散楼梯。当连接下沉广场的防火分区需利用下沉广场进行疏散时，疏散楼梯的总净宽度不应小于任一防火分区通向室外开敞空间的设计疏散总净宽度。
3　确需设置防风雨篷时，防风雨篷不应完全封闭，四周开口部位应均匀布置，开口的面积不应小于该空间地面面积的 25%，开口高度不应小于 1.0m；开口设置百叶时，百叶的有效排烟面积可按百叶通风口面积的 60% 计算。
</td></tr>
</table>

<table>
<tr><td>相关标准</td><td>第 6.4.12 条条文说明：根据本规范 5.3.5 条规定，下沉式广场主要用于将大型地下商店分隔为多个相互相对独立的区域，……该空间要能防止火灾蔓延至采用该下沉广场分隔的其他区域。
6.4.5　室外疏散楼梯应符合下列规定：……。
5.5.23　建筑高度大于 100m 的公共建筑，应设置避难层（间）。避难层（间）应符合下列规定：
3　避难层（间）的净面积应能满足设计避难人数避难的要求，并宜按 5.0 人/m^2 计算。</td></tr>
<tr><td>问题解析</td><td>1.《建规》条文第 6.4.12 条规定的下沉式广场设置内容，是《建规》条文第 5.3.5 条防火区域间的防火分隔方式，是保证其作为室外临时安全区（并参与安全疏散计算）的分隔措施，其防火措施安全度与无门窗洞口防火墙的安全度比较接近。类似的防火分隔措施还有《建规》条文第 6.4.13 条所说的防火隔间，《建规》条文第 6.4.14 条所说的避难走道等。编者认为下沉庭院可以有很多种设置形式，比如，设置在一个防火分区内、不同防火分区之间或不同防火区域之间的下沉庭院；设有或不设疏散楼梯的下沉庭院；设有或不设顶盖的下沉庭院；可进或不可进消防车的下沉庭院等。《建规》条文第 6.4.12 条表述的下沉式广场是下沉庭院的一种特殊情况，它相对安全，但必须有辅助疏散功能；同时，必须在防火区域之间才能核减疏散宽度。因此，《建规》条文第 6.4.12 条规定了该类下沉式广场的最小面积，也规定了其外墙开口间距最小为 13m，这与建筑内不同防火分区之间外墙门窗洞口防火间距要求不同。例如，图 1 的下沉庭院，其右侧为同一防火分区内的外墙门窗洞口，无防火间距要求；图 1 左侧、图 3 的下沉庭院，分隔了同一防火区域内不同的防火分区，其防火墙及外墙门窗洞口的防火间距应满足《建规》条文第 6.1.3 条“并列 2m”、第 6.1.4 条“内转角 4m”、第 5.2.2 条注 6“防火间距对面 6m”的规定。图 2 与《建规》条文第 6.4.12 条不同防火区域之间的下沉式广场定义相符合，其室内防火措施应与防火区域之间分隔要求相适应，应为无门窗洞口防火墙，或为《建规》条文第 5.3.5 条规定的防火区域之间其他防火分隔措施。
2. 图 3 下沉庭院的外部防火墙分隔措施符合《建规》条文第 6.4.12 条规定，内部防火分隔措施不符合《建规》条文第 5.3.5 条规定，不能按防火区域之间的下沉庭院核减疏散宽度。《建规》条文第 6.4.12 条是《建规》条文第 5.3.5 条规定的防火区域间防火分隔措施，每个防火区域相当于一个独立的地下建筑物，该区域或该建筑内任一防火分区发生火灾，本层甚至相邻层需要同时疏散人员，此时，无论是否设有下沉庭院，都应按《建规》条文第 5.5.21 条规定计算各防火分区内本层各防火分区安全出口总净宽满足本层疏散总人数的需要。图 3 下沉庭院内室外疏散梯满足一个防火分区疏散宽度要求，内部防火墙上甲级防火门和 3h 防火卷帘不符合《建规》条文第 5.3.5 条防火区域之间的分隔要求，防火区域内疏散宽度计算不满足《建规》条文第 5.5.21 条规定。
满足《建规》条文第 6.4.12 条第 2 款、第 3 款疏散和通风要求的下沉式广场，可以当作临时室外安全区，可按规定合理折减部分疏散计算宽度。在设计时，在核实下沉庭院的通风和疏散条件符合规定，防火区域的设置范围分隔措施符合规定的前提下，再计算下沉式广场用于疏散避难的净面积应满足需通过该广场疏散总人数的避难要求（需核减外窗开口附近 2m 和楼梯、桌椅、绿植等非避难区面积，按《建规》条文第 5.5.23 条第 3 款“5.0 人/m^2 计算指标”核算避难面积）。
3. 图 4、图 5 下沉庭院内的台阶坡道直通首层，但在首层（见图 5）仍需穿过室内功能空间通往室外，不能直通（消防车所在）室外地坪，因此，该下沉庭院不应视为符合疏散要求的室外安全区。图 4 地下一层通往该下沉庭院的走道和房间的疏散门，不应被直接视为安全出口、计入疏散宽度；该下沉庭院采光通风条件好，可作为疏散通道使用。
用于安全疏散的下沉式广场内的室外疏散梯，应直通首层室外地坪，并满足《建规》条文第 6.4.5 条室外疏散楼梯规定。</td></tr>
</table>

问题描述

问题 2　避难走道、下沉式广场的疏散计算

1. 如图 1 所示，下沉广场和避难走道满足《建规》条文第 6.4.12 条、第 6.4.14 条要求，开向该空间的门可以作为安全出口吗？该建筑是否仍需以整层疏散宽度计算，以满足《建规》条文第 5.5.21 条要求？

2. 除防火区域之间的防火分隔之外，可以将避难走道设置在其他地方吗？如图 2 所示，将避难走道设置在防烟楼梯间首层扩大前室内，用于弥补疏散距离不符合规定的情况，这样做可以吗？

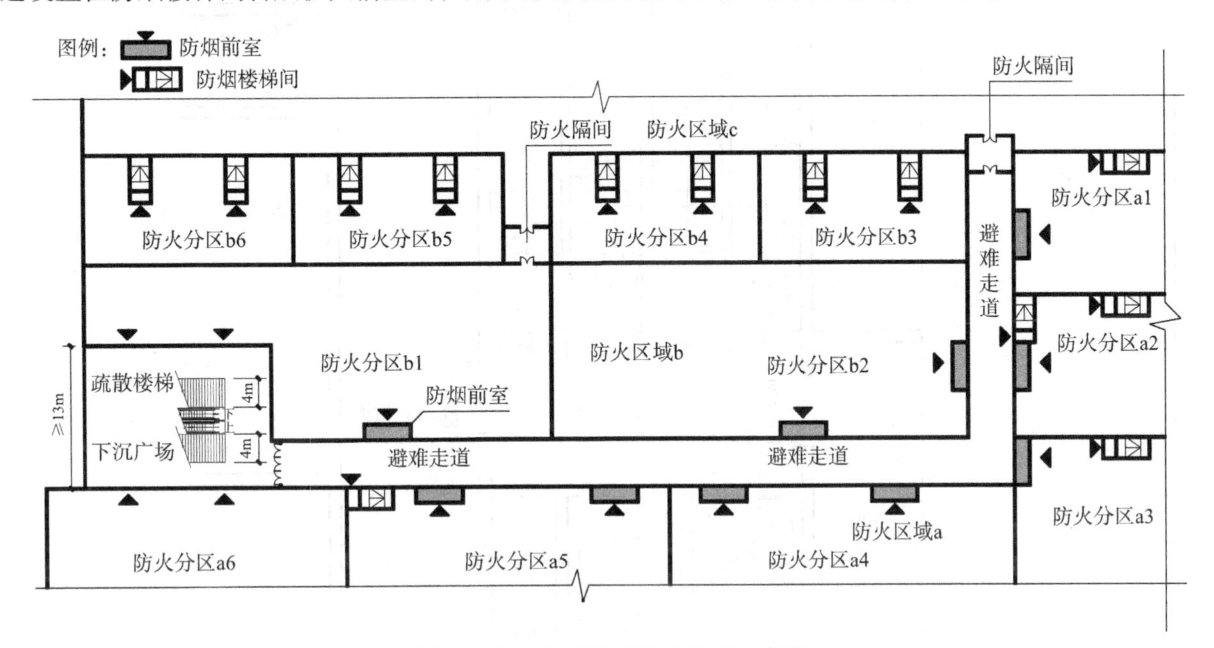

图 1　商业地下平面防火分区示意图

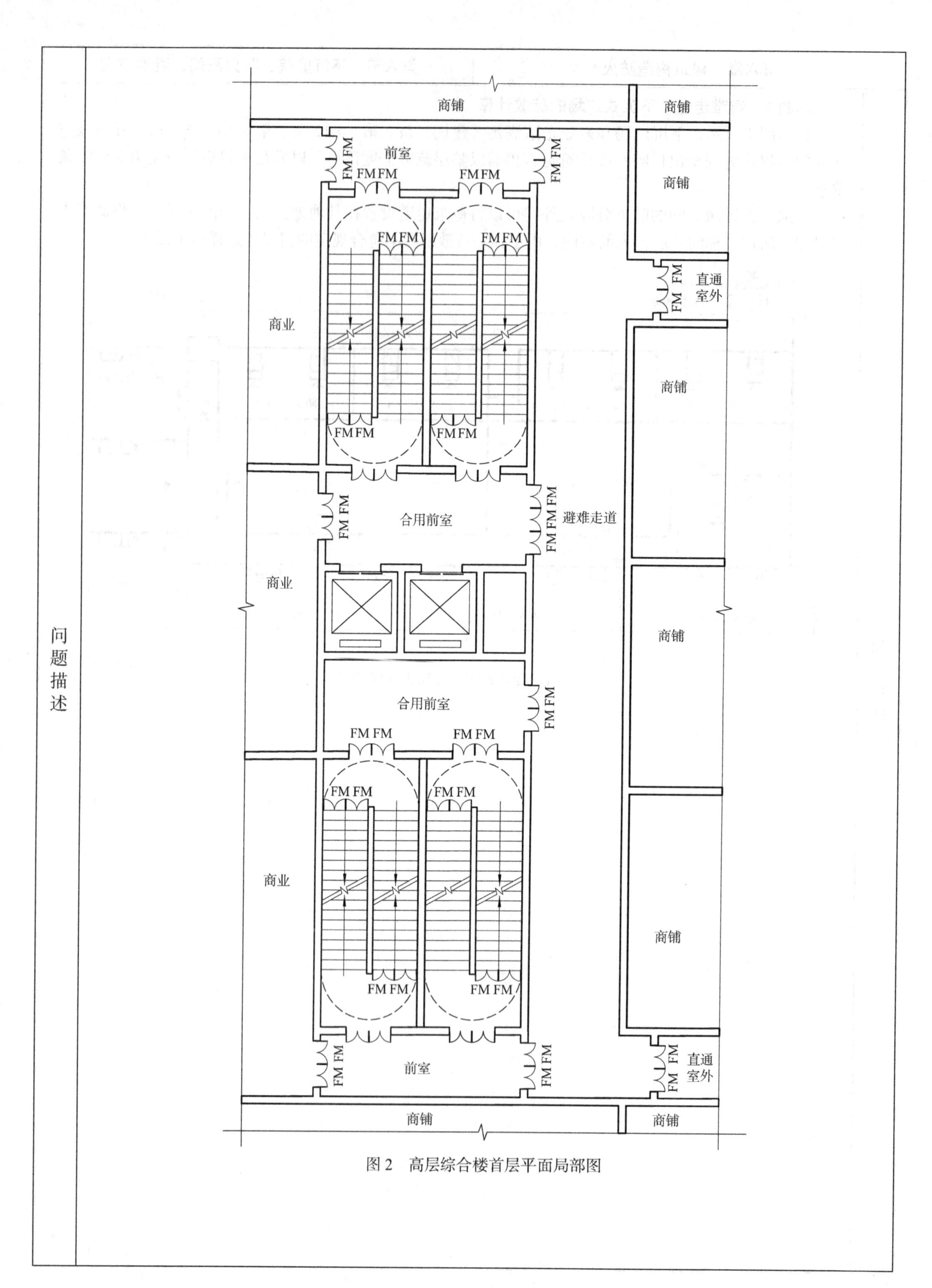

图 2　高层综合楼首层平面局部图

相关标准	**《建筑设计防火规范》** 6.4.14　避难走道的设置应符合下列规定： 1　避难走道防火隔墙的耐火极限不应低于 3.00h，楼板的耐火极限不应低于 1.50h。 2　避难走道直通地面的出口不应少于 2 个，并应设置在不同方向；当避难走道仅与一个防火分区相通且该防火分区至少有 1 个直通室外的安全出口时，可设置 1 个直通地面的出口。任一防火分区通向避难走道的门至该避难走道最近直通地面的出口的距离不应大于 60m。 3　避难走道的净宽度不应小于任一防火分区通向该避难走道的设计疏散总净宽度。 4　避难走道内部装修材料的燃烧性能应为 A 级。 5　防火分区至避难走道入口处应设置防烟前室，前室的使用面积不应小于 6.0m^2，开向前室的门应采用甲级防火门，前室开向避难走道的门应采用乙级防火门。 6　避难走道内应设置消火栓、消防应急照明、应急广播和消防专线电话。 2.1.14　安全出口　safety exit 供人员安全疏散用的楼梯间和室外楼梯的出入口或直通室内外安全区域的出口。 **公津建字〔2016〕21 号《关于"关于地下商业设置避难走道的函"的复函》** 有以下规定： 防火分区进入避难走道的疏散门可视为该防火分区的安全出口，该安全出口的净宽度可计入相应防火分区的安全疏散总净宽度。
问题解析	1. 算安全出口，但仍需按《建规》条文第 5.5.21 条核算层疏散宽度合规。避难走道、下沉庭院与避难层、疏散楼梯通道类似，是《建规》条文第 2.1.14 条规定的室内外（临时）安全区，除自身设置有规范条文规定外，尚需满足《建规》相关防火分隔、安全疏散等规定，才可作为室内功能防火分区的安全出口，参见本书第六章第六节问题 1 分析。图 1 避难走道的宽度仅能满足一个防火分区疏散门的宽度要求，不符合《建规》条文第 5.5.21 条规定。图 1 案例地下商业功能区的疏散宽度计算严重不足，应先参照《建规》条文第 5.3.5 条规定明确采用防火隔间、避难走道、下沉式广场等分隔的防火区域设置面积、范围，应计算复核防火区域内的疏散总净宽满足《建规》条文第 5.5.21 条层疏散计算规定，不符合时需增加楼梯间等安全出口的有效疏散宽度。《〈建规〉实施指南》第 338 页提及"连通多个防火分区时，避难走道自身设置宽度宜不小于一侧（防火区域内）所有防火分区疏散门总净宽的 0.7 倍"，可理解为经论证安全的参考计算措施，需咨询项目属地消防审查验收主管部门许可后采用。 2. 可以。避难走道是安全度较高的防火分隔和安全疏散方式，可用于地下或首层疏散楼梯间至直通室外安全区的出口处。当特殊项目疏散距离等确实难以符合规范条文规定时，设置符合规定的避难走道是合理有效的补偿措施。注意，图 2 中的避难走道直通室外的疏散门宽度不满足该避难走道（连通的 4 组 8 部疏散楼梯间）的疏散总净宽计算要求，应重新核算其安全疏散净宽设计，准确地表达疏散门和走道的净宽、最不利点的疏散距离等设计内容。注意，《〈建规〉实施指南》第 338 页提及"连通多个防火分区时，避难走道自身设置宽度不小于一侧（防火区域内）所有防火分区疏散门总净宽的 0.7 倍"，此种做法，我们可以理解为是一种经过论证合理的特殊消防设计措施。具体项目确需采用时，宜咨询项目属地消防审查验收主管部门的意见，获得许可后方可采用。

问题描述	**问题 3　避难层、避难间设计的问题** 1. 避难层可以设置其他功能空间吗？如本书第五章第三节问题 6 图 1 案例所示，在超高层住宅避难层多余的空间布置住宅，符合规定吗？ 2.《建规》条文第 5.5.32 条规定的住宅避难间，是否必须设置在救援场地一侧？住宅设计时可利用卫生间做户内避难间吗？
相关标准	**《建筑设计防火规范》** 5.5.23　建筑高度大于 100m 的公共建筑，应设置避难层（间）。避难层（间）应符合下列规定： 3　避难层（间）的净面积应能满足设计避难人数避难的要求，并宜按 5.0 人 /m^2 计算。 4　避难层可兼作设备层。设备管道宜集中布置，其中的易燃、可燃液体或气体管道应集中布置，设备管道区应采用耐火极限不低于 3.00h 的防火隔墙与避难区分隔。管道井和设备间应采用耐火极限不低于 2.00h 的防火隔墙与避难区分隔，管道井和设备间的门不应直接开向避难区；确需直接开向避难区时，与避难层区出入口的距离不应小于 5m，且应采用甲级防火门。 避难间内不应设置易燃、可燃液体或气体管道，不应开设除外窗、疏散门之外的其他开口。 8　在避难层（间）进入楼梯间的入口处和疏散楼梯通向避难层（间）的出口处，应设置明显的指示标志。 5.5.24　高层病房楼应在二层及以上的病房楼层和洁净手术部设置避难间。避难间应符合下列规定： 2　避难间兼作其他用途时，应保证人员的避难安全，且不得减少可供避难的净面积。 5.5.31　建筑高度大于 100m 的住宅建筑应设置避难层，避难层的设置应符合本规范第 5.5.23 条有关避难层的要求。 5.5.32　建筑高度大于 54m 的住宅建筑，每户应有一间房间符合下列规定： 1　应靠外墙设置，并应设置可开启外窗； 2　内、外墙体的耐火极限不应低于 1.00h，该房间的门宜采用乙级防火门，外窗的耐火完整性不宜低于 1.00h。
问题解析	1. 在避难层不宜设置其他功能空间。由前述相关的规范条文可知，对避难层和避难间的设置要求不同。《建规》条文第 5.5.23 条第 4 款明确规定，除设备用房外，在避难层不能开设其他开口，不应有其他使用功能。本书第五章第三节问题 6 图 1 项目案例中，满足避难计算面积的需要之后，确有多余空间可设置住宅等其他功能空间时，应采用耐火极限不小于 3h 的无门窗洞口防火墙（完全分隔成不同的区域），住宅功能区不得和避难区空间有（包括出口、走道、管线、缝隙等）任何连通。注意：计算避难面积时，不应计入避难区疏散走道等人员无法停留部分的面积。 2.《建规》未明确规定住宅避难间的设置位置。从便于救援的目的考虑，宜在靠近消防车登高操作场地一侧布置住宅避难间，消防车登高操作场地应有直通住宅疏散楼梯间的出入口。不应利用卫生间作为住宅户内避难间，卫生间门的通风卫生要求，通常会与避难间的防烟隔热要求产生矛盾，难以满足该条规定的设置目的。

问题描述	**问题 4　防火隔间设计** 1. 防火隔间是否可用在《建规》第 5.3.5 条规定的防火区域以外的防火分隔？ 2. 防火隔间设计时需注意哪些常见问题？
相关标准	**《建筑设计防火规范》** 1.0.4　同一建筑内设置多种使用功能场所时，不同使用功能场所之间应进行防火分隔，该建筑及其各功能场所的防火设计应根据本规范的相关规定确定。 第 1.0.4 条条文说明：本条规定了在同一建筑内设置多种使用功能场所时的防火设计原则。当在同一建筑物内设置两种或两种以上使用功能的场所时，如住宅与商店的上下组合建造，幼儿园、托儿所与办公建筑或电影院、剧场与商业设施合建等，不同使用功能区或场所之间需要进行防火分隔，以保证火灾不会相互蔓延，相关防火分隔要求要符合本规范及国家其他有关标准的规定。 6.4.13　防火隔间的设置应符合下列规定： 1　防火隔间的建筑面积不应小于 $6.0m^2$； 2　防火隔间的门应采用甲级防火门； 3　不同防火分区通向防火隔间的门不应计入安全出口，门的最小间距不应小于 4m； 4　防火隔间内部装修材料的燃烧性能应为 A 级； 5　不应用于除人员通行外的其他用途。 第 6.4.13 条条文说明：防火隔间只能用于相邻两个独立使用场所的人员相互通行，内部不应布置任何经营性商业设施。防火隔间的面积参照防烟楼梯间前室的面积作了规定。该防火隔间上设置的甲级防火门，在计算防火分区的安全出口数量和疏散宽度时，不能计入数量和宽度。 5.3.5　相邻区域确需局部连通时，应采用下沉式广场等室外开敞空间、防火隔间、避难走道、防烟楼梯间等方式进行连通，并应符合下列规定： 2　防火隔间的墙应为耐火极限不低于 3.00h 的防火隔墙，并应符合本规范第 6.4.13 条的规定； 第 5.3.5 条条文说明：考虑到使用的需要，可以采取规范提出的措施进行局部连通。当然，实际中不限于这些措施，也可采用其他等效方式。
问题解析	1. 可以作为与下沉式广场、避难走道类似的、较安全的防火分隔措施，《建规》条文第 5.3.5 条明确可将防火隔间用在需独立疏散的不同使用功能防火区域之间。编者认为当特殊项目需要在规范规定的无门窗洞口防火墙上设置平时使用管理连通口时，可采用符合《建规》条文第 6.4.13 条规定的防火隔间作为合理有效的补偿措施。如独立设置的大型地下汽车库与住宅地下附属功能区或与人员密集的地下商业功能区等分隔处；又如，面积小的设备防火分区需要借用相邻防火分区的楼、电梯疏散救援，且设置防烟前室的条件不足时，可以设置防火隔间。对规范已明确规定应设无门窗洞口防火墙的部位（如住宅与其他组合功能处，住宅与商业服务网点、住宅单元墙、建筑外墙、汽车库与老幼建筑组合等处），宜咨询项目属地消防审查验收主管部门的意见，获得许可后方可采用。 2. 防火区域之间的防火隔间设置应满足《建规》条文第 5.3.5 条第 2 款和第 6.4.13 条的全部规定。且防火隔间宽度不应被计入疏散宽度，两侧甲级防火门应开向防火隔间内。其他情况的防火隔间设置应符合《建规》第 6.4.13 条规定，防火隔间的防火门可向疏散方向开启。

第七章　内外装修防火	第一节　外墙装饰和保温防火

问题描述

问题 1　外墙外（内）保温材料

1. 人员密集场所的建筑外墙外保温能否采用 A2 级聚苯板？能通过施工图消防审查或验收吗？

2. 建筑外墙外保温可否采用燃烧性能为 B_1 级的 B_2 级的材料吗？

相关标准

《建筑设计防火规范》

6.7.4　设置人员密集场所的建筑，其外墙外保温材料的燃烧性能应为 A 级。

6.7.5　与基层墙体、装饰层之间无空腔的建筑外墙外保温系统，其保温材料应符合下列规定：

1　住宅建筑：

3）建筑高度不大于 27m 时，保温材料的燃烧性能不应低于 B_2 级。

6.7.10　建筑的屋面外保温系统，当屋面板的耐火极限不低于 1.00h 时，保温材料的燃烧性能不应低于 B_2 级；当屋面板的耐火极限低于 1.00h 时，不应低于 B_1 级。采用 B_1、B_2 级保温材料的外保温系统应采用不燃材料作防护层，防护层的厚度不应小于 10mm。

《建筑内部装修设计防火规范》

3.0.3　装修材料的燃烧性能等级应按现行国家标准《建筑材料及制品燃烧性能分级》GB 8624 的有关规定，经检测确定。

《建筑材料及制品燃烧性能分级》

引言：《建筑材料及制品燃烧性能分级》GB 8624—2006 在建筑材料及制品燃烧性能分级及其判据方面发生了较大变化，燃烧性能分级由 1997 版的 A、B_1、B_2、B_3 四级，改变为 A1、A2、B、C、D、E、F 七级。从实施情况看，存在燃烧性能分级过细，与我国当前工程建设实际不相匹配等问题。《建筑材料及制品燃烧性能分级》GB 8624—2012 第 3 次修订。明确了建筑材料及制品燃烧性能的基本分级仍为 A、B_1、B_2、B_3，……

5.1.1 平板状建筑材料及制品的燃烧性能等级和分级判据见表 2。表中满足 A1、A2 级即为 A 级，满足 B 级、C 级即为 B_1 级。对墙面保温泡沫塑料，除符合表 2 规定外应同时满足以下要求：

问题解析

1.《建筑材料及制品燃烧性能分级》明确 A1、A2 都为 A 级。但常见聚苯板燃烧性能为 B_1、B_2 级；若采用燃烧性能为 A 级的新型聚苯板材料（避免聚苯混合浆料等限用产品），应参照《建筑内部装修设计防火规范》条文第 3.0.3 条规定，采用符合现行国家标准《建筑材料及制品燃烧性能分级》相关规定的，经检测确定的合规产品（注意证明材料的有效性，避免材料属性和性能分级的理解偏差，A1、A2、B、C、D、E、F 七个材料性能等级，分别对应 A、B_1、B_2、B_3 四个产品的属性分级）。需注意核实明确设计依据的标准，避免施工图文件的设计与施工采购、验收检查产生差错、矛盾。

2. 按《建规》条文第 6.7.5 条规定，不涉及人员密集场所的多层建筑，可采用 B_2 级外墙外保温材料，但要注意各地方的规定，如北京市京政发〔2012〕22 号文《北京市人民政府关于进一步加强和改进消防工作的意见》禁止使用 B_2 级可燃的外墙外保温材料。对于采用燃烧性能为 B_1、B_2 级外墙外保温材料的建筑，应明确其外墙外保温材料的设置情况、位置，注意建筑内不应有人员密集场所，注意外墙保温体系是否有空腔，是否为复合结构体系，注明保护层做法（特别是首层）厚度，注明外窗的防火设置要求等，具体规定见《建规》第 6.7 节。

问题描述

问题 2　改造项目外墙内保温做法

1. 能否采用 A 级聚苯板作为建筑内保温材料?

2. 改造项目较多采用外墙内保温，施工图设计文件中会出现哪些常见问题?

相关标准

《建筑设计防火规范》

6.7.2　建筑外墙采用内保温系统时，保温系统应符合下列规定:

1　对于人员密集场所，用火、燃油、燃气等具有火灾危险性的场所以及各类建筑内的疏散楼梯间、避难走道、避难间、避难层等场所或部位，应采用燃烧性能为 A 级的保温材料。

2　对于其他场所，应采用低烟、低毒且燃烧性能不低于 B_1 级的保温材料。

3　保温系统应采用不燃材料做防护层。采用燃烧性能为 B_1 级的保温材料时，防护层的厚度不应小于 10mm。

第 6.7.2 条条文说明：条文为强制性条文。对于建筑外墙的内保温系统，保温材料设置在建筑外墙的室内侧，如果采用可燃、难燃保温材料，遇热或燃烧分解产生的烟气和毒性较大，对于人员安全带来较大威胁。因此，本规范规定在人员密集场所，不能采用这种材料做保温材料；其他场所，要严格控制使用，要尽量采用低烟、低毒的材料。

《建筑内部装修设计防火规范》

3.0.3　装修材料的燃烧性能等级应按现行国家标准《建筑材料及制品燃烧性能分级》GB 8624 的有关规定，经检测确定。

《建筑材料及制品燃烧性能分级》

明确了建筑材料及制品燃烧性能的基本分级仍为 A、B_1、B_2、B_3，同时……的对应关系。

3.1　制品　product

要求给出相关信息的建筑材料、复合材料或组件。

3.2　材料　material

单一物质或均匀分布的混合物，如金属、石材、木材、混凝土、矿纤、聚合物。

5.1.1　平板状建筑材料

平板状建筑材料及制品的燃烧性能等级和分级判据见表 2。表中满足 A1、A2 级即为 A 级，满足 B 级、C 级即为 B_1 级，满足 D 级、E 级即为 B_2 级。

对墙面保温泡沫塑料，除符合表 2 规定外应同时满足以下要求：B_1 级氧指数值 OI ≥ 30%；B_2 级氧指数值 OI ≥ 26%。试验依据标准为 GB/T 2406.2。

问题解析

1. 不宜采用。应按《建筑材料及制品燃烧性能分级》规定，明确建筑材料和制品的燃烧性能分级。采用 A 级聚苯板作为建筑内保温材料时，除应按现行国家标准《建筑材料及制品燃烧性能分级》相关规定检测确定产品燃烧性能外，尚应注意内保温材料或产品有低烟、低毒的要求，注意其检测结果是否符合规定。

2. 内保温做法节点的节能设计热桥问题多，易导致产生冷凝水和发霉等情况。外墙内保温做法在建筑节能和消防设计安全使用上，均有较大不利因素，因此，除无法改变立面的历史文物建筑外，对有条件设外保温项目，建议不采用外墙内保温。对于无法改变外立面等围护结构的改造项目，应严格执行所在地区的节能规定（注意围护结构中的热桥部位表面结露验算结果），采取有效的保温措施，确保热桥内表面温度高于房间空气露点温度，见《民用建筑热工设计规范》第 4.2.11 条条文规定。

问题描述

问题 3　建筑立面外墙装饰防火

1. 高层住宅立面可否使用挤塑聚苯板制作的大量装饰构件？

2. 高层住宅建筑首层和二层为干挂石材，外墙外保温可否采用非 A 级材料？

3. 多层住宅建筑首层和二层为干挂石材，外墙外保温可否采用非 A 级材料？

相关标准

《建筑设计防火规范》

6.7.12　建筑外墙的装饰层应采用燃烧性能为 A 级的材料，但建筑高度不大于 50m 时，可采用 B_1 级材料。

6.7.7　除本规范第 6.7.3 条规定的情况外，当建筑的外墙外保温系统按本节规定采用燃烧性能为 B_1、B_2 级的保温材料时，应符合下列规定：

1　除采用 B_1 级保温材料且建筑高度不大于 24m 的公共建筑或采用 B_1 级保温材料且建筑高度不大于 27m 的住宅建筑外，建筑外墙上门、窗的耐火完整性不应低于 0.50h。

2　应在保温系统中每层设置水平防火隔离带。防火隔离带应采用燃烧性能为 A 级的材料，防火隔离带的高度不应小于 300mm。

6.7.6　除设置人员密集场所的建筑外，与基层墙体、装饰层之间有空腔的建筑外墙外保温系统，其保温材料应符合下列规定：

1　建筑高度大于 24m 时，保温材料的燃烧性能应为 A 级；

2　建筑高度不大于 24m 时，保温材料的燃烧性能不应低于 B_1 级。

6.7.9　建筑外墙外保温系统与基层墙体、装饰层之间的空腔，应在每层楼板处采用防火封堵材料封堵。

问题解析

1. 通常聚苯板的燃烧性能为 B_1、B_2 级。《建规》第 6.7.12 条条文明确，外墙装饰层的燃烧性能不应低于 B_1 级，建筑高度大于 50m 时，应采用燃烧性能为 A 级的外墙装饰材料。采用聚苯板等非 A 级材料制作的 A 级装饰构件，应注意构件整体符合规定的检测要求；并注意装饰构件的设置位置，若有大面积或竖向连续非 A 级装饰构件，应注意采用避免火灾蔓延的措施。

2.《建规》条文第 6.7.6 条的建筑高度应指建筑总高度。高度大于 24m 的住宅建筑，外墙外保温系统有空腔时，应按《建规》条文第 6.7.6 条第 1 款规定，采用燃烧性能为 A 级的外保温材料。

3. 不可以采用非 A 级材料。包括建筑高度不大于 27m 的多层住宅，采用了干挂石材等有空腔的外墙外保温系统时，应注意避免违反《建规》条文第 6.7.6 条、第 6.7.9 条材料性能和封堵要求的规定。干挂石材或金属等幕墙的外墙外保温系统与基层墙体间通常会有空腔，而常见施工图设计文件墙身详图不表达层间楼板（无窗外墙处）的封堵措施，易造成设计疏漏、施工考虑不周导致的安全隐患。因此，施工图设计文件应准确表达外保温材料的燃烧性能及设置位置；应有墙身详图或注明各处（含无窗外墙）防火封堵措施。并注意无论外墙外保温是否采用 A 级材料，外墙外保温系统有空腔时，均应按《建规》条文第 6.7.9 条规定在层间楼板采用防火封堵材料封堵。

<table>
<tr><td colspan="2">第七章　内外装修防火</td><td>第二节　建筑室内装修防火</td></tr>
<tr><td>问题描述</td><td colspan="2">问题 1　室内装修材料做法表的问题
1. 施工图室内装修做法表，是否可以只表达房间墙面、顶面、地面的内容？
2. 在施工图室内装修做法表中，墙面、顶面可否采用防火型乳胶漆？</td></tr>
<tr><td>相关标准</td><td colspan="2">《建筑内部装修设计防火规范》
3.0.1　装修材料按其使用部位和功能，可划分为顶棚装修材料、墙面装修材料、地面装修材料、隔断装修材料、固定家具、装饰织物、其他装修装饰材料七类。
3.0.6　施涂于 A 级基材上的无机装修涂料，可作为 A 级装修材料使用；施涂于 A 级基材上，湿涂覆比小于 $1.5kg/m^2$，且涂层干膜厚度不大于 1.0mm 的有机装修涂料，可作为 B_1 级装修材料使用。
3.0.3　装修材料的燃烧性能等级应按现行国家标准《建筑材料及制品燃烧性能分级》GB 8624 的有关规定，经检测确定。
华北标 BJ 系列图集《12BJ1-1 工程做法表》（已停用）
内墙做法选用表附注说明：
本内墙做法燃烧性能指抹灰层的燃烧性能（包括腻子层）。根据《建筑材料及制品燃烧性能分级》GB 8624—1997 标准内墙墙面的做法燃烧性能的说明有机涂料的≤ $0.25g/m^2$ 属于 A 级。如某房间对涂料的燃烧性能有特别需求，则应选用无机涂料或可选用≤ $0.25g/m^2$ 的有机涂料。</td></tr>
<tr><td>问题解析</td><td colspan="2">1. 不可以。《建筑内部装修设计防火规范》第 3.0.1 条、第 5.1.1 条、第 5.2.1 条、第 5.3.1 条、第 6.0.1 条等条文规定，明确了民用建筑、厂房建筑的顶棚、墙面、地面、隔断、固定家具、装饰织物、其他装修装饰材料等建筑内全部装饰装修材料的燃烧性能等级要求。设计阶段的施工图设计文件应确定并准确表达建筑内各空间所有部位的装饰装修做法或选材范围，及其燃烧性能等级要求，应对后期施工验收及运营使用阶段提出选材范围和燃烧性能等级的限制要求。仓库建筑也应按《建筑内部装修设计防火规范》条文第 6.0.5 条规定，核实注明设有隔断时的选材做法及要求，若无请注明。
2. 应当采用符合《建筑内部装修设计防火规范》规定的装修材料。目前市面上常见销售的防火型乳胶漆通常为有机涂料，按《建筑内部装修设计防火规范》条文第 3.0.6 条规定，有机涂料只可作为燃烧性能等级 B_1 级的装修材料使用。与已停用的华北标 BJ 系列图集《12BJ1-1 工程做法表》内墙做法选用表不同，北京市工程建设标准设计文件 BJ 系列《19BJ1-1 工程做法表》已取消类似说明，但目前市场上可替代的新材料较少。因此，当施工图设计文件中采用乳胶漆内墙涂料用于应采用 A 级材料装修的部位时，除应在施工图设计文件（如室内装修做法表）中明确材料燃烧性能为 A 级外，尚应注意明确有正规检测机构出具的符合规定的检测报告（施工验收阶段有查验要求），应按《建筑内部装修设计防火规范》条文第 3.0.3 条要求。符合《建筑材料及制品燃烧性能分级》相关规定，尚未落实具体材料和合规检测报告的施工图设计文件，宜优先选用无机涂料，作为燃烧性能为 A 级的室内装修涂料使用。</td></tr>
</table>

<table>
<tr><td>问题描述</td><td>

问题 2　建筑内的无窗房间

1. 无法对外开窗的地下汽车库、影剧院观众厅算不算无窗房间？

2. 在医疗和洁净厂房建筑内常有大量无窗房间，按工艺要求需采用 B_1 级 PVC 卷材地面、环氧树脂自流平地面作为装修材料，不符合《内装规》第 4.0.8 条、第 6.0.1 条等相关规定，应该如何处理？

3. 餐厅小包间、办公室小包间、歌舞娱乐场所无窗小房间等，如何进行消防装修设计、如何做到在符合规定的前提下通过消防审查？

4.《内装规》中无窗房间与《建规》条文第 8.5.4 条无窗房间的定义是否完全一致？北京市的项目是否执行浙消〔2020〕166 号文第 7.2.4 条设有外墙固定窗的，仍算无窗房间的规定？疏散门上设有极小窗口的房间，算有窗房间吗？

</td></tr>
<tr><td>相关标准</td><td>

《建筑内部装修设计防火规范》

4.0.8　无窗房间内部装修材料的燃烧性能等级除 A 级外，应在表 5.1.1、表 5.2.1、表 5.3.1、表 6.0.1、表 6.0.5 规定的基础上提高一级。

《建筑设计防火规范》

8.5.4　地下或半地下建筑（室）、地上建筑内的无窗房间，当总建筑面积大于 200m² 或一个房间建筑面积大于 50m²，且经常有人停留或可燃物较多时，应设置排烟设施。

8.5.3　民用建筑的下列场所或部位应设置排烟设施：

1　设置在一、二、三层且房间建筑面积大于 100m² 的歌舞娱乐放映游艺场所，设置在四层及以上楼层、地下或半地下的歌舞娱乐放映游艺场所；

2　中庭；

3　公共建筑内建筑面积大于 100m² 且经常有人停留的地上房间；

4　公共建筑内建筑面积大于 300m² 且可燃物较多的地上房间；

5　建筑内长度大于 20m 的疏散走道。

《关于〈建筑内部装修设计防火规范〉（GB 50222—2017）有关条款解释的复函》

有以下规定：

《建筑内部装修设计防火规范》GB 50222—2017 中第 4.0.8 条明确规定：无窗房间内部装修材料的燃烧性能等级除 A 级外，应在表 5.1.1、表 5.2.1、表 5.3.1、表 6.0.1、表 6.0.5 规定的基础上提高一级。

在规范条文说明中对本条规定的目的进行了说明，无窗房间发生火灾时有几个特点：（1）火灾初起阶段不易被发觉，发现起火时，火势往往已经较大；（2）室内的烟雾和毒气不能及时排出；（3）消防人员进行火情侦查和施救比较困难。

房间内如果安装了能够被击破的窗户、外部人员可通过该窗户观察到房间内部情况，则该房间可不被认定为无窗房间。

</td></tr>
</table>

相关标准	**浙消〔2020〕166 号《关于印发〈浙江省消防技术规范难点问题操作技术指南（2020 版）〉的通知》** 有以下规定： 1.4.11 《建筑内部装修设计防火规范》GB 50222—2017 第 4.0.8 条涉及的“无窗房间”可按照以下要求执行： 1 电影院的观众厅属于高大的室内空间场所，且一般设置有放映窗，不属于《建筑内部装修设计防火规范》第 4.0.8 条规定的无窗房间范畴； 2 房间内如果安装了能够被击破的窗户、外部人员可通过该窗户 观察到房间内部情况，则该房间可不被认定为无窗房间。 7.2.4 《建筑设计防火规范》第 8.5.4 条中规定的“地上建筑内的无窗 房间”，是指地上建筑的内区房间或虽靠外墙但无窗（或设固定窗）-57- 的房间。对于商业服务网点，其首层有外门但无外窗的房间，可不按无窗房间考虑。
问题解析	1. 地下汽车库、影剧院观众厅不算无窗房间。《内装规》中规定的无窗房间按《关于〈建筑内部装修设计防火规范〉（GB 50222—2017）有关条款解释的复函》规定执行。《内装规》编制组表示依据《建规》第 8.5.3 条第 3 款、第 8.5.4 条等相关条文及条文说明，上述公共建筑内建筑面积大于 100m^2 的房间、大于 200m^2 的功能区等空间，已设置排烟设施且有多个疏散门较开敞，能确保发生火灾时易于发现和扑救，可不按无窗房间考虑内部装修材料的选用执行。 2. 施工图设计文件在施工图设计阶段应明确是否为无窗房间。参照《关于〈建筑内部装修设计防火规范〉（GB 50222—2017）有关条款解释的复函》相关内容“小房间朝向公用疏散走道一侧安装了能被击破的玻璃窗，便于房外人员通过窗户及时发现房内火情，便于火灾报警和实施救援的，可不算无窗房间”。有洁净要求房间且确无法设置可开启窗口时，若已设置易破碎安全玻璃的固定窗、有固定玻璃疏散安全门等，可不算无窗房间，不须按《内装规》第 4.0.8 条条文规定无窗房间规定提高至 A 级。 3. 应先确定是否为无窗房间。参照《关于〈建筑内部装修设计防火规范〉（GB 50222—2017）有关条款解释的复函》相关内容，餐厅和歌舞娱乐场所小房间未设置朝向公用疏散走道一侧且能被击破的玻璃窗，导致房外人员无法及时发现火灾报警和实施救援的，应确定为无窗房间。办公室小房间，设有未闭锁遮挡的玻璃门，或采用不到顶的隔断（距顶棚或吊顶高度不得小于 500mm），可不算无窗房间。无窗房间应按《内装规》条文第 4.0.8 条规定，无窗房间各项室内装修材料的燃烧性能等级除 A 级外，应在表 5.1.1、表 5.2.1、表 5.3.1、表 6.0.1、表 6.0.5 规定的基础上提高一级且不可因设自动喷水灭火系统先降低，再提高。请注意在设计文件中准确表达。 4. 不完全一致。浙消〔2020〕166 号文第 7.2.4 条对无窗房间的规定和《内装规》对无窗房间的规定，在适用对象和范围方面也不完全一致。消防规范及消防词汇通用术语等，均未对无窗房间给出统一定义和适用范围。按标准的相关规定，需由标准技术内容解释单位负责相关标准条文的解释工作。因此，对《内装规》涉及的无窗房间，宜按《内装规》主编单位中国建筑科学研究院有限公司函复住房和城乡建设部标准定额司《关于〈建筑内部装修设计防火规范〉（GB 50222—2017）有关条款解释的复函》的内容理解。《建规》第 8.5.4 条的无窗房间可不包含已经设置固定外窗的房间。房间门上开启的小窗，不能满足观察火情和有助于实施救援的需要时，仅有该窗的房间应算无窗房间。对于设置极小外窗的特殊情况，可根据项目具体设计内容合理判定，确有争议且无法一致时，可向《建规》国家标准管理组咨询。

问题描述

问题 1　地上疏散楼梯的防排烟窗口

1. 高层建筑裙房（24m 以下）楼梯间无自然通风条件，是否应设置机械加压系统？

2. 对《防排烟标》第 3.2.1 条条文中的最高部位如何理解？可以设置楼梯间外墙上吗？

3. 如何理解《防排烟标》第 3.2.1 条条文中的“尚应”二字，最少可设置 2.0m^2 的可开启外窗，还是必须设置 1 ＋ 2 ＝ 3.0（m^2）的可开启外窗？

相关标准

《建筑防烟排烟系统技术标准》

3.1.3　建筑高度小于或等于 50m 的公共建筑、工业建筑和建筑高度小于或等于 100m 的住宅建筑，其防烟楼梯间、独立前室、共用前室、合用前室（除共用前室与消防电梯前室合用外）及消防电梯前室应采用自然通风系统；当不能设置自然通风系统时，应采用机械加压送风系统。防烟系统的选择，尚应符合下列规定：

2　当独立前室、共用前室及合用前室的机械加压送风口设置在前室的顶部或正对前室入口的墙面时，楼梯间可采用自然通风系统；当机械加压送风口未设置在前室的顶部或正对前室入口的墙面时，楼梯间应采用机械加压送风系统。

3　当防烟楼梯间在裙房高度以上部分采用自然通风时，不具备自然通风条件的裙房的独立前室、共用前室及合用前室应采用机械加压送风系统，且独立前室、共用前室及合用前室送风口的设置方式应符合本条第 2 款的规定。

3.2.1　采用自然通风方式的封闭楼梯间、防烟楼梯间，应在最高部位设置面积不小于 1.0m^2 的可开启外窗或开口；当建筑高度大于 10m 时，尚应在楼梯间的外墙上每 5 层内设置总面积不小于 2.0m^2 的可开启外窗或开口，且布置间隔不大于 3 层。

问题解析

1. 无自然通风条件的楼梯间，应采用机械加压系统。同一部防烟楼梯间的 24m 以上高层部分有自然通风条件时，其 24m 以下裙房高度范围内可不设置机械加压系统。注意可设置自然通风楼梯间的范围要求：（1）高度在 32～50m 的公共建筑、工业建筑，高度在 33～100m 的住宅建筑，应为有防烟前室的防烟楼梯间，不应为封闭楼梯间；（2）防烟楼梯间 24m 裙房以上部分应有自然通风条件，并按《防排烟标》条文第 3.2.1 条规定设置可开启外窗；防烟前室设置应满足《防排烟标》条文第 3.1.3 条规定；（3）尚应满足暖通等其他专业相关规定。

2. 可以。应在通往室外屋面的楼梯间最高层平台的人员行走高度以上。可设置顶部天窗或外墙侧向高窗，排烟口下皮应高于顶层疏散平台面 1.6m 以上，确保不影响火灾前期人员疏散，同时为火灾中后期扑救进攻创造条件。

问题解析	3. 楼梯间总层数小于 5 层时，最小可设置 2.0m² 可开启外窗，含最高部位 1.0m² 的可开启外窗，如图 1 所示。 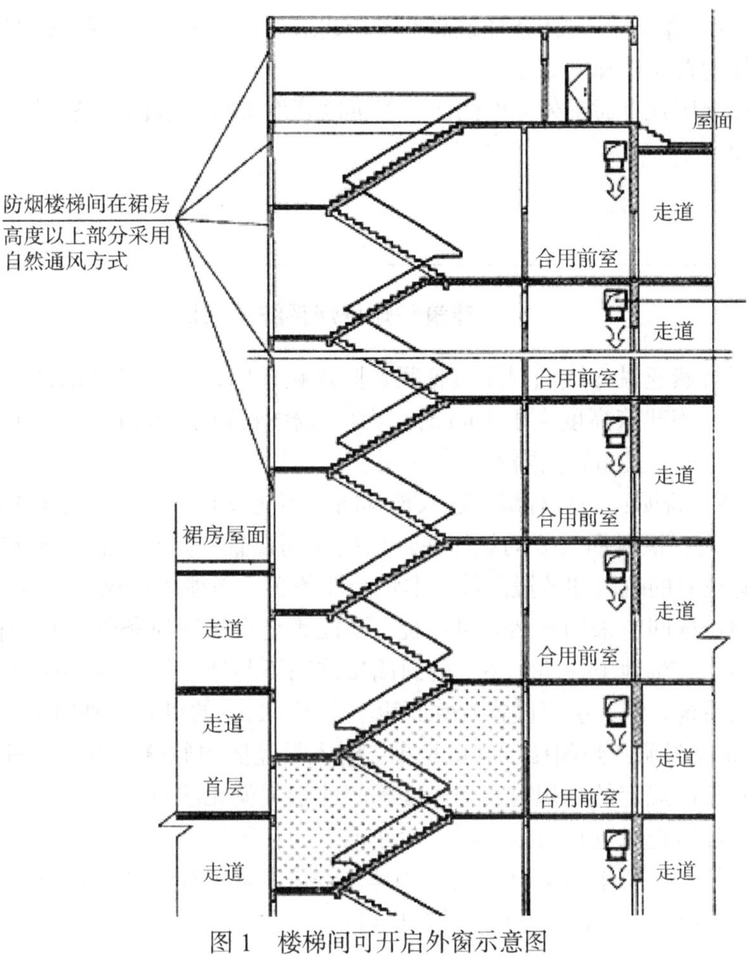 图 1　楼梯间可开启外窗示意图

问题描述	**问题 2 《防排烟标》的建筑高度与顶部疏散门** 1.《防排烟标》条文第 3.2.1 条建筑高度是指建筑整体高度，还是指楼梯间高度？对于地下楼梯间，可否不计算楼梯间首层楼梯间高度？ 2. 地上楼梯间屋顶直通室外屋面的门是否可以算作《防排烟标》条文第 3.2.1 条规定的顶部 $1m^2$ 的可开启外窗面积？
相关标准	**《建筑防烟排烟系统技术标准》** 3.2.1　采用自然通风方式的封闭楼梯间、防烟楼梯间，应在最高部位设置面积不小于 $1.0m^2$ 的可开启外窗或开口；当建筑高度大于 10m 时，尚应在楼梯间的外墙上每 5 层内设置总面积不小于 $2.0m^2$ 的可开启外窗或开口，且布置间隔不大于 3 层。 第 3.2.1 条条文说明：一旦有烟气进入楼梯间如不能及时排出，将会给上部人员疏散和消防扑救进攻带来很大的危险。根据烟气流动规律在顶层楼梯间设置一定面积的可开启外窗可防止烟气的积聚，以保证楼梯间有较好的疏散和救援条件。本强制性条文，必须严格执行。 3.1.6　封闭楼梯间应采用自然通风系统，不能满足自然通风条件的封闭楼梯间，应设置机械加压送风系统。当地下、半地下建筑（室）的封闭楼梯间不与地上楼梯间共用且地下仅为一层时，可不设置机械加压送风系统，但首层应设置有效面积不小于 $1.2m^2$ 的可开启外窗或直通室外的疏散门。 第 3.1.6 条条文说明：封闭楼梯间也是火灾时人员疏散的通道，当楼梯间没有设置可开启外窗时或开窗面积达不到标准规定的面积时，进入楼梯间的烟气就无法有效排除，影响人员疏散，这时就应在楼梯间设置机械加压送风进行防烟。对于设在地下的封闭楼梯间，当其服务的地下室层数仅为 1 层且最底层地坪与室外地坪高差小于 10m 时，为体现经济合理的建设要求，只要在其首层设置了直接开向室外的门或设有不小于 $1.2m^2$ 的可开启外窗即可。
问题解析	1. 规范没有明确规定，经编者向规范编制人员咨询、确认应为楼梯间高度，即，一个防烟系统对应的楼梯间系统服务高度，参见《云南省有关〈建筑防烟排烟系统技术标准〉部分技术问题释疑》问答 3。《防排烟标》中建筑高度宜按防烟系统整体设计原则理解，与《建规》中建筑高度略有不同。《建规》附录建筑高度指室外地坪至屋面高度，此时建筑外墙外侧通常为室外安全区。在通风条件差的地下楼梯间宜考虑首层楼梯间的高度，地下楼梯间参照《防排烟标》条文第 3.2.1 条设置采用自然通风方式的楼梯间时，需考虑楼梯间整体高度和建筑外部自然通风条件等情况。

问题解析	2. 见图 1，除《防排烟标》条文第 3.1.6 条允许的直通室外、不共用地上疏散楼梯的单层地下楼梯间外，其他地下楼梯间首层或地上楼梯间顶层直通室外疏散门不应计入楼梯间最高处 1.0m^2 可开启外窗的计算范围。 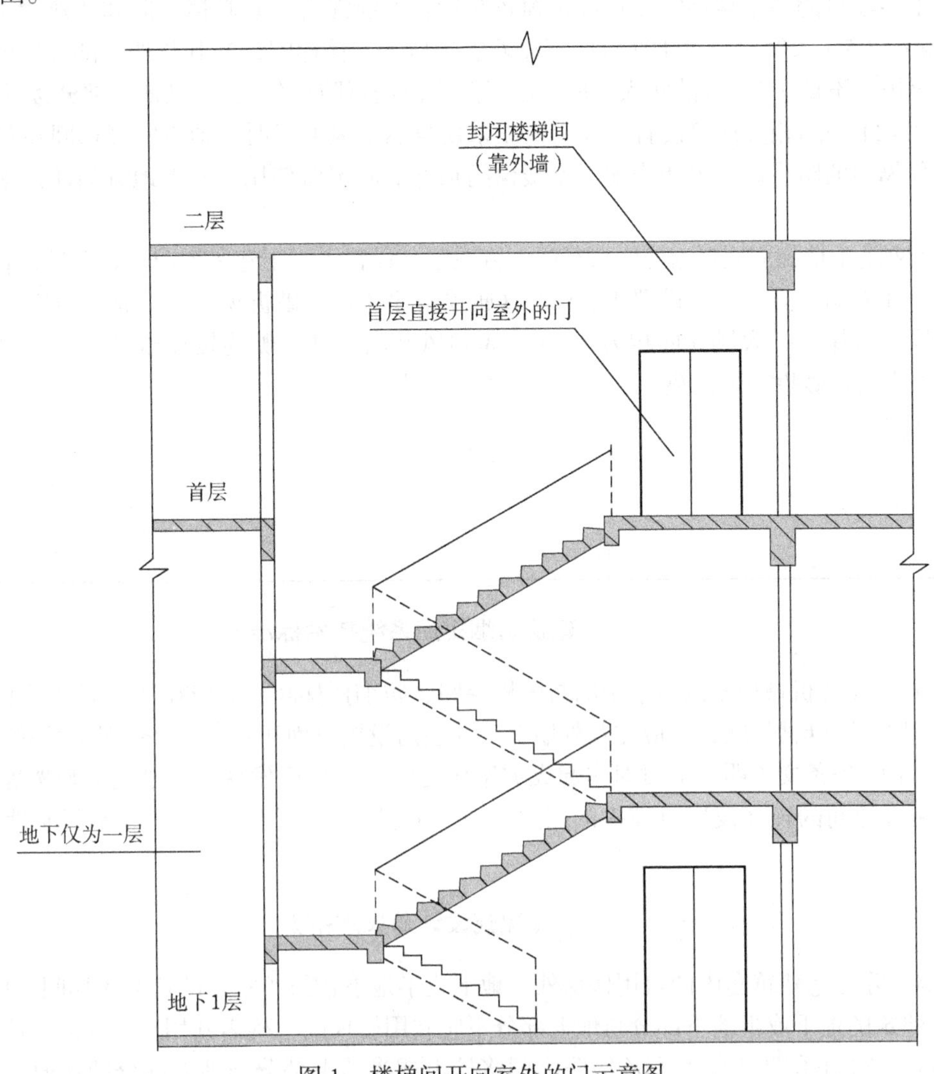 图 1　楼梯间开向室外的门示意图

问题描述

问题 3　地下楼梯间（排烟）固定窗

1. 很多项目的地下楼梯间排烟固定窗较难设置，浙江省消防救援总队和住建厅文件浙消〔2020〕166 号文第 3.5.2 条明确：对于在首层不靠外墙的地下室楼梯间，当其与地上部分楼梯间共用（在首层通过耐火极限不低于 2.00h 的防火隔墙、乙级防火门进行防火分隔），且地上部分楼梯间按《防排烟标》条文第 3.3.11 条的相关规定设置了固定窗或采用自然通风方式时，地下室楼梯间在首层与地上部分之间防火分隔用的防火门，可作为地下室楼梯间顶部的固定窗使用，其他地方的建设项目可以按此执行吗？

2. 下列地下楼梯间固定窗方案可行吗？方案一，设置水平土建风道或不燃管道，管径不小于 $1.0m^2$，破拆窗口在外墙；方案二，设置 $1.0m^2$ 垂直通顶土建风道，破拆窗口在屋顶；方案三，和地下楼梯间正压送风井合用，扩大风井面积为 $1.0m^2$，屋顶风井出口处一侧连接加压风机，一侧设置玻璃固定窗口供火灾中后期破拆排烟排热。

相关标准

《建筑防烟排烟系统技术标准》

3.3.11　设置机械加压送风系统的封闭楼梯间、防烟楼梯间，尚应在其顶部设置不小于 $1m^2$ 的固定窗。靠外墙的防烟楼梯间，尚应在其外墙上每 5 层内设置总面积不小于 $2m^2$ 的固定窗。

第 3.3.11 条条文说明：通过对多起火灾案例的实际研究后发现：为给灭火救援提供一个较好的条件，应在楼梯间的顶部设置可破拆的固定窗以及时排出火灾烟气及热量。本强制性条文，必须严格执行。

《建筑设计防火规范》

6.4.4　除住宅建筑套内的自用楼梯外，地下或半地下建筑（室）的疏散楼梯间，应符合下列规定：

3　建筑的地下或半地下部分与地上部分不应共用楼梯间，确需共用楼梯间时，应在首层采用耐火极限不低于 2.00h 的防火隔墙和乙级防火门将地下或半地下部分与地上部分的连通部位完全分隔，并应设置明显的标志。

第 6.4.4 条条文说明：为防止烟气和火焰蔓延到建筑的上部楼层，同时避免建筑上部的疏散人员误入地下楼层，要求在首层楼梯间通向地下室、半地下室的入口处采用防火分隔构件将地上部分的疏散楼梯与地下、半地下部分的疏散楼梯分隔开，并设置明显的疏散指示标志。当地上、地下楼梯间确因条件限制难以直通室外时，可以在首层通过与地上疏散楼梯共用的门厅直通室外。

问题解析	1. 不宜。涉及《防排烟标》条文第 3.3.11 条强制性条文的规定，其他地方的建设项目简单参照时，存在法规依据不足的问题。确需依据时，应向地方消防和建设主管部门咨询，许可后，方可合理参照执行。编者认为浙消〔2020〕166 号文第 3.5.1 条要求“确有困难时，地下室楼梯间在首层开向直通室外的通道或门厅的门，可作为该楼梯间顶部的固定窗使用。”相对较合理，对地上楼梯间使用人员的安全疏散影响也较小。注意《建规》第 6.4.4 条条文规定地上地下为不同区域的楼梯间安全出口，应优先确保满足各自使用功能区的安全疏散要求。 2. 均有可行性。《防排烟标》第 3.3.11 条条文说明明确要求楼梯间顶部设置可破拆固定窗，是为了排除火灾中后期楼梯间可能弥漫的烟气和热量，因此，建议在具体设计中完善各方案的可行性。如，方案一水平管道不应过长或曲折（不得弯曲向下）；方案一、二的可破拆固定窗口宜设置在楼梯间内，或其他易发现易破拆的位置；方案三不宜用于过高建筑中，避免竖向管道过长，浪费面积；有条件宜设置地下楼梯间专用风井，或采取其他避免影响地上楼梯间疏散安全的措施；与正压送风井共用时，需采取确保各系统合理使用的具体措施。2023 年 3 月 1 日即将实施的《消防设施通用规范》GB 50036—2023 废止了《防排烟标》第 3.3.11 条条文的强制性，实际项目设计中宜注意采取措施的可行性、合理性。

问题描述

问题1　地下楼梯间的可开启窗口

1. 可否将《防排烟标》第3.2.1条规定的地下封闭楼梯间最高部位面积为1.0m^{2}的可开启窗口，设置为开向地上楼梯间内的乙级防火窗？

2. 若在靠外墙设置采用自然通风方式的地下封闭防烟楼梯间确有困难时，可否在通往地上疏散楼梯间的首层半层平台处，设置开向窗井的面积为1.0m^{2}的可开启窗口？

相关标准

《建筑防烟排烟系统技术标准》

3.2.1　采用自然通风方式的封闭楼梯间、防烟楼梯间，应在最高部位设置面积不小于1.0m^{2}的可开启外窗或开口；当建筑高度大于10m时，尚应在楼梯间的外墙上每5层内设置总面积不小于2.0m^{2}的可开启外窗或开口，且布置间隔不大于3层。

第3.2.1条条文说明：防止烟气的积聚，以保证楼梯间有较好的疏散和救援条件。

《建筑设计防火规范》

6.4.4　除住宅建筑套内的自用楼梯外，地下或半地下建筑（室）的疏散楼梯间，应符合下列规定：

2　应在首层采用耐火极限不低于2.00h的防火隔墙与其他部位分隔并应直通室外，确需在隔墙上开门时，应采用乙级防火门。

3　建筑的地下或半地下部分与地上部分不应共用楼梯间，确需共用楼梯间时，应在首层采用耐火极限不低于2.00h的防火隔墙和乙级防火门将地下或半地下部分与地上部分的连通部位完全分隔，并应设置明显的标志。

第6.4.4条条文说明：为防止烟气和火焰蔓延到建筑的上部楼层，同时避免建筑上部的疏散人员误入地下楼层，要求在首层楼梯间通向地下室、半地下室的入口处采用防火分隔构件将地上部分的疏散楼梯与地下、半地下部分的疏散楼梯分隔开，并设置明显的疏散指示标志。当地上、地下楼梯间确因条件限制难以直通室外时，可以在首层通过与地上疏散楼梯共用的门厅直通室外。

问题解析

1. 不可以。地上地下楼梯间应为建筑不同区域的安全出口，应采用耐火性能符合规范要求的防火隔墙和楼板完全分隔。通常乙级防火窗不符合《防排烟标》条文第3.1.6条和《建规》条文第6.4.2条第2款、第6.4.3条第5款、第6.4.4条第3款的要求，不满足楼梯间不燃性墙体防火分隔的规定。按《建规》条文第6.4.4条的规定，地下地上确需共用楼梯间，且共用楼梯间不能直通室外时，按图1做法，将最高部位设置的面积为1.0m^{2}外窗设置在地下楼梯间首层（顶部）直通室外。采用图2的乙级防火门时，应注意地上楼梯间宜有加压送风等防排烟措施，并宜顶层直通屋面，避免地下部分的火灾烟热，对地上楼梯间人员疏散安全产生不利影响。

问题解析	2. 不宜。地下楼梯间难以满足自然通风条件时，应采用机械加压送风系统。避免火灾烟热上升，影响地下及地上自然通风楼梯间的安全使用。开向地下窗井的自然通风楼梯间，按图 2 将可开启窗口设置在地下楼梯间顶部半层（不满足地下楼梯间最高处要求）时，应征求当地消防审验等管理部门的意见。

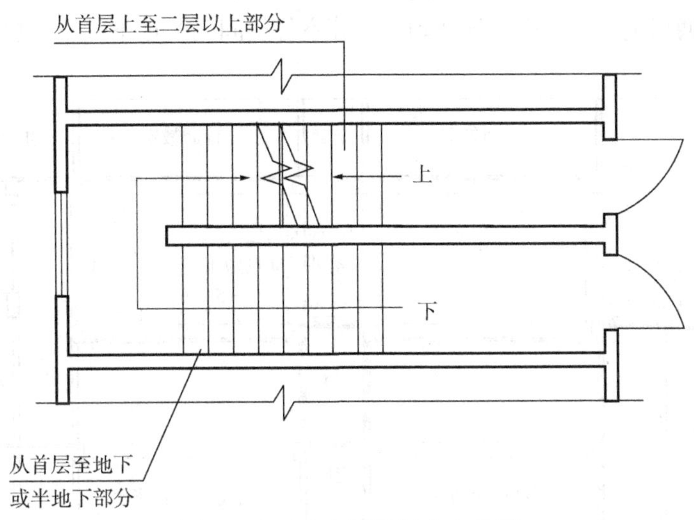

图 1　地下地上楼梯间完全分隔

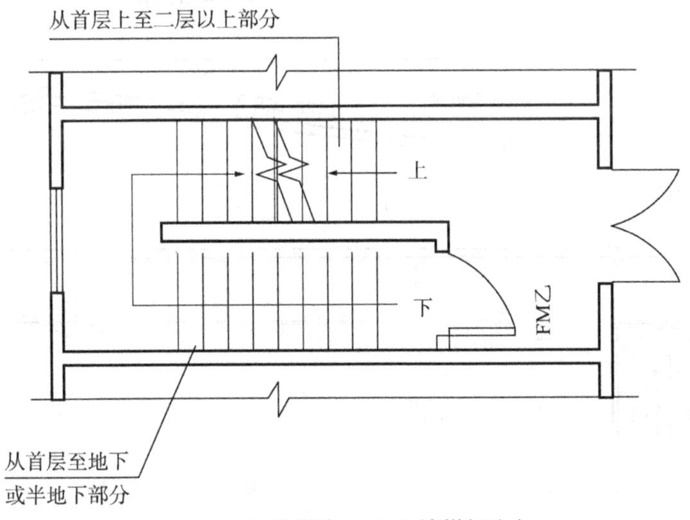

图 2　地下楼梯穿过地上楼梯间空间

问题描述

问题 2 关于（经计算）满足自然通风条件

1. 规范里有关于如何计算满足自然通风条件的具体要求吗？

2. 图 1、图 2 为某中小学校教学楼剖面图、地下一层平面图，地下一层为学生活动场地，仅设置一侧无外墙可自然通风的下沉庭院，该活动场地算室外空间吗？地下二、三层可以向该空间通风排烟吗？

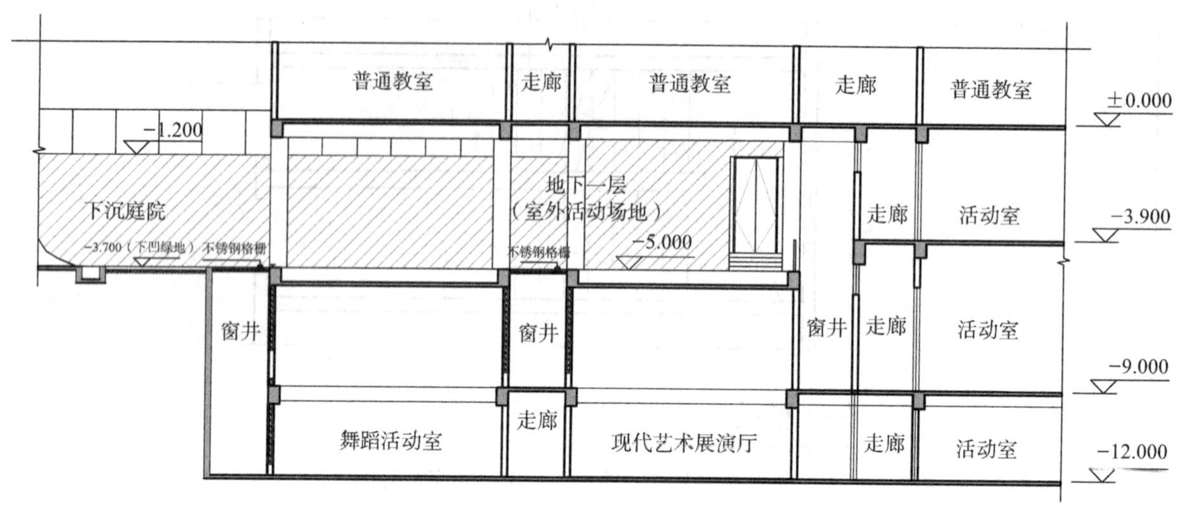

图 1 中小学校教学楼剖面图

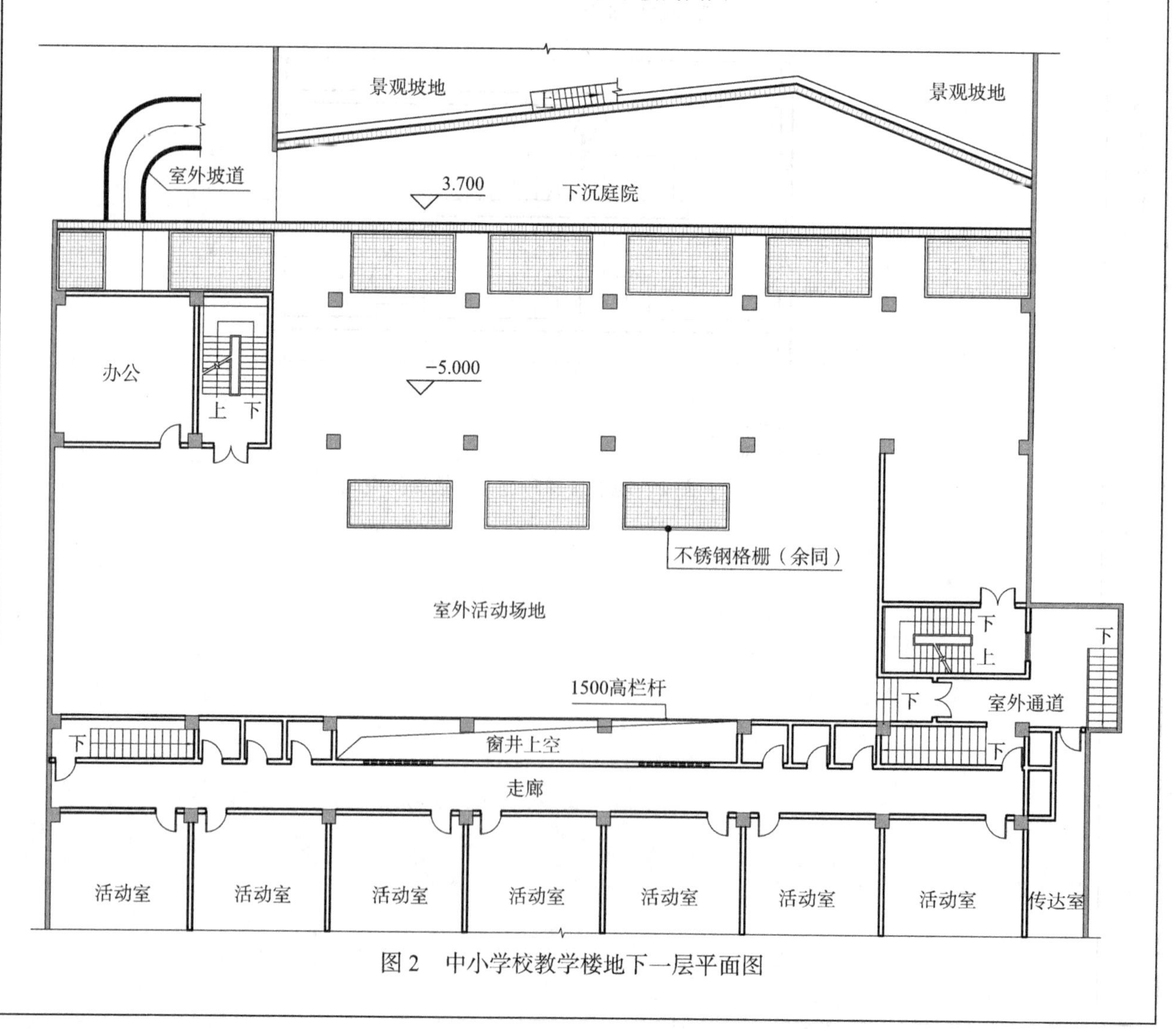

图 2 中小学校教学楼地下一层平面图

相关标准	《建筑防烟排烟系统技术标准》 3.1.4　建筑地下部分的防烟楼梯间前室及消防电梯前室，当无自然通风条件或自然通风不符合要求时，应采用机械加压送风系统。 3.2.3　采用自然通风方式的避难层（间）应设有不同朝向的可开启外窗，其有效面积不应小于该避难层（间）地面面积的 2%，且每个朝向的面积不应小于 $2.0m^2$。 《建筑设计防火规范》 6.4.2　封闭楼梯间除应符合本规范第 6.4.1 条的规定外，尚应符合下列规定： 1　不能自然通风或自然通风不能满足要求时，应设置机械加压送风系统或采用防烟楼梯间。 5.3.6　餐饮、商店等商业设施通过有顶棚的步行街连接，且步行街两侧的建筑需利用步行街进行安全疏散时，应符合下列规定： 2　步行街两侧建筑相对面的最近距离均不应小于本规范对相应高度建筑的防火间距要求且不应小于 9m。步行街的端部在各层均不宜封闭，确需封闭时，应在外墙上设置可开启的门窗，且可开启门窗的面积不应小于该部位外墙面积的一半。步行街的长度不宜大于 300m。 4　当步行街两侧的建筑为多个楼层时，每层面向步行街一侧的商铺均应设置防止火灾竖向蔓延的措施，并应符合本规范第 6.2.5 条的规定；设置回廊或挑檐时，其出挑宽度不应小于 1.2m；步行街两侧的商铺在上部各层需设置回廊和连接天桥时，应保证步行街上部各层楼板的开口面积不应小于步行街地面面积的 37%，且开口宜均匀布置。 7　步行街的顶棚下檐距地面的高度不应小于 6.0m，顶棚应设置自然排烟设施并宜采用常开式的排烟口，且自然排烟口的有效面积不应小于步行街地面面积的 25%。常闭式自然排烟设施应能在火灾时手动和自动开启。 第 6.4.2 条条文说明：规范要求步行街的端部各层要尽量不封闭；如需要封闭，则每层均要设置开口或窗口与外界直接连通，不能设置商铺或采用其他方式封闭。因此，要使在端部外墙上开设的门窗洞口的开口面积不小于这一楼层外墙面积的一半，确保其具有良好的自然通风条件。……为确保室内步行街可以作为安全疏散区，该区域内的排烟十分重要。这首先要确保步行街各层楼板上的开口要尽量大，除设置必要的廊道和步行街两侧的连接天桥外，不可以设置其他设施或楼板。本规范总结实际工程建设情况，并为满足防止烟气在各层积聚蔓延的需要，确定了步行街上部各层楼板上的开口率不小于 37%。此外，为确保排烟的可靠性，要求该步行街上部采用自然排烟方式进行排烟；为保证有效排烟，要求在顶棚上设置的自然排烟设施，要尽量采用常开的排烟口，当采用平时需要关闭的常闭式排烟口时，既要设置能在火灾时与火灾自动报警系统联动自动开启的装置，还要设置能人工手动开启的装置。本条确定的自然排烟口的有效开口面积与本规范第 6.4.12 条的规定是一致的。 6.4.12　用于防火分隔的下沉式广场等室外开敞空间，应符合下列规定： 3　确需设置防风雨篷时，防风雨篷不应完全封闭，四周开口部位应均匀布置，开口的面积不应小于该空间地面面积的 25%，开口高度不应小于 1.0m；开口设置百叶时，百叶的有效排烟面积可按百叶通风口面积的 60% 计算。 《汽车库、修车库、停车场设计防火规范》 2.0.9　敞开式汽车库　open garage 任一层车库外墙敞开面积大于该层四周外墙体总面积的 25%，敞开区域均匀布置在外墙上且其长度不小于车库周长的 50% 的汽车库。 第 2.0.9 条条文说明：考虑开敞面布置的均匀性，以保持良好的自然通风与排烟条件。

问题解析	1. 未见《建规》和《防排烟标》等相关标准有明确规定。依据上述消防标准中涉及自然通风条件的相关条文可理解如下：自然通风要求开口面积不应小于该空间地面面积的25%，开口位置应在上部，并应均匀布置（“均匀”可理解为：宜有对侧通风，至少应有不少于两个不同朝向的通风口；开口长度不少于围护结构周长的50%等）。 2. 应不算。图中案例的地下部分自然通风条件差，地下一层室外活动场地自身的自然通风条件难以达到上述开口面积、设在高处和均匀布置等要求；更不应作为地下二、三层设备用房、办公室、活动室等室外通风区和火灾烟热排放区，否则，会导致整个地下区域火灾烟热排出不畅、烟气弥漫、火灾蔓延，影响地下一层活动场地的使用和人员疏散安全。

问题描述

问题3　地下窗井处（自然通风）楼梯间的开窗面积

1. 地下楼梯间“建筑高度”包含楼梯间首层高度吗？

2. 埋深小于10m的地下楼梯间向地下窗井设置面积为1.0m²可开启窗口，符合《防排烟标》第3.2.1条自然通风的要求吗？如何计算地下窗井的自然通风条件？

相关标准

《建筑防烟排烟系统技术标准》

3.2.1　采用自然通风方式的封闭楼梯间、防烟楼梯间，应在最高部位设置面积不小于1.0m²的可开启外窗或开口；当建筑高度大于10m时，尚应在楼梯间的外墙上每5层内设置总面积不小于2.0m²的可开启外窗或开口，且布置间隔不大于3层。

3.1.4　建筑地下部分的防烟楼梯间前室及消防电梯前室，当无自然通风条件或自然通风不符合要求时，应采用机械加压送风系统。

3.1.6　封闭楼梯间应采用自然通风系统，不能满足自然通风条件的封闭楼梯间，应设置机械加压送风系统。当地下、半地下建筑（室）的封闭楼梯间不与地上楼梯间共用且地下仅为一层时，可不设置机械加压送风系统，但首层应设置有效面积不小于1.2m²的可开启外窗或直通室外的疏散门。

《建筑设计防火规范》

6.4.2　封闭楼梯间除应符合本规范第6.4.1条的规定外，尚应符合下列规定：

1　不能自然通风或自然通风不能满足要求时，应设置机械加压送风系统或采用防烟楼梯间。

《人民防空工程设计防火规范》

5.2.2　封闭楼梯间应采用不低于乙级的防火门；封闭楼梯间的地面出口可用于天然采光和自然通风，当不能采用自然通风时，应采用防烟楼梯间。

《高层民用建筑设计防火规范》GB 50045—95

第8.2.2条2款有以下规定：

采用自然排烟的楼梯间开窗面积应符合：靠外墙的防烟楼梯间每五层内可开启外窗总面积之和不应小于2.00m²。

问题解析

1. 未见规范有明确的地下楼梯间建筑高度的规定。地下楼梯间建筑高度参照建筑埋深相关规定执行时，地下楼梯间埋深宜从最底层室内地面计算至楼梯间首层入口处，参见《〈建规〉实施指南》P328页内容。

2. 不符合。《防排烟标》条文第3.1.6条规定地下仅一层时，自然通风楼梯间尚要有1.2m²可开启外窗，因此，《防排烟标》条文第3.2.1条自然通风方式应不包含仅向地下窗井设置1.0m²可开启外窗的情况。《防排烟标》和《建规》未明确规定楼梯间向地下窗井开窗的自然通风计算方法，但规定了疏散楼梯间自然通风条件不足时，应采用机械加压送风系统。《防排烟及暖通防火设计审查与安装》第12页注2明确：采用自然通风方式的地下建筑楼梯间，其可开启外窗或开口总面积不小于2.0m²。天津等地方政策法规文件中也明确“仅向地下窗井设1.0m²可开启外窗”不符合规定。因此，地下二层及以上的楼梯间不应采用仅向地下窗井开窗自然通风的方式，确需采用时，应至少保证地下楼梯间可开启外窗有效通风面积不小于2.0m²。地下窗井是否满足自然通风条件，可参见本书第八章第二节问题2。不足时，应设置机械加压送风系统。

相关标准规范、法规文件

1 《建设工程消防设计审查规则》GA 1290—2016
2 《建设工程消防验收评定规则》GA 836—2016
3 《人员密集场所消防安全管理》GA 654—2006
4 《民用建筑设计统一标准》GB 50352—2019
5 《民用建筑设计术语标准》GB/T 50504—2009
6 《消防词汇第 1 部分：通用术语》GB/T 5907.1—2014
7 《建筑设计防火规范》GB 50016—2014（2018 年版）
8 《建筑防烟排烟系统技术标准》GB 51251—2017
9 《汽车库、修车库、停车场设计防火规范》GB 50067—2014
10 《建筑内部装修设计防火规范》GB 50222—2017
11 《人民防空工程设计防火规范》GB 50098—2009
12 《酒厂设计防火规范》GB 50694—2011
13 《民用机场航站楼设计防火规范》GB 51236—2017
14 《城镇燃气设计规范》GB 50028—2006（2020 版）
15 《燃气工程项目规范》GB 55009—2021
16 《住宅设计规范》GB 50096—2011
17 《住宅建筑规范》GB 50368—2005
18 《老年人照料设施建筑设计标准》JGJ 450—2018
19 《商店建筑设计规范》JGJ 48—2014
20 《剧场建筑设计规范》JGJ 57—2016
21 《办公建筑设计标准》JGJ/T 67—2019
22 《饮食建筑设计规范》JGJ 64—2017
23 《中小学校设计规范》GB 50099—2011
24 《宿舍建筑设计规范》JGJ 36—2016
25 《托儿所、幼儿园建筑设计规范》JGJ 39—2016
26 《综合医院建筑设计规范》GB 51039—2014
27 《汽车加油加气站设计与施工规范》GB 50156—2021
28 《洁净厂房设计规范》GB 50073—2013
29 《物流建筑设计规范》GB 51157—2016
30 《车库建筑设计规范》JGJ 100—2015
31 《电动汽车分散充电设施工程技术标准》GB/T 51313—2018
32 《防火门》GB 12955—2008
33 《防火窗》GB 16809—2008
34 《防火卷帘》GB 14102—2005

35 《建筑玻璃应用技术规程》JGJ 113—2015
36 《建筑材料及制品燃烧性能分级》GB 8624—2012
37 《消防员电梯制造与安装安全规范》GB 26465—2021
38 《民用建筑热工设计规范》GB 50176—2016
39 《消防给水及消火栓系统技术规范》GB 50974—2014
40 《建筑工程设计文件编制深度规定》（2016 年版）
41 《贵州省坡地民用建筑设计防火规范》DBJ 52—062—2013
42 《建筑防排烟技术规程》DGJ 08—88—2006
43 《电动自行车停放场所防火设计标准》DB11/1624—2019
44 《防火玻璃框架系统设计、施工及验收规范》DB11/1027—2013
45 《疏散用门安全控制与报警逃生门锁系统设计、施工及验收规程》DB11/1023—2013
46 《天津市城市综合体建筑设计防火标准》DB/T 29—264—2019
47 《上海市工程建设规范 - 建筑防排烟技术规程》DGJ 08—88—2006
48 《中华人民共和国消防法》2019 年修正案
49 《中华人民共和国建筑法》2019 年修正案
50 《中华人民共和国城乡规划法》2015 年修正案
51 《中华人民共和国标准化法》2017 年修正案
52 国务院令第 279 号《建设工程质量管理条例》
53 国务院令第 293 号《建设工程勘察设计管理条例》
54 北京市人民代表大会常务委员会《北京市大气污染防治条例》
55 住房和城乡建设部令第 13 号《房屋建筑和市政基础设施工程施工图设计文件审查管理办法》
56 住房和城乡建设部令第 81 号《实施工程建设强制性标准监督规定》2015 年修正案
57 中华人民共和国住房和城乡建设部令第 51 号《建设工程消防设计审查验收管理暂行规定》
58 中华人民共和国住房和城乡建设部文，建科规〔2020〕5 号“关于印发《建设工程消防设计审查验收工作细则》和《建设工程消防设审查、消防验收、备案和抽查文书式样》的通知”
59 中华人民共和国公安部令第 119 号《建设工程消防监督管理规定》
60 中国人民武装警察部队消防局《关于对住宅建筑安全疏散问题的答复意见》
61 中华人民共和国公安部 公消〔2018〕57 号《关于印发〈建筑高度大于 250 米民用建筑设计防火设计加强性技术要求（试行）〉的通知》
62 中华人民共和国公安部消防局公消〔2017〕83 号《关于印发〈汗蒸房消防安全整治要求〉的通知》
63 中华人民共和国公安部消防局公消〔2016〕113 号《关于加强超大城市综合体消防安全工作的指导意见》
64 应急管理部消防救援局应急消〔2019〕314 号《关于印发〈大型商业综合体消防安全管理规则（试行）〉的通知》
65 建规字〔2020〕1 号《关于疏散楼梯首层疏散走道宽度问题的复函》
66 建规字〔2019〕1 号《关于足疗店消防设计问题复函》
67 建规字〔2018〕6 号《关于超高层住宅建筑避难层设置问题的复函》
68 建规字〔2018〕4 号《关于对室内变电站防火设计问题的复函》
69 建规字〔2017〕20 号《关于疏散楼梯和消防电梯设置问题的复函》
70 建规字〔2017〕5 号《关于超高层建筑地下区域消防电梯设置问题的复函》
71 建规字〔2017〕3 号《关于关于电影院消防安全设计问题请示的复函》
72 公津建字〔2016〕21 号《关于地下商业设置避难走道的函的复函》

73　公津建字〔2016〕19 号《关于规范第 5.2.2 条问题的复函》
74　公津建字〔2016〕18 号《关于规范第 5.4.13 条问题的复函》
75　公津建字〔2015〕59 号《关于设备管井检查门设置问题的复函》
76　公津建字〔2015〕39 号《关于〈关于咨询新版技术规范相关问题的函〉的复函》
77　公津建字〔2015〕27 号《关于消防电梯与楼梯间直通室外问题的复函》
78　住房和城乡建设部建质〔2013〕87 号《建筑工程施工图设计文件技术审查要点》
79　沪消汽字〔2013〕第 03 号《关于答复福建省建筑设计研究院关于地下停车库相关问题的函》
80　《关于〈建筑内部装修设计防火规范〉(GB 50222—2017)有关条款解释的复函》
81　苏建函消防〔2021〕171 号《省住房城乡建设厅关于印发〈江苏省建设工程消防设计审查验收常见技术难点问题解答〉的通知》
82　琼公消〔2018〕117 号"关于印发《海南省消防技术规范疑难问题操作技术指南(暂行)》的通知"
83　《湖南省施工图审查常见问题及处理意见》
84　《关于〈建筑防烟排烟系统技术标准〉的实施细则》
85　《潍坊市施工图审查与勘察设计常见问题答疑汇编》
86　《甘肃省建设工程消防设计技术审查要点》
87　《陕西省建筑防火设计、审查、验收疑难问题技术指南》
88　应急管理部四川消防研究所《关于咨询设置机械加压送风系统的防烟楼梯间顶部开固定窗问题的复函》
89　沪建标定〔2016〕528 号《关于发布〈上海市住宅小区电动自行车停车充电场所建设导则(试行)〉的通知》
90　浙消〔2020〕166 号《关于印发〈浙江省消防技术规范难点问题操作技术指南(2020 版)〉的通知》
91　穗勘设协字〔2019〕14 号《关于〈广州市建设工程消防设计、审查难点问题解答〉申请备案的函》
92　《西安市建筑防火设计、审查、验收有关难点问题统一规定》
93　《云南省有关〈建筑防烟排烟系统技术标准〉部分技术问题释疑》
94　黔公消〔2017〕33 号《关于印发〈贵州省消防技术规范疑难问题技术解决指导意见〉的通知》
95　《北京市既有建筑改造工程消防设计指南》2021 年 3 月版

参 考 文 献

[1] 倪照鹏，刘激扬，张鑫.《建筑设计防火规范》GB 50016—2014（2018年版）实施指南［M］. 北京：中国计划出版社，2020.

[2] 教锦章. 建筑防火设计问答与图表解析［M］. 北京：中国建筑工业出版社，2015.